国家出版基金资助项目·"十二五"国家重点图书

航天科学与工程专著系列

FUNDAMENTALS OF SPACE ELECTRIC PROPULSION

空间电推进原理

● 于达仁 刘辉 丁永杰 宁中喜 魏立秋 编著

哈尔滨工业大学出版社
HARBIN INSTITUTE OF TECHNOLOGY PRESS

内容提要

全书共分 7 章:第 1 章为空间推进背景以及基本原理;第 2 章为电推进等离子体产生加速原理;第 3,4,5,6 章分别详细介绍了电弧推进系统、离子推进系统、霍尔推力器、空心阴极的原理以及重要物理过程与设计;第 7 章扩展介绍了其他 8 种电推进装置。

本书适合作为相关专业的研究生教材,同时也可以作为电推进工程技术和科研人员的参考用书。

图书在版编目(CIP)数据

空间电推进原理/于达仁等编著. —哈尔滨:
哈尔滨工业大学出版社,2012.12(2025.2 重印)
国家出版基金资助项目 "十二五"国家重点图书
航天科学与工程专著系列
ISBN 978 - 7 - 5603 - 3913 - 9

Ⅰ.①空… Ⅱ.①于… Ⅲ.①空间定向—电推进
Ⅳ.①V514

中国版本图书馆 CIP 数据核字(2012)第 315149 号

策划编辑　杜　燕　赵文斌
责任编辑　范业婷　李长波　杜　燕　李艳文　赵文斌
封面设计　高永利
出版发行　哈尔滨工业大学出版社
社　　址　哈尔滨市南岗区复华四道街 10 号　邮编 150006
传　　真　0451 - 86414749
网　　址　http://hitpress.hit.edu.cn
印　　刷　哈尔滨圣铂印刷有限公司
开　　本　787mm×1092mm　1/16　印张 20.5　字数 460 千字
版　　次　2012 年 12 月第 1 版　2012 年 12 月第 1 次印刷
　　　　　2025 年 2 月第 2 次印刷
书　　号　ISBN 978 - 7 - 5603 - 3913 - 9
定　　价　88.00 元

前　言

电推进作为一种先进的空间推进技术,以其高比冲的优势,在美俄等航天大国的航天器上已经广泛应用,以降低系统质量、提高寿命、增加载荷,并提高轨道和姿态的控制精度。目前国际上主要的静止轨道卫星平台上都采用了电推进系统,我国的主流同步轨道卫星平台也开始采用离子推力器和霍尔推力器作为位置保持甚至轨道转移的动力。在旺盛的航天应用需求牵引和航天技术快速发展的推动下,各国都制订了宏大的电推进技术研究计划,电推进技术的发展迎来了黄金时代。

电推进技术研究涉及等离子体物理、热物理、电磁场理论及电子学等多个学科领域,是正处于发展中的有较强生命力的交叉学科方向,我国飞速发展的空间电推进技术领域,急需一本能系统反映电推进技术以及发展动态的专业书籍。

本书针对电推进原理和各种主要电推进类型进行了介绍。在编写中结合作者多年从事电推进研究的经验和体会,并尽可能地汲取公开学术论文和相关优秀书籍的精华,力图在内容和编排上有所突破,基础理论的阐述力求简明易懂,并强调基础理论与实际应用相结合。本书分为基础篇、应用篇和扩展篇3部分,共7章。在第1、2章组成的基础篇中首先回顾了空间电推进的背景与基本原理,同时介绍了电推进装置内等离子体产生和加速的原理。第2部分为应用篇,分别对几种不同结构的电推进装置进行了比较详细的介绍;第3章电弧推进系统部分,针对电弧推力器结构和基本原理、电弧推力器关键的物理过程以及设计方案进行了描述;第4章离子推进系统部分,分别针对离子推力器内等离子体产生的方式、离子引出和加速过程以及离子推力器寿命和未来发展方向等几方面进行了论述;第5章霍尔推进系统部分,分别介绍了霍尔推力器的原理、推力器中的物理过程以及霍尔推力器的设计;最后介绍了电推进装置中非常重要的空心阴极。第三部分为扩展篇,简要介绍了8种其他类型电推进装置,包括磁等离子体推力器、高效率多级等离子体推力器、脉冲等离子体推力器、螺旋波等离子体推力器、场效应发射离子推力器、胶质离子推力器、太阳帆推进系统和激光推进系统。

参与本书编写和校阅工作的还有梁伟、颜世林、乔增熙、范金蕤等同学。本书引用了大量的参考文献,在此谨向被引文献的作者致以诚挚的谢意!本书作者得到国家杰出青年科学基金和多项国家自然科学基金的资助,特此致谢。

由于电推进技术的快速发展,且书中涉及的知识面较广,书中难免存在疏漏和不足之处,恳请广大读者批评指正。

作　者
2012 年 10 月

目　录

基　础　篇

应　用　篇

基　础　篇

第 1 章　绪　论

　　航天事业的每一次突破都有赖于推进技术的发展,而新的航天活动又将对推进技术提出更高的要求。化学火箭的诞生和发展使人类在探索和利用太空、改善自身的生活环境及质量等方面取得了辉煌的成就。但是,航天活动是一种综合性、高难度、高风险因而必然是高成本的活动。近地航天事业如此,月球、火星等太阳系的空间探测尤甚。其中,运输成本,特别是地面发射成本又占相当大的比例。因此,发展高效的运输系统(成本低、有效载荷比高),确保空间探测任务能够进行,便是航天工作者日思夜虑、寻找解决途径的重要课题[1]。

　　由于电推进具有比冲高、寿命长、结构紧凑、体积小和污染轻等优点,因此逐渐受到航天界的注意和青睐。美国、俄罗斯、欧空局和日本在电推进的研究和应用方面获得了巨大成功,不同类型和不同特点的电推进在空间航天器上得到了广泛应用。在需求牵引和其他技术发展的支持下,各国都制订了庞大的电推进研究应用计划,一方面提高现有电推进系统的性能和可靠性;另一方面加紧新型电推进技术的研究,电推进在未来航天任务中的应用前景将更为广阔。

　　本章首先回顾电推进的发展历程,并简要介绍各种主要的电推进分类,以及面向空间任务的电推进性能的主要考核指标,从而引出本书的主要内容。

1.1　电推进发展历史

　　电推进是利用电能加热、离解和加速工质形成高速射流而产生推力的技术。电推进的理论始于 20 世纪初期。1906 年美国科学家戈达德提出了用电能加速带电粒子产生推力的思想。1911 年他和他的学生还进行了初步试验。1911 年俄国科学家齐奥尔科夫斯基也设想利用带电粒子作空间喷气推进。1929 年德国科学家奥伯特出版了研究利用电推进的书。1929—1931 年间,前苏联建立了专门研究电推进的机构,气体动力学实验室的格鲁什柯还演示试验了世界上第一台电推力器,用高电流放电使液体推进剂汽化、膨胀,再从喷嘴喷出。1946—1957 年间,美国和前苏联科学家提出了多种类型电推力器的方案和理论,论证了空间电推进的可行性。

电推力器的工程研究从 20 世纪 50 年代末才开始。早在 1955—1957 年,前苏联就已经开始试验脉冲等离子体推力器。1958 年 8 月,美国的福雷斯特在火箭达因公司运行了第一台铯接触式离子推力器。同年,前苏联也试验了这种推力器。1960 年美国宇航局的考夫曼运行了第一台电子轰击式离子推力器。同年,德国吉森大学的勒布试验了第一台射频离子推力器。前苏联库哈托夫原子能研究所的莫罗佐夫教授在 1966 年试验了第一台霍尔推力器。此后,各类电推力器的研究和应用得到了迅速发展。截至 2011 年底,全世界有 200 多颗地球轨道卫星和深空探测器,使用过近 500 台电推进系统。电推进技术的发展方兴未艾。

随着科学技术的进步和航天技术的迅速发展,人类在空间领域的活动越来越频繁。地球同步轨道(GEO)卫星的迅猛发展、空间探测任务的急剧增加和微小型航天器的日益兴盛,使得电推进系统在航天器上的应用将更加广泛。同时,满足未来航天任务要求的新型高性能、长寿命电推进技术的研究也日益受到各国的重视,美国、俄罗斯、欧空局、日本和中国等都在加强电推进技术的研究。在各个航天大国,电推进已经被列为 21 世纪的关键航天技术。依照目前的发展状况,电推进技术的应用将经历 3 个阶段:

(1) 目前的千瓦级小功率太阳能电推进,应用于小型探测器,在改善航天器平台性能以及节省推进工质方面有所作为,但在快速变轨方面没有明显优势;

(2) 10 ~ 100 kW 级中功率太阳能电推进,应用于中型探测器,有望获得更优的飞行性能,应用方案处于论证阶段;

(3) 100 kW 以上级大功率太阳能或核电推进,应用于大型无人探测器和载人深空飞行,应用方案停留在设想阶段。

1.2 空间电推进概述

推进装置是航天器脱离地球引力束缚,进入太空的动力之源。推进技术的发展水平在很大程度上代表着人类航天技术的发展水平。人类在一个多世纪的太空探索中,对于航天器的推进系统的研究从未止步,推进方式由原来的冷气推进到化学推进,再到电推进,还有未来的核电推进,推进装置决定着人类在有限的时间内在太空中能够旅行多远。对于不同类型的推进系统,对推进剂进行加速的能量来源是不同的。图 1.1 粗略表示了化学推进和电推进的工作原理[2]。

化学推进主要是通过推进工质的化学反应释放能量并将工质喷出产生反推力。按照工质的物态,化学推进主要有两类:即固体推进和液体推进。固体推进推力大,比冲为 250 ~ 300 s,一般用于火箭的助推器和航天器的大冲量变轨,固体推进容易集成,但是推力误差较大,目前不适合准确的轨道机动。固体推进一般是一次性的,无法重新启动,因此其应用限制在火箭第一级推进或航天器的粗变轨。液体推进有单组元和双组元两种,单组元是指化学推进剂(如肼、过氧化氢,也可为混合物)存储在一个储罐中,在常温常压下可以保持稳定,而在使用条件(如加热、加压、催化)下可以迅速分解从而产生推力。双

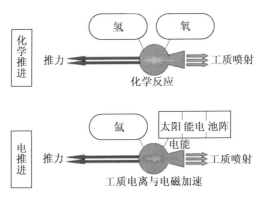

图 1.1 推进系统工作原理

组元是指液体燃料和液体氧化剂分别存储,它们按比例进行混合后通过化学反应产生推力。双组元液体推进在技术上比单组元显得更加复杂,造价也高,但是可以提高推进比冲,目前最好的双组元化学火箭(低温氢氧发动机)的比冲可以达到450 s。液体推进是目前应用最为广泛的推进系统,技术成熟。

电推力器是利用电能加热或电离推进剂加速喷射而产生推力的一种反作用式推力器。它与电源子系统、电源变换器和控制子系统、推进剂储存和输送子系统组成一体,可称为航天器的电推进系统。电源子系统包括一次电源及其控制装置与配电器。一次电源主要是由太阳能或核能转换后提供,相应的电推进系统称为太阳电推进系统或核电推进系统。电源变换器和控制子系统是将一次电源变换成推力器各部件所需的电参数,并按程序控制和调节推力器工作。推进剂常用氙、氨、肼、聚四氟乙烯等。采用电能作为输入实现工质电离和加速带电离子的电磁场。如果所产生的电磁场很强,带电离子的出射速度可以远高于化学推进方式,因此可以实现很高的比冲,以目前技术(如太阳能、放射性同位素衰变)提供的电能,电推进比化学推进的比冲可以高出一个量级。目前的电推进技术产生的推力较小,已经实际应用的电推进器产生的推力在几十到几百毫牛顿量级。实际上,随着技术的不断发展(如高效太阳能技术以及核能发电应用于航天技术),电推进的推力和比冲还将不断地增加,推力可以达到牛顿量级甚至更高,比冲可以达到上万秒的水平。电推进最大的优势在于其高比冲和长时间工作的特性,可以大大减少推进工质的质量,对于航天飞行总冲量大的任务,如频繁变轨和长期轨道保持、探月、深空飞行、载人深空飞行,电推进成为最有前途的推进方式,已经成为各个航天大国重点发展的技术。

电推进技术经过大半个世纪的发展,除了传统的电推力器的技术在不断进步,性能不断完善,寿命与可靠性不断提高之外,研究者基于不同的加速原理和空间任务需求开发出更多新型的电推进系统。它们在比冲、推力、功率以及效率等方面是各相迥异的。

电推力器是电推进系统的核心子系统。经过半个世纪的发展,全世界成功开发了十几种类型的电推力器。现在,越来越多的航天器已可选用定型的电推进系统了,有的电推进系统已成为某些航天器控制的一个标准系统,一些大型通信卫星甚至把是否采用电推进作为其技术是否先进的一个重要标志。根据加速原理的不同,电推进系统大致可分为以下 3 种：电热式、电磁式和静电式。电热式推进系统主要包括电阻加热式推力器（Resistojet）、电弧推力器（Arcjet）和太阳热等离子体推力器（STP）；电磁式推力器主要包括脉冲等离子体推力器（PPT）、稳态等离子体推力器（SPT）、阳极层推力器（TAL）、变比冲等离子体推力器（VSIP）、磁等离子体推力器（MPDT）以及脉冲感应推力器（PIT）；静电式推力器主要包括离子式推力器（Ion）、胶质离子推力器（Colloid）、场效应发射离子推力器（FEEP）以及回旋共振加速离子推力器（ECR Ion）等。表 1.1 对各种主要的电推进装置的性能进行了总结。

表 1.1 各种电推进装置的性能参数比较

类型		比冲 /s	(功率 / 推力)/(kW · N^{-1})	效率 /%	推力水平 /mN	寿命 /(N · s)
电热式	Resistojet	$150 \sim 700$	$1 \sim 3$	$30 \sim 90$	$5 \sim 5\,000$	3.0×10^5
	Arcjet	$280 \sim 2\,300$	9	$30 \sim 50$	$50 \sim 5\,000$	8.6×10^5
	STP	$300 \sim 1\,000$	4	$80 \sim 98$	$10 \sim 1\,000$	85\,000
电磁式	PPT	$1\,000 \sim 1\,500$	$50 \sim 90$	$5 \sim 15$	$0.005 \sim 20$	$> 2.0 \times 10^5$
	SPT	$1\,500 \sim 2\,500$	$17 \sim 25$	$40 \sim 60$	$1 \sim 700$	$> 2.3 \times 10^6$
	TAL	$1\,500 \sim 4\,250$	$17 \sim 25$	$40 \sim 60$	$1 \sim 700$	$> 2.3 \times 10^6$
	MPDT	$1\,000 \sim 11\,000$	$0.5 \sim 50$	$10 \sim 40$	$20 \sim 200\,000$	—
	LFA	$1\,000 \sim 10\,000$	$0.5 \sim 40$	$10 \sim 45$	$20 \sim 240\,000$	—
	PIT	$1\,000 \sim 7\,000$	$20 \sim 100$	$20 \sim 60$	$2\,000 \sim 200\,000$	—
	VSIP	$3\,000 \sim 300\,000$	~ 30	< 60	—	—
静电式	Ion	$1\,200 \sim 100\,000$	$25 \sim 100$	$55 \sim 90$	$0.05 \sim 600$	$> 5 \times 10^6$
	ECR Ion	$3\,000 \sim 4\,000$	25	$56 \sim 75$	15	—
	Colloid	$1\,100 \sim 1\,500$	9	~ 75	$0.001 \sim 0.5$	$> 10^3$
	FEEP	$4\,000 \sim 6\,000$	60	$80 \sim 98$	$0.001 \sim 1\,000$	

接下来将针对一些常见的电推进系统进行描述。各种电推进系统的详细介绍，请读者参考以下介绍的相关章节。

电阻加热式推力器

电阻加热式推力器属于电热式推力器，其工质在进入下游的加速喷管前，会先通过一个由电阻进行加热的通道，由此获得很高的温度以达到增加喷流速度的目的，电阻加热式推力器的比冲量级较低，一般小于 500 s。电阻加热式推力器具有结构简单、价格便宜、安全可靠、操作和维护方便、污染小等优点，比较适用于小型、低成本卫星的轨道调整、高度控制和位置保持。缺点是受结构材料的限制，相对于化学推进提高的比冲有限，因此空间上的应用逐渐减少，在本书中就不再针对这一方面的内容进行介绍了。

电弧加热式推力器

电弧加热式推力器属于电热式推力器，推进剂在通过压缩通道时，由于流通路径上存在剧烈的电弧放电，推进剂被迅速加热，同时由于推进剂是弱电离的，等离子效应对喷流速度的影响有限。受电弧加热的限制，对于易存储推进剂来说，电弧推力器的比冲一般小于 700 s。在本书的第 3 章，将针对电弧推力器的特点和工作原理详细地进行介绍。

离子推力器

离子推力器(Ion Thruster)属于静电式推力器,采用多种等离子产生技术来提高推进剂的电离率,然后利用负偏压的栅极从等离子体中提取阳离子,紧接着在电压高达 10 kV 的加速电场中加速阳离子。离子推力器相对于其他推力器的重要特点是高效率(从 60% 到 80%)与高比冲(2 000 s 到 10 000 s)。根据推力器内离子产生方式的不同,离子推力器又可以分为直流放电、射频、电子回旋共振离子推力器等不同的类型。关于离子推力器的介绍,将主要集中于本书的第 4 章。

霍尔推力器

霍尔推力器(Hall Thruster)属于电磁式推力器,是一种基于霍尔效应利用正交场放电的装置。沿着通道的电场和径向的磁场相互垂直,电场对离子进行加速而磁场对电子的运动产生束缚作用。霍尔推力器的效率和比冲要稍弱于离子推力器,但在给定的功率条件下霍尔推力器的推力要更高,而且结构和控制系统更为简单。我们将在本书的第 5 章针对霍尔推力器进行论述。

离子推力器和霍尔推力器均采用空心阴极发射电子,以提供电离用的初始电子并中和羽流中由推力器喷出的正离子,以使羽流保持准中性,避免羽流带电粒子对航天器的影响。考虑到空心阴极的重要性,在本书的第 6 章,会针对空心阴极的原理、结构以及主要的物理问题为读者进行介绍。

胶质/场发射电推力器

这两种类型的电推进系统属于静电推进,所产生的推力非常小(小于 1 mN),通过从导电液体中抽取离子或者带电液滴。因为这种装置的推力非常小,所以可以用作航天器位置和姿态的精确控制。本书将在 7.2 节中对这两种电推进装置进行介绍。

脉冲等离子体推力器

脉冲等离子体推力器是一种电磁式推力器,这种装置利用脉冲放电的方式使得一部分固态推进剂烧蚀电离成等离子弧,进而由电磁场对等离子进行加速,脉冲的重复率决定了推力的量级。关于脉冲等离子体推力器的介绍集中于本书的 7.1.3 节。

磁等离子体推力器

磁等离子体推力器(MPDT)是一种利用极高的电流对推进剂进行电离的电磁装置,进而通过等离子体放电中的电磁力(洛伦兹力,$J \times B$)对电离的推进剂进行加速。由于电流和磁场都是通过等离子放电产生的,MPDT 推力器在高比冲工作时的功率需求很大,以产生足够的电磁力,与其他类型的推力器相比,MPDT 的推力量级更高。本书将在 7.1.1 节介绍其主要技术特点和发展历史。

表 1.2 比较了几种主要的电推进系统的技术特点,电推进系统通过对工质进行加速,使其以很高的速度喷出,因而比冲通常比传统冷气或是化学推进要高一个数量级。但是,从表中可以看出,由于各种电推进装置的工作原理不同,造成各自的比冲、效率、推力、寿命等性能指标千差万别。这也决定了不同的电推进装置均有其各自适用的空间任务。

表 1.2　几种主要的电推进系统的技术特点

类型	优点	缺点	评述
电阻加热(电热)	结构简单;易控制;电源功率调节简单	比冲最低;热损大;气体分解非直接加热;腐蚀	已运行
电弧加热(电热与电磁)	直接加热气体;电压低;结构相对简单;推力相对大;能使用催化肼增强;惰性气体作为催化剂	效率低;高功率下腐蚀;比冲低;电流高;配线重;热损;功率调节系统较复杂	大推力需100 kW甚至更大的功率;已运行
离子发动机(静电)	比冲高;效率高;惰性推进剂(氙)	电源功率调节系统复杂;电压高;只有一种推进剂;单位面积推力小;供电系统重	几种已运行
脉冲等离子体(电磁)	结构简单;功率低;固体推进剂;无需气体或液体供应系统;推进剂无 0－g 效应	推力小;泰弗隆(聚四氟乙烯)的反应产物有毒,腐蚀或凝结,效率低	已工作
霍尔推力器(电磁)	比冲在理想范围,结构简单,冷却系统相对简单;惰性气体(Xe)	一种推进剂;束流发散;腐蚀	几种已运行

纵观世界发展电推进系统的历史和现状,可以认为,各种类型的电推力器各有所长,各有所短,各有各的用途,不能泛泛地加以评判,只是对于某种飞行任务,某些电推进系统可能更加合适罢了。事实上,各种类型的电推力器,世界主要航天国家都在发展。但是考虑到目前我国空间电推进的实际发展状况,笔者认为电弧、离子和霍尔推力器是目前我国电推进的发展重点,因此在本书的写作中也对这些方面的内容有所侧重,在本书的第3、4、5章,将分别对这些推力器进行论述。由于篇幅所限,对于其他类型的推力器的介绍主要集中在本书的第7章。

1.3　空间电推进的基本原理

正如上面介绍的那样,空间电推进装置的主要优点是比冲高,能够节省工质燃料,提高航天器的有效载荷。但是,空间电推进的应用受电源功率、质量、效率等各方面因素的限制。因此,为了让读者对电推进的原理以及应用范围有更清晰的认识,在这里简单介绍一下空间推进的基本原理以及评价电推进装置的各种技术指标。

1.3.1　反作用飞行原理与火箭推进公式

电推进通过喷出高速的带电粒子产生喷气反作用力,和一般的化学推进装置一样,可以采用动量守恒方程对这一过程进行描述。产生喷气反作用力的代价是航天器需要不断消耗自身的燃料,航天器的质量在不断减少,因此航天器本身是一个变质量的力学系统。

图 1.2 所示为航天器加速原理,图中 M、v 分别表示 t 时刻航天器的质量与飞行速度;

ΔM、Δv 分别表示 Δt 时间段后航天器所消耗的推进剂质量和获得的速度增量；u 表示推力器工质经加速通道喷出的射流速度（相对于航天器）。

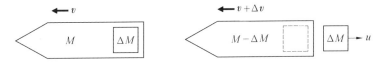

图 1.2　航天器加速原理

假设航天器受到的外力的合力为 $\sum F_外$，则根据动量定理，有

$$(M - \Delta M)(v + \Delta v) + \Delta M(v - u) - Mv = \left(\sum F_外\right)\Delta t \tag{1.1}$$

忽略式（1.1）中的 $\Delta M \Delta v$ 高阶小项，并求极限，有

$$M \frac{\mathrm{d}v}{\mathrm{d}t} = \dot{M}u + \sum F_外 \tag{1.2}$$

其中，$\dot{M} = -\Delta M / \Delta t$，表示推进剂的秒耗量。

式（1.2）称密歇尔斯基公式，$\dot{M}u$ 称为喷气反作用力，它与推进剂的秒耗量及喷气速度成正比。因而如果需要获得较大的喷气作用力，也就是使得航天器具有更高的加速度，可以通过提高推力器的射流速度以及增加推进剂的秒耗量来实现。在下文我们将会看到，电推进系统性能优于化学推进的原因正是由于其大大提高了推力器射流速度，增加了航天器的有效载荷。

下面我们来进一步推导工质射流速度与航天器最终质量的关系。设火箭的初始速度 v_0 为零，质量为 M_0，并假定火箭只受推力器推力（喷气反作用力）的作用。当 t_f 时刻推力器停止工作（推力器关机点）时火箭的质量为 M_f，速度为 v_f。

由于假设了火箭在飞行过程中只受到喷气反作用力的作用，于是 $\sum F_外 = 0$，那么式（1.2）可表示为

$$M \frac{\mathrm{d}v}{\mathrm{d}t} = \dot{M}u \tag{1.3}$$

而 $\dot{M} = -\Delta M / \Delta t$，代入可得

$$\mathrm{d}v = -\frac{1}{M} \cdot u\mathrm{d}M \tag{1.4}$$

两边同时积分，得

$$\int_{v_0}^{v_f} \mathrm{d}v = -u \int_{M_0}^{M_f} \frac{1}{M}\mathrm{d}M \tag{1.5}$$

$$\Delta v = v_f - v_0 = u\ln \frac{M_0}{M_f} = u\ln\left(1 + \frac{M_p}{M_f}\right) \tag{1.6}$$

式中，M_p 为消耗的推进剂质量，$M_0 = M_p + M_f$；$\Delta v = v_f - v_0$，为航天器的速度增量。对于不同的空间任务，所需要的 Δv 是不同的，我们将在 1.4 节介绍 Δv 的具体含义。式（1.6）为火箭理想速度公式，又称为齐奥尔科夫斯基公式。基于这个原理，航天器不断地向外喷

出推进工质,从而使速度不断地增加。

进一步可以将式(1.6)写为航天器最终质量和初始质量的关系式,即

$$M_f = M_0 - M_p = M_0 e^{-\Delta v/u} = M_0 e^{-\Delta v/(gI_{sp})} \quad (1.7)$$

式中,g 为重力加速度;I_{sp} 为比冲,$I_{sp} = u/g$,单位为 s,其大小与排气速度成正比。将在下一节中对比冲的含义进行进一步介绍。最后按照式(1.7),在推进工质消耗方面,可以对比化学推进和电推进,如图 1.3 所示。以速度增量为 5 000 m/s 为例,化学推进(比冲 200 ~ 300 s)需要消耗 80% 的初始质量,而比冲为 3 000 s 的电推进消耗不到 20% 的初始质量。由于工质消耗和比冲遵循指数形式,比冲从百秒到千秒量级的提高,对工质消耗的影响是最显著的。非常巧合的是,化学推进和电推进的比冲正好反映了这种显著影响。当然,工质消耗还和控制策略相关,但是这个比较定性地说明了电推进技术在工质消耗方面的显著优势,而且,速度增量越大,这种优势越明显。

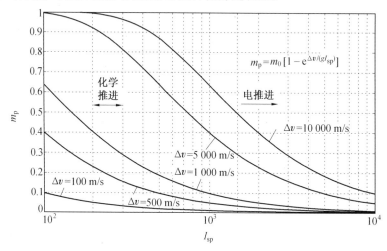

图 1.3 比冲与推进工质消耗的关系

在减少的推进剂质量中,有一部分被电推进系统结构的质量所抵消。定义航天器的最终质量 $M_f = M_L + M_w$,其中 M_L 为航天器的结构与有效载荷质量,M_w 为电推进系统结构的质量。这个结构的质量包括所需的电源和控制系统部分的质量。应当指出,对要求大速度增量的推进任务来说,通常还能节省部分净质量。这种可能的质量节省,正是电推进系统发展和应用的主要根据。合理地选择电源和推进剂的质量,总可以找到一个最佳的排气速度。在这个速度下,推进系统的质量最小,而且又能使结构与有效载荷质量 M_L 增加。总之,对于更为困难的推进任务,也就是说,速度增量更大的任务,采用电推进比用化学推进更能显著地增加有效载荷。本书将在 1.3.3 节中针对最优比冲的确定方法进行进一步介绍。

1.3.2　空间电推进系统的主要性能参数

如前所述,航天器上的电推进与化学推进的基本原理本质上是一致的,都是通过对工质进行加速然后喷出。只是两者能量的来源不同,电推进系统的能源来自于各种电源装

置提供的电能。这一改变导致了在评估电推进系统的性能时,需要根据电推进系统的结构与工作原理,从系统工程的角度对其进行分析与评定,因而使用的参数的种类与描述方法与化学推进略有不同。

电推进系统的主要性能参数包括推力器基本参数,如推力、总冲、功率损耗和效率等,还有推力器的比参数,如比冲、推力器推重比和推进剂质量系数等。在此对这些重要的概念逐一进行介绍。

1. 推力

和化学推进一样,电推进通过从推力器喷出高速的带电粒子来产生推力。从宏观上描述,就是通过推力器与粒子的相互作用,使得粒子最终具有向后的速度,而推力器获得向前的作用力,这一作用力就是推力器的推力。尽管相对于化学推进,电推进装置产生的推力很小(从微牛到牛的量级变化),但是考虑到太空的失重环境,小推力仍然具有非常显著的作用。

利用系统动量定理分析推力器在工作时的动力学特性,由式(1.4)可知,$M\mathrm{d}v = -u\mathrm{d}M$,而 $T = M\mathrm{d}v/\mathrm{d}t$,$\dot{M} = -\mathrm{d}M/\mathrm{d}t$,最终可得

$$T = -u\frac{\mathrm{d}M}{\mathrm{d}t} = u\dot{M} \tag{1.8}$$

其中,$\dot{M}$ 为推进剂的秒耗量,也就是推进剂的质量流量。因此推力器产生的推力与射流的速度和质量流量有关。对于不同的电推进装置,其推力有从微牛到牛的量级变化。

2. 总冲与比冲

总冲是衡量推进系统在一定时间内对航天器产生的全部动量总和,总冲 I_t 与推力器推力大小 T 和作用时间 t 有关,即

$$I_t = \int_0^t T\mathrm{d}t \tag{1.9}$$

对于恒定推力,并在开机与关机过渡过程可忽略的情况下,式(1.9)可简化为

$$I_t = Tt \tag{1.10}$$

从式(1.10)可以看出,航天器总冲正比于推力以及推力的作用时间。这是航天任务非常重要的一个考核指标。

比冲 I_{sp} 定义为单位重量推进剂产生的总冲,即

$$I_{sp} = \frac{\Delta I_t}{-\Delta Mg} = \frac{\int_0^t T\mathrm{d}t}{g\int_0^t \dot{M}\mathrm{d}t} \tag{1.11}$$

式中,ΔM 为推进剂质量的减少量,因此为一负值;$\dot{M}$ 为之前定义的质量流量。同样可以对式(1.11)简化,进一步得到

$$I_{sp} = \frac{T}{\dot{M}g} \tag{1.12}$$

代入式(1.8)获得推力公式

$$I_{sp} = \frac{u}{g} \tag{1.13}$$

推力器的比冲取决于推力器的喷流速度以及当地的引力加速度,直接表征了航天器利用推进系统完成一个特定的任务所需的推进剂的质量。如1.3.1节所描述的那样,推进系统的高比冲意味着可以减少燃料的携带量,从而增加有效载荷的比重,又或者在相同情况下增加了推进系统的使用寿命。

3. 功率与效率

电推进性能的另一个非常重要的评价指标为其功率和效率。在电推进系统中,粒子流经加速通道加速后喷出,同时对推力器产生相反方向的作用力,推力器的喷气功率为

$$P_{jet} = \frac{1}{2}\dot{M}u^2 \tag{1.14}$$

根据推力公式,变换可得

$$P_{jet} = \frac{T^2}{2\dot{M}} \tag{1.15}$$

式(1.15)表明,如果单纯增加推力器的推力而质量流量不改变会使得推力器的喷气功率提高。

电推进的能量来源于太阳能或者核能等外部电源。由外部电源在能量转化过程中的损失,以及推力器内工质产生的流动损失、热损失等,均会造成推力器产生的功率小于电源的输入功率。定义电推进系统的总体效率 η_t 等于推力器的喷气功率 P_{jet} 与电推进系统的输入功率 P 之间的比值,即

$$\eta_t = \frac{P_{jet}}{P} \tag{1.16}$$

根据以上推导结果,最终可得

$$\eta_t = \frac{T^2}{2\dot{M}P} \tag{1.17}$$

由式(1.17)可以看到,推力器的总体效率与推力器推力、输入的功率以及质量流量有关。推力器效率考虑了所有对喷射功能无贡献的能量损失,包括:① 浪费的电功率(漏电和欧姆电阻等);② 未受影响的和未被适当激发的推进剂粒子(推进剂的利用率);③ 射流发散(方向和大小)引起的推力损失;④ 热损失。这是对利用电能和推进剂来产生推力的有效性的一个量度。当电能不是唯一的输入能量时,式(1.17)需要进行修改,例如电弧推力器中的肼分解将释放能量。

1.3.3 特征速度与最优比冲条件

如1.3.1节所描述的那样,航天器使用电推力器,其中很重要的一个原因就是其比冲通常比化学推力器高,从而可以节省较多的推进剂,增加航天器的有效载荷。但是,电推力器的比冲并不是越高越好,因为随着比冲的提高,电功率供应就要增加,此时电源质量

就会增加,因而需要合理地加以选取。

下面将推导和分析一些非常重要的概念:特征速度和最优比冲条件。对于一个实际的空间任务,最优比冲条件是总存在的,它和推力器的性能参数息息相关[3]。

首先我们再回到齐奥尔科夫斯基公式

$$\Delta v = v_\mathrm{f} - v_0 = u\ln\frac{M_0}{M_\mathrm{f}} = u\ln\left(1 + \frac{M_\mathrm{p}}{M_\mathrm{f}}\right)$$

该公式表征了航天器的速度增量与工质消耗量和排气速度的关系。公式中 M_p 为工质的消耗量,M_0 和 M_f 分别为航天器的初始质量和最终质量。假设电推进装置的工作时间为 τ,并且在工作过程中推力器的质量流量保持恒定,则工质的消耗量 M_p 与推力、工作时间以及排气速度的关系为

$$M_\mathrm{p} = \dot{M}\tau = \frac{T\tau}{u} \tag{1.18}$$

对于电推进装置来说,航天器的最终质量 M_f 包括结构和有效载荷质量 M_L 以及电源子系统和电源变换器与控制子系统的质量 M_w(以下简称电源质量,这是电推进装置特有的)。电源质量 M_w 与输入功率成正比,即

$$M_\mathrm{w} = \frac{P_\mathrm{in}}{\alpha} \tag{1.19}$$

式中,α 为电源子系统和电源变换器与控制子系统的总比功率(以下简称为电源总比功率);P_in 为式(1.16)定义推力器总的输入功率 P。于是,利用式(1.16)和式(1.18),式(1.19)可变为

$$M_\mathrm{w} = \frac{M_\mathrm{P}u^2}{2\alpha\tau\eta_\mathrm{t}} = \frac{Tu}{2\alpha\eta_\mathrm{t}} \tag{1.20}$$

式中,η_t 为式(1.16)定义的电推进系统的总体效率。这样

$$\frac{M_\mathrm{w}}{M_\mathrm{P}} = \frac{u^2}{2\alpha\tau\eta_\mathrm{t}} = \frac{u^2}{u_\mathrm{c}^2} \tag{1.21}$$

式中,u_c 定义为电推进系统的有效特征排气速度,可表达为

$$u_\mathrm{c} = \sqrt{2\alpha\tau\eta_\mathrm{t}} \tag{1.22}$$

这样,将式(1.21)代入式(1.6),可得到航天器结构与有效载荷的质量分数的表达式

$$\frac{M_\mathrm{L}}{M_0} = \left[1 + \frac{u^2}{u_\mathrm{c}^2}\right]\mathrm{e}^{-\Delta v/u} - \frac{u^2}{u_\mathrm{c}^2} \tag{1.23}$$

式(1.23)中参数之间的关系可以用图 1.4 表示。从图中可以看到,对于给定的飞行任务(即 Δv 一定),存在一范围较宽的最佳有效排气速度,即最佳比冲。此时航天器的结构与有效载荷质量分数可达到最大值,而该最大值随 $\Delta v/u$ 减小而提高,最佳比冲的可选择范围则增大。可见,在飞行任务一定时,提高有效特征排气速度,即延长电推进系统的工作时间和提高电源总比功率,对于提高航天器结构与有效载荷的质量分数和在宽范围选取电推力器的比冲是有利的。由式(1.22)可知,特征速度与比功率 α、推力器效率 η_t 以及推进时间有关。这意味着,对于任何一个给定的电推力器,任何最优工作时间都正比于

航天器速度总变量的平方。这样,大的 Δu 将对应非常长的任务时间。同样,任何最优比冲 I_s^* 都近似与航天器的速度变化量成正比,则大的速度变化量对应于高比冲。

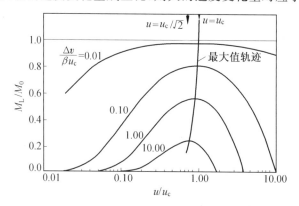

图 1.4 飞行任务给定时质量分数 M_L/M_0 随 u/u_c 的变化规律

航天器使用电推进系统时存在最佳比冲,可以这样定性地解释:电源质量随比冲增加而线性增加(当 α 为常数时,由式(1.19)表示),推进剂质量则与比冲成反比减小(由式(1.18)表示)。因此,当电推力器比冲较低时,航天器必须携带较多推进剂,此时结构与有效载荷质量较小;当比冲较高时,电源质量变得较大,反而使结构与有效载荷质量减小。

通过式(1.23),可以进一步求得任一空间任务所对应的最佳排气速度和最佳比冲,将式(1.23)对 u 微分并令其等于 0,可得到

$$\frac{u_c^2}{u^2} = \frac{2u}{\Delta v}(e^{\Delta v/u} - 1) - 1 \tag{1.24}$$

求解式(1.24)就可得到最佳有效排气速度 u^* 或最佳比冲 I_{sp}^*。

当速度增量小于有效排气速度时,可以求得

$$u^* \approx u_c \tag{1.25}$$

当速度增量大于有效排气速度时,最佳有效排气速度则可表达成

$$u^* \approx \frac{u_c}{\sqrt{2}} \tag{1.26}$$

按照式(1.13)的定义,将最佳有效排气速度除以重力加速度 g,即可得到最佳比冲 I_{sp}^*。尽管式(1.25)和式(1.26)是近似的,但通过它可理解哪些重要参数对最佳比冲有影响。例如,最佳比冲随航天器电推进系统工作时间的延长和电源总比功率的提高而提高。可以这样解释:电推进系统工作时间较长,一般要求推进剂较多,但所需推进剂质量随比冲的提高而减小,结果比冲较高导致有效载荷增加;在电推进系统工作时间一定时,电源的总比功率较高,即便电源质量不变,比冲也较高,此时推进剂质量减小,有效载荷也可增加。

通常,对于航天器辅助推进任务(如轨道控制),所需速度增量大大低于电推力器的比冲。如地球静止轨道卫星南北位置保持每年所需速度增量为 $40 \sim 51$ m/s,15 年寿命约需 700 m/s,东西位置保持所需速度增量就小了。对于地球轨道转移主推进任务,速度增

量要求为 1 500 ～ 5 000 m/s。如从地球转移轨道推进到地球静止轨道,需速度增量为 1 850 m/s,范·艾伦带探测任务需要 4 500 ～ 4 800 m/s。对于太阳系行星间飞行主推进,则需要 6 000 ～ 40 000 m/s。可见,对于地球轨道任务,只要电推力器选择得当,通常 $\Delta v < u$ 即成立。

当 $\Delta v < u$ 时,由式(1.6)和式(1.18)可得

$$\tau = M_0 \frac{u}{T}(1 - e^{-\Delta v/u}) \approx \frac{M_0 \Delta v}{T} \tag{1.27}$$

另外,电源质量 M_F 包括电源子系统质量 M_1 和电源变换器与控制子系统质量 M_2,这 2 个子系统的比功率可分别用 $\alpha_1(\alpha_1 = P/M_1)$ 和 $\alpha_2(\alpha_2 = P/M_2)$ 表示,于是式(1.19)中的电源总比功率可表示为

$$\alpha = \frac{\alpha_1 \alpha_2}{\alpha_1 + \alpha_2} \tag{1.28}$$

可见,由于电推进系统需要电源变换器与控制子系统,所以其效果是电源总比功率降低了。

目前我国电源子系统的比功率 α_1 约可以做到 50 W/kg,10 年后有可能达到 100 W/kg。电推进系统的电源变换器与控制子系统的比功率 α_2 则与电推力器类型有关。对于离子推力器和霍尔推力器,α_2 约为 100 W/kg;对于电弧加热推力器,α_2 约为 500 W/kg;对于脉冲等离子体推力器,α_2 可以达到 1 000 W/kg。

利用式(1.22)和式(1.25),可以得到几种电推进系统的最佳比冲与电源总比功率和工作时间的关系,如图 1.5 所示。这里设 $k = 1$,对于离子推力器、霍尔推力器、电弧加热推力器和脉冲等离子体推力器,电推进系统总效率 η_t 分别取 0.60、0.45、0.25 和 0.10。

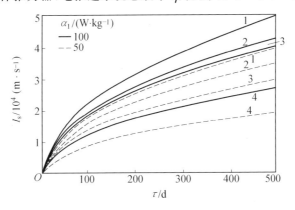

图 1.5　电推力器最佳比冲与电源子系统比功率和推力器工作时间的关系

1— 离子推力器;2— 霍尔推力器;3— 电弧加热推力器;4— 脉冲等离子体推力器

从上述推导以及图 1.4 和图 1.5 所示可知:

(1)当电源总比功率一定时,电推进系统工作时间越长,或者当电推进系统工作时间一定时,电源总比功率越高,电推进系统的最佳比冲就越高。但对于不同类型的电推力器,其推进系统的最佳比冲是不同的,离子推力器较高,霍尔推力器次之,电弧加热推力器

和脉冲等离子体推力器较低。换言之,离子推力器容易获得较高比冲,适合工作时间较长和速度增量较大的任务,霍尔推力器次之,电弧加热推力器和脉冲等离子体推力器比冲较低,适合工作时间较短和速度增量较小的任务。

(2)$\Delta v/u_c$越小,即速度增量一定时电推进系统的最佳比冲越高,航天器结构与有效载荷的质量分数就越大,电推力器比冲的可选取范围就越宽。如当$(\Delta v/u_c) < 0.10$时,比冲在$0.6I_s^* \sim 1.5I_s^*$范围选取,航天器结构与有效载荷的质量分数就不会低于其最大值的99%,比冲在此范围选取,其影响不大。与此相反,$\Delta v/u_c$较大时,航天器结构与有效载荷的质量分数就较小,电推力器比冲的可选取范围就较窄。

例如,设$M_0 = 2\ 400$ kg,$\Delta v = 700$ m/s,$\alpha_1 = 50$ W/kg 和 $T = 70$ mN,则 $\tau = 2.4 \times 10^7$ s(即278 d),此时若用离子推进系统,其最佳比冲为3 080 s,比冲的可选取范围为1 850 ~ 4 620 s;若用霍尔推进系统,其最佳比冲为2 660 s,比冲的可选取范围为1 600 ~ 4 000 s。如果上述2种推力器比冲分别取3 000 s和1 600 s,则航天器结构与有效载荷的质量分数分别为0.947 2和0.931 7,相差并不大。倘若采用$T = 200$ mN的电弧加热推力器,系统的最佳比冲为1 380 s,其比冲的可选取范围为830 ~ 2 070 s。但这种推力器的比冲很难做高,假定它为500 s和1 000 s,则航天器结构与有效载荷的质量分数为0.828 1和0.879 4,要比用离子和霍尔推力器小得多。

1.3.4   电推进羽流对航天器的影响机理

电推进装置通过从推力器喷出高速的带电粒子束产生推力,我们将推力器外部的这部分带电粒子的集中区域称为羽流区。相比传统的化学推进,电推进羽流对航天器的影响更为严重,需要重点评估。电推进羽流对航天器环境影响主要体现在两个方面。

(1)电推进工作时将产生化学推进所没有的等离子体环境和电磁场环境;

(2)电推进因其推力小,点火工作时间相对化学推进要长得多,这就使得一些环境影响因为长时间的积累效应而变得比较严重[4]。

电推力器的羽流发散角是考核羽流带电粒子对航天器产生影响的一个重要指标。其定义为其喷出等离子体在羽流空间的束流扩张角度,因此通常用它来反映等离子体束的集中程度和聚焦特性。如果羽流发散角大,则羽流对航天器的影响区域也会相应地更宽。在对航天器太阳帆板、关键部件的布置时必须考虑羽流的影响。在电推进中,羽流污染在霍尔推力器中显得极为重要。对于目前应用最为广泛的SPT-100型霍尔推力器,与中心线成22°角的地方等离子体密度下降到原来的$1/e$,成45°角的地方则为原来的$1/10$。其中含80% ~ 85%的单原子离子,5% ~ 10%的中性粒子,10% ~ 15%的双原子离子。在出口下游1倍直径的地方等离子体密度在2×10^{17} m^{-3}的量级上。

电推进羽流的等离子体和电磁场环境会进一步诱发溅射、污染、带电、电磁干扰等问题,从而会对航天器造成影响,甚至危及空间任务顺利完成。电推进羽流对航天器的作用机理很复杂,在这里主要介绍电推进羽流对航天器3方面的影响因素。

1. 交换电荷离子效应

羽流中含有高能量的带电粒子和未电离的中性气体成分,这些粒子间存在各种相互作用,包括电荷交换、碰撞激发与电离、复合等。其中电荷交换是一个重要的作用过程,羽流中高能的离子与中性粒子发生电荷交换,生成了能量较高的中性粒子和低能离子。这些低能离子会在航天器表面形成"返流",从而改变了表面电荷分布状况。

进行电荷交换后的离子会引发航天器表面溅射与污染沉积(图 1.6),溅射会导致材料(如航天器热控涂层)性能退化,溅射物与羽流中的粒子会形成沉积污染物,对敏感器、太阳电池阵等产生影响。通信卫星典型寿命周期为 15 年,在长时间累积作用下,这种效应对航天器的影响程度需要进一步研究。

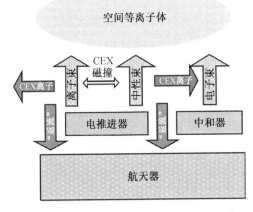

图 1.6 交换电荷离子与航天器表面相互作用

通常情况下,羽流中带电粒子的特征参数沿喷射方向有明显变化。当羽流接触到航天器不同区域的导电部件时,羽流起到"短路"作用,即为不同电位的带电体架起电流通路(图1.7)。类似地,"返流"低能离子被吸引回航天器主体结构时也会引发这种现象。还有一种情况,当航天器某个部组件(如太阳电池阵)与羽流接触,而另一个部组件与交换电荷离子接触时,两个存在电位差的部组件将构成大尺度的电流回路,从而产生电磁干扰。

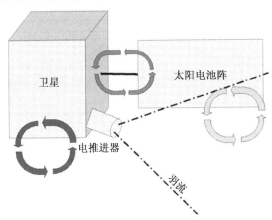

图 1.7 电推进羽流形成电流回路

2. 太阳电池阵功率损失

在研究太阳电池阵与电推进羽流相互作用时,可将羽流看作一种稠密的等离子体,电池阵将从中吸收电荷,形成寄生电流损失。地球同步轨道(GEO)的背景等离子体是高温度而低密度的环境,一般在通信卫星上产生的寄生电流很小,可以忽略不计。但是,如果卫星采用了高压太阳阵和电推进器,则羽流与电池阵相互作用产生的寄生电流可达毫安量级,这个影响就不能不考虑了。洛克希德·马丁公司对多颗地球同步轨道卫星的电位监测显示:当电推进器工作时,羽流可以有效降低航天器带电水平。但卫星电荷释放并不是一个瞬态过程,通常要耗费几十秒时间。在此期间,负偏置的太阳电池阵将被浸没在高密度的羽流等离子体环境中,从而产生寄生电流。

3. 电磁信号传输干扰

地面试验已经证实,电推进羽流环境会对电磁信号传输产生不良影响(图1.8),特别是引起电磁信号的衰减和散射。早在20世纪90年代,俄罗斯学者就提出了羽流干扰卫星通信的问题,并利用网络分析仪进行了试验测量;日本、美国等也陆续开展了相关领域的数值分析和试验研究。

电推进羽流对电磁波的干扰包括静态干扰和动态干扰。所谓静态干扰是指因羽流干扰而引起电磁波发生幅度衰减(即增益降低)、相位变化和消偏振等现象;所谓动态干扰是指等离子体与电磁波相互作用产生离散的虚假调制信号。

航天器设计人员需要确保羽流对信号的干扰被控制在容许的范围内。当前,对信号干扰水平的控制要求:由羽流引起的相位误差被控制在几度的量级内;不允许出现电磁波消偏振(或波偏振面旋转)现象;电磁波幅度不允许出现明显衰减。而对离散的奇异调制信号的量化要求尚在讨论中。

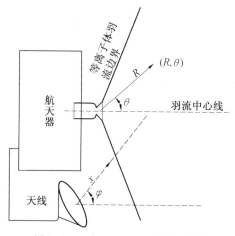

图1.8 电推进羽流干扰电磁信号

1.4　电推进系统在空间任务中的应用分析

电推进技术的高比冲、小推力、长寿命等特点,正适合航天器对空间推进系统提出的高速飞行、长期可靠工作和克服较小阻力的要求,不但可用于近地空间航天器的控制,而且更适用于空间探测和星际航行的主推进。对许多空间飞行任务的分析表明,高比冲电推进空间探测器具有下列优点:

(1)增加有效载荷的净质量(可达 10 倍),使一些飞行任务成为可能。不同任务的化学/电推进质量比如图 1.9 所示。

(2)缩短飞行时间。如用化学推进的欧空局彗星探测器罗塞塔,初始湿质量为 2.9 t,到达彗星 46P/沃塔宁要 9 年,净质量为 1.3 t;若用太阳电推进,湿质量为 1.83 t,提供净质量为 1.3 t,只需 2.5 年即可到达,从而可降低运行成本。

(3)不受发射窗口的影响。

(4)可用较小级别的运载火箭发射,大大节省发射成本。

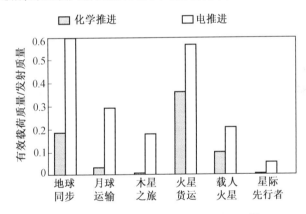

图 1.9　不同任务的化学/电推进质量比[1]

电推进技术主要应用于航天器的位置保持、近地轨道转移、深空探测 3 方面,其中以霍尔推力器在地球同步卫星的位置保持应用最为成功。自电推进技术成功地在地球同步卫星的位置保持上取得应用后,得益于太阳能电源技术的进步,使得航天器上可用能源日益充裕,数百台电推力器在执行不同任务的航天器上稳定而高效地工作。需要强调的是,不同的电推进系统的性能参数是不一样的,而推力器的性能直接影响到推进过程的推力效率。针对一个相同的空间任务,利用不同性能参数的电推力器系统完成所需的时间不同,推力器所需提供的总的速度增量也不一样。图 1.10 简要分析了不同类型的电推进技术所能适应的空间任务。这也决定了不同的电推进装置有其各自的适用范围。

描述空间任务所需能量的大小的一种简便方法是使用任务速度这个概念,它是达到任务目的所需的全部速度增量的和。按照任务速度,可以将空间推进应用主要分为以下几大任务类型。

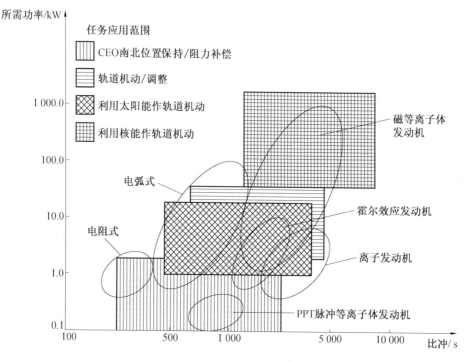

图 1.10 电推进技术应用范围[5]

（1）克服卫星在轨道上平动和转动时的干扰,例如地球同步轨道卫星的南北位置保持、调整望远镜或天线、中低地球轨道卫星的大气阻力补偿。对于 350 km 轨道的南北位置保持,速度增量1年需要 50 m/s,10 年要 500 m/s。实际上,对这类任务,已经由几种不同类型的电推进系统完成了。

（2）需克服地球附近相对微重力场来增加卫星速度,例如从低地轨道到较高轨道,甚至是地球同步轨道的轨道提升。椭圆轨道的圆化需 2 000 m/s 的速度,而从低地轨道提升到高轨道的速度增量一般高达 6 000 m/s。几种适用于这类任务的电推进装置正在研制中。

（3）星际航行和深空探测这类潜在任务也将电推进装置作为候选者。重返月球、飞向火星、木星和彗星、小行星探测现在也引起人们的兴趣,它们都需要相对较大的推力和功率。目前正研究适合于这类任务(需 100 kW)的几种电推力器。这类任务的电源供应系统将会考虑核能,而不是太阳能。

在本节中,针对目前和将来电推进装置可能的空间任务进行总结,希望读者通过这部分内容的阅读,掌握各种空间电推进装置适合的空间任务,并明确空间电推进的发展目标。

1.4.1 航天器轨道转移

轨道机动能力、自主飞行控制能力、有效载荷承载能力、在轨驻留和相对位置保持能力等是轨道转移系统的核心能力,而无论是进入空间轨道、轨道间机动,还是航天器姿态调整、交会对接、轨道高度保持、编队飞行相对位置维持,都需要相应的推进系统保障。此处以地球同步卫星的入轨过程为例,介绍电推进装置在航天器轨道转移领域的应用[6]。

地球同步轨道(GEO)卫星的入轨过程包括近地点射入、远地点射入以及定点捕获 3 个阶段。卫星的有效载荷与变轨发动机的推进剂消耗密切相关,近地点、远地点的射入误差又将耗费星上姿态控制发动机的推进剂。GEO 卫星变轨优化设计的目的是如何减少推进剂消耗,使卫星的有效载荷最大。优化设计主要包括 3 个内容:选择何种过渡轨道;对于实际过渡轨道选择发动机最佳远地点工作参数(冲量、方向和时刻);远地点射入后,选择最佳的定点捕获程序。轨道转移(简称变轨)是指航天器在其控制系统作用下,由初始轨道(或停泊轨道)运动改变为沿目标轨道运动的一种轨道机动。轨道转移一般有共面轨道转移和非共面轨道转移。对于 GEO 卫星,一般采用的轨道转移方法有两种:

(1) 星箭分离后,卫星进入近地点为几百千米、远地点为地球同步高度的大椭圆轨道,即地球同步转移轨道(GTO-Geosynchronous Transfer Orbit),转移轨道的倾角一般不为零。余下的过程,即进入 GEO 的任务由星上远地点发动机和姿态控制分系统完成。

(2) 航天飞机或大型运载火箭将卫星和一级火箭(称近地点发动机)送入停泊轨道,停泊轨道可能是几百千米的圆轨道,也可能是近地点为几百千米、远地点为几千千米的椭圆轨道。在停泊轨道上近地点发动机工作,将卫星送入转移轨道,余下的过程与方法(1)类似。

在发射 GEO 卫星的过程中,从 GTO 到 GEO 过程由远地点发动机提供速度增量和由卫星姿态控制保证推力方向来实现。远地点发动机可分为固体火箭发动机、液体火箭发动机和电推进 3 类。每一类发动机各有其不同的力学特点。此处我们来探讨采用电推进装置进行轨道转移的可行性。

电推进作为 GEO 卫星变轨的推进系统是空间推进的发展方向。2000 年 12 月发射的 Galaxy XI,采用休斯公司直径 25 cm 离子推力器(功率为 4.5 kW,推力为 165 mN,比冲为 3 800 s,效率为 93%,推进剂工质氙气 Xe)首次完成了 Westen GEO 卫星的轨道提升。亚太移动卫星通信系统 APMT 采用休斯公司 HS702 卫星平台,也使用电推进完成轨道提升。目前国际上正对电弧推力器(Arcjet)、霍尔推力器和离子推力器等用于轨道转移进行广泛的研究,相对于化学推进,采用电推进方式进行变轨的主要特点是:工作寿命长(几千至几万小时);工作时间和工作方式可人为控制,可实现多次启动、关机,变轨过程可分多次进行;多次变轨过程中,前次变轨的结果可以通过卫星遥测和轨道测量进行参数标定,以标定的结果为依据指定下一次变轨计划,并且电推进单位冲量小,从而大大提高变轨精度;电推进引起的振动小,点火工作期间对卫星振动干扰小;采用多台推力器组合,通过推力器的安装布局,可有效控制推力方向;推力小(几十至几千毫牛),工作时间长,为连续推力;卫星变轨时间长,绕地球飞行圈数多,相应的卫星测控和定位时间较长;控制精度高。

图 1.11 给出了有关轨道提升的性能曲线。与化学推进作为上一级对比,电推进可以将重几倍的载荷送入同步轨道,但是通常要以更大的功率和更长的飞行时间作为代价。

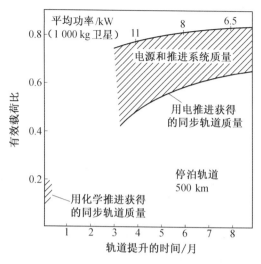

图 1.11　不同推进系统进行轨道提升的性能[7]

采用化学推进(短时间)、多重螺旋轨迹的电推进(长时间)从地球低轨道(LEO)到高轨道,超同步化学推进轨道(中等时间)取代 LEO 作为进入高轨道的起始轨道。在超同步轨道上,用电推进方式以固定的惯性姿态连续推动,降低了各轨道的远地点,提升了近地点,直到它到达最终圆轨道[5]。

但是,与化学推进相比(可达上百牛),目前的电推进技术所产生的推力较小(几十到几百毫牛量级),因而可能需要比化学推进花费更长的时间才能完成变轨。图 1.12 定性地给出了基于化学大推力和电推进小推力的低地轨道向地球同步轨道(LEO - GEO)的转移轨道。相对于化学推进,电推进的转移时间更长,但是电推进在工质消耗方面仍然优于化学推进。在地球轨道空间,电推进航天器变轨时间较长,但对于深空探测航天器,电推进既有可能节省工质,也不会比化学推进消耗过多的时间。

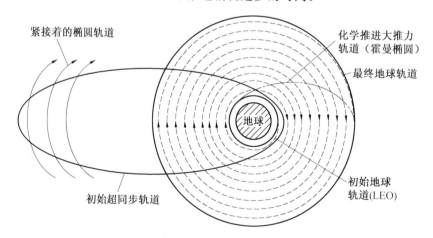

图 1.12　基于化学大推力和电推进小推力的低地轨道向地球同步轨道的转移轨道

1.4.2 航天器位置保持

同样,类似于1.4.1节,在这里我们仍然以地球同步卫星为例,介绍电推进在航天器位置保持方面的优势。任何同步卫星,在入轨后的整个工作寿命期间,由于各种摄动力对它的作用,并非一直处于同一位置上,其轨道形状、轨道平面及卫星的经度都会发生变化。为了保持与地面站的相对位置同步,必须设法克服各种摄动力对卫星的影响,即所谓进行轨道控制或修正。任何同步轨道卫星受到的摄动力的作用主要有3种:

(1) 地球的非圆性(三轴性)引起的各处不同的地球位势;

(2) 太阳-月球的引力作用;

(3) 太阳辐射压力的作用。

这些作用力的影响将使卫星运动的轨道发生变化,见表1.3[8]。

表 1.3 摄动力的影响及其速度增量要求

摄动力	对卫星的影响	速度增量(ΔV)要求
辐射压力	姿态漂移	小于 1(m/s)/年
杂散冲量作用		(3 m/s超过5年)
地球的三轴性	经度产生漂移	5.5(m/s)/年
太阳辐射压力作用	偏心率增加	是卫星的面积/质量比,表面性质和指向的函数
太阳-月球的引力	纬度产生漂移	约为 50(m/s)/年

对卫星设计和运行影响最大的是南北位置保持控制系统。随着卫星功能的增多、质量加大、寿命延长、控制精度要求越来越高,这一影响更加突出,引起航天工作者的普遍关注。因此,怎样解决这个问题,选用什么样的控制系统便成为一个重要问题。

从表1.3中可见,由于太阳-月球的引力作用,将使同步卫星的轨道面相对于赤道平面产生纬度的变化,变化量为(0.75°~0.95°)/年,此值相当于轨道速度的变化率为(40~51 m/s)/年。这个变化如果不修正,卫星的天线波束将在地球表面上画出一个拉长的8字图形。地面站的跟踪天线必须按一定的程序对这种每天出现的变化进行补偿(即南北位置保持控制)才能获得良好的工作效果。此外,由于同步轨道的容量有限,随着各国发射卫星数目的增加,将会变得越来越拥挤,为了防止相互干扰及影响,也必须进行轨道控制,对此国际上已作出相应的规定。因此,考虑到节省费用,能够采用简单、小型和固定的地面天线及遵守国际对同步卫星的有关规定,必须对同步卫星进行南北位置保持的控制,使其经度和纬度的变化处于±0.05°~±0.1°之间。

南北位置保持控制,因为需要改变轨道平面,是一种很费冲量的控制。每年约需提供50 m/s的速度增量,差不多是东西位置保持的10倍。对于小型、短寿命卫星,控制所需的总冲不大,问题不突出。但是,随着卫星质量的增加(1~3 t),寿命的延长(10~15年),所需总冲较大,控制系统的质量(主要是推进剂质量)占在轨卫星质量的比例大增(12%~20%),因此选用什么样的控制系统就成了一个值得重视的问题。

为了描述使用电推进的优点,现在考虑一颗工作寿命为15年、质量为2 600 kg的典型的地球同步轨道通信卫星。卫星进行南北位置保持所需的速度增量每年为 50 m/s;如果采用液体化学推进系统在整个寿命期间需要约 750 kg 的化学推进剂,超过了整星质量的 1/4;而使用电推进系统可将比冲增加到 2 800 s(约比化学火箭高 9 倍),推进剂质量可降到 100 kg 以下。还需加上一个电源系统和电推力器,但省去了化学推进系统本身的质量。这样的电推进系统将节省质量约 450 kg 或约卫星质量的 18%。发射到地球同步轨道的费用为每千克 $30 000,则一颗卫星节省约 $13 500 000 的费用。另一方面,卫星可储存更多的推进剂,从而延长了有效寿命。

除了 NSSK 之外,GEO 卫星一般还需要东西位置修正(EWSK),这主要是由于地球赤道的细微椭圆形造成的。稳定点在东经 74° 以及西经 104°,不稳定点为东经 162° 和西经 12°,所需的最大速度增量为 1.9 m/s,可以通过 NSSK 的推力器进行修正。

为了有一个定量的概念,可以从某一特定任务出发,根据若干假设和简化,进行分析计算。图 1.13 中以不同卫星质量和飞行寿命作为坐标,显示了电热、Arcjet 及离子发动机系统具有比化学发动机节省质量的区域。对用于同步卫星南北位置保持控制的推进系统,可以采用以下选取电推进装置的准则。

(1)离子推力器更适合于重型(大于 1.5 t)、长寿命(大于 10 年)、高功率(2 ~ 4 kW)的卫星;对于中等质量(1 ~ 1.5 t)和寿命(7 ~ 10 年)的卫星,电弧推力器系统较为优越;由于霍尔推力器的性能处于离子与电弧之间,因此,对两种情况都是一种强有力的竞争方案。

(2)对于功率有限(小于 1 kW)、小型(小于 1 t)、短期工作(小于 5 年)的卫星,应该选择电热联氨或单组元、双组元化学推进系统。

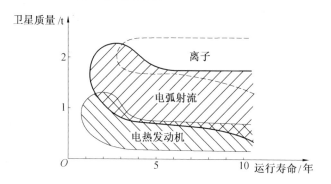

图 1.13 不同电推进系统获得质量节省的应用范围

目前,国际上主要的静止轨道卫星平台上都采用了电推进系统,其中,绝大多数采用了氙离子推力器、霍尔推力器、脉冲等离子推力器(PPT)和电弧加热推力器。表 1.4 所示为国外主要商业卫星平台使用电推进系统的情况。这些电推进系统大多数是用来为卫星南北位置保持提供推力,有的还可以为卫星入轨及东西位置保持提供推力。但是我国电推进系统的研制起步较晚,与国际水平差距较大,目前还没有在卫星上应用的先例。

表 1.4 国外主要商业卫星平台使用电推进系统的情况

平台	寿命 / 年	电推进系统
HS601HP	15	XIPS-13 cm
HS702	15	XIPS-25 cm
LS1300E	15	SPT-100
SB4000	15	SPT-100/PPS1350
Eurostar 3000	15	SPT-100
Express-EM	12	SPT-100
A2100	15	Arcjet MR510

1.4.3 深空探测

深空探测是指脱离地球引力场,进入太阳系空间和宇宙空间的探测。主要有两方面的内容:一是对太阳系的各个行星进行深入探测,二是天文观测。对于深空探测来说,找到快速、高效的推进方式是很重要的。由于传统火箭并不适用于更深一层的宇宙探测,因此,深空探测中的电推进和核推进技术的研发及其应用已引起航天大国的高度重视。

1998 年,美国的深空 1 号探测器发射升空,依次飞越了小行星布雷尔和彗星波瑞利,这次深空飞行第 1 次验证了电推进作为主推进进行深空探测的实际应用。深空 1 号配备了 NSTAR 离子推力器,其输入功率为 $500 \sim 2\,300$ W,对应的最大与最小推力约为 90 mN 与 20 mN,比冲为 $2\,000 \sim 3\,100$ s,开机工作时间长达 678 d(16 272 h)。直到 5 年后,欧洲航天局 ESA 于 2003 年发射了第 2 颗电推进航天器,即智慧 1 号月球探测飞船,同样成功地演示了作为主推进的电推进技术。智慧 1 号配备了 PPS - 1350 型霍尔推力器,其输入功率约 1 500 W,推力约 70 mN,比冲约 1 600 s。同年,日本发射了隼鸟号小行星采样返回探测器。隼鸟号装备了 4 台微波回旋离子推力器,每台推力器的最小推力不到 10 mN。隼鸟号经过了 7 年的飞行,已于 2010 年 6 月成功返回地球。2007 年 9 月,NASA 发射了黎明号小行星探测器,探测器装备了 3 台 NSTAR 离子推力器,将连续交会灶神星和谷神星小行星。有计划但还未实施的采用电推进的深空任务的,还有 ESA 的比皮科伦坡水星探测以及美国宇航局 NASA 利用核电推进的木星冰月轨道器木星系统探测(该计划已暂停)。比皮科伦坡水星探测器计划 2014 年发射,初始质量为 4 200 kg,预计 2020 年 11 月到达水星,将配备 4 台离子推力器(比冲为 4 300 s,单台最大推力约 130 mN,可以实现两台同时开机)[9]。

从目前深空探测的应用来看,离子推力器和霍尔推力器是目前技术最成熟,并且仅有的两种成功地进行深空探测的电推进装置。因此,本节以 NSTAR 和 BPT-4000 探测小行星和彗星的任务为例,论述电推进在深空探测的优势。NSTAR 和 BPT-4000 电推力器的实物图如图 1.14 所示。如上所述,NSTAR 为美国 NASA 开发的一种先进的离子推力器,已经在深空 1 号以及黎明号任务中成功得到应用。而 BPT-4000 是由美国 Arcjet 公司在美国 Busek 公司的许可技术基础上开发的,其主要参数:比冲为 $1\,769 \sim 2\,076$ s,推力为 $168 \sim 294$ mN,额定功率为 $3.0 \sim 4.5$ kW,额定工作电压为 $300 \sim 400$ V,效率为 50%,

质量 ＜7.5 kg,包络尺寸为 16 cm×22 cm×27 cm,工作寿命大于 6 000 h,用于 AEHF-1 地球同步军事卫星的位置保持,于 2010 年 8 月发射。在卫星入轨的过程中由于化学推进失效,BPT-4000 霍尔推力器提前工作,并成功地将卫星提升到预定轨道。这也表明了霍尔推力器在轨道转移和位置保持任务中的可靠性。BPT-4000 是迄今为止在空间应用的最大功率的霍尔电推进系统,也是美国继在 2006 年 12 月 16 日发射的 Tacsat2 卫星上采用的 BHT-200 霍尔电推进系统后在空间应用的第 2 套国产霍尔电推进系统,具有双模式工作能力,即在轨道提升期间工作在大推力模式(同时保持较高比冲),在轨位置保持期间工作在高比冲模式(同时保持足够推力)。

(a) 2.3 kW级的NSTAR离子推力器　　(b) 4.5 kW的BPT-4000型霍尔推力器

图 1.14　NSTAR 和 BPT-4000 电推力器实物图

相对于 NSTAR 离子推力器,BPT-4000 霍尔推力器的功率和推力更高,但是由于效率和比冲略低,而总冲基本相同,空间推进装置类型的选择主要从有效载荷、推进装置的费用等方面进行考核,在本节中也将从这些方面对深空探测任务进行论述。由式(1.7)可知,由于离子推力器比冲更高,因此当完成相同的速度增量时,所需要的推进剂质量更少。因此比起 NSTAR 推力器,BPT-4000 是更好的选择。但是考虑到离子推力器结构和附属设备更为复杂,会造成所需费用更多,推进结构质量更大,从而抵消了离子推力器的优势。

表 1.5 对比了分别采用离子推力器和霍尔推力器情况下推进系统的质量。离子推力器和霍尔推力器均分别为一到两台,另外有一台推力器作为备份。从中可以看出,由于离子推力器对电源的要求更高,造成电源质量比霍尔推力器大很多,从而使离子推力器的总质量更高。

表 1.5 离子推力器和霍尔推力器系统质量对比

系统组成	1+1霍尔推力器 /kg	2+1霍尔推力器 /kg	1+1离子推力器 /kg	2+1离子推力器 /kg
推力器	26.78	40.17	18.69	28.04
电源	26.25	39.38	42.28	57.65
供气系统	6.06	7.37	20.25	21.16
储气罐	22.20	22.20	22.20	22.20
万向节	10.05	15.75	9.76	14.64
其他	2.00	3.00	4.00	6.00
总质量	93.3	127.9	117.2	149.7

另外,在图1.15中对比了BPT-4000霍尔推力器、NSTAR离子推力器与双组元化学推进的费用,如果推力器只使用一次,则需要考虑研发的费用,而多次情况下,费用会更低一些。从图中可以看出,BPT-4000霍尔推力器的费用只比双组元化学推进所需的费用要高,低于NSTAR离子推力器的费用。这表明BPT-4000霍尔推力器在成本上比NSTAR离子推力器更有优势。接下来再来对比两种不同的深空探测任务各采用这两种电推力器的运行方案以及所需要的燃料[12]。

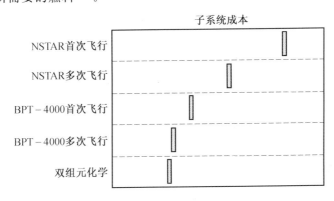

图1.15 BPT-4000霍尔推力器、NSTAR离子推力器与双组元化学推进的费用对比

1. 近地小行星采样返回任务

首先对比分析的是海神号近地小行星采样返回任务。航天器由 Delta II 2925 型火箭直接发射进入地球逃逸轨道并由电推力器送入与海神号小行星交会的轨道,航天器在小行星附近停留 90 d,然后由电推力器将其送回地球。基本的任务要求见表1.6。

表 1.6 近地小行星采样返回任务特性

目标星体	Nereus
发射运载火箭	Delta 2925
能源系统	三联点砷化镓太阳电池阵,功率 6 kW(1AU)
总线功率	300 W
任务周期	3.3 年
运行速度增量	4.2～6.5 km/s
发射年份	2007/08
发射和交会时间	由最优控制决定
最优方法	SEPTOP

对该任务的分析采用 SEPTOP 方法进行。实际上航天器的轨道设计是一个非常复杂的过程。由于篇幅所限,在这里就不展开了,感兴趣的读者可以参考相关的轨道设计的书籍。在这里我们只介绍轨道设计的结果。在进行任务分析时采用了 3 种不同的推进系统方案:单台 BPT-4000,单台 NSTAR,两台 NSTAR 推力器。"单台"和"两台"表示的是在任务的任意工作点同时运行的最大推力器数目。由于电源所能提供的功率的限制,只能同时工作一台 BPT-4000 霍尔推力器。各种不同的任务方案均有一台额外的推力器作为备份。返回地球的切入速度不受约束并以最大运送质量为最优目标。典型的 BPT-4000 的切入速度接近 13.4 km/s,单台和两台 NSTAR 的切入速度分别为 14.9 km/s 以及 13.9 km/s。

图 1.16 展示了 BPT-4000 和 NSTAR 推进方案的燃尽质量,燃尽质量定义为航天器到达其最终位置(在这种情况下为返回地球)时的总体质量,包含有效载荷、推进系统和剩余燃料。从图中可以看出,在这种情况下 BPT-4000 系统的性能要优于单台 NSTAR 系统。在相同的运载火箭和功率等级情况下,BPT-4000 运送的燃尽质量比 NSTAR 要大 150 kg。即使和两台 NSTAR 的情况相比,BPT-4000 的燃尽质量也只少了 50 kg。

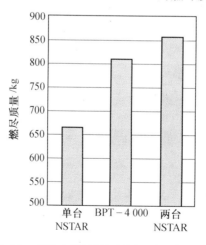

图 1.16 近地小行星任务返回地球的燃尽质量

图 1.17 展示了 BPT-4000 和 NSTAR 方案的推进的位置和距离以及停泊周期。尽管整个任务的周期是一样的,但是 NSTAR 在发射后,进入一个远距离、连续推力弧段轨线,需要将近两年的时间才能完成与小行星的交会,紧接着沿着一条持续 5 个月的推力弧段返回地球。这些长推力弧段的效率是相当低的,因为推力器被迫在轨道的非理想点上工作,导致单一 NSTAR 方案总的运行速度增量达到 6.5 km/s(两台 NSTAR 的速度增量为 5.2 km/s)。而 BPT-4000 在最小速度增量最优轨线情况下的推力弧段更短,总的运行速度增量要小得多,约为 4.2 km/s。

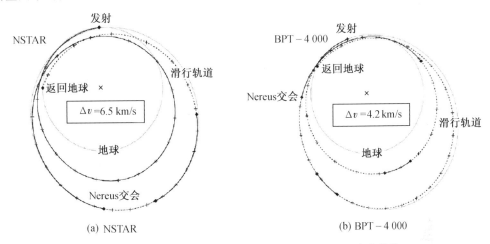

图 1.17   近地小行星任务单一 NSTAR 以及 BPT-4000 方案轨迹

根据图 1.16 的燃尽质量,单台 BPT-4000 系统只比两台的 NSTAR 少 50 kg(6%),但这同时增加了 NSTAR 子系统的质量(56 kg),因此两台离子推力器质量上的优势也被抵消掉了。同时,两台 NSTAR 系统所需要的费用(2+1,考虑一台备份,如图 1.15 所示)是 BPT-4000 系统的 2 倍。因此,综合考虑燃尽质量和发射成本因素,BPT-4000 霍尔推力器比 NSTAR 离子推力器更具优势。

2. 彗星交会任务

第二个考核的任务是与一个短周期的彗星交会。航天器发射后直接进入地球逃逸轨道并由电推力器推动航天器与科普夫彗星交会,基本的任务特性见表 1.7。

表 1.7   彗星交会任务特性

目标星体	Kopff
发射运载火箭	Delta 2925－9.5
能源系统	三联点砷化镓太阳电池阵,功率 6 kW 或 7.5 kW(1AU)
总线功率	250 W
任务周期	3.8 年
运行速度增量	7.1～8.8 km/s
发射年份	2006 年
发射和交会时间	由最优控制决定
最优方法	SEPTOP

由图 1.18 可知,在彗星交会参考任务中,BPT-4000 的性能并不如 NSTAR,它需要更多的燃料,造成系统的燃尽质量更低。原因是彗星与太阳的距离非常远,造成太阳能帆板发电效率较低,令推进系统在较低功率下运行(<1.5 kW),造成 BPT-4000 在低比冲和低效率模式下运行,因而性能降低了。

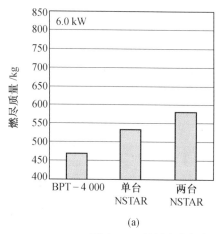
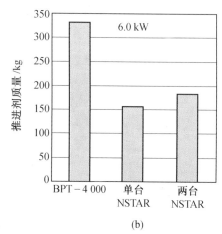

(a)　　　　　　　　　　　　　　(b)

图 1.18　彗星交会任务燃尽质量(a)以及推进剂质量(b)

总结以上的两种深空探测任务,可以得出以下结论:

(1)BPT-4000 霍尔推力器适用于距离太阳更近的目标,约在 2AU 以内。

(2)BPT-4000 的应用范围会随着太阳能帆板的成本降低,从太阳获得能源变得更加廉价而增加。

1.4.4　面向任务的空间电推进的选择

在本节之前的内容中介绍了 3 类主要的应用领域。对给定的飞行应用领域,选择特定的电推进系统时,不但要考虑推进系统的性能,而且要考虑特定飞行任务中的推进要求、所选的特定推进系统的性能、航天器接口以及功率转换和储存系统。总之,主要考虑下列准则[5]:

(1)对于非常精确的小推力位置保持和姿态控制应用任务,脉冲推力器是非常合适的。

(2)对航天器速度增量非常大的深空探测任务,具有非常高比冲的系统将有更好的性能。例如在 1.3.3 节给出的,最优比冲正比于推进时间的平方根。

(3)比冲越高,对给定的推力所需的电功率越大。这就需要体积和质量大的功率处理和输出设备。然而,在有效载荷和航天器速度增量一定的情况下,总质量和推力并非随着比冲增加而单调增加(见 1.3.3 节)。

(4)因为大多数任务需要长寿命,系统可靠性是个关键准则。在所有可能的环境条件(温度、压力、加速度、振动和辐射条件)下需要进行大量的试验,以确保系统的高可靠性。电推进装置的地面试验和验证同化学发动机并无区别,大量的投入使研发出一系列具有高可靠性的发动机成为可能。模拟太空中的低压环境需要大型真空舱。

（5）高推力效率和高功率转换效率是人们所需要的。它将降低功率输送系统本身的质量，同时降低热控要求。所有这些将使航天器总质量降低，总体性能得以提升。

（6）对于每种推进任务，理论上存在一个最优的比冲范围（见 1.3.3 节），这样也就存在一个最优电推进系统设计。若一些相互冲突的系统局限性使最优设计受到影响（例如飞行时间或最大功率或体积限制或费用），通过对目前多种发动机进行选择就能帮助解决这一问题。

（7）目前电源的研发水平使航天器可用的电推进系统不但在类型上，而且在体积上受到限制。除非将来航天器上的核能供电装置发展得更完善，并被人们所接受，这种局面才能得以改变。尤其对于飞向外星球的任务。

（8）许多实际因素，例如在零重力条件下储存和输送液体推进剂，推进剂（氙）的可获得性，将电源调节到所需的电压、频率和脉冲宽度，关键系统组件的冗余，在长期飞行过程传感器和控制器的生存性，还包括自我故障诊断装置以及费用等，最终都将影响电火箭发动机类型的选择和应用。

（9）除了考虑储存和输送因素外，推进剂选择还将受一些外界因素的影响，例如羽流和通信信号不应相互影响。羽流还必须不具有热破坏性，不会沉积在航天器的敏感表面上，如光学镜头、镜片和太阳能电池上。

表 1.8 给出了在各种空间推进功能所需的电推进装置的一些特征。

表 1.8 空间推进应用和 3 种不同推力水平的电推力器特征

推力量级	应用（寿命）	特征	状态
微牛级	东西位置保持 姿态控制 飞轮卸载 （15～20 年）	10～500 W 功率 精确最小冲量 $\approx 2 \times 10^{-5}$ N·s	运行
毫牛级	南北位置保持 变轨 气动补偿 矢量定位 （20 年）	千瓦级功率 对南北位置保持，最小冲量 $\approx 2 \times 10 \sim 3$ N·s 46 000 N·s/ 年 /100 kg 航天器质量	运行
0.2～10 N	轨道提升 星际旅行 太阳系考察 （1～3 年）	长期 10～300 kW 功率 间断或连续工作	在研

第 2 章　电推进等离子体产生加速原理

空间电推进装置主要通过电离工质产生等离子体,并通过电能注入能量,使工质或等离子体(主要是离子)加速。但是,各种空间电推进装置电离以及加速工质的原理和方式千差万别。在本章中,笔者将尝试将电推进装置的各种电离和加速的方式进行系统的归纳和总结,并针对各种电推进装置所涉及的等离子体物理的基本原理以及相应的物理过程进行介绍。

2.1　等离子体概述

等离子体与固体、液体、气体一样,是物质的一种聚集状态,是由部分电子被剥夺后的原子及原子被电离后产生的正负带电粒子组成的离子化气体状物质。常规意义上的等离子体态是中性气体中产生了相当数量的电离。当气体温度升高到其粒子的热运动动能与气体的电离能可以比拟时,粒子之间通过碰撞就可以产生大量的电离过程。对于处于热力学平衡态的系统,提高系统的温度是获得等离子体态的唯一途径。按温度在物质聚集状态中由低向高的顺序,等离子体态是物质的第四态[11]。

并非只有完全电离的气体才是等离子体,但需要有足够高电离度的电离气体才具有等离子体性质。粗略地说,当体系中"电性"比"中性"更重要时,这一体系可称为等离子体。由于麦克斯韦(Maxwell)分布的高能尾部粒子的贡献,处于热力学平衡态的气体总会产生一定程度的电离,其电离度由沙哈(Saha)方程给出

$$\frac{n_i}{n_0} \approx 3 \times 10^{15} \frac{T^{3/2}}{n_i} \exp(-E_i/T) \tag{2.1}$$

其中,n_i、n_0 分别是离子与原子的密度;T 为温度;E_i 为电离能。

等离子体中存在着高密度的带正电荷的离子和带负电荷的电子,它们不停地运动着。对于离子和电子来说,电离产生的正负电荷总是成对出现,消失的比率也是相等的。因此,等离子体容器中的正电荷量和负电荷量大致相等,从整体上说为电中性。等离子体中的带电粒子在电场作用下能自由运动,离子顺电场方向运动,电子反电场方向运动。运动结果离子和电子形成一个与原电场相反方向的电场,这一附加电场削弱了原电场,因而可以说等离子体有屏蔽电场的作用。

下面以等离子体中的平面栅极网为例来说明这种屏蔽。在无限大等离子体中,$x=0$ 处有一平面栅极网(图2.1),其电势 $\varphi > 0$,$x = \pm \infty$ 处电势为0。在静电势的作用下,等离子体中的电子向栅极运动,离子因质量比电子大得多而假设不动。电子在栅极周围聚集,

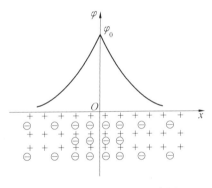

图 2.1　平面栅极网示意图

形成电子云。造成栅极周围正负电荷不再相等,准中性条件被破坏。如果栅极表面有介电层而在表面不发生复合,则在电子云和不动的离子之间形成了方向相反的附加电场,屏蔽了部分原电场。

通过推导可以得到电势在空间的分布为

$$\varphi = \varphi_0 e^{-|x|/\lambda_D} \tag{2.2}$$

式中,λ_D 为德拜长度,由等离子体密度 n_i 和电子温度 T_e 决定,即

$$\lambda_D = \sqrt{\frac{\varepsilon_0 k T_e}{n_i e^2}} \tag{2.3}$$

式中,e 为单位电荷;ε_0 为真空介电常数;n_i 为等离子体密度。

由此可见,静电势在等离子体中以德拜长度 λ_D 为特征长度指数下降。静电势的梯度、电场强度也是按这个规律随距离而变化。任何电场在等离子体中经过几个德拜长度后,就几乎可以忽略不计了。同时,由于德拜屏蔽的作用,在几个德拜长度后,等离子体不受电场的影响,重新满足准中性条件。

等离子体在远大于德拜长度的范围内保持电中性这一事实表明,要保持等离子体的电中性,就要求等离子体系统的尺度 L 远大于德拜长度,$L \gg \lambda_D$。

等离子体物理中把以德拜长度为半径形成的球称为"德拜球",把德拜球中所包含的带电粒子的数量称为等离子体参量 N_D,其表达式为

$$N_D = \frac{4}{3} \pi \lambda_D^3 n_i \tag{2.4}$$

等离子体集体相互作用要求 $N_D \gg 1$。N_D 是等离子体集体相互作用程度的度量。

如果等离子体偏离电中性,静电力就会对带电的粒子作用,作用的方向是使等离子体回复电中性。因此,静电力就起到了一种恢复的作用。又由于带电粒子本身有质量,有质量的物体在恢复力的作用下,必然会发生振荡。等离子体的这种固有振荡称为等离子体振荡,其振荡的固有频率称为等离子体频率 ω_p。可以推导得到,这种振荡的角频率为

$$\omega_p = \sqrt{\frac{e^2 n_i}{\varepsilon_0 m}} \tag{2.5}$$

式中,m 为带电粒子的质量。当 m 等于电子质量时,则式(2.5)表示电子的振荡频率;如

果 m 等于离子质量,则表示离子的振荡频率。由公式可以看出,带电粒子密度越大,粒子之间的距离越近,或带电粒子的电荷越多,静电恢复力越大,振荡越快,带电粒子质量越大,惯性越大,振荡越慢。因此电子的振荡频率要比离子大很多。

综上所述,等离子体的基本性质有:$L \gg \lambda_D$,也就是电中性要求;$N_D \gg 1$,是集体相互作用的要求。这是严格等离子体的定义,实际有时系统并不满足这些要求。虽然我们并不一定称它等离子体,但在解决问题时由于一些共同特点,仍常用等离子体的概念、方法来处理它,因此也属于等离子体物理的范畴。

若等离子体的内部压力很高,那么电子、离子、中性粒子会通过激烈碰撞而充分交换动能,从而使等离子体达到热平衡状态。若电子、离子和中性粒子的温度分别为 T_e,T_i,T_n,我们把这 3 种粒子的温度近似相等($T_e \approx T_i \approx T_n$)的热平衡等离子体称为热等离子体。我们在本书第 3 章所论述的电弧推力器内的工质,就基本属于热等离子体的范畴。

另一方面,数百帕以下的低气压等离子体常常处于非平衡状态。此时,电子和离子以及中性粒子间的碰撞很少,不足以将电子的能量传递给离子和中性原子,实现热平衡,所以有 $T_e \gg T_i$,$T_e \gg T_n$。我们把这样的等离子体称为低温等离子体。我们在本书第 4 ～ 7 章所要介绍的其他各种电推进装置,主要属于低温等离子体领域。相对于电弧推力器,其他各种电推进装置内的等离子体电离度要高很多,基本属于完全电离的等离子体。在本章的以下内容,我们将针对等离子微观和宏观的描述方法以及电离和加速等离子体的主要方式,分别进行论述。

2.2　等离子体的微观运动

从微观上讲,等离子体由大量不同种类的电子、离子等带电粒子或者是带电的微团,以及中性气体组成。粒子间存在相互之间的碰撞和反应,同时粒子和放电装置容器壁面间也存在相互作用。带电粒子本身的位置和运动,同时对空间电磁场的分布产生影响。在本节,我们将针对等离子体的微观运动规律,向大家进行介绍。

2.2.1　单粒子运动

等离子体是由带电粒子组成的系统,其运动行为受电磁场的作用支配。研究等离子体体系的第一步就是考虑单个带电粒子在给定的电磁场中的行为,即所谓的单粒子运动状态。应用单粒子运动模型,我们必须有两个假设,其一是忽略带电粒子之间的相互作用,其二是忽略带电粒子本身对电磁场的贡献。单粒子运动是等离子体微观运动的本质,对单粒子运动的分析是等离子体物理的基础,可以给出许多等离子体物质运动重要的图像。在本节中,我们将针对带电粒子在电磁场中运动规律以及各种电推进装置中主要涉及的 $E \times B$、磁镜效应等向大家进行简单的介绍。更为详细的等离子体单粒子描述方法,可以参考各种等离子体物理教材[11,12]。

若电场 E、磁场 B 同时存在,则一个质量为 m,电量为 q 的带电粒子运动方程为

$$\frac{\mathrm{d}\boldsymbol{v}}{\mathrm{d}t} = \boldsymbol{\omega}_c \times \boldsymbol{v} + \frac{q}{m}\boldsymbol{E} \tag{2.6}$$

方程右端第一项为带电粒子所受的洛伦兹力引起的速度的变化,反映了带电粒子作用下电子在磁场作用下的回旋运动,其中 $\boldsymbol{\omega}_c = \dfrac{e\boldsymbol{B}}{m}$,为带电粒子的回旋频率;右端第二项为带电粒子所受的电场力。

可以将式(2.6)分解成与 $\boldsymbol{B}$ 平行和垂直方向的分量方程

$$\frac{\mathrm{d}\boldsymbol{v}_\parallel}{\mathrm{d}t} = \frac{q}{m}\boldsymbol{E}_\parallel$$

$$\frac{\mathrm{d}\boldsymbol{v}_\perp}{\mathrm{d}t} = \boldsymbol{\omega}_c \times \boldsymbol{v}_\perp + \frac{q}{m}\boldsymbol{E}_\perp \tag{2.7}$$

平行于磁场方向的带电粒子只受电场的作用,其运动为简单的匀加速运动,而垂直于磁力线方向的运动则要复杂得多。为了求解垂直分量方程,可以引入新的速度 $\boldsymbol{v}_c$ 和 $\boldsymbol{v}'_\perp$

$$\boldsymbol{v}_\perp = \boldsymbol{v}_c + \boldsymbol{v}'_\perp$$

代入式(2.7),于是有

$$\frac{\mathrm{d}\boldsymbol{v}'_\perp}{\mathrm{d}t} = \boldsymbol{\omega}_c \times \boldsymbol{v}'_\perp + \boldsymbol{\omega}_c \times \boldsymbol{v}_c + \frac{q}{m}\boldsymbol{E}_\perp \tag{2.8}$$

若取

$$\boldsymbol{\omega}_c \times \boldsymbol{v}_c + \frac{q}{m}\boldsymbol{E}_\perp = 0 \tag{2.9}$$

则式(2.8)可化为

$$\frac{\mathrm{d}\boldsymbol{v}'_\perp}{\mathrm{d}t} = \boldsymbol{\omega}_c \times \boldsymbol{v}'_\perp \tag{2.10}$$

这是一个单纯的回旋运动方程。所以,在恒定电磁场中,粒子的运动可视为回旋运动和回旋运动中心匀速运动的合成,粒子回旋运动的中心称为导向中心。用 $\boldsymbol{\omega}_c$ 叉乘式(2.9),可以解出导向中心的运动速度

$$\boldsymbol{v}_c = \frac{q\boldsymbol{\omega}_c \times \boldsymbol{E}_\perp}{m\omega_c^2} = \frac{\boldsymbol{E}_\perp \times \boldsymbol{B}}{B^2} = \frac{\boldsymbol{E} \times \boldsymbol{B}}{B^2} \tag{2.11}$$

式(2.11)反映了电磁场共同作用下,粒子的运动形式发生的变化。由于正交电磁场 $\boldsymbol{E} \times \boldsymbol{B}$ 的存在,带电粒子的运动由式(2.10)的带电粒子绕导向中心的回旋运动以及式(2.11)的导向中心的定向运动组成。导向中心的这种定向运动称为漂移运动。这种漂移运动称为霍尔漂移,或直接称之为 $\boldsymbol{E} \times \boldsymbol{B}$ 漂移。霍尔漂移速度为

$$\boldsymbol{v}_{\mathrm{DE}} = \frac{\boldsymbol{E} \times \boldsymbol{B}}{B^2} \tag{2.12}$$

霍尔漂移运动与粒子种类无关,是等离子体整体的平移运动。霍尔漂移运动的图像如图 2.2 所示,由于电场的作用,粒子在回旋运动过程中,当运动方向与电场力的方向相同时,会加速,运动轨迹的曲率半径将会增加,反之其曲率半径则会减小,因而在一个周期后粒子的运动轨迹不会闭合,这样就形成了漂移运动。电子和离子的回旋运动的旋转方

向相反,但受到的电场力方向也相反,结果霍尔漂移运动的方向是一致的。

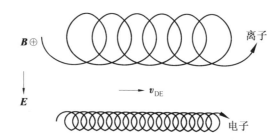

图 2.2　电漂移物理图像

$E \times B$ 漂移也是磁约束等离子体运动的一种普遍形式,反映了带电粒子在正交电磁场作用情况下的运动规律。在本书的 2.4.3 节中,对磁约束等离子体中的 $E \times B$ 漂移的运动、电离过程进行了更加详细的介绍。目前很多不同类型的电推进装置,如第 4、5 章分别介绍的部分离子推力器的电离室以及霍尔推力器,就采用 $E \times B$ 漂移来实现对电子的束缚,增加电子的停留时间,以提高工质的电离率。在本书的后续章节中将对此进行进一步论述。

下面我们来考察空间不均匀的磁场对带电粒子运动的影响。主要针对磁镜效应进行论述。假设有一个主要指向 z 方向的磁场,其大小在 z 方向变化。令磁场是轴对称的,其 $B_\theta = 0, \partial B / \partial \theta = 0$。由于磁力线的收敛和发散,就必然存在一个分量 B_r(图 2.3)。可以证明,这个分量 B_r 会产生一个能在磁场中俘获带电粒子的力。

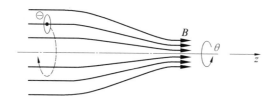

图 2.3　在磁镜场中一粒子的漂移

从 $\nabla \cdot B = 0$,我们能得到 B_r:

$$\frac{1}{r} \frac{\partial}{\partial r}(rB_r) + \frac{\partial B_z}{\partial z} = 0 \tag{2.13}$$

对上式沿径向积分,如果给出 $\partial B_z / \partial z$ 在 $r = 0$ 处的值,并且它随着 r 的变化不大,则近似有

$$rB_r = -\int_0^r r \frac{\partial B_z}{\partial z} dr \approx -\frac{1}{2} r^2 \left[\frac{\partial B_z}{\partial z} \right]_{r=0} \tag{2.14}$$

$$B_r = -\frac{1}{2} r \left[\frac{\partial B_z}{\partial z} \right]_{r=0}$$

可以得到 z, r, θ 3 个方向的洛伦兹力的分量是

$$\left.\begin{array}{l} F_r = q(v_\theta B_z(1) - v_z B_\theta) \\ F_\theta = q(-v_r B_z(2) + v_z B_r(3)) \\ F_z = q(v_r B_\theta - v_\theta B_r(4)) \end{array}\right\} \qquad (2.15)$$

由于 $B_\theta = 0$，因此上式中有两项为零，右端的洛伦兹力分量共剩余 4 项。项(1) 和项 (2) 给出绕 B_z 通常的回旋运动。项(3) 产生一个径向漂移，导向中心跟着磁力线运动。项(4) 是我们感兴趣的一项。将式(2.14) 代入式(2.15)，我们能够得到

$$F_z = \frac{1}{2} q v_\theta r (\partial B_z / \partial z) \qquad (2.16)$$

现在，我们必须对一次回转作平均。为了简单起见，只考虑其导向中心位于轴上的一个粒子。可以将粒子的运动分为垂直于磁力线的运动速度 $v_\perp$ 以及平行于磁力线的运动速度 $v_\parallel$。那么，在一次回转期间 v_θ 是一个常量，它等于 $\mp v_\perp$（取决于 q 的符号）。可以得到平均洛伦兹力为

$$\overline{F}_z = \mp \frac{1}{2} q v_\perp r_L \frac{\partial B_z}{\partial z} = \mp \frac{1}{2} q \frac{v_\perp^2}{\omega_c} \frac{\partial B_z}{\partial z} = -\frac{1}{2} \frac{m v_\perp^2}{B} \frac{\partial B_z}{\partial z} \qquad (2.17)$$

式中，r_L 为粒子在磁场作用下的拉莫尔半径，$r_L = \dfrac{m v_\perp}{q |B|}$。我们定义回转粒子的磁矩为

$$\mu \equiv \frac{1}{2} m v_\perp^2 / B \qquad (2.18)$$

因此

$$\overline{F}_z = -\mu \frac{\partial B_z}{\partial z} \qquad (2.19)$$

一般来讲，式(2.19) 能写成

$$\overline{F} = -\mu \frac{\partial B_z}{\partial s} = -\mu \nabla_\parallel \boldsymbol{B} \qquad (2.20)$$

其中，ds 是沿着 B 的线元。当粒子运动进入 B 较强或较弱的区域时，它的拉莫尔半径发生变化，但是 μ 保持不变。为了证明这一点，我们考虑运动方程沿 B 方向的分量为

$$m \frac{dv_\parallel}{dt} = -\mu \frac{\partial B}{\partial s} \qquad (2.21)$$

在左边乘以 $v_\parallel$，在右端乘以与 $v_\parallel$ 等价的 ds/dt，就得到

$$m v_\parallel \frac{dv_\parallel}{dt} = \frac{d}{dt}\left(\frac{1}{2} m v_\parallel^2\right) = -\mu \frac{\partial B}{\partial s} \frac{ds}{dt} = -\mu \frac{dB}{dt} \qquad (2.22)$$

这里 dB/dt 是在粒子上所看到的 B 的变化；而 B 本身却是不随时间变化的。粒子能量必须守恒，结合式(2.18)，可以得到

$$\frac{d}{dt}\left(\frac{1}{2} m v_\parallel^2 + \frac{1}{2} m v_\perp^2\right) = \frac{d}{dt}\left(\frac{1}{2} m v_\parallel^2 + \mu B\right) = 0 \qquad (2.23)$$

代入式(2.22)，式(2.23) 变成

$$-\mu \frac{dB}{dt} + \frac{d}{dt}(\mu B) = 0 \qquad (2.24)$$

因此

$$\frac{\mathrm{d}\mu}{\mathrm{d}t} = 0 \qquad (2.25)$$

利用磁矩 μ 的不变性可以有效地约束等离子体；当一个粒子在运动过程中由弱磁场区向强磁场区时，磁感应强度相对于粒子来说是逐渐增加的。所以，由式(2.18)可知，为了保持 μ 为常量，它的 $v_\perp$ 必须增加。由于粒子的总能量必须守恒，因此 $v_\parallel$ 必定减小。如果在磁镜两侧磁感应强度足够高，$v_\parallel$ 会最终变为零，于是粒子被"反射"回到弱场区。图 2.4 便是一个典型的磁镜装置示意图，当磁镜中心的带电粒子向两侧运动时，被磁镜力反射回中心，实现磁场对等离子体的约束。磁镜效应对离子和电子都起作用。磁镜也广泛地被电推进装置所采用，用于约束电子实现高的工质电离率。在后续对各种电推进装置原理进行介绍时，我们会逐一进行论述。

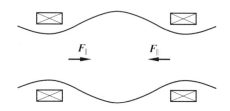

图 2.4　等离子体在磁镜间被捕集

然而，磁镜对带电粒子的束缚是不完全的。例如，$v_\perp = 0$ 的一个粒子将没有磁矩，所以它将不感受到任何 B 方向的力。如果图 2.4 最大场 B_m 不足够大，在中间平面($B = B_0$)具有较小的 $v_\perp / v_\parallel$ 的粒子也将逃逸。在这里我们给出损失锥的概念。假设对于给定的 B_0 和 B_m，在中间平面，带电粒子具有的速度为 $v_\perp = v_{\perp 0}$ 和 $v_\parallel = v_{\parallel 0}$，由中心向两端运动，并由于磁矩守恒，不断将平行于磁力线的速度 $v_\parallel$ 向垂直方向的速度 $v_\perp$ 转换。在它的转向点将有 $v_\perp = v'_\perp$ 和 $v_\parallel = 0$。令转向点场为 B'，这样，通过 μ 的不变性，就可以得到

$$\frac{\frac{1}{2}mv_{\perp 0}^2}{B_0} = \frac{\frac{1}{2}mv_\perp'^2}{B'} \qquad (2.26)$$

由能量守恒可得，$v'_\perp$ 满足

$$v_\perp'^2 = v_{\perp 0}^2 + v_{\parallel 0}^2 \equiv v_0^2 \qquad (2.27)$$

联立式(2.26)和式(2.27)，我们求出

$$\frac{B_0}{B'} = \frac{v_{\perp 0}^2}{v_\perp'^2} = \frac{v_{\perp 0}^2}{v_0^2} \equiv \sin^2\theta \qquad (2.28)$$

式中，θ 是在弱场区轨道的俯仰角。θ 角较小的粒子将镜(反)射入 B 较高的区域。如果 θ 太小，以至 B' 超过 B_m，粒子就根本不能镜(反)射。在方程(2.28)中，用 B_m 代替 B'，我们看出一个受约束粒子的最小 θ 角由下式给出

$$\sin^2\theta_\mathrm{m} = \frac{B_0}{B_\mathrm{m}} = \frac{1}{R_\mathrm{m}} \qquad (2.29)$$

其中，R_m 是磁镜比。式(2.29)定义了在速度空间一个区域的边界，这个边界具有圆锥的形状，称为泄漏锥(图 2.5)。位于泄漏锥内的粒子是不受约束的。

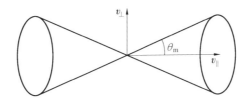

图 2.5　泄漏锥

对于等离子体的单粒子描述方法来说，还能够说明很多非常重要的物理现象，如带电粒子的曲率漂移、梯度漂移、重力漂移等。由于篇幅所限，我们在这里只介绍了空间电推进装置中的霍尔漂移以及磁镜效应两个最重要的物理效应，其他的各种单粒子描述方法，我们在这里就不一一进行介绍了。如果大家感兴趣，可以参考相应的等离子体教材，进行进一步学习。

2.2.2　碰撞，激发，电离

空间电推进装置首先要通过粒子间的碰撞实现电离，产生等离子体，这一过程和一般的气体放电过程是一致的。实际上电推进装置都需要通过对气体进行放电来产生等离子体。对于不同的电推进装置，可以通过对惰性气体(He，Kr，Ar 等)、H_2、NH_3 等气体进行放电来实现。在 2.2.1 节中我们对等离子体的单粒子运动描述方法以及主要的物理过程进行了描述。气体放电实际上是通过粒子间的相互作用来实现的。等离子体在实际运动过程中，除受电磁力的作用之外，等离子体之间以及等离子体与容器壁之间还存在着相互作用。气体放电过程中任何一个粒子会通过碰撞过程与其他各种粒子产生相互作用。粒子之间通过碰撞交换动量、动能、位能和电荷，使粒子发生电离、复合、光子发射和吸收等物理过程。粒子间相互作用的过程相当复杂，但可以用相应的碰撞特征参量(如碰撞截面、碰撞概率等)来表征。对于任何一个单粒子来说，其发生碰撞的类型是能够确定的。例如对一个电子来说，就存在电子之间，以及电子和离子，或者是电子和中性粒子间的碰撞等。但是，具体到某一时刻，该电子发生哪一种碰撞，则是无法确定的。但是粒子发生碰撞的概率满足统计学分布。为了阐明粒子发生碰撞的过程，我们简要介绍放电中粒子间相互作用的种类以及它们的有关特征参量。

1. 碰撞截面

首先我们来分析在什么情况下粒子间会发生碰撞。在这里只对二体碰撞的情况进行介绍。也就是在一个时刻只考虑两个粒子间的碰撞。这是电推进装置中粒子间碰撞的主要形式。实际上碰撞过程一般为多体过程，也就是一个粒子会同时与多个粒子相互作用，但是二体碰撞一般占主导作用。图 2.6 是把粒子看作刚性球，半径分别为 r_1、r_2 的粒子 1和粒子 2 发生碰撞瞬间的示意图。假设图中粒子 2 静止不动，认为其为背景粒子，而粒子

1为入射粒子。以粒子2的中心为原点,在xOy平面上作半径为r_1+r_2的圆。当粒子1沿z轴向粒子2靠近时,如果粒子1的中心在xOy平面上的投影落在这个圆内,那么粒子1必然会和粒子2发生碰撞[12]。

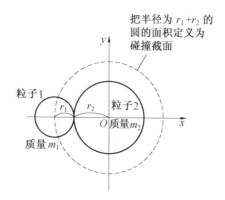

图 2.6   粒子1和粒子2发生碰撞的瞬间

可以计算图2.6的圆面积(图中的虚线)为

$$\sigma = \pi(r_1 + r_2)^2 \tag{2.30}$$

可见,σ越大就意味着越容易发生碰撞。所以,我们用σ来衡量粒子发生碰撞的概率,并称之为碰撞截面。原子、分子等中性粒子的半径$r \approx 10^{-10}$[m],它们的碰撞截面$\sigma \approx 10^{-20}$[m^2]。

这里,如果认为离子 i 和中性粒子 n 的半径大致相等且其值为r,则 i-n 碰撞或 n-n 碰撞的碰撞截面$\sigma = 4\pi r^2$。由于电子的半径极小,可以忽略不计,所以 e-n 碰撞的碰撞截面$\sigma = \pi r^2$。由此可见,i-n 碰撞或者 n-n 碰撞的碰撞截面是 e-n 碰撞的 4 倍。

上述粒子间的碰撞截面σ为常数,与碰撞能量无关。而实际上电子和分子都不是坚硬的球体。当电子或离子接近中性粒子时,中性粒子内部就会产生极化现象,出现电偶极子。该偶极子所产生的电场同电子或离子的相互作用会改变粒子轨迹。由于这种极化效应与碰撞粒子的相对速度有关,所以碰撞截面一般不是常数,而是能量的函数。我们将在下文针对粒子间的各种碰撞类型所具有的碰撞截面进行介绍。

2. 平均自由程和碰撞频率

由上述的碰撞截面的定义可知,如果碰撞截面σ越大,则两种粒子发生碰撞的可能性越大。但是碰撞截面只能反映两粒子发生碰撞的微观过程。为了从统计学的角度描述粒子间碰撞的激烈程度,我们在这里给出平均自由程和碰撞频率的定义。由于碰撞是无规则的,所以粒子在前后两次碰撞之间所走过的路程(自由程)也是有长有短的。我们引入平均自由程λ的概念,即认为粒子每行进距离λ就会发生一次碰撞。为了求出λ,如图2.7所示,假设空间内充满了密度为n_2的粒子2,而有一个粒子1以某一速度进入这个空间中。由图2.6中关于σ的定义可知,粒子在距离为λ的直线行进过程中,可以发生碰撞的空间范围是以σ为底面、高为λ的圆柱。

行进距离λ必发生碰撞指的是,在这个圆柱空间范围内只有一个粒子2存在,即体积

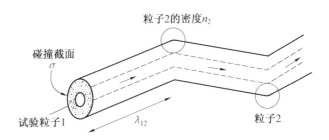

图 2.7　平均自由程 λ_{12}（试验粒子 1 在行进中不断与静止粒子 2 发生碰撞）

$n_2 \sigma \lambda = 1$。所以,这时粒子 1 和粒子 2 发生碰撞的平均自由程 λ_{12} 为

$$\lambda_{12} = \frac{1}{n_2 \sigma} \tag{2.31}$$

式(2.31)是在碰撞一方粒子 2 静止不动的假设条件下得到的,这种模型适用于高速运动的电子与速度较慢的中性粒子(气体分子)间的碰撞。但是,对于中性粒子间的 n - n 碰撞,由于碰撞双方的速度相当,所以不能把其中一方视为静止。碰撞双方都运动的模型与假设一方静止的模型相比,粒子间的相对速度较大,单位时间内的碰撞次数较多,所以平均自由程相对较小。

衡量粒子间碰撞剧烈程度的另一个物理量为碰撞频率,它的物理含义为 1 s 发生碰撞的平均次数。定义图 2.7 中试验粒子 1 和粒子 2 之间的碰撞频率为 ν_{12},粒子 1 的平均速度为 $\langle v_1 \rangle$,则试验粒子 1 s 内行进的路程 $\langle v_1 \rangle = \nu_{12} \lambda_{12}$,于是碰撞频率为

$$\nu_{12} = \frac{\langle v_1 \rangle}{\lambda_{12}} = n_2 \sigma \langle v_1 \rangle \tag{2.32}$$

从式(2.32)中可以发现,碰撞频率正比于背景粒子的密度、碰撞截面以及入射粒子的平均速度。因此,对于高温高密度等离子体来说,其碰撞频率更大,碰撞更加剧烈。

3. 粒子间碰撞的类型

根据碰撞前后粒子状态的变化,可以把粒子发生的碰撞分为弹性碰撞和非弹性碰撞两大类。弹性碰撞指的是参与碰撞的粒子在碰撞前后动能的总和不变,即参与碰撞的粒子没有内能变化。非弹性碰撞指的是参与碰撞的粒子碰撞前后总动能发生了变化,即碰撞前后粒子有内能变化。对于气体放电而言,存在弹性、激发、电离、复合等各种不同的碰撞类型,在这里我们对此进行简要的介绍[13]。

(1) 电子与原子的碰撞

气体放电过程中电子与原子间可以发生弹性、激发和电离碰撞。其中最易发生的是弹性碰撞(散射)。在弹性碰撞过程中粒子间只交换动量,但不改变位能,也不交换电荷。

当电子的能量高于激发和电离势能阈值时,则分别可以发生激发和电离碰撞。原子的激发和电离可以用简式表示为

$$e^* + A \longrightarrow A^* + e + \Delta E_1$$
$$e^* + A \longrightarrow A^+ + 2e + \Delta E_2$$

其中,e^* 是快速电子,e 是慢电子,A 是被碰原子,A^* 为激发态原子,A^+ 为离子,ΔE_1 和

ΔE_2 分别是激发势能和电离势能。当电子和原子发生激发碰撞时,电子将能量传递给原子,使原子内一基态的电子跃迁到激发态,同时电子本身损失能量 ΔE_1。而当电子和原子发生电离时,电子将损失能量 ΔE_2,使原子最外层的一个电子逃逸,原子变成一价离子。如果电子的能量更高,则可能产生二价甚至是多价离子。例如,在霍尔推力器羽流区内,就有大约 10% 的二价离子。

图 2.8 是氩气中电子的电离、激发和弹性散射截面与电子速度的关系。电子与其他种类气体的碰撞与此类似。由图可见,只有当电子能量较小时,弹性碰撞截面才有较大的值,因为此时电子尚无足够的能量去激发或电离原子。对于惰性气体的截面,在较小电子能量时出现的极小值是由于冉绍尔效应所致。

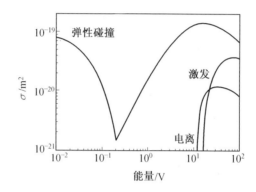

图 2.8　氩气中电子的电离、激发和弹性散射截面

(2) 离子与原子的碰撞

当正离子与原子碰撞时,它们之间可以发生弹性碰撞,也可以让正离子捕获原子的一个价电子,使原子中的电子转移给离子。一般来说,碰撞前该价电子在原子中所处能级的能量不等于碰撞后在原子中所处的能级的能量,这就造成一个能量亏损 ΔW,它可以是正值或负值。当 $\Delta W \neq 0$ 时,参加碰撞的离子的总动能不守恒。但是如果离子是该原子的电离产物,那么在发生电荷转移过程中能量亏损为零。以氙原子为例,有

$$Xe^+(快) + Xe(慢) \longrightarrow Xe(快) + Xe^+(慢)$$

这个过程称为共振电荷交换。在这个过程中,氙离子和原子分别交换能量。高能量的离子将能量转移给原子,使原子高速运动,而其本身变成一低速运动的离子。虽然离子和原子的内部状态都发生了改变,但它们的总动能是守恒的。当碰撞的离子能量较低时,共振电荷转移碰撞的截面很大,所以它是弱电离等离子体中的一个很重要的过程。

图 2.9 是氙离子在它们自身气体中发生弹性散射碰撞和共振电荷交换碰撞的电离截面。

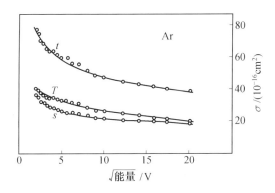

图 2.9   氩离子在它们自身气体中的弹性散射截面(s)、
电荷转移截面(T)和这两个截面的和(t)的实验测量值

（3）带电粒子的复合

当电离气体的电离源被拿走以后，该电离气体会迅速趋向中性化，这是由于带电粒子向器壁扩散以及正负带电粒子在电离气体中的体积复合造成的，实验发现后一种过程是带电粒子损失的主要机制。带电粒子的复合主要分为电子与正离子的复合和正负粒子间的复合两种。由于电子的荷质比很高，上述两种复合的性质有很大的差异。

由于电子的热运动速度大，当它接收正离子时，它们相互作用的时间很短，所以通常是不容易复合的。但如果此时有第三者参与了，例如电子先与放电器壁相碰，交出部分能量使自己变慢，这种慢化了的电子与正离子碰撞时就可能产生复合；或者是电子先被吸附到一个中性原子上，形成一个负离子，而后正负离子相碰而产生复合。电子被吸附的概率与中性原子的种类有关，实验表明惰性气体和 N_2、H_2 等气体不会通过吸附电子形成负离子，但像 O_2、H_2O、Cl_2 等气体就可在极短时间（$10^{-7} \sim 10^{-8}$ s）内吸附电子而形成负离子。

2.2.3   带电粒子与壁面的相互作用

在空间电推进装置中，等离子体会和壁面发生相互作用。首先由于双极扩散的原因，会在壁面积累负电荷，使固体表面呈负电位，并在壁面附近形成鞘层以加速离子并使电子减速。鞘层的概念我们会在 2.3.4 节中进一步介绍。当粒子和壁面发生碰撞后，会与壁面材料发生相互作用，图 2.10 显示出等离子体与固体表面相互作用的一些基本过程。本节仅简单介绍电子和离子与壁面发生的相互作用。

1. 离子溅射现象

当高速运动的离子运动到固体表面时，会将其部分能量传递给表层晶格原子，引起固体表面基体原子的运动。如果原子的能量大于表面的势垒，它将克服表面的束缚而飞出表面层，这就是溅射现象。溅射出来的粒子除了是原子外，也可以是原子团。溅射出来的原子进入鞘层后，与鞘层内的离子碰撞后将发生电离，形成新的离子。溅射原子或原子团也可以穿过鞘层进入等离子体区。

自从 1853 年在辉光放电过程中观察到阴极的溅射侵蚀现象以来，人们已经对各种材

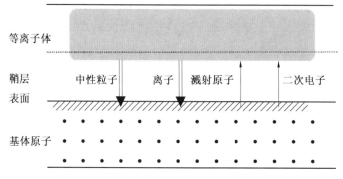

图 2.10　等离子体与固体表面相互作用过程示意图

料的微观溅射侵蚀机制进行了大量的研究。经过长时间的积累和发展,溅射过程已经成为当今工业生产领域的重要工艺,溅射工艺在材料表面处理、薄膜沉积制备、微器件加工以及电子工业中最为重要的芯片制造中的优势不可取代。而在电推进装置中,对推力器材料的溅射是推力器寿命的主要限制因素之一。如离子推力器中离子对栅极的溅射,霍尔推力器内离子对陶瓷的溅射等,均会造成材料从表面脱落,最终造成推力器的失效。

在这里我们简要介绍粒子溅射的微观物理过程。假设在固体中以速度 v 和能量 E 运动的离子受到力 F 的作用,满足关系 $\dfrac{\mathrm{d}E}{\mathrm{d}t}=v\cdot F$,因此可以得到 $\dfrac{\mathrm{d}E}{\mathrm{d}x}=F$,其中 x 为离子的运动路径,t 为运动时间。将 $\dfrac{\mathrm{d}E}{\mathrm{d}x}$ 称为阻止能,它由核阻止能 $\left(\dfrac{\mathrm{d}E}{\mathrm{d}x}\right)_{\mathrm{n}}$ 和电子阻止能 $\left(\dfrac{\mathrm{d}E}{\mathrm{d}x}\right)_{\mathrm{e}}$ 共同构成,它们分别由原子间的弹性和非弹性碰撞引起,不同情况下两者对于阻止能所起的作用大小不同。通常的溅射过程主要是由原子之间的弹性碰撞过程造成的,电子阻止能相对较小,因此,溅射也被称为撞击溅射。

目前普遍将溅射分为 3 种类型:

① 单一撞击溅射(Single Knock-on),如图 2.11(a)所示。在离子同靶原子的碰撞过程中,反冲原子得到的能量比较低,以至于它不能进一步产生新的反冲原子而直接被溅射出去。单一撞击溅射的入射离子的能量为 $10\sim100$ eV,且离子的能量是在一次或几次碰撞中被损失掉。

② 线性碰撞级联溅射(Linear Collision Cascade,LCC),如图 2.11(b)所示。初始反冲原子得到的能量比较高,它可以进一步与其他静止原子相碰撞,产生一系列新的级联运动。但级联运动的密度比较低,以至于运动原子同静止原子之间的碰撞是主要的,而运动原子之间的碰撞是次要的。对于线性碰撞级联溅射,入射离子的能量范围一般为千伏至兆伏,且级联运动主要是在离子运动路径周围产生的。

③ 热钉扎溅射(Thermal Spike),如图 2.11(c)所示。反冲原子的密度非常高,以至于在一定的区域内大部分原子都在运动,运动原子之间也发生相互碰撞。热钉扎溅射通常是由高能量(兆伏量级)的重离子轰击固体表面而造成的。

溅射过程可以用溅射产额这个物理量来定量描述,其定义为平均每入射一个粒子从

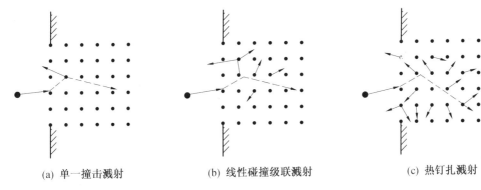

(a) 单一撞击溅射　　　　　(b) 线性碰撞级联溅射　　　　　(c) 热钉扎溅射

图 2.11　3 种不同的溅射类型

基材表面溅射出来的原子数,即

$$Y = \frac{溅射出来的原子数}{每入射一个粒子} \tag{2.33}$$

对于线性级联溅射过程,溅射产额 Y 与阻止能之间满足线性关系 $Y \propto \dfrac{\mathrm{d}E}{\mathrm{d}x}$。而热钉扎溅射过程下的级联碰撞不再是线性级联碰撞,而属于高密度级联碰撞,重离子轰击重靶或绝缘体时,往往出现这种现象。对于绝缘体来说,重离子的速度大于 Bohr 速度 $v_0 = \dfrac{Z_1 \mathrm{e}^2}{\hbar}$($\hbar$ 为普朗克(Planck)常数)时,即能够形成高密度碰撞,此时在表面级联区沉积的能量密度相当高,其结果在碰撞局部微小区域产生超过表面熔化和蒸发点的高温区,导致溅射产额反常地高。这种情况下,溅射产额与阻止能之间出现非线性关系 $Y(E) \propto \left(\dfrac{\mathrm{d}E}{\mathrm{d}x}\right)^n$,其中 $n > 1$。

2. 二次电子发射

当固体表面受到载能粒子轰击时,产生电子从表面发射出来的现象被称为二次电子发射。每入射一个载能粒子所发射出来的电子数称为二次电子发射系数。一般地,离子、电子、中性原子或分子与固体表面碰撞时,均可以产生二次电子发射。二次电子的出现,一方面改变了鞘层电位的大小和分布,另一方面它们经鞘层电场加速后,会参与碰撞和电离。因此,二次电子发射对等离子体自身的产生以及等离子体参数分布都是重要的。

二次电子发射的能力,通常用二次电子发射系数 δ 来表征。简单地说,二次电子发射系数可定义为二次发射电子流 I_s 与初电子流 I_p 之比,即

$$\delta = \frac{I_s}{I_p} \tag{2.34}$$

δ 的大小与材料、初级电子的能量有关,是它们的函数。图 2.12 表示一典型的壁面二次电子发射系数随入射电子能量的变化。

同理,当高能离子与壁面碰撞时,也可能产生二次电子发射现象。离子入射引起的二次电子发射与入射离子的能量、种类和被轰击材料的特性均有关,同时能产生二次电子的最小能量还和材料的功函数有关。所谓功函数是指一个处于绝对零度的电子,从材料内

部飞向真空无场空间所需供给的最低能量。二次电子的释放是离子、电子与固体晶格相互作用的结果,甚至当接近材料表面离子的能量可忽略不计时也能发生二次电子发射现象。图 2.13 为不同离子能量轰击 MgO 薄层的二次电子发射特性。从图中可以看出,离子入射导致的二次电子发射系数随着离子能量的增加而变大。但是,当入射离子能量增加时,离子进入到材料的深度也随之增加,向外发射二次电子反而困难。大多数离子源中的离子能量并不特别大,所以一般来说二次电子发射系数小于 1。

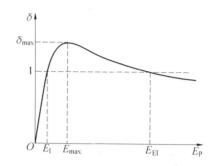

图 2.12　一典型二次电子发射系数随入射电子能量的变化

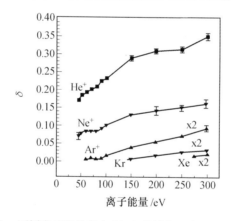

图 2.13　不同离子能量轰击 MgO 薄层的二次电子发射特性

2.3　等离子体的宏观描述

在 2.2 节中我们对等离子体的微观运动进行了描述。放电等离子体中有数不清的大量运动粒子,它们彼此作用,不断发生碰撞。其中每个粒子的运动都遵从牛顿运动方程,但是由于粒子总数过多,我们不可能同时求解出任意时刻所有粒子的运动状态。所以,我们这里放弃把各个粒子区分开来求解的方法,而是把它们看作一个整体,考虑这个粒子群处于某一速度的概率,用速度分布函数来表示。进一步根据这个分布函数,定义平均速度等平均量。这样,我们就可以把等离子体视为流体来解决问题,也就是等离子体的宏观描述方法。

2.3.1　等离子基本方程

首先我们仍然从单个带电粒子的运动开始。由 2.2.1 节的描述可知,质量为 m,电荷为 q,速度为 w 的单个粒子在电场 E、磁感应强度 B 中的运动服从运动方程

$$m \frac{\mathrm{d}w}{\mathrm{d}t} = q(E + w \times B) - m\nu w \qquad (2.35)$$

式中,ν 为式(2.32)定义的碰撞频率;$m\nu w$ 表征了碰撞效应对粒子速度的影响。为了得到单位体积中 n 个粒子的总体运动情况,先把式(2.35)左右两边同乘以 n,再将 w 的平均值——流速 u 代入方程,那么我们可以预想流体运动方程的形式为

$$nm \frac{\mathrm{d}u}{\mathrm{d}t} = nq(E + u \times B) - nm\nu u \qquad (2.36)$$

虽然这个方程从直观上看有一定的合理性,但正确的方法必须考虑关于速度分布函数 f 的玻耳兹曼方程

$$\frac{\partial f}{\partial t} + w \cdot \frac{\partial f}{\partial r} + \frac{q}{m}(E + w \times B) \cdot \frac{\partial f}{\partial w} = \left(\frac{\partial f}{\partial t}\right)_{\text{coll}} \qquad (2.37)$$

该方程的右边表示与其他种类粒子发生碰撞而导致的分布函数随时间的变化。将式(2.37)两边对速度空间(w_x, w_y, w_z)积分,就可以得到连续性方程

$$\frac{\partial n}{\partial t} + \nabla \cdot (n\,u) = g - l \qquad (2.38)$$

其中,右边的 g、l 分别表示每秒内单位体积中粒子由电离而产生、由复合而湮灭的比率。再把式(2.37)的两边同时乘以 w 后在速度空间进行积分,可以导出运动方程

$$nm \frac{\mathrm{d}u}{\mathrm{d}t} = nqE + nqu \times B - \nabla p - nm\nu u \qquad (2.39)$$

其中,p 为压强,等温变化时 $p = nkT$,绝热变化时 $pn^{-\gamma}$ 为定值(γ 为比定压热容与比定容热容的比值)。式(2.39)中右边的最后一项表示以碰撞频率与其他种类的粒子发生碰撞时每秒损失的动量。这样,将式(2.36)与式(2.39)比较可知,作为直观上的预想方程的前者中缺少压强项。另外,左边的全微分可以替换为 $\dfrac{\mathrm{d}u}{\mathrm{d}t} = \dfrac{\partial u}{\partial t} + (u \cdot \nabla)u$。式(2.39)对于中性粒子($q = 0$)来说,就是没有黏性的理想流体的欧拉方程。

式(2.38)和式(2.39)对于电子和离子均成立,由于等离子体可以看作由电子流体和离子流体两部分组成,所以被称为双流体模型(在弱电离等离子体中,还需考虑中性粒子流体,所以又称为三流体)。流体模型非常便利。但是,我们必须注意流体模型的适用范围。首先,不给定分布函数则无法确定平均量,所以通常我们在麦克斯韦分布的假定下进行求解。但是,实际的分布函数大多要偏离麦克斯韦分布。其次,对于气体分子的流动,即使是在碰撞频繁、平均自由程 λ 较短时,流体模型也是很好的近似,但克努森数 $K_n\left(=\dfrac{\lambda}{L}\right)$ 超过 0.1 时,就不能使用流体模型。其中,L 为等离子体容器的特征长度。此外,运动公式(2.39)中含有 E 和 B,它们的值一般会随着等离子体的电流和空间电荷分布

的变化而变化。所以为了全面解释等离子体现象,我们必须统一地求解流体运动方程和麦克斯韦方程所构成的联立方程组。另外,式(2.39)中的 p 和温度 T 有关,如果 T 不为常数,则还需要求解能量方程。由于篇幅所限,等离子体的能量方程的推导在这里我们就不介绍了。

2.3.2 等离子体输运

带电粒子虽然可以在电场的加速作用下增加速度,但是它不断和其他粒子发生碰撞而损失动量,所以平均来看,粒子是以一定的速度向某一方向流动。我们把这种运动称为电漂移。另一方面,一旦空间内出现压强差,粒子就会产生由高压处向低压处的扩散流动,这就引起粒子由高密度区域向低密度区域的扩散。

首先我们来对定常 $\left(\dfrac{\mathrm{d}u}{\mathrm{d}t}=0\right)$、无磁场($B=0$)情况下的电子扩散、漂移过程进行推导。我们考虑沿 x 轴方向存在电场 E 和密度梯度的情况。在运动方程式(2.39)中,对于质量为 m、温度为 T 的流体,当电荷为 q、流速为 u 时,有

$$\pm neE - kT\frac{\partial n}{\partial x} - nm\nu u = 0 \tag{2.40}$$

由式(2.40)可得通量 nu 的表达式

$$nu = \pm n\left(\frac{e}{m\nu}\right)E - \left(\frac{kT}{m\nu}\right)\frac{\partial n}{\partial x} \tag{2.41}$$

上式右边的第一项和第二项分别为电场产生的通量 Γ_E 以及扩散产生的通量 Γ_D,即

$$\Gamma_E = n\mu E \tag{2.42}$$

$$\Gamma_D = -D\frac{\partial n}{\partial x} \tag{2.43}$$

其中,μ 和 D 分别为迁移率和扩散系数

$$\mu = \frac{e}{m\nu}, \quad D = \frac{kT}{m\nu} \tag{2.44}$$

在这里我们来分析电场造成的带电粒子的迁移。把式(2.42)和式(2.43)中的通量乘以电荷 e 就得到电流。由此可知,即使不存在电场 E,压强梯度也导致电流产生。而由电场 E 产生的电流为电子电流与离子电流之和。所以,利用电子和离子的迁移率 μ_e、μ_i 可以得到流过等离子体的全电流 J 为

$$J = -en_e\mu_e E + en_i\mu_i E \tag{2.45}$$

由电中性可知,$n_e \approx n_i = n_0$,因为电子比离子质量轻、移动速度快,所以等离子体电流大部分是由电子运动构成的。于是,可将 J 近似为 $J \approx -en_e\mu_e E \approx -en_0\left(\dfrac{e}{m_e\nu_e}\right)E = -\sigma E$,等离子体电导率 σ 为

$$\sigma = \frac{e^2 n_0}{m_e\nu_e} \tag{2.46}$$

这里,ν_e 为电子碰撞频率的和。

下面来看式(2.40)中电子的情况。当电子发生碰撞的次数很少以至可以认为 ν_e 或者流速 $u_e = 0$ 时,左边的第三项就可以忽略不计。这样,压强梯度产生的力与电场力达到平衡,即有 $kT_e \dfrac{\partial n}{\partial x} = -enE$。使用电位 φ 且考虑到 $E = -\dfrac{\partial \varphi}{\partial x}$,可得

$$\frac{1}{n} \frac{\partial n}{\partial x} = \frac{e}{kT_e} \frac{\partial \varphi}{\partial x} \tag{2.47}$$

将该式对 x 积分可得:$\ln n = \dfrac{e\varphi}{kT_e} + （常数）$,假设 $x = 0$ 时,$n = n_0$,$\varphi = 0$,则可以得到

$$n = n_0 \mathrm{e}^{\frac{e\varphi}{kT_e}} \tag{2.48}$$

这个式子表示了热平衡状态下电子密度分布与电位的关系,被称为玻耳兹曼关系。这里,由于电位越低($\varphi < 0$)对电子的排斥作用越强,所以密度分布呈指数衰减。对于离子而言,只需将式(2.48)中的 φ 换成 $-\varphi$ 即可。但是,在低气压等离子体中,由于离子不会达到热平衡状态,流速 $u_i \neq 0$,所以玻耳兹曼关系对离子是不成立的。

注意到上式的推导中忽略了磁场的作用,很多的电推进装置内都存在较强的磁场以提高电离率。在这里我们进一步来分析磁场对等离子体输运的影响。考虑在磁场中的一弱电离等离子体。由于 B 不影响平行方向的运动,按照式(2.45),带电粒子由于扩散和迁移而沿磁力线 B 运动。如果不存在碰撞,粒子在垂直方向会完全不扩散——它们会连续地围绕同一个磁力线回转。当存在碰撞时,垂直于磁力线的运动方程为

$$mn \frac{\mathrm{d}\boldsymbol{v}_\perp}{\mathrm{d}t} = \pm en(\boldsymbol{E} + \boldsymbol{v}_\perp \times \boldsymbol{B}) - kT \nabla n - mn v\nu \tag{2.49}$$

仍然考虑定常的情况。x 和 y 分量为

$$mn\nu v_x = \pm enE_x - kT \frac{\partial n}{\partial x} \pm en v_y \mid \boldsymbol{B} \mid \tag{2.50}$$

$$mn\nu v_y = \pm enE_y - kT \frac{\partial n}{\partial y} \mp en v_x \mid \boldsymbol{B} \mid \tag{2.51}$$

根据 μ 和 D 的定义,我们得到

$$v_x = \pm \mu E_x - \frac{D}{n} \frac{\partial n}{\partial x} \pm \frac{\omega_c}{\nu} v_y \tag{2.52}$$

$$v_y = \pm \mu E_y - \frac{D}{n} \frac{\partial n}{\partial y} \mp \frac{\omega_c}{\nu} v_x \tag{2.53}$$

将式(2.52)代入式(2.53),我们可以解出 v_y:

$$v_y(1 + \omega_c^2 \tau^2) = \pm \mu E_y - \frac{D}{n} \frac{\partial n}{\partial y} - \omega_c^2 \tau^2 \frac{E_x}{\mid \boldsymbol{B} \mid} \pm \omega_c^2 \tau^2 \frac{kT}{eB} \frac{1}{n} \frac{\partial n}{\partial x} \tag{2.54}$$

其中 $\tau = \nu^{-1}$。同样,v_x 由下式给出

$$v_x(1 + \omega_c^2 \tau^2) = \pm \mu E_x - \frac{D}{n} \frac{\partial n}{\partial x} + \omega_c^2 \tau^2 \frac{E_y}{\mid \boldsymbol{B} \mid} \mp \omega_c^2 \tau^2 \frac{kT}{eB} \frac{1}{n} \frac{\partial n}{\partial y} \tag{2.55}$$

通过定义垂直迁移率和垂直扩散系数可简化前两项

$$\mu_\perp = \frac{\mu}{1 + \omega_c^2 \tau^2}, \quad D_\perp = \frac{D}{1 + \omega_c^2 \tau^2} \tag{2.56}$$

通过方程(2.56),我们能把方程(2.54)和(2.55)写成

$$v_\perp = \pm \mu_\perp \boldsymbol{E} - D_\perp \frac{\partial n}{n} + \frac{V_E + V_D}{1 + (\nu^2/\omega_c^2)} \tag{2.57}$$

其中,V_E 和 V_D 分别为 $\boldsymbol{E} \times \boldsymbol{B}$ 漂移和抗磁性漂移速度。它们都垂直于磁场和密度梯度方向,其表达式为

$$V_E = \frac{\boldsymbol{E} \times \boldsymbol{B}}{|\boldsymbol{B}|^2}, \quad V_D = -\frac{kT}{q|\boldsymbol{B}|^2} \frac{\nabla n \times \boldsymbol{B}}{n} \tag{2.58}$$

式(2.57)中任一个粒子的垂直速度显然由两部分组成。第一,存在着通常的 V_E 和 V_D 漂移,它们垂直于势梯度和密度梯度。这些漂移由于和中性粒子的碰撞而变慢,当 $V \to 0$ 时,阻滞因子 $1 + \frac{v^2}{\omega_c^2}$ 变成1;第二,存在平行于势梯度和密度梯度的迁移率和扩散漂移。这些漂移同 $B = 0$ 的情形具有相同的形式,但是,系数 μ 和 D 减少为原来的 $\frac{1}{1 + \omega_c^2 \tau^2}$。

乘积 $\omega_c \tau$ 在磁约束中是一个重要的量,一般称为霍尔参数。当 $\omega_c^2 \tau^2 \ll 1$ 时,磁场对扩散几乎没有影响。当 $\omega_c^2 \tau^2 \gg 1$ 时,磁场显著地放慢了越过 B 的扩散速率。

2.3.3 双极扩散

由式(2.44)可知,电子和离子的扩散通量分别正比于它们的扩散系数 D_e 和 D_i。利用 $D = \frac{\kappa T}{m\nu}$ 和 $\nu = \frac{\langle v \rangle}{\lambda}$,$\langle v \rangle = \left(\frac{8 \kappa T}{\pi m}\right)^{\frac{1}{2}}$,可求得电子和离子的扩散系数之比

$$\frac{D_e}{D_i} = \sqrt{\frac{m_i T_e}{m_e T_i}} \cdot \frac{\lambda_e}{\lambda_i} \tag{2.59}$$

由于 $m_i \gg m_e$,所以 $D_e \gg D_i$。因此电子的扩散比离子扩散快得多,先到达容器壁使其带负电。这时,由于离子几乎没有运动,所以等离子体内部出现了等量的正空间电荷,引起电荷分离。这些正负电荷成对出现,产生指向容器壁的径向电场 E,于是形成了抑制电子在容器壁扩散损失的反向通量 $\Gamma_E = -n\mu_e E$。另一方面,该径向电场所导致的离子通量 Γ_E 会促进离子向容器壁方向流动。这种电场作用最终使得每秒从等离子体流向容器壁的电子通量 Γ_e 与离子通量 Γ_i 相等,从而保持等离子体的电中性($n_e = n_i$)。这种现象称为双极扩散。

在这里我们来分析一无限长圆筒状等离子体中的双极扩散是如何产生的。首先,由等离子体中的电中性,$n_i = n_e \equiv n$,在双极扩散中,径向的离子通量 Γ_i 和电子通量 Γ_e 相等($nu_i = nu_e$),结果离子和电子的径向速度相等,所以有 $u_i = u_e \equiv u$。设径向电场为 E,则根据 2.3.2 节的推导,可得离子和电子通量 nu 为

离子通量(Γ_i):
$$nu = n\mu_i E - D_i \frac{\partial n}{\partial r} \tag{2.60}$$

电子通量(Γ_e):
$$nu = n\mu_e E - D_e \frac{\partial n}{\partial r} \tag{2.61}$$

把上两式中的电场 E 消去,可求得通量

双极扩散通量($\Gamma_i = \Gamma_e$):
$$nu = -D_a \frac{\partial n}{\partial r} \tag{2.62}$$

其中出现的系数

$$D_a = \frac{\mu_i D_e + \mu_e D_i}{\mu_i + \mu_e} \tag{2.63}$$

被称为双极扩散系数。由于通常 $\mu_e \gg \mu_i$,$T_e \gg T_i$,所以可近似认为 $D_a \approx \mu_i \left(\frac{\kappa T_e}{e} \right)$,于是有 $D_i \ll D_a \ll D_e$。式(2.63)从形式上看是没有电场作用而是由扩散形成的通量,其中离子和电子的消失概率是相同的。

另一方面,如果将式(2.60)和(2.61)的密度梯度 $\frac{\partial n}{\partial r}$ 消去,则可得到电场 E(双极电场)的表达式为

$$E = \frac{D_i - D_e}{\mu_i + \mu_e} \frac{1}{n} \frac{\partial n}{\partial r} \tag{2.64}$$

下面,我们来求解圆柱状等离子体的径向密度分布函数 $n(r)$。如前所述,电子和离子服从双极扩散运动,径向的通量 nu 由式(2.60)给出。同时,对于定常状态 $\left(\frac{\partial n}{\partial t} = 0 \right)$ 的轴对称分布情形,可将连续方程中的 $\nabla \cdot (n u)$ 在圆柱坐标中表示为

$$\frac{1}{r} \frac{\partial}{\partial r} (rnu) = v_1 n \tag{2.65}$$

利用双极扩散通量的表达式(2.62),从式(2.65)中消去速度 u,可得到扩散方程

$$\frac{\partial^2 n}{\partial r^2} + \frac{1}{r} \frac{\partial n}{\partial r} + \frac{v_1}{D_a} n = 0 \tag{2.66}$$

这个方程具有贝塞尔(Bessel)微分方程的形式,在 $r = 0$ 时密度为有限值 n_0 的条件下可求得方程的解为

$$n = n_0 J_0 \left(\sqrt{\frac{v_1}{D_a}} r \right) \tag{2.67}$$

其中,$J_0(x)$ 为零阶贝塞尔函数,适用管壁 $r = a$ 处 $n = 0$ 的边界条件。由于 $J_0(x) = 0$ 的最小根 $x = 2.41$,故有

$$\sqrt{\frac{v_1}{D_a}} a = 2.41 \tag{2.68}$$

于是,等离子体径向密度分布为 $n(r) = n_0 J_0 \left(2.41 \frac{r}{a} \right)$,图 2.14 中的实线描述了这种分布的形态。

对于径向电场 E,利用关系 $D_e \gg D_i$,$\mu_e \gg \mu_i$ 和 $\frac{D_e}{\mu_e} = \frac{\kappa T_e}{e}$,我们将式(2.64)的双极电场写成

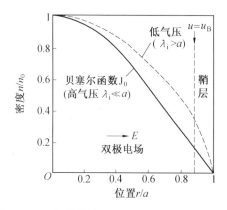

图 2.14 双极扩散产生的等离子体密度沿径向的分布

$$E = -\frac{\kappa T_e}{e} \frac{1}{n} \frac{\partial n}{\partial r} \tag{2.69}$$

另一方面，由于 $E = -\dfrac{\partial \varphi}{\partial r}$，故以 $r=0$ 时 $\varphi=0$、$n=0$ 为初值，将上式对半径 r 积分就可求得等离子体中的电位 $\varphi(r)$ 为

$$\varphi(r) = \frac{\kappa T_e}{e} \ln \frac{n}{n_0} \tag{2.70}$$

由该式可得密度 $n = n_0 e^{\frac{e\varphi}{\kappa T_e}}$，这与波耳兹曼关系式是一致的。此外，由于趋近管壁（$r \to a$）时 $n \to 0$，所以式(2.70)的电位是发散的（$\varphi \to -\infty$）。并且，朝管壁方向的通量 nu 必须连续且为定值，这会导致 $n \to 0$ 时 $u \to \infty$ 的结果，这些矛盾是由于在管壁附近电中性（$n_e \approx n_i$）条件不成立和鞘层造成的，因此接下来我们来探讨鞘层的形成机理。

2.3.4　鞘　层

在等离子体与固体壁面等接触的交接区域，会形成被称为鞘层的空间电荷层（$n_e \neq n_i$）。通常，鞘层的厚度约为德拜长度的数倍。鞘层是等离子体与固体壁面接触时的一个必然结果，如 2.3.3 小节所描述的那样，这是由于双极扩散造成的。

对于悬浮在等离子体中的金属电极（器壁）或绝缘体，由于电子运动速度一般大于离子速度，电子流较大，电子将在器壁积累形成电场，这个电场使得进入鞘层的电子流减小而离子流增大，最终两者相等。因而，简单情况下的等离子体相对于绝缘的器壁的电势要高约几倍的 T_e，如图 2.15(a) 所示。在电极有电流的情况下，电极相对等离子体的电位可正可负。一般来说，当流向电极的电子流较大时，电极相对等离子体电势为正值，如图 2.15(b) 所示；当流向电极的离子流较大时，电极相对等离子体电势为负值，如图 2.15(c) 所示。

可以推导得到，为了保证鞘层的稳定，离子进入鞘层时的入射速度应满足波姆判据，即

$$u_s \geqslant \sqrt{\frac{\kappa T_e}{m_i}} \tag{2.71}$$

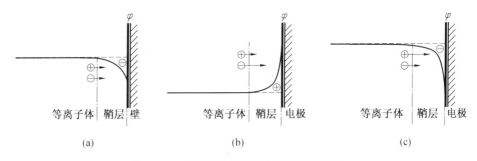

图 2.15   等离子体鞘层及鞘层处电势分布

上式右端的速度 $u_B = \sqrt{\dfrac{\kappa T_e}{m_i}}$,被称为波姆速度。

通常这种定向的波姆速度不是由外界施加的,而是等离子体内部电场空间分布自洽的调整结果。也就是说,自鞘边界向等离子体内部延伸,有一个电场强度较弱的称之为预鞘的区域(图 2.16),在预鞘区,离子得到缓慢加速直至离子声速。实际上,鞘层和预鞘并没有严格的区别,通常将离子达到离子声速的位置确定为鞘层的边缘,同时认为在预鞘区,准中性条件仍然满足。

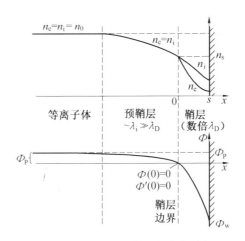

图 2.16   鞘层和预鞘层的定性特征

在经典鞘层中,从内到外密度是下降的,但电子密度的下降比离子快,是非中性的,同时电势也是下降的,即存在指向器壁的电场。鞘层的存在使等离子体中的电子和离子向器壁的损失率相同。

2.4   电推进等离子体产生方法

在本章之前的内容中,我们简单地介绍了等离子体的基本性质,并从微观和宏观的角度,分别介绍了等离子体的描述方法以及物理特征。从本节开始,我们将逐渐将视线转移到电推进装置,系统地归纳电推进的产生和加速方式。空间电推进具有不同的等离子体产生和加速方法。首先从电推进中的等离子体的产生讲起,等离子体的产生和加热可以通过对电极施加偏压实现直流放电,或者采用交流、射频、微波等各种不同的方法。通过电极实现直流放电是电推进装置产生等离子体的最常见方法,但是采用电极的方式容易产生电极的腐蚀。而对于交流、射频、微波等其他方式来说,电磁兼容以及效率等因素,则是需要考虑的主要问题。

目前,多种不同的工质被用于电推进装置电离产生等离子体。典型的电推进装置内部的等离子体密度 n_e 为 $10^{17} \sim 10^{20}$ m³,电子温度 T_e 为 $2 \sim 40$ eV。一般来讲,德拜长度是研究等离子体物理问题的最小空间尺度(λ_D 为 $1 \sim 100~\mu m$)。对于一般的等离子体放电来说,很难实现高电离率。对于空间电推进装置来说,存在同样的问题。为了实现高电离率,通常采用磁约束的方式。但是,这会造成等离子体不能实现局部热平衡,导致电子分布函数和等离子体输运系数的不确定性。在本节中,我们将针对空间电推进常用的等离子体电离产生的方法,以及相应的产生机理,为大家进行介绍。

2.4.1　直流辉光放电

应用最广泛、最典型的等离子体产生方法为直流辉光放电。一个典型的直流辉光装置如图 2.17 所示。在放电装置内注入充满待要放电的气体,气压约为 $0.1 \sim 10$ Torr（1 Torr＝0.133 kPa）,并插入两个金属电极。当管内气压处于上述气压范围某一固定值,且当电源电压 U 高于气体的击穿电压 U_B 时,气体开始电离,形成辉光放电。这种放电的电压约为几百伏,电流约为几百毫安。

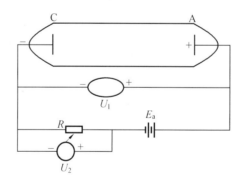

图 2.17　直流辉光放电装置示意图

图 2.17 所示的放电装置为一密闭空间。但是对于电推进装置来说,主要目的是产生带电粒子并加速喷出。因此,电推进装置都有开口的区域,以使粒子喷出,产生推力。直流辉光放电装置的优点是结构较简单,造价较低。但缺点是电离率较低,且电极易受到等离子体中的带电粒子的轰击。电极受到带电粒子的轰击后,将产生表面原子溅射,这样一来,不仅电极的使用寿命被缩短,同时溅射出来的原子将对等离子体造成污染。而对于空间电推进装置来说,电离率是非常重要的一个性能考核指标。一般可以通过外加电磁场的方式来约束等离子体,提高电离率。在下文的 2.4.3 和 2.4.4 节,将介绍几种提高工质电离率的方法。我们在后续章节所要介绍的各种电推进装置,就分别采用了不同的设计

方法来提高工质电离率以及推力器的整体性能。

在这里介绍一下辉光放电的伏安特性曲线(图 2.18)以及放电模式的转化过程。从 U-I 特性曲线看可以分为 8 个区域。

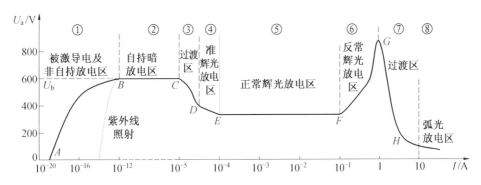

图 2.18　低气压直流放电的电压-电流特性和放电模式

① 为非自持放电区 AB 段。此段也可以被称为被激导电区,其特点是放电管电压 U_a 从 0 逐渐增高,而放电电流极小(10^{-18} A,微小电流来源于源气体中带有密度很小的带电粒子),几乎没有形成放电。当用紫外线照射放电气体和阴极时,放电电流可以上升到 $10^{-16} \sim 10^{-12}$ A 量级(紫外线照射气体会引起放电气体的电离,增大气体中的带电粒子浓度;紫外线照射阴极会引起阴极的光电效应,发射光电子;总体效应是增大放电电流)。

② 为自持暗放电区 BC 段。当放电管电压达到 U_b(击穿电压)后,放电就进入了自持暗放电区,此时放电管有微弱的发光。若限流电阻 R 阻值不大,在此电压情况下,放电极易向 E 点过渡,转为辉光放电,此段放电电流小于毫安量级。B 点称为着火点,U_b 称为着火电压。

③④ 为过渡区 CD 段和准辉光区 DE 段。在限流电阻 R 不太大的情况下,放电将迅速由 C 点过渡到 E 点,即放电管的放电电流急剧增大,电压 U_a 也迅速下降;显示为负的伏安特性。

⑤ 为正常辉光放电区 EF 段。其特点是放电区发出很强的辉光(放电气体不同,发光的颜色也不同,例如空气或 N_2 —— 紫色;Ne —— 红色),放电电流为毫安至几百毫安。改变 U_a 或 R,放电管的电压不变,只是放电电流变化(小电流、高电压放电)。

⑥⑦ 为反常辉光放电区 FG 和过渡区 GH。在反常辉光放电区,管压降升高,放电电流 I 也增大,放电所发的光仍为辉光,但不同于正常辉光放电;继续升高管电压至 G 点,此点非常不稳定,电流增大,电压下降,放电系统马上会过渡到弧光放电区。

⑧ 为弧光放电区。其特点是发出明亮刺眼的白光,放电属于低电压、大电流放电(安量级)。

2.4.2　电　弧

如图 2.18 中的电压-电流特性所示,超过 H 点后增大放电电流会使得辉光放电向电弧放电的模式转移。相对于辉光放电 200 V 放电电压时的 0.5 A 左右的放电电流,电弧放电在电离电压值(约为 20 V)附近的放电电流可高达 30 A。此外,压强或阴极状况的不同也会导致各种形态的低电压、大电流的电弧放电。无论是哪种电弧放电都具有与辉光放电无法相比的大电流,所以,与辉光放电时阴极产生的二次电子发射不同,电弧放电被认为具备以下效率更高的电子发射机制。

(1)来自等离子体的热负载导致阴极高温,引起热电子发射。

(2)从外部人为地把阴极加热至高温,引起热电子发射。

(3)基于阴极表面强电场的隧道效应引起热电子发射(场致发射)。

当压强低于 10 Torr(1.33 kPa)时,与辉光放电的情况相似,电弧放电时的电子温度 T_e 要高于离子温度 T_i 或中性分子的温度 T_n。但是,一旦达到 100 Torr(13.3 kPa)以上的高气压状态后,由于粒子间的碰撞更加剧烈、能量交换更加充分,所以这些粒子温度会变得大体相等($T_e \approx T_i \approx T_n$),形成的是热等离子体。此外,这时的粒子分布函数十分接近麦克斯韦分布,这种状态称为局部热平衡。图 2.19 表示了改变放电压强时温度 T_e 和 $T_n (\leqslant T_i)$ 的变化情况。在本书第 3 章所要介绍的电弧推力器,便属于电弧放电的一种类型。我们将在第 3 章详细介绍其工作原理。

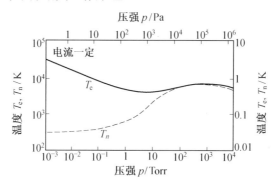

图 2.19 压强增加时电子温度 T_e 下降、气体温度 T_n 上升而接近热平衡态

2.4.3 磁约束

正如 2.4.1 节描述的辉光放电那样,在低于 1 Pa 的低气压条件下,平均自由程变长,电离碰撞的机会减少,这使得等离子体的生成与维持变得困难。为了解决这个问题,利用磁场是一种行之有效的方法,并且避免了离子对电极的溅射。

通过磁场对电子的约束,延长电子向阳极运动的路径长度,增加电子的停留时间,可以提高推力器的效率。磁场对电子的约束,具有不同的形式,主要有磁镜、$E \times B$ 等,带电粒子在磁场中的运动规律,在 2.2.1 节中进行了比较详细的介绍。图 2.20 为采用磁多级约束提高电离率的一种等离子体放电装置。通过布置会切磁场位形,约束了等离子体,减少了等离子体和壁面碰撞产生的损失,因此能够极大地提高电离率。因此,磁约束被广泛地应用于空间电推进装置内电离工质产生等离子体。我们将在以下各章内对这些电推进装置的原理进行详细的介绍。

图 2.20　磁多级约束装置原理图[14]

2.4.4　微波放电

微波放电是将微波能量转换为气体分子的内能,使之激发、电离以产生等离子体的一种放电方式。在微波放电中,通常采用波导管或天线将由微波电源产生的微波耦合到放电管内,放电气体存在的少量初始电子被微波电场加速后,与气体分子发生非弹性碰撞并使之电离。若微波的输出功率适当,便可以使气体击穿,实现持续放电。这样产生的等离子体称为微波等离子体。由于这种放电无需在放电管中设置电极而输出的微波功率可以局域地集中,因此能获得高密度的等离子体。

图 2.21 是一种微波电子回旋共振(Electron Cyclotron Resonance,ECR)放电装置。这种放电装置分为两部分,即电离室和工作室。在电离室中,工作气体中的初始电子在由电流线圈产生的稳恒磁场的作用下,绕磁力线做回旋运动。通过适当调整磁场的空间分

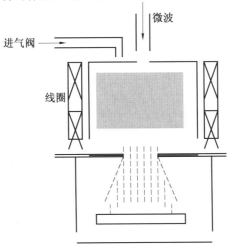

图 2.21　ECR 微波等离子体放电装置

布,使得电子回旋频率在沿电离室的轴向上某一位置与微波的圆频率 ω 一致,那么就会产生共振现象,称为电子回旋共振。对于这种类型的放电装置,微波的频率一般为 2.45 GHz,那么发生共振的磁感应强度为 875 T。实际上,磁场沿着轴线是发散的。借助于发散磁场的梯度,可以将电离室中产生的等离子体输送到工作室中以供使用。

2.5 等离子体加速的主要形式

空间电推进装置通过将电能注入工质以实现加速。对于不同的空间电推进装置来说,其能量注入机制以及等离子体加速机制是不同的。其实现方式可能是脉冲的,也可能是稳态的;工质可以采用惰性气体,传统的化学推进剂甚至是固体;并且工质可以通过电热、静电以及电磁的方式进行加速。

对于不同的电推进形式来说,其注入的能量功率从几瓦到几兆瓦不等,喷气速度在 $0.5\sim1\,000$ km/s 之间变化。

等离子的加速机制能够通过等离子体的动量方程(2.39)来解释,在这里我们再重复该公式

$$nm\,\frac{\mathrm{d}\boldsymbol{u}}{\mathrm{d}t}=nq\boldsymbol{E}+nq\boldsymbol{u}\times\boldsymbol{B}-\nabla\,p-nm\nu\boldsymbol{u}$$

式中,$\boldsymbol{E}$ 和 $\boldsymbol{B}$ 分别是电场和磁感应强度,电场和磁场可以是外加的,也可以是等离子体自洽产生的。通过式(2.39)右端的前 3 项,我们可以将电推进区分为静电、电磁和电热加速。接下来我们将分别论述各种电推进的加速形式。

2.5.1 电热加速

电热加速来源于化学推进,是和传统的化学推进最为接近并且应用最早的一类电推进装置。采用电热效应实现对工质的加速原理是指工质气体被电能加热然后通过喷嘴喷出,在这个过程中,电能首先转化为工质气体的热能,然后工质气体的热能转化为气体定向射流的动能。工质可以未被电离,或者是部分电离。电热效应的主要加速方法有电阻加热和电弧加热。对于电热效应产生的加速来说,理论上的排气速度是由最高的热力学温度决定的,而最高热力学温度要受到反应室内喷管表面材料和工质气体种类的限制[15,16]。

电热式推力器的整体性能参数可以用图 2.22 中的简化模型来进行说明。外加电源的功率 P 通过电阻、电弧或非电极放电在反应室内加热工质气体到达最大的温度 T_c。被加热后的气体通过一个超声速喷管扩张之后到达一个低压区,低压区的压力值由喷管喉部面积与背压 P_c 决定。在一维绝热定常流动中,获得的排气速度 u_e 可以从能量平衡方程中求得,即

$$\frac{1}{2}u_{\mathrm{e}}^2=\frac{1}{2}u_{\mathrm{c}}^2+c_p(T_{\mathrm{c}}-T_{\mathrm{out}})\approx c_pT_{\mathrm{c}} \tag{2.72}$$

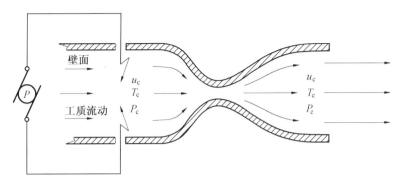

图 2.22　电热推进示意图

式中，u_c 为反应室内气体流动速度；T_{out} 为喷管出口处温度，通常忽略不计；式中的工质气体的比定压热容 c_p 是一个关键量，原因是在给定的温度下，工质气体的焓值是由比定压热容决定的。也就是说，工质气体的比定压热容 c_p 也与喷管出口的气体速度紧密相关。c_p 越大，则排气速度越大，推力器比冲越高。从这一点上来讲，氢气可以作为首选工质气体。因为其分子自由度以及较低的分子质量在一定的范围内保证了较高的工质气体的比定压热容 c_p。但是在第 3 章电弧推力器的介绍中我们会发现，电热式推力器的性能不仅受工质的比定压热容 c_p 影响，还会受到冻结损失等其他因素的影响。对于氢气来说，其冻结损失会比较大。

从方程(2.72)中可以看出，提高电热式推力器的比冲需要提高反应室内的平均温度，但是这会受到反应室材料的限制。尽管如此，如果反应室内气体加热过程是通过气体放电来完成的，经过适当布置，就会在反应室中心形成一个极高的温度而不会损害反应室壁面。通过气体放电的方式，电热式推力器的比冲就有可能达到 2 000 s，从而满足更多空间飞行任务的需求。我们将在本书的第 3 章介绍的电弧推力器，就是目前应用最为广泛、最具前景的一种电热式推力器。

2.5.2　静电加速

下面我们研究电场力加速推进剂，也就是静电加速的情况。与电热推进不同，这种对气体直接加速的方法能够获取的加速范围更大。其主要原理是通过对带电粒子施加静电力(库仑力)将推进剂加速至高速[17]。作用于单位电荷的带电粒子上的推力矢量 f_e 可写为

$$f_e = eE \tag{2.73}$$

式中，e 为单位电荷；E 为电场矢量。作用在所有电荷上的电场力之和即单位体积的矢量力 F_e 等于

$$F_e = \rho_e E \tag{2.74}$$

式中，ρ_e 为净电荷密度。由式(2.74)可以看出，静电加速只对带电粒子有效，这一点是和电热加速不同的。按照等离子体定义，在一定体积内具有相同数目的正负电荷。但是根据式(2.74)，我们看到一个静电加速器必须有一个不为 0 的净电荷密度 ρ_e，常被称为空间电荷密度。静电加速应用最广泛的例子为离子推力器。

静电加速和后面 2.5.3 节所介绍的电磁加速均是以电磁基本理论为基础的,因此可由麦克斯韦方程以及之前已介绍等离子体的描述方法来进行分析描述。由于静电加速和电磁加速方式能够更加有效地利用电能,形成带电粒子的定向束流,因此相对于电热加速方式来说,静电加速和电磁加速的效率更高,壁面受热问题能够得到缓解,并且具有更高的比冲。

静电推力器依靠库仑力来加速推进剂中的带电粒子,它们只能在真空条件下工作。电场力只依赖于电荷,若带电粒子都向相同方向运动,它们应为同符号。虽然电子容易产生和加速,但其质量太轻,不宜用于电推进。从 2.5.1 节电热推进原理来看,可得到"喷出粒子越轻越好"的结论。但是电子携带的动量就是在速度接近光速时也是微乎其微的。因此,即使在有效喷射速度或比冲非常高时,传递给这些电子流的单位推力也是小到可以忽略的程度。相应地,静电推力器通过电离大相对分子质量的原子作为正离子(一个质子比电子重 1 840 倍,一个典型的离子包含几百个质子)。另外,还有一些静电推力器采用小液滴或比原子还重 10 000 倍的带电胶体作为推进剂。对于静电推力器而言,采用重粒子能得到更理想的性能,但相关电源及其转换设备要变得复杂。

喷出速度是加速电压 U_{acc}、带电粒子质量 m_i 和它的电量 e 的函数。根据能量守恒定律,假设无碰撞损失,一个带电粒子的动能等于从电场中获得的电能。其最简单的形式为

$$\frac{1}{2}m_i v^2 = eU_{acc} \tag{2.75}$$

因此,可以求出从加速器所获得的速度为

$$v = \sqrt{\frac{2eU_{acc}}{m_i}} \tag{2.76}$$

对于一个理想离子推力器,通过加速器的电流 I 等于单位时间被加速的工质之和(考虑 100% 电离的情况),即

$$I = \dot{m}\frac{e}{m_i} \tag{2.77}$$

式中的 $\dot{m}$ 为工质的流量,因此由加速粒子所产生的总推力为

$$T = \dot{m}v = I\sqrt{\frac{2m_i U_{acc}}{e}} \tag{2.78}$$

2.5.3 电磁加速

第三类加速方式为通过电磁场对等离子体进行加速。因此电磁推力器又可称为"等离子体推力器"。由于霍尔效应,只要导体内通过一个垂直于磁场的电流,那么在垂直于电流和磁场方向就能产生一个作用在该导体上的力,称之为洛伦兹力。在洛伦兹力的作用下带电粒子加速从喷管喷出,产生推力。同静电加速不同,这一加速过程喷出的是准中性的等离子体束流。电磁推进的一大优点是其推力密度相对较高,单位喷口面积所产生的推力通常是离子推力器的 10 ~ 100 倍[16]。

为了用最简单的方式解释电磁加速概念,考虑经过电场 E 和磁场 B 的等离子体的流动,如图 2.23 所示,E、B 和气体流动方向 u 三者相互垂直。如果气体的电导率为 σ,电流密度 $j=\sigma(E+u\times B)$,电流 j 的方向与 E 的方向平行,并通过与磁场 B 的相互作用在沿气流方向 u 上产生一个体积力密度 $f_B=j\times B$(也就是洛伦兹力)用来加速气体。

从微观的角度来看,这个过程可以用电子的运动轨迹来描述。首先,电子在外加电场的作用下运动加速,但运动方向被磁场所改变。在这一过程中,电子通过与重粒子的碰撞或者是库仑碰撞将由从电场中所获得的能量转移给气体(图 2.24)。注意到在这一过程中,尽管是电场将能量传递给气流,但是没有宏观的静电荷参与体积力的建立。因此,和静电加速方法相比,电磁加速不会存在空间电荷饱和的限制。

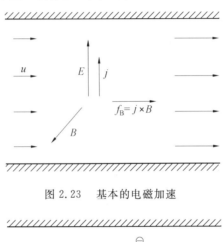

图 2.23　基本的电磁加速

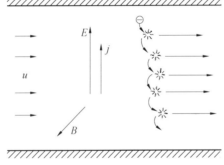

图 2.24　由于电子碰撞传递到气流的电磁力

目前已经提出了许多不同的电磁加速方案。其中一些有外磁场,一些有自感应磁场,一些适用于产生连续推力,一些只能产生脉冲推力。推进剂运动、中等密度等离子体运动或在某种情况下等离子体同较冷气体粒子的混合运动包含一系列复杂的相互作用机理。总体而言,电磁推力器的设计主要涉及以下方面:

① 产生导电气体;

② 通过施加电场在内部建立一个大电流;

③ 在非常强的磁场下(通常为自感应的),将推进剂沿推力向量方向加速到一个高速度。

此外,不同的电磁加速方式的电极、通道结构、磁场位形、气体类型和密度、气体电离方法,以及绝缘方式、点火和注入气体的方式等均有所不同。表 2.1 列出了电磁加速的一些可能方法,这些方法均已经被研究用于推进的可能性。

表 2.1 电磁加速的分类

推力室类型	稳态	脉冲
磁场源	外线圈或永磁铁	自感应
电流源	直流供应	电容器和快速转换器
工作介质	纯气体,掺杂气体或液体蒸气	纯气体或液体蒸气或固体
几何要求	轴对称,长方形,圆柱形,固定或变截面	烧蚀,非对称,其他
特征	使用霍尔电流或法拉第电流	对推进剂有分级的要求

与电热和静电机制比较,电磁相互作用机制表现得更为复杂,也更加难以进行理论分析,同时技术上很难实现,因此在工程应用中受到较大约束。目前已经有多种不同的电磁加速装置研制成功。主要包括脉冲等离子体推力器(PPT)、霍尔推力器(SPT)、自身磁场等离子推力器(LFA)、磁等离子体推力器(MPDT)、脉冲感应推力器(PIT)和变比冲等离子体推力器(VSIP)等。其特点是比冲高、技术成熟、寿命长、推力小等。

应　用　篇

第3章　电弧推进

3.1　电弧推进概述

电弧推力器(Arcjet)是空间电推进装置的一种,属于电热式推力器。这种推力器早在20世纪50年代就开始研究,目标是针对星际航行的应用。由于缺乏任务,加之大功率空间电源的研制比预想的困难得多,而其他比冲更高的电推力器(脉冲等离子体推力器、离子推力器)显得更有希望,电弧推力器的研究便于20世纪60年代中期停了下来。

到了20世纪80年代,科学技术的高速发展对航天技术也提出了更高的要求,迫切需要提高各种轨道(特别是同步轨道)卫星的寿命、控制精度和经济效益等。原来寄予很大希望的离子及等离子体推力器一时满足不了这种需要,促使人们重新对电弧推力器产生兴趣。首先是美国NASA于20世纪80年代初制订了电弧推力器发展计划;随后日本于1984年,欧空局(意大利、德国)于1988年,也开始制订电弧推力器的发展计划;投入的资金、研究单位和人员不断增加,电弧推力器一时也成为电推进研究领域的新热点。

美国人经过近10年的研究,先后攻克了电极烧蚀、点火、电弧稳定、大功率空间电源技术等关键技术问题,研制出功率为1.8 kW,用肼作为推进剂,比冲为520 s,用于同步卫星南北位置保持控制的电弧推力器系统,并于1993年首次在Telstar IV卫星上运行,成功地担负起该卫星的南北位置保持控制任务。

电弧推力器除用作卫星位置保持任务外,还可作为中、低轨道卫星的入轨和离轨推进、低地轨道卫星的轨道补偿器,甚至用于轨道提升以及星际航行用的高能推进系统等;其大小涉及小功率(300 W ～ 3 kW)、中功率到大功率(10 kW ～ 100 kW)。例如对先进的轨道提升任务,计算表明,采用以H_2为推进剂,30 kW量级的电弧推力器将一颗2 500 kg的卫星从低地轨道提升到地球同步轨道,其在低地轨道上的初始质量约为4 200 kg,大大低于使用化学火箭推力器时所需要的初始质量(约为13 000 kg)。

与电磁式、静电式等其他种类的电推进系统相比,尽管电弧推力器比冲低一些,推进剂的节约量差别不大,但在系统复杂度、技术难度、在国际上的应用历史、对卫星的影响、可靠性、安全性等方面都有一定的优势。截止到2005年5月,应用了电推进技术的191颗在轨卫星有 30 多颗采用了电弧推进系统,在这些应用中,电弧推进系统都表现了极高的可靠性,到目前为止还没有出现过任何故障,性能都达到或超过了设计目标。因此进行电弧推力器的研究具有重要的现实意义。本章将针对电弧推力器的结构、基本原理、内部物理过程,主要性能指标等各方面内容进行详细的介绍。

3.1.1 电弧推力器的结构及工作原理

电弧推力器的工作原理如图 3.1 所示。推力器本身由阴极、阳极以及二者之间的密封和绝缘装置构成,其中阳极通常也是推进剂射流的出口。工作时,由阴极和阳极之间的电弧加热推进剂,推进剂受热膨胀后,经过阳极喷管加速喷出,形成反作用推力。同时,部分推进剂电离为等离子体以维持电弧。电弧中心温度可达 20 000 K 以上,大大高于化学火箭推力器内部工作温度,因而推力器可以得到较大的比冲。

图 3.2 是 Lockheed Martin 公司 A2100TM 卫星平台采用 Primex 宇航公司的 MR510 2 kW 肼电弧加热推进系统执行南北位置保持任务,设计寿命为 15 年。电弧推力器通道长度一般为 1 ～ 10 cm,但是这只是整个系统的很小一部分。

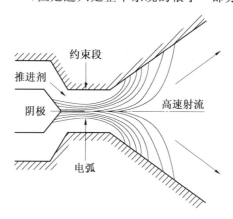

图 3.1　电弧推力器的工作原理

图 3.2　Primex 空间公司肼电弧推力器

电弧推力器的典型工作参数见表3.1。其比冲比最先进的化学推进器高2～3倍，效率最高能够达到50%。一般来讲，随着推力器放电电流的增加，放电电压会由于电弧内电导率的增加而降低，效率也会相应下降，原因在于冻结能损失的增加。关于冻结损失的概念，我们会在3.2节中进一步介绍。而随着工质流量的增加，推力器的效率则会增加，主要原因是这种情况下冻结损失会降低。

表 3.1　电弧推力器的典型性能数据

输入功率	1 ～ 30 kW
电压	80 ～ 200 V
效率	20% ～ 50%
比冲	400 ～ 1 600 s
推力	0.1 ～ 3 N
质量流量	0.001 ～ 0.6 g/s
工质	H_2，NH_3，N_2H_4

相对于传统的化学推进，电弧推力器内部工作过程具有如下特点：

① 物理过程复杂多样并且各种过程强烈耦合。推进剂在推力器中发生分解、电离、复合、传热、传质等物理化学过程，在设计中需要综合考虑这些因素。

② 空间狭小，使得各种物质和能量输运过程极其剧烈。如1 kW量级的电弧推力器，典型的收缩段直径为0.6 mm，收缩段长度为0.25 mm，在膨胀比为200的情况下，喷管出口直径为8 ～ 9 mm。电能主要是在约束段内传给推进剂气体的，平均能流密度约1.4×10^{10} kW/m^3，足见其剧烈程度。

③ 由于推力器的喷管中空间尺度小、气体流速高、滞留时间短、压力低，喷管内的流动明显偏离化学与热力学平衡。

3.1.2　推力器放电模式分析

电弧推力器的放电等离子体的伏安特性如图3.3所示。与一般的焊接电弧不同的是，焊接电弧的负载特性是低电压、大电流，即等离子体放电特性的 Ⅱ 区和 Ⅲ 区，而电弧推力器的负载特性是高电压、小电流，即等离子体放电特性的 Ⅰ 区。在一般的运行条件下，电弧推力器的伏安特性显示出轻微的负阻抗特性，即在电弧电压减小的情况下电流增大[18]。

注意到图3.3中的伏安特性曲线中，L代表电弧长度。可以发现随着L的增加，电压相应地增加。原因在于根据电弧等离子体的伏安特性，随着弧长L的增加，等离子体的热量散失得越快，为了维持等离子体放电的稳定，需要较高的放电电压。在电弧推力器工作的小电流的 Ⅰ 区，这种要求尤其明显，也就是在小电流区域弧长的变化将导致更大的弧压的改变。从另外一个角度来说，弧长增加需要电源调理单元有一个更大的能量输出，否则等离子体电弧容易熄灭。采用电压反馈控制技术可以使电路呈现正阻特性，即在工作区域内，随着电压的增加，电流也增加，这样就能保证电压稍微增加时，能快速提供超过正

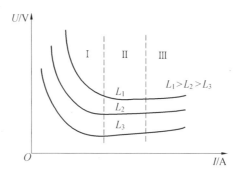

图 3.3　放电等离子体的伏安特性

常运行功率 $10\% \sim 20\%$ 的能量。

　　电弧推力器的电特性会因为推进剂类型和质量流量不同而具有相当大的差异。这种差异反映了气体放电特性和推力器结构的差别。一般来讲，氨气推进剂的电弧电压为 $100 \sim 150$ V，而氢气推进剂的电弧电压则为 $120 \sim 200$ V。

　　实验中发现，电弧推力器在工作时具有两种不同的放电模式，同时伴随着阳极电弧位置的变化。推力器放电模式与推力器结构以及流量等参数有关。而阳极电弧大致有两种附着位置：一种在约束段入口附近，而另一种位于约束段下游，对应低电压放电模式和高电压放电模式。阳极电弧附着对推力器内部过程和宏观性能具有较大的影响。当流量较小，工作压力较低时，冷气流对电弧冲击较小。当流量低于临界值时低电压放电模式就会出现，这时由于冷气流对电弧有接近于正交的冲击作用，会出现电弧不稳定和电压波动。流量较高时，工作压力相对更高，电弧受到较强的冲击而拉长变细，在压缩室出口才逐渐扩散开来附着于阳极喷管表面，形成高电压放电模式。电弧在阳极壁面的附着比例也随流量的不同而不同。如果流量过高，电弧有可能被冲断。只有流量合适时推力器才能稳定工作于高电压放电模式下，这时由于输入功率较高，弧柱电压比大，推力器比冲和推进效率均较高。高电压和低电压这两种放电模式下阳极电流分布形式显著不同，同种电流分布形式也有差别，如图 3.4 所示。

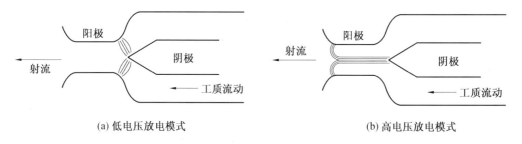

(a) 低电压放电模式　　　　　　　　　　　　(b) 高电压放电模式

图 3.4　不同电压放电模式下的电流分布形式[19]

3.2　电弧推进关键的物理过程

电弧推力器的主要优点是比冲较高,工作寿命长,可以利用取之不尽的太阳能所转换的电能作为能源,电弧温度可以远高于化学推进剂的燃烧温度。但其推力还比较小(1 kW 时只有零点几牛顿),目前的能量转换效率还较低,对材料的耐高温特性和电特性有特殊要求,需要研究的新问题较多。电弧推力器同一般化学火箭推力器在工作过程中的气动热力学差异如下:

(1) 能源及加热方式不同。

通过电弧放电加热推进介质并使其获得离解膨胀加速的能量,推进剂本身并不产生燃烧化学反应。而化学火箭推力器一般靠推进剂中的燃料和氧化剂之间的燃烧反应提供能量。

(2) 推进剂及工质不同。

目前实验研究常用的几种推进剂是 N_2,H_2,NH_3,N_2H_4 等,同化学火箭推力器推进剂完全不同。电弧加热以后,大部分工质呈离解状态,含有大量的带电粒子。

(3) 流场稳定特性及参数分布特性不同。

流场的稳定主要由电弧的稳定来维持,而化学火箭推力器的不稳定性主要来自于其自身不稳定。其参数的梯度一般比化学火箭推力器内的参数梯度大得多。涡旋气流运动使其流场极为复杂,有明显的三维特征。有的还存在电磁场对流动的影响。

(4) 性能计算公式与流场控制方程有一定差异。

在某些性能计算公式中要用到电流参数,而在流场控制方程中需耦合进电子数密度、电场,有的还有磁场的作用。

(5) 损失机理不尽相同。

除对流换热损失、黏性损失和欠膨胀损失同化学火箭推力器原则相同外,其他方面的损失有互不相同的特点,比如涡流运动造成的损失。

在本节中我们将针对电弧推力器工质的选择,能量沉积和加速过程,各区域不同的特征,以及稳定性问题各方面问题进行介绍,从而让读者了解电弧推力器内部的关键物理过程。

3.2.1　电弧推进工质的选择

电弧推力器可以采用不同的工质,例如 N_2,H_2,N_2H_4 等,在这里我们分析电弧推力器工质选择的基本准则,并对比各种工质所具有的特点。首先,鉴于比定压热容与温度的单值关系,一维能量方程(2.72)可以用焓值方程表示[16] 为

$$\frac{1}{2}u_e^2 = \frac{1}{2}u_c^2 + (h_c - h_e) \tag{3.1}$$

式中,h 为气体单位质量的焓值或比焓,它是内能 e 与压强与密度之比的和,$h = e + \dfrac{p}{\rho}$;$c_p =$

$\dfrac{\partial h}{\partial T}$。

和内能一样,比焓包括分子内部不同自由度的贡献。假设在低温条件下,单位质量的双原子气体最初均为分子形式,其分子数量为 N_0,数值上反比于分子质量。气体被加热到预定的温度 T,这时气体中由于离解、电离效应,包含了分子、原子及带电粒子等多种不同种类的粒子。为了便于计算,在预定的温度下,假设各种粒子所占的比例分别为:中性气体分子,数量为 $\alpha_2 N_0$;中性原子,数量为 $\alpha_1 N_0$;一价分子离子,数量为 $\alpha_2^+ N_0$;一价原子离子,数量为 $\alpha_1^+ N_0$;自由电子,数量为 $\alpha_0 N_0$。

上述系数 α 满足原子守恒方程

$$\alpha_2 + \alpha_2^+ + \frac{1}{2}\alpha_1 + \frac{1}{2}\alpha_1^+ = 1 \tag{3.2}$$

电量守恒方程为

$$\alpha_2^+ + \alpha_1^+ = \alpha_0 \tag{3.3}$$

假设在高温下的气体是理想气体,即混合气体的压力等于各组分粒子的分压力之和,即

$$\frac{p}{\rho} = (\alpha_2 + \alpha_1 + \alpha_2^+ + \alpha_1^+ + \alpha_e)N_0 kT =$$

$$\left(1 + \frac{1}{2}\alpha_1 + \frac{1}{2}\alpha_1^+ + \alpha_e\right)N_0 kT$$

$$\left(1 + \frac{1}{2}\alpha_1 + \alpha_2^+ + \frac{3}{2}\alpha_1^+\right)N_0 kT = \alpha_p N_0 kT \tag{3.4}$$

式中,k 是波耳兹曼常数;α_p 为理想气体的修正因子。

高温气体的内能等于各种类粒子所携带的内能的总和。不同种类的粒子携带的内能可以由统计热力学方程计算出来。

1. 中性气体分子

$$e_2 = \alpha_2 N_0\left(\frac{3}{2}kT + \beta_r kT + \beta_v kT + \sum_j \beta_j \varepsilon_j\right) \tag{3.5}$$

其中,β_r 为具有旋转激发态的分子份数;β_v 为具有振动激发态的分子份数;β_j 为电子在激发态 k 轨道跃迁的分子份数;ε_j 为电子在激发态 j 轨道比基态多出的能量。

2. 中性原子

$$e_1 = \alpha_1 N_0\left(\frac{3}{2}kT + \sum_k \beta_k \varepsilon_k\right) \tag{3.6}$$

其中,β_k 为位于 k 轨道的激发态原子份数;ε_k 为激发态 k 轨道比基态多出的能量。

3. 分子离子

$$e_2^+ = \alpha_2^+ N_0\left(\frac{3}{2}kT + \beta_r^+ kT + \beta_v^+ kT + \sum_l \beta_l \varepsilon_l\right) \tag{3.7}$$

式中,β_r^+、β_v^+、β_l 和 ε_l 分别与式(3.5)中的 β_r、β_v、β_j 和 ε_j 一致。

4. 原子离子

$$e_1^+ = \alpha_1^+ N_0 \left(\frac{3}{2}kT + \sum_m \beta_m \varepsilon_m \right) \tag{3.8}$$

式中，β_m 和 ε_m 的定义分别与式(3.6)中的 β_k 和 ε_k 的定义一致。

5. 电子

$$e_e = \alpha_e N_0 \left(\frac{3}{2}kT \right) \tag{3.9}$$

另外，还需要考虑被离解和电离所消耗的能量

$$e_d = N_0 \frac{\alpha_1 + \alpha_1^+}{2} \varepsilon_d \tag{3.10}$$

$$e_d = N_0 (\alpha_2^+ \varepsilon_i + \alpha_1^+ \varepsilon'_i) \tag{3.11}$$

其中，ε_d 为分子的离解能；ε_i 为分子的电离势能；ε'_i 为原子的电离势能。

因此，综合以上各方程，可得单位质量混合气体的比焓为

$$
\begin{aligned}
h = \frac{p}{\rho} + \sum e = {} & \alpha_2 N_0 \left[\left(\frac{5}{2} + \beta_r + \beta_v \right) kT + \sum_j \beta_j \varepsilon_j \right] + \\
& \alpha_1 N_0 \left[\frac{5}{2}kT + \sum_k \beta_k \varepsilon_k + \frac{1}{2}\varepsilon_d \right] + \\
& \alpha_2^+ N_0 \left[\left(\frac{5}{2} + \beta_r^+ + \beta_v^+ \right) kT + \left(\sum_l \beta_l \varepsilon_l + \varepsilon_i \right) \right] + \\
& \alpha_1^+ + N_0 \left[\left(\frac{5}{2}kT + \sum_m \beta_m \varepsilon_m + \frac{1}{2}\varepsilon_d + \varepsilon'_i \right) + \frac{5}{2}\alpha_e N_0 kT \right]
\end{aligned}
\tag{3.12}
$$

注意到公式中 h 与 N_0 呈线性关系，而 N_0 反比于粒子质量。这表明，电热式推力器应优先考虑分子质量较小的气体作为工质，只有这样才能获得更大的比焓。同时从上式可以知道，为了估计不同温度下给定气体的焓值，我们需要知道所有的 α 与 β 的值。在图 3.5 中标明了不同温度和压力下对应的氢气的比焓值和修正因子 α_p 的值。

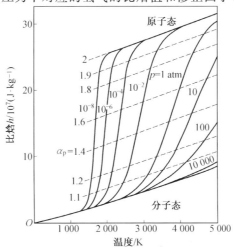

图 3.5　离解效应对氢气比焓的影响

当等离子体处于热力学平衡态时,等离子体中各个组分的粒子具有相同的温度,也就是等离子体具有统一的热力学温度。统计热力学中,温度是一个重要的概念。按照经典热力学的定义,一个热力学系统只有处于热力学平衡态时才可以用一个统一的温度来表征。从统计热力学的观点,温度概念与粒子的自由度联系在一起,根据各自由度的粒子的平均能量就可定义各自由度的统计温度,例如有转动温度、振动温度、电子激发温度、平动温度等。显然,在非平衡态条件下,对应各自由度所定义的温度不相等。电弧推力器约束段的工质压力通常为 $1 \sim 4$ atm。在这种压力下,气体粒子间的碰撞处于主导地位,粒子间的能量交换比较充分,可以认为此时的等离子体处于热力学平衡态。气体经过电弧推力器喉部后,进入扩张的喷管经历快速膨胀,在轴线方向,压力温度迅速降低。温度降低使原子和原子发生复合反应形成分子,电子和离子复合形成中性或低价离子。这个复合过程是放热过程,放出的热量在喷口中转化为动能,有利于电弧推力器性能的提高。但是复合过程的特征时间与流体在喷口中超音速流动的特征时间相比太长,复合产生的热能往往来不及释放流体就已经流出喷口了,因此这部分能量被冻结在粒子中不能得到有效的利用,称流体的这种流动为冻结流。冻结流是一种非热力学平衡态,此时粒子的转动温度、振动温度、电子激发温度、平动温度不再具有一个统一的值,在研究时必须明确所研究的是哪一个自由度所对应的温度。这也造成了 α、β、h 的值与平衡态所对应的值有较大的差别。非平衡态下的 α、β、h 值的求解还具有较大困难,因此在这里我们只作一个简单的介绍:

β_r,β_r^+:粒子的转动和平动一样迅速,在高于几开的温度下就可以全部激发。

β_v,β_v^+:粒子的振动激发速率主要依靠分子的种类以及模态。一些振动模态的激发速率比平动或转动激发速率小几个数量级。在电热式推力器工作的温度范围内,振动模态也仅仅部分被激发。

β_j,β_k,β_l,β_m:激发态分子或离子的保持或退激是由辐射及碰撞过程决定的。这些过程的反应速率与气体含量及周围环境密切相关。如果气体的厚度不足以使辐射光透出,那么气体的平衡态的统计学理论则需要修正辐射损失的能量。

α_1,α_2:解离与复合需要通过特殊的碰撞来完成(低能量,三体碰撞,辐射等),因此,有效的解离与复合进行得非常慢。

α_1^+,α_2^+:如同解离过程,电离过程碰撞需要的能量高出阈值,因此,有效的电离碰撞进行得非常慢。电离后产生的电子和离子的复合过程也非常缓慢。平衡态的参数可以由经过辐射项修正的萨哈方程来求得。

为了说明冻结流动的现象,采用上述的一维模型,考虑氢气在电弧推力器内的一维流动。我们认为气体在加热室内达到完全的平衡状态,温度为 $T_c = 3\,000$ K,压强 $P_c = 0.01$ atm。在这种条件下,氢气很容易被振动激发但电离的比例却很小,大约 60% 的分子被解离(图 3.5)。这就是说,$\alpha_2 \approx 0.4$,$\alpha_1 \approx 1.2$,则 $\alpha_p \approx 1.6$;其他的 $\alpha \approx 0$。因此,比焓的表达式为

$$h_c = N_0 \left[\alpha_2 \left(\frac{3}{2}kT \right) \right] + \alpha_1 \left[\left(\frac{5}{2}kT + \sum_m \beta_m \varepsilon_m + \frac{1}{2}\varepsilon_d \right) \right] \tag{3.13}$$

在喷管出口处,认为除了解离以外的所有气体自由度达到平衡态,平衡态气体温度为 T_e,但是解离态的温度为 T_c,小于平衡态温度,与平衡态温度的比例为 ξ。忽略掉排气温度,喷管出口处的气体比焓只由冻结与解离态中的能量决定,即

$$h_e = \frac{1}{2}\xi\alpha_1 N_0 \varepsilon_d \tag{3.14}$$

喷管入口处的 u_c^2 相对于喷管出口处的 u_e^2 可以忽略,则喷管的排气速度 u_e 的计算式为

$$\frac{1}{2}u_e^2 = h_c - h_e = N_0 kT \left[\frac{9}{2}\alpha_2 + \frac{5}{2}\alpha_1 + \alpha_1(1-\varepsilon) + \frac{\varepsilon_d}{2kT} \right] \tag{3.15}$$

代入氢气的参数:$\varepsilon_d = 4.5$ eV $= 52\,000$ K,$N_0 k = 4.16 \times 10^3$ J/(kg·K),α_1 与 α_2 的数值与上述数值一致。根据两种极值下的冻结流动份数 ξ,我们计算了喷管出口的排气速度为

$$u_e = \begin{cases} 1.95 \times 10^4 \text{ m/s} & \xi = 0 \\ 1.10 \times 10^4 \text{ m/s} & \xi = 1 \end{cases} \tag{3.16}$$

这个计算过程说明了两点:首先,气体导热引起的分子解离可以增加气体的比热容,在限定的壁面温度下,焓值可以增加。其次,如果气体离开喷管,没有复合,那么在一定温度下焓值增加的优势将丢失。如图 3.6 所示,解离(例如电离)更容易在低压情况下发生。如果反应器中的压强从 1 atm 减少到 0.01 atm,在 3 000 K 温度下,比定压热容 c_p 将增加 3 倍。

显然,减少 ξ 可以显著提高喷管的排气速度 u_e,减少冻结损失引起的能量损失。采用以下 3 个措施可以减小 ξ:

① 延长喷管尺寸以使原子有充分时间复合成分子;

② 增加喷管内的压强以提高复合速率,降低分子解离的百分数;

③ 使用具有较低冻结损失的推进剂。

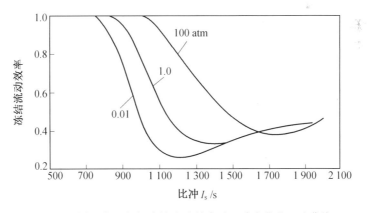

图 3.6　不同压力下氢气冻结流动效率随比冲变化的理论曲线

现有的研究结果表明,延长喷管减少的冻结损失小于由此引起的黏性损失,因此延长喷管长度并不是一个好的方案。提高喷管内的压强是一个理想的方案,但是会引起其他

参数的改变,稍后将会讨论。图 3.6 阐明了压强对冻结流动效率的影响。

毫无疑问,在控制冻结损失的设计中,最重要的设计因素之一将是选择合适的工质气体。在实际过程中,这个选择需要考虑多种因素,而有些甚至是矛盾的。首先应选择具有较小的相对分子质量并且内部模态较快的气体,这样能够使比热容尽可能增加;其次气体应具有较高的比焓及较低的冻结损失。太空中气体储存的稳定性以及气体对推力器的腐蚀等也是必要的考虑因素。对于电弧推力器来说,气体还必须具有良好的电离特性及传导特性。表 3.2 与图 3.7 归纳了各种可能气体的物理参数。

表 3.2 各种可能的电热推进工质的物理参数

工质	相对分子质量	比定压热容 /10²(J·kg⁻¹·K⁻¹)		沸点(1 atm) /K	熔点(1 atm) /K	临界压力 /atm	临界温度 /K
		1 000 K	3 000 K				
氢(H₂)	2.016	15.0	18.4	20	14	12.8	33
氦(He)	4.003	5.20	5.20	4		2.3	5
锂(Li)	6.94	3.00	3.14	1 500	460		
铍(Be)	9.01	2.31	2.33	1 800	1 600		
硼(B)	10.82	1.92	1.92	2 800	2 600		
碳(C)	12.01	1.73	1.80	4 500	3 800		
氨(NH₃)	17.03	3.20	4.51	240	196	111.3	406
氮(N₂)	28.02	1.17	1.32	77	63	33.5	126
肼(N₂H₄)	32.05	2.76		387	275	145	653
戊硼烷 (B₅H₉)	63.13	4.03	5.08	332	226		

氢气具有较高的比热容及热导率,在 20 K 的低温下能够稳定储存并且不具有腐蚀性。此外,氢气还具有良好的放电性能。但是,氢气的原子复合速率较慢,导致在工作的比冲范围内具有较大的冻结损失。

氦气的比热容比氢气小,但是导热性能比氢气好。由于氦气是单原子分子,它的主要内能消耗形式为电离,且电离能比较高,达到 24.46 eV。在低比冲的范围内,电热式推力器的冻结损失比较低。但是,其液化温度为 4 K,这给太空中氦气的储存带来了极大的困难。

锂在太空条件下是固态,因此有利于储存。锂也是单原子分子,具有较低的电子激发及电离势能,因此它的比热容相对来说比较高。但同样在推力器工作的温度范围内,推力器具有较大的冻结损失。另外对于锂来说,预先利用加热器使其变成气体是很有必要的;电弧加热器可以轻易实现锂的汽化及加热。但是锂在喷管内冷却过程中,可能会由于固化而引起压缩激波。此外,锂的化学性质比较活跃,因此必须小心储存。

铍、硼和碳的性质与锂接近。它们是大分子物质,具有较低的比热容,因此不太适合于作为电热式推力器的工质。

氨气(NH₃)是比较容易储存的,因为其容易液化。尽管氨气具有较大的分子质量,

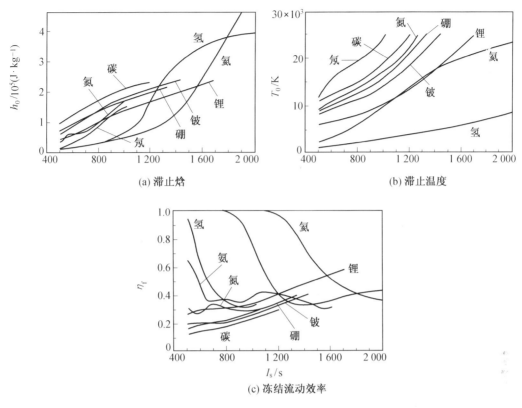

图 3.7　各种不同的工质($\rho_c = 1$ atm)

但是当氨气加热被解离成较小分子的物质时,具有较大的比热容,但是会引入较大的冻结损失,可得到的推力、比冲及效率略小于氢气,而氨气化学性质比氢气活跃,会对喷管及推力器造成腐蚀。

肼(N_2H_4)及其他类似化学混合物,其分解反应是一种产热反应。这样,除了电能之外,解离过程释放的能量可以用于气体的加热以提高电热式推力器的性能。但是对于此类化合物需要注意的是降低壁面的温度并避免化学腐蚀。

最终电热式推力器的推力剂的选择是基于比冲与冻结流动来选择的,但是还是需要考虑推力器的整体参数,例如工质储存、供给管路、腐蚀等。

总之,工质的物理特性对电热式推力器的性能(比热容及热导率;冷端损失;工质储存;腐蚀等)有很大影响。与放电电弧一起研究工质类型的电热参数是十分重要的。从电学来讲,在一定的功率条件下,电离电势与电子传导率对建立稳定拉长的放电电弧,从而建立合适的电场强度具有重要意义。从化学热力学角度来讲,在放电电弧中,每种工质均对应新的光谱辐射及化学过程。如果这些过程具有"很快"的自由度,工质的有效比热容就可以增加,因此可以获得更高的喷气速度;如果是"较慢"的自由度,那么冻结损失就会增加。举例来讲,太空中可以在不冷却条件下储存液态的氨气(NH_3),很容易在电弧放电过程中分解出小质量的粒子,因此可以提高比热容,但是冻结损失也会增加。利用氨气获得的推力、比冲、效率仅仅稍次于氢气,但是氢气在太空中储存需要冷却装置。

3.2.2　电弧推力器的分区特征

当电弧推力器工作时,推进剂沿加热室内壁切向注入电弧室,经电弧加热离解膨胀并经电磁场驱动加速后,由喷管高速喷出而产生反冲力,其中所包含的主要过程如图3.8所示。与此相关的基础研究包括电弧物理学,推进能量特性,稳压电源系统,电弧与涡旋流动的相互作用,电离、离解反应等[20]。

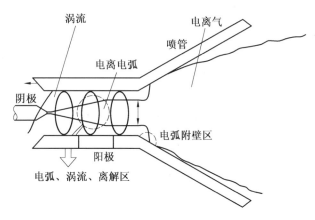

图 3.8　电弧推力器工作过程示意图

由于电弧与通道内流动气体相互作用强烈,与电极间静止气体放电相比,推力器内部电弧放电呈现出新的特征:电弧形状和附着位置取决于流动通道结构形式和气体流动状况而不是简单的弧状,电弧与冷气流以及电磁场与高温电离气体的相互作用是复杂连续的过程。约束段的主要作用是让冷气流冲击电弧而使弧柱拉长变细,增加弧柱电阻,从而增加弧柱电压和输入功率,并延长冷气流与电弧的相互作用时间以进行充分的物质能量交换,使电弧充分发展。约束段内电弧直径较小,能量输入集中,电弧中心温度可高达2×10^4 K 以上,具有较高的离解度和电离度,欧姆加热是主要的物理过程,它将电能转化为热能,储存于微观粒子的各种热力学能量模式中,通过分解电离气体转化为化学能,还以热传导和辐射等方式传递到周围。电弧外侧到约束段壁面之间的外围冷气流区的温度较低,基本上为中性分子,大部分气体进入喷管扩张段膨胀加速,另一部分气体与电弧相互作用,发生分解和电离,使得电弧逐渐扩散开来。中心膨胀区为高温电离气体在喷管扩张段轴线附近的区域,气体膨胀加速,热能转化为动能,温度降低,粒子分解和电离减弱而复合加强,伴随着化学能向热能的转化。但是由于流动过程较快,等离子体弛豫时间相对较长,复合滞后于流动,化学能释放率较小,化学能量模式冻结损失较大。在喷管扩张段外围膨胀区中,对流、热传导、扩散和黏性作用引起质量、动量和能量的输运,黏性耗散减弱了热能转化为动能的能力。由于电极附近的化学反应及电子发射等因素,电极鞘层中存在着空间电荷,电子优先加速明显,严重偏离热力学和化学平衡状态,相当一部分电功率消耗在该区域转化为热能且绝大部分被电极吸收。以上各区没有明显的界限,总体上说电能转化为热能后相当一部分冻结于各种热力学能量模式中,热力学冻结损失较大。

由于约束段内部的气体是部分电离等离子体。因此在壁面附近会产生等离子体鞘层。如图 3.9 所示,在壁面附近存在大的鞘层电势降,也就是图中电极附近的 Ⅰ 和 Ⅴ 区域,其特征尺度为德拜长度。在鞘层内部,准中性条件不再满足。由此产生的空间电荷效应所形成的电场强度弧柱区,也就是 Ⅲ 区域。区域 Ⅱ 和 Ⅳ 是鞘层和弧柱区之间的过渡区域,在这两个区域内满足准中性条件,但是仍然存在较大的电场。而在弧柱区,等离子体参数的梯度则要小很多。

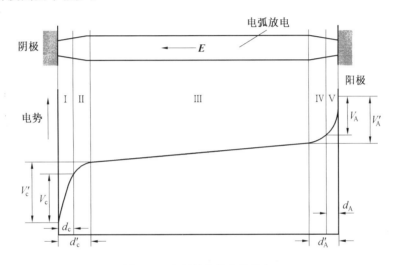

图 3.9　电弧放电的电势分布

电弧能够在电极附近产生发散附着或者是点附着。对于发散附着模式来说,电弧均布于相对较宽的区域,因此这种情况下电流密度是合适的,而对于点附着模式来说,其特点是附着区域附近电流密度很高($10^9 \sim 10^{12}$ Am^{-2}),这会造成弧根的快速移动。阴极的电弧附着主要是点附着模式。由于阴极表面的电场必须垂直于阴极表面,因此阴极的圆锥形尖端局部电场加强。而主要的电场加强区域却发生在电弧弧根附近的很小的区域。弧根附近的强电场增加了电子从阴极尖端的热释放,并加速电子运动到等离子体的中心区域。

阳极表面的等离子体附着可以是点模式,也可能是发散模式。发散附着模式可能是由于低电流密度放电造成的,而点附着模式主要由高电流密度放电时的振荡重复冲击造成。一般认为,阳极附近的电流附着是三维效应,由于周向等离子体的速度以及电弧高温区域的移动会产生周向的放电电流。这一效应已经在理论上得到了证实,但是很难通过实验手段进行测量。阳极鞘层区域和阴极鞘层区域非常类似,主要的区别在于阳极附近的电流绝大部分由电子产生,导致在近阳极区存在净的负电荷区域。阳极鞘层的电势降 ΔV_a 可以是正的,也可能是负的,这取决于阳极表面所收集的电流大小。

推力器以外是羽流区。大量研究等离子体和气体流动特性的实验数据都是在该区域获得的。至今为止,大部分关于电弧推力器的羽流实验数据集中于测量和预测推力器性能和上游流体特性。借助羽流参数的测量结果可以了解推力器内部狭小空间内的物理过程和能量转换规律,并为提高电弧加热发动机的运行可靠性和寿命提供一定的参考数据。

3.2.3 电弧推力器的能量损失机理

导致电弧推力器效率降低的因素有很多。如同 3.2.1 节所描述的那样,在推力器约束段,由于高温会导致工质的离解和电离。喷管出口的高速流(5 000~20 000 m/s)阻碍了粒子之间的复合过程,导致出口的工质很难回到其热平衡态,由此会导致冻结流动损失。导致效率降低的第二个原因是径向方向气体速度以及气体物理参数的非均匀性。除此之外,由于推力器内部的雷诺数一般不是很大(10^2~10^4),因此黏性损失也需要被考虑。最后,在近电极区附近的物理过程导致电极附近的电势降。电势降乘以电弧电流,就是近电极区的能量损失。最终这部分能量通过加热电极被损失掉了[21]。

受所有电能的作用,比焓提高到 h_c 并达到化学与热力学平衡,然后在喷管中绝热膨胀到速度 u_e,在此过程中比焓降至 h_e 后推进剂从喷管喷出。根据公式(3.1)的能量守恒方程,忽略膨胀之前的动能以及被加热之前的热焓,有

$$u_e = \sqrt{2 \cdot (h_c - h_e)} = \sqrt{2\eta \cdot h_c}, \quad \eta = \frac{h_c - h_e}{h_c} \tag{3.17}$$

式中,η 为推进剂经过膨胀后初始热焓转换为喷气动能的功率。由于 h_c 定义为接受所有的电能后推进剂能够达到的比焓,因此 η 即为推进效率。从式(3.17)可以得到以下几点结论:

①h_c 越高,u_e 越高,从而比冲越高。定义输入总电能与推进剂流量之比为比功率,则比功率越高,h_c 越高。因此,理论上可以通过提高比功率(这是可以人为控制的)来不断提高比冲。然而,高比焓意味着高温度,而推进温度是不能无限提高的,要受推力器部件热承受能力所限。所以,提高推力器比冲的原则方向是:在保证推力器本体不至于过热情况下尽量提高单位推进剂携能。

②η 越高,在相同推进剂受热条件下能够达到的比冲越高。理想条件下,可以通过无限膨胀而使 $\eta \to 1$。然而实际情况下喷管是有限的并与推进剂气体相互交换能量。至少要考虑以下两种主要损失:冻结损失,包括化学冻结与热力学冻结。由于喷管有限,气体滞留喷管的时间有限,这期间各种形式的能量无法充分释放并转换为气体定向动能,到喷管出口时仍被冻结于相应的能量模式中,构成冻结损失。热损失,推进剂流经喷管时要向固体壁释放能量,这些能量最终以热辐射的形式释放于周围环境中,构成热损失。阴极受热只占总受热的很小一部分,主要影响阴极的烧损从而影响推力器寿命。

图 3.10 绘出了以氢气为推进剂的小推力和中推力电弧推力器输出能量在各种能量模式上的分布情况。可以看到,冻结损失约占总输出能量的 40%~50%,是最有开发潜力的能量源。此外还可以看到,在总输入电功率提高约一个量级的情况下,喷气动能所占输出能量的比率几乎不变,而剩余能量却在冻结能与热损失能间以及诸冻结模式之间有了很大的重新分配。这主要是因为推进剂在不同功率电弧推力器中的滞留喷管时间不同

（与受热程度以及流量有关）造成的。

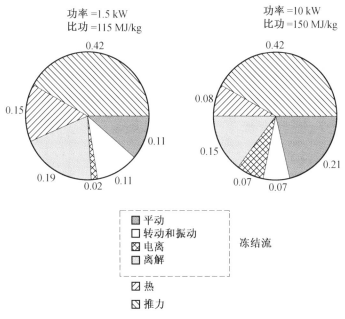

图 3.10　低功率以及中间功率电弧推力器的能量输出分布

可见,影响推力器比冲和推进效率的主要过程是:

(1) 内流区与喷管的能量交换过程。该过程一方面决定了热损失从而影响着推进效率,另一方面也决定了喷管的受热从而限制了比冲的提高。

(2) 气体在喷管中的流动过程。该过程中的能量转换机制决定了冻结损失的大小。记 f 为推力密度,则

$$f=\frac{F}{S}=\frac{\dot{m}u_{\text{e}}}{S}=\frac{\dot{m}\sqrt{2\eta h_{\text{c}}}}{S}=\frac{\sqrt{2\eta H_{\text{c}}\cdot\dot{m}}}{S} \tag{3.18}$$

式中,F 为总推力;$\dot{m}$ 为推进剂流量;S 为出口截面面积;H_{c} 为输入总电功率。由该式可以看到,在推进剂流量、总输入功率、喷管几何形式确定的情况下,推力密度取决于推进效率 η,故所有影响推进效率的过程都将影响推力密度。

3.2.4　电弧推力器内的流动与传热过程

由以上的描述可知,电弧推力器内部的物理过程比传统的化学推进要复杂得多。从喷管工作区域看,一般化学推进的燃烧加温在进入喷管扩张段已基本完成,而在电弧推力器中,加热工作气体的电弧会延伸进入扩张段。电弧推力器喷管内温度、速度和压力梯度均大于化学火箭推力器内对应的参数梯度。由于电弧推力器内部涉及较大的温度、压力和速度梯度,多组分以及喷管中可能存在冻结流动损失等众多复杂因素,因此电弧推力器内传热与流动的研究十分困难。虽然实验测量能提供有用的信息和数据,但推力器内狭小的空间和恶劣的环境,给实验测量带来了许多困难。目前发表的一些实验数据大都是

关于推力器出口外羽流的温度和速度测量结果。因而建立能够反映电弧推力器内部过程的物理数学模型,采用数值方法获得推力器内各种参数分布和传热、流动状况,进而研究各种能量转化过程具有重要的意义。数值计算一方面可以对已有的实验结果进行分析和解释,另一方面可以通过参数的比较为推力器的设计优化提供建议,为推力器向更高和更低功率发展提供设计准则。在这里给出北京航空航天大学王海兴等人的部分电弧推力器的数值模拟结果,以便于读者更好地理解电弧推力器内的流动与传热过程[22]。

图 3.11 和图 3.12 分别给出了针对中科院力学所设计的电弧推力器的结构和工作参

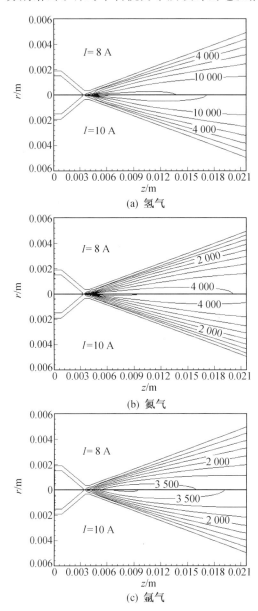

图 3.11　电弧推力器内轴向速度分布比较

(氢推力器等值线间隔为 2 000 m/s,氮气和氩气等值线间隔为 500 m/s)

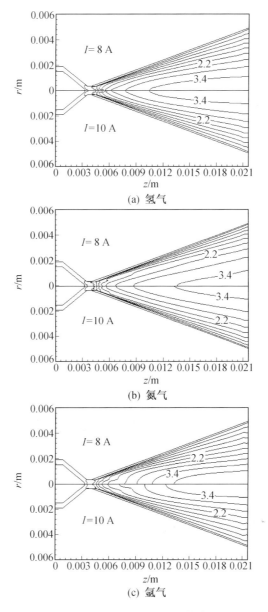

图 3.12　电弧推力器内马赫数分布比较(等值线间隔为 0.4)

数进行的数值模拟结果。计算中分别采用氢气、氮气和氩气作为工作气体,为了便于比较,3 种工作气体的入口压力均取为 2.5 atm,工作电流分别设为 8 A 和 10 A。从图 3.11 和图 3.12 可以看出,工作气体在进入推力器后,在较短的距离内被加速到较高的速度,因而在推力器喷管内存在较大的速度梯度,并且轴向速度随着弧电流的增加而增加。从图 3.12 中可以看出,在喷管内根据马赫数分布可以将气体在推力器内的流动分为 3 个区域,即亚声速区、跨声速区和超声速区。在推力器喷管的收缩段,流动速度较低,对应的马赫数小于 1,流动处于亚声速状态。在喷管的约束段(Constrictor),输入的电能转化为气体的热能继而转化为气体的动能,所以气体的流动状态由亚声速转变为超声速。在喷管的扩张段,流动为超声速状态。值得注意的是,模拟获得的轴向速度在约束通道出口下游附近达到最大值,然后随着轴向距离的增加速度逐渐降低,这种轴向速度分布与传统缩放喷管内扩张段内超声速流动的分布有所不同,是电弧推力器内由于焦耳加热、气体黏性等因素综合作用的结果。计算获得的喷管内马赫数分布总是随着轴向距离的增加而增加,这一规律与传统超声速喷管内马赫数分布规律类似。

如图 3.13 所示,由于不同工作气体分子质量或质量密度的差别,当氢气作为工作气体时,喷管出口处的气体轴向速度明显高于氮气和氩气。因此,氢电弧推力器的比冲也明显高于氮和氩电弧推力器,这种趋势已为众多的实验结果所验证。这一结果已经在3.2.1小节中进行了分析。从图 3.14 的出口马赫数分布可以看出,虽然不同工作气体的推力器出口处的轴向速度分布有较大差别,马赫数的分布却差别较小,这是因为氢等离子体的声速明显高于氮和氩等离子体的声速而引起的。

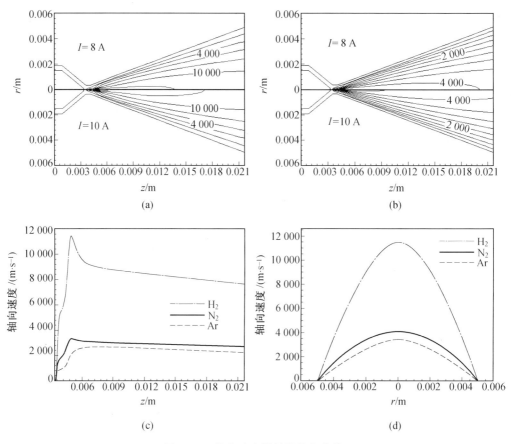

图 3.13　轴向速度沿轴线分布比较

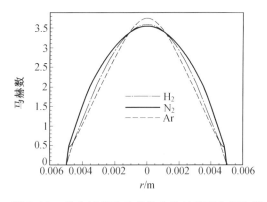

图 3.14　轴向速度和马赫数在出口截面分布比较

图 3.15 给出了喷管内的流线分布,从图中可以看出,大部分工作气体进入推力器后在贴近阳极壁面附近区域流出,只有小部分气体通过约束通道轴线附近的高温区,这是电弧推力器内流动与理想一维喷管流动的一个重要区别。为了进一步考察这种影响,同时计算了不同功率推力器约束通道内的流动状况。图 3.16(a)、(b)、(c) 分别给出了电弧推力器约束段入口处气体温度、密度和无因次流量比沿径向的变化。图中 Thruster L 和 Thruster M 分别取 NASA Lewis 中心所设计的低功率电弧推力器和 Stuttgart 大学研制的中等功率辐射冷却电弧推力器尺寸。图中的径向无因次坐标定义为 $\dfrac{r}{R}$,R 为约束段半径。从图 3.16(a) 中可以看出,与低功率电弧推力器相比,中等功率推力器约束通道内,沿径向高温区的范围较低功率情形更宽。从对应的图 3.16(b) 中也可以看出,由于中等功率推力器约束通道内高温区范围宽,所以约束通道内低气体密度区域也大于低功率情形。

图 3.16(c) 进一步给出了推力器约束通道内无因次局部流量比沿径向变化情况,其中无因次局部流量比定义为通过半径为 r、宽为 Δr(为当地网格宽度)的环形的流量与推力器流量之比,即

$$\dot m = \frac{\rho u\, 2\pi r \Delta r}{m_0} \tag{3.19}$$

在约束通道内,由于中心区域的温度较高,所以当工作气体流经这个区域时,会发生类似流体绕流物体的现象,即热绕流。从图 3.16(c) 中可以看出,低、中功率推力器在约束通道内都存在明显的热绕流现象,而在中等功率的推力器的约束通道内热绕流现象尤为明显。由于大部分气体在贴近约束通道壁面附近的区域流过约束通道,流过约束通道中心气体流量比较小,这也可以反过来说明在图 3.16(a) 中,中等功率推力器约束通道轴线上的最高温度高于低功率的情形。

电弧推力器的传热过程对推力器的性能有着至关重要的影响,一方面传热在电能转化为工作气体的热能、热能转化为动能的过程中起着十分重要的作用;另一方面,除了工作气体本身的传热过程外,喷管内高温气体和喷管之间的传热对推力器的性能、寿命也有着重要的影响。推力器内的传热影响因素是多方面的,除了依赖于喷管的形状、气体的特性外,还与流动耦合,与气体的解离、电离、辐射等物理过程相关。

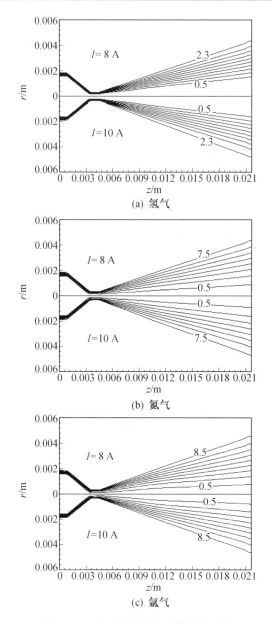

图 3.15 电弧推力器内流线分布比较

（氢推力器流线间隔为 0.2×10^{-6} kg/s，氮气和氩气等值线间隔为 1.0×10^{-6} kg/s）

图 3.17 表明不同工质的电弧推力器内的温度分布和能量转换过程总体上是相似的。工作气体的入口温度为 500 K，进入推力器后，在焦耳热的加热作用下温度迅速升高。气体被加热主要发生在阴极下游以及约束段附近，最高温度出现在阴极尖下游、电流密度较高的地方。随后，在喷管的扩张段，由于气动膨胀作用逐渐占据主导，焦耳热的影响逐渐降低，气体温度逐渐下降。从图 3.17 还可以看出，随着工作电流的增加，气体温度也随之增加。图中还给出了推力器喷管固体区的温度分布。从图中可以看出，除了在喷

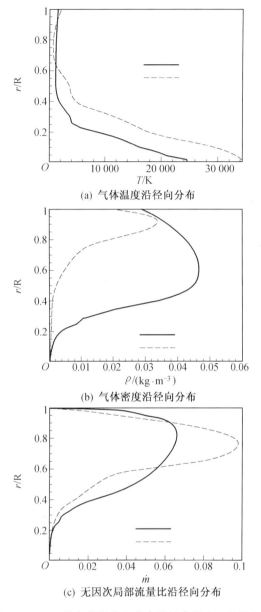

(a) 气体温度沿径向分布

(b) 气体密度沿径向分布

(c) 无因次局部流量比沿径向分布

图 3.16　Thruster L、M 的气体温度和密度沿约束段入口处径向分布比较

管外壁面一部分热量以辐射换热的方式损失外,还有一部分能量从推力器喷管上游以导热的方式损失,所以选取适当的上游传热边界条件是十分重要的。在喷管内部存在较大的径向温度梯度,气体温度沿径向逐渐降低到喷管壁面温度。由于大部分气体是通过壁面附近的温度较低的区域通过约束通道,所以推力器喷管的壁面温度条件对于内部的传热与流动甚至推力器的性能有着重要的影响。从计算结果还可以看出,在推力器的上游,喷管壁面的温度是高于气体入口温度的,因而此时喷管对进入推力器的工作气体有加热作用,而在推力器的下游,气体区温度高于喷管壁面温度,所以在这个区域,传热的方向是

由气体区向喷管固体区。

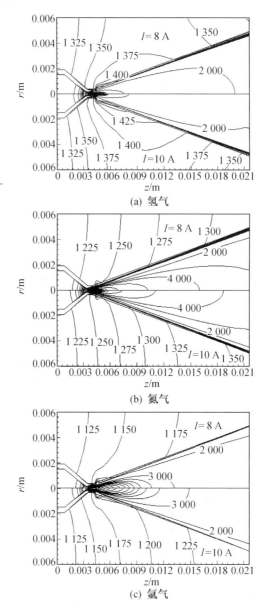

图 3.17　电弧推力器内气体温度与喷管温度分布比较(气体区等值线间隔为 1 000 K)

　　图 3.18 和图 3.19 分别给出了电弧推力器内温度沿轴线分布和出口截面处温度的径向分布,从图中可以看出,由于电弧加热的作用,气体温度最初上升很快,对于氢、氮和氩,最高温度分别为 25 210 K,20 190 K 和 18 530 K。由于氢的比焓远高于氮和氩的比焓,所以维持氢电弧推力器所需要的输入功率也较高,计算获得的弧电压分别为 102.2 V,48.1 V 和 24.9 V。由于氢等离子体的热导率很高,所以氢等离子体的温度下降速率也比氮、氩等离子体快一些。从图 3.19 给出的出口截面处的温度分布看,最引人注意的是氩

气的最高温度不是出现在中心处,即其温度径向分布不是由中心沿径向单调递减,这个结果目前尚未得到相应的实验验证。推测是由于气体中心膨胀较为充分而导致温度下降速度较快而造成的。

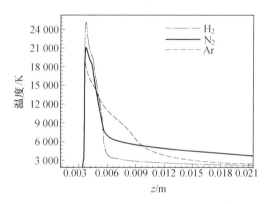

图 3.18　电弧推力器内温度沿轴线分布

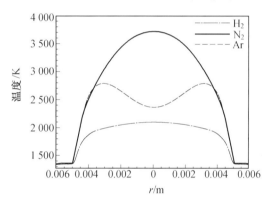

图 3.19　出口截面处温度的径向分布

因为能量转化过程决定着电弧推力器的性能,所以分析工作气体种类在喷管内的能量转化过程有助于我们加深对此过程的理解。在计算中对于不同的工作气体采用的条件是固定入口压力和电流,所以采用规范化的上述参数便于比较。图 3.20 给出的是针对氢气,氮氢混合物1∶3模拟氨,氮氢混合物1∶2模拟肼,以及氮气作为工作气体的情形。图中阴影部分表示约束通道的位置,从图中可以看出,与温度分布相类似,由于电弧加热的原因,静焓通量在阴极下游和约束通道附近迅速上升;达到最大值后,随着工作气体在超声速喷管内的膨胀,静焓通量逐渐下降。从图中也可以看出氮氢混合物比例对静焓通量变化规律的影响。氢、氮氢混合物模拟氨和模拟肼的静焓通量衰减速率大于氮气作为工作气体的情形,主要是因为在氮氢混合物中由于氢组分具有较高的热导率。从图3.20(b) 给出的规范化动能通量来看,由于电弧加热及喷管内的气动膨胀,使动能通量在约束通道后达到最大值,其最大值出现的位置滞后于静焓通量的最大值位置。动能通量的最大值随着氮氢混合物中氢含量的增加而增加。对于图 3.20(c) 所示的规范化总焓通量来讲,最初也是由于电功率的输入而使其增加,达到最大值后,由于工作气体向喷管壁

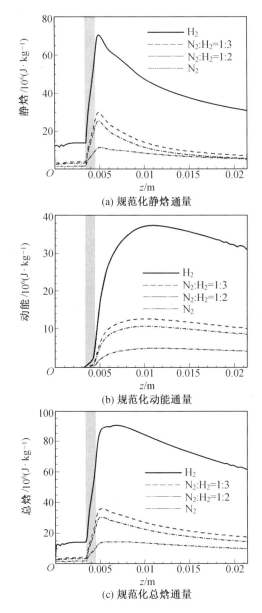

图 3.20　电弧推力器内规范化静焓、动能、总焓通量沿轴向分布

面的传热而使总焓通量逐渐下降,因此总焓通量的最大值和出口值之间的差别代表能量损失。根据这些结果可以推算氢或氮电弧推力器传热损失约为 31%,而氮氢混合物模拟氨或肼的热损失则更高。当然,目前估计的传热损失的方法是总焓损失与通道内总焓最大值之比,而不是与输入的总电功率与工作气体入口能量和的比值,因为目前的模型尚无法准确获得电极附近的鞘层电压。即使加入 25 V 左右的鞘层电压(文献估计值),预测的阳极传热数值仍然高于传统的观点(阳极传热只有 15% 左右)。

3.2.5　电弧推力器的稳定性问题

在电弧推力器的研究中,其稳定性问题关系到推力器是否能在更宽广的工作参数范围内获得高性能的重要问题。特别是对于低功率电弧推力器,若降低推力器功率,往往也会导致推力器性能的下降,推力器更不易稳定。另外为了提高比冲,最常用的方法是通过降低流量来提高比功率,但这时对电弧的气动约束力就减少了。因此,如何在确保性能的前提下降低推力器的功率和流量、提高工作稳定性是低功率低流量电弧推力器面临的难题[23]。

电弧推力器的实验表明,对于给定的放电电流,电弧电压与推进剂流量成正比。但是电压的变化幅值较小,一般在 $10 \sim 20$ V 范围内。对应于每种特定的电弧推力器,存在着合适的工作参数范围,在该范围内,推力器能够稳定工作。电弧推力器允许的流量范围由电弧的稳定性决定。在小流量情况下,约束弧柱通过压缩段的气体压力不足,导致电弧附着在压缩段的上游位置和极低的电弧电压。而对于高流量的情况,电弧进入一个振荡重复冲击模式,阳极的附着点逐渐移向下游位置且随时可能熄灭,然后电弧在上游的某些点重新点火,如此循环往复。此外,电弧推力器的稳定性和其功率有关,图 3.21 为千瓦级肼电弧推力器的稳定工作极限,从图中可以看出,随着比功率的减小,电弧推力器的稳定工作范围减小。

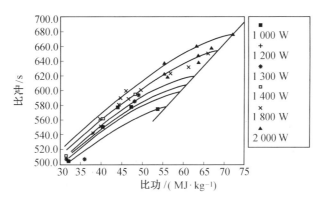

图 3.21　千瓦级肼电弧推力器的稳定工作范围

目前,针对电弧推力器运行过程中的不稳定性研究,国内外学者均已做了大量的研究。国外的稳定性研究大多关注稳定的几何结构参数和工作参数,比如减小阴阳极间距能使推力器更加稳定;漩流进气也能稳定电弧。国内电弧推力器的研究过程中也发现不稳定现象,刘宇等人的研究中发现推力器工作时常有 3 种不稳定现象:一是弧压高低摆动,射流不断伸缩;二是电弧旋转;三是电弧电压、电流、射流出现高频抖动。实验还发现氩比氮容易稳定。

在这里,我们简单地论述电弧推力器稳定性问题的一种理论解释。忽略气体流动的影响,电弧的温度是由电源的欧姆加热效应与正柱区的径向辐射损失、内部传导损失及电极传导损失的能量平衡过程决定的。

由能量平衡方程可知,弧柱区高温气体的温度在气体通过一个相对小的截面时会增加,这是由于传导通道的磁场自压缩效应,又称为电磁压缩效应。为了阐明这个过程,我们认为电弧在半径 r_1 方向上电流密度 j 为均匀的圆柱体。由麦克斯韦方程可知,对于一个稳态的电流,其能够产生的磁场满足

$$\nabla \times H = j \tag{3.20}$$

所产生的磁场是周向的,并且在正柱区内正比于半径,而在正柱区外随着尺寸的增加逐渐减小,即

$$H = \begin{cases} \dfrac{jr}{2} & (r \leqslant r_1) \\[3mm] \dfrac{jr_1}{2} & (r > r_1) \end{cases} \tag{3.21}$$

电流自洽产生的磁场会和电流作用产生洛伦兹力

$$\boldsymbol{F} = \boldsymbol{j} \times \boldsymbol{B} = \dfrac{\mu j^2 \boldsymbol{r}}{2} \quad (r \leqslant r_1) \tag{3.22}$$

在平衡态,磁场力和压力梯度平衡,即

$$\left. \begin{aligned} \dfrac{\mathrm{d}p}{\mathrm{d}r} &= -\dfrac{\mu j^2 r}{2} \\[2mm] p &= \dfrac{\mu j^2}{4}(r_1^2 - r^2) + p_1 \end{aligned} \right\} \quad (r \leqslant r_1) \tag{3.23}$$

其中,p_1 是电弧边界上 r_1 的气体压强(图 3.22(a))。

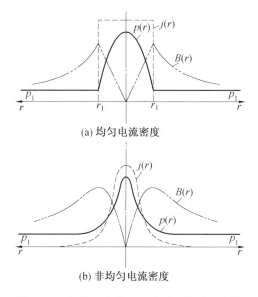

(a) 均匀电流密度

(b) 非均匀电流密度

图 3.22 通过一收缩电弧的压力的径向变化

电弧中的气体温度与压强相关。对于较大放电电流密度,由于电磁压缩效应,弧柱区中心的温度会更高。显然,真正的电弧在径向存在电流密度的差异(图 3.22(b)),对于这种情况,电磁压缩效应同样存在。

弧柱区的电磁压缩效应会产生内在的不稳定性,产生图 3.23(a) 所示的腊肠不稳定性以及图 3.23(b) 所示的扭曲不稳定性。这两种不稳定性是等离子体常见的两种不稳定模式,其推导涉及等离子体波及不稳定性等复杂的物理过程,在这里我们就不进行详细介绍了,感兴趣的读者可以参考等离子体物理学方面的教材。

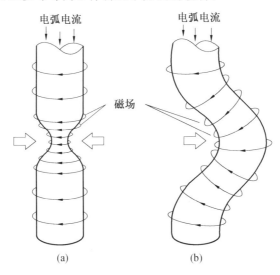

图 3.23　收缩电弧的腊肠和扭曲不稳定性

如果要在存在不稳定性的情况下实现高电流密度,就需要采用一些外部镇定机制。一种方式是利用外加磁场束缚等离子体,减少不稳定性。这些方法通常被利用在地面等离子产生装置中,例如一些核聚变装置。但是外加磁感应强度通常比较大,且对应的磁场产生装置质量也很大,因此不适合用在空间飞行装置中。

对于电弧推进装置来说,常用的方法是进气时让工质具有切向的速度以形成周向旋转的运动(图 3.24(a))。注入具有周向旋转运动的工质的离心运动能够将具有温度更高的弧柱区限制在旋涡的中心,从而降低了电极和壁面的温度;同时使气体更好并更长时间地和电弧接触,从而将气体加热到电弧温度。另外,注入的气体会冷却电弧,因此降低电子的传导率,这就会提高放电电压,增加输入功率。

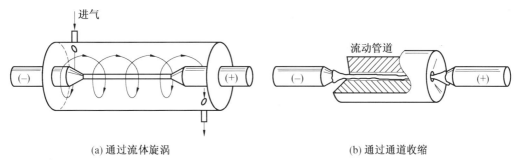

(a) 通过流体旋涡　　　　　　　　　　　　(b) 通过通道收缩

图 3.24　电弧柱的镇定

第二种实现稳定放电的技术是让电弧与气体流动通过电极间相对长而窄的流动管道而被加热(图 3.24(b))。通过这种方法,能够将电弧的直径减小,从而有效地抑制扭曲不稳定性,充分提高温度梯度,壁面压缩段壁面过热而变软。因此电弧室的长径比是一个重要的设计参量,它与电弧的稳定直接相关。调节电极的距离也会直接影响电弧的稳定。

因此,在电弧推力器实际运行时,为了保持电弧稳定,通常在进气时让工质具有切向的速度以形成周向旋转的运动,这样能够让气体向阳极运动过程中将电弧外围较冷的气体向电弧中心汇聚。阳极被主要设计用于产生一个尺寸很小的通道(一般称之为压缩段),电弧通过压缩段和喷嘴以加速气体。阴极是一个圆柱体,并具有一个圆锥形的尖端。压缩段的主要目的是使电弧在中心位置实现稳定放电,同时注入通道的中心气体具有切向的速度易产生气体的周向运动,其目的也是使电弧稳定。

3.2.6　近电极区域的物理问题

由于电极和电弧的产生以及电弧推力器内部的物理过程紧密联系,并且近电极区损失占了整个性能损失的很大一部分比重。因此在这里我们进一步对近电极区域的物理过程进行讨论。电弧推力器中能够分为 5 个区域,各区域具有不同的物理过程,如图 3.9 所示。电弧的主体是区域 Ⅲ,也就是弧柱区。弧柱区满足准中性条件,电势变化较为平缓。但是等离子体在电极区鞘层内的变化却非常剧烈,其内部的电场远大于弧柱区的电场,结果导致尽管电极附近的鞘层非常薄,在该区域仍然存在着很大的鞘层电势降。在极端情况下,鞘层电势降甚至能够超过弧柱区的电势降。对于一个典型的工作压力为大气压情况的高电流电弧推力器,近电极区的宽度为 $10^{-5} \sim 10^{-6}$ m[24]。

首先分析阴极附近的物理过程。在阴极附近的电子主要是由热电子发射产生的。阴极发射的电子热流密度由阴极表面温度以及阴极材料溢出功决定,可以采用 Richardson-Dushman 方程进行描述,即

$$j_e = AT_c^2 e^{\frac{-e\varphi_c}{kT_c}} \tag{3.24}$$

其中,$A \approx 6 \times 10^5$ A/(m² · K²) 是一个常数。钨材料的溢出功是 4.5 V。阴极材料中通常混合钍($\varphi_{Th} = 3.35$ V)或者是钍的氧化物材料($\varphi_{ThO_2} = 2.94$ V),以进一步减小表面溢出功,加强阴极表面的电子发射能力。但是,实验表明,一旦稳定的电弧形成以后,由于高温,阴极尖端的钍材料会被蒸发,因此加入钍材料能否实现其应有的效果还不得而知。将钨的熔点以及溢出功 4.5 V 代入式(3.24),能够得到这种情况下阴极表面电子的发射能力为 5.3×10^6 A/m²。实验对电弧阴极的测量表明,阴极尖端的电流密度为 10^9 A/m²。因此和式(3.24)的估算值有较大的差异。造成这一偏差的主要原因是阴极尖端附近的强电场以及离子对阴极表面的轰击加强了电子从阴极表面的释放。离子电流占了整个电流的 10% ~ 20%,需要在阴极电子发射过程中考虑。

式(3.24)可以采用 Schottky 的方法进行修正,以考虑电场对电子发射的影响,即

$$j_t = j_e e^{\frac{4.389\sqrt{E}}{T_c}} \tag{3.25}$$

为了产生 10^9 A/m^2 的电流密度,公式要求阴极尖端的电场强度达到 2×10^7 V/m。对近阴极区的电势测量表明,阴极鞘层电势降和工质的电离势能为一个量级。对于氮气和氢气来说,这表明鞘层的尺度为 $0.5 \sim 1.0 \times 10^{-6}$ m,由此得到的阴极附近的电场强度和公式(3.25)比较接近。进一步考虑强电场产生的场发射效应,由此产生的电子电流可以采用 Fowler-Nordheim 方程进行描述,即

$$j = 1.54 \times 10^{-6} \frac{E^2}{e\varphi_c} \exp\left[\frac{-6.83 \times 10^9 (e\phi_c)^{\frac{3}{2}}}{E} f\left(\frac{3.79 E^{\frac{1}{2}}}{e\varphi_c} \times 10^{-6} \right) \right] (\text{A/m}^2) \quad (3.26)$$

其中,函数 f 从 $f(0) = 1$ 降到 $f(1) = 0$。

电弧推力器阴极设计需要考虑的一个重要因素是减小电极的腐蚀。电弧推力器的温度在推力器的电弧核心区、阴极尖端的阴极炽点和阳极附着点最高,在这些区域周围的表面由于材料的熔化和蒸发,组件经受强烈的侵蚀。随着输入功率的增加,材料烧蚀和溅射速度迅速增加。因此电弧推力器的性能和寿命也与它们的材料紧密联系。阴极腐蚀主要是由于高温电弧附着区域阴极表面材料的蒸发所造成的。地球同步卫星要求低功率电弧推力器的寿命至少要达到 600 h,而对于高功率电弧推力器来说,要求其寿命达到 1 000 h 甚至更多。因此,有必要确保寿命期间阴极材料的腐蚀不至于让推力器失效。实验表明对于一个 $1 \sim 2$ kW 的电弧推力器来说,其阴极材料的腐蚀速率为 $0.05 \sim 0.15$ mg/h。而 30 kW 的电弧推力器,腐蚀率为 $1 \sim 3$ mg/h。随着放电电流的增加,腐蚀率相应地增加,而随着点火时间的延长,腐蚀率则逐渐降低。同时阴极腐蚀率也和工质气体、阴极材料以及阴极几何结构(结构决定了局部换热特性)有关。根据各种不同阴极材料的测试结果表明,采用 2% 的钍金属的钨钍合金,其腐蚀率最低,并且具有很好的热特性。低功率电弧推力器长期的寿命试验(1 000 h)表明阴极的腐蚀足够低,能够满足空间任务需求。但是仍然需要进一步实验验证,确定是否对于高功率电弧推力器来说,阴极腐蚀仍然满足寿命需求。

尽管与阳极相比,更多能量消散在阳极上,但一般认为阳极侵蚀率要低一个数量级甚至更多。最重要的原因是阳极的电弧附着点的弥散本质,阳极附着点倾向于弥散或者是分成多条在阳极表面跨越很大区域的弧线,这种现象的主要原因在于推进剂气体进入增压室存在大切线速度分量。位于电弧或者是更热的电极表面附近的绝缘子同样随着时间变化发生剧烈退化。电弧推力器阳极被设计成其表面电弧电流以及电子在阳极表面的热复合具有发散型结构。推力器工作结束后对阳极结构的测试也表明,至少对于一些结构的电弧推力器、功率水平以及工质来说,其阳极附着模式是发散型的。启动过程中的点附着模式会造成非常显著的阳极腐蚀,并且造成阳极腐蚀材料在相对较冷的壁面、喷管壁面材料上的沉积。但是一般而言,一旦推力器稳定工作,则阳极均能够实现发散附着模式。当工质为肼时,一些阳极材料,例如 TZW 的表面会有非常明显的化学腐蚀,此时钨材料的耐腐蚀性最好。阳极表面的腐蚀通常比阴极尖端的腐蚀要小很多。近阳极区的电势降主要由于热传导和电子轰击产生的能量沉积以及阳极鞘层电势降组成。电势降可以是正或负,这取决于阳极表面所收集的电流大小。对于辐射冷却的电弧推力器来说,近阳极

区的电势降一般为几伏特。近阳极区的电势降和电子能量沉积到阳极表面所需要的平均复合长度是一致的。

3.3 电弧推力器设计

3.3.1 电弧推力器简化模型

为快速、有效地判定电弧推力器的性能,在这里简要介绍一下推力器简化的分析模型。这个分析模型简单、有效,同时保证了电弧推力器物理过程的真实性[25]。

电弧推力器运行时,通道内的流动如图 3.25 所示。可以将流场简化为两个区域。一个是内部的弧柱通道区(电弧区)($0 < r < R_a, x > 0$),假设弧电流全部流经此通道;另一个区域是外部的冷气流区(外层冷流区)($R_a < r < R$),此通道内无电流流过,也就是说电导率和电流密度为零。近似认为电弧弧柱区沿着气流方向是逐渐发展的,外层的冷气流区不直接与电弧区发生热交换,冷气流区中的气体在气体流动方向不断减少,减少的气体进入电弧区而成为电弧区的成员。用图 3.26 来解释,就是电弧半径的增长速度近似等于内流的径向速度分量 u_n。这样来自电弧区的热扩散全部用于加热刚刚进入电弧区的冷流体,而不会扩散到外部冷流区。冷流区的气体在流动过程中保持等熵关系,并认为此流体区域的参数,如温度,是均匀一致的。

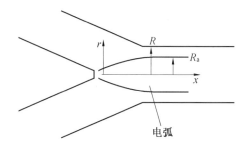

图 3.25　电弧沿通道发展示意图

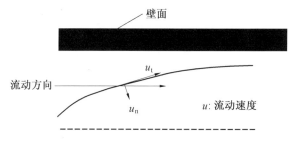

图 3.26　电弧边界处流动速度分量

电弧区的特点是此区域的气体温度 $T > T_e$。T_e 是指气体温度低于此值时,气体的电导率可以忽略不计。沿半径方向跨越 R_a 后,在一个薄层内气体温度将迅速由电弧边界的温度 T_e 变为外层冷流区的温度 T_{out}。如果忽略这一薄层,可以认为电弧内部导向电弧边界($T = T_e$)的热量被新融入电弧区的冷流体完全吸收,也就是由外层冷流区进入电弧区的气体其焓由外层冷流焓 h_{out} 变为电弧边界焓 h_e,即

$$q_e \cdot 2\pi R_a = \frac{dm_a}{dx}(h_e - h_{out}) \tag{3.27}$$

其中,h_e,h_{out} 表示电弧边界和外层冷流的总焓,包括了动能;m_a 是电弧区质量流量;q_e 是弧柱边界处径向热流,可表示为

$$q_e = -\left(k\frac{\partial T}{\partial r}\right)_e \tag{3.28}$$

这样,电弧区质量流量沿轴线方向的增加是与电弧区向外层冷流区的热扩散紧密相关的。

电弧区是一个伴随着强烈的欧姆加热和热传导的区域,在简化的模型中忽略辐射传热。在模型中唯一考虑的电作用是欧姆加热。输入的电能可表示为

$$P = j \cdot E = \sigma E^2 \tag{3.29}$$

其中,P 是输入电功率;j 是电流密度;E 是电场强度;σ 是电导率。

在简化的模型中认为外层冷流的流动是等熵绝热流动。这样,温度和压力的关系可表示为

$$T_{out} = T_{out,0}\left(\frac{P_{out}}{P_{out,0}}\right)^{\frac{r-1}{r}} \tag{3.30}$$

需要注意的是,在阳极电弧附着点后,不再有电能供入,此时的电弧区实际是一个热的核心区。此时的电弧区质量流量应称为热核区质量流量。

流过推力器内部轴向通道某一截面的流体的质量、焓和推力可以表示为

$$\dot{m} = \int_0^R \rho u 2\pi r \, dr \tag{3.31a}$$

$$\dot{m}_a = \int_0^{R_a} \rho u 2\pi r \, dr \tag{3.31b}$$

$$\dot{H} = \int_0^R \rho u \left(h + \frac{u^2}{2}\right) 2\pi r \, dr \tag{3.32a}$$

$$\dot{H}_a = \int_0^{R_a} \rho u \left(h + \frac{u^2}{2}\right) 2\pi r \, dr \tag{3.32b}$$

$$J = \int_0^R (p + \rho u^2) 2\pi r \, dr \tag{3.33}$$

式中,$\dot{m}$ 是总质量流量;$\dot{m}_a$ 是电弧区质量流量;$\dot{H}$ 是总焓流;$\dot{H}_a$ 是电弧区焓流;J 是推力。

这样,总的守恒定律表示为

$$\frac{d\dot{m}}{dx} = 0 \tag{3.34}$$

$$\frac{d\dot{H}}{dx} = EI \tag{3.35}$$

$$\frac{dJ}{dx} = (p + \rho u^2) 2\pi r R \frac{dR}{dx} \tag{3.36}$$

其中,I 是总电流,可由轴向电场和电导率表示为

$$I = E \int_0^R \sigma 2\pi r \mathrm{d}r \tag{3.37}$$

$$\frac{\mathrm{d}I}{\mathrm{d}x} = 0 \tag{3.38}$$

在简化的模型中忽略了气体和阳极之间的热交换。从方程(3.35)可得

$$V - \Delta V_c = \frac{\dot{H} - \dot{H}H(0)}{I} \tag{3.39}$$

其中,ΔV_c 是阴极电压降;$\dot{H}(0)$ 是总焓通量的初值,也就是阴极尖点所在的轴向位置所有气体的总焓。

在简化的分析模型中,焓值表示为压力与密度比 p/ρ 的线性关系,即

$$h \approx Q \frac{p}{\rho} \tag{3.40}$$

对于理想气体,比例系数 Q 可用比热容比 γ 表示为

$$Q = \frac{\gamma}{\gamma - 1} \tag{3.41}$$

对于双原子气体,如氢气,$\gamma = 1.4$,$Q = 3.5$。对于单原子气体,如氩气,$\gamma = 1.67$,$Q = 2.5$。对于外层冷气流区,Q 值可以用式(3.41)确定。对于电弧区,存在着解离和电离,式(3.41)不再适用。电弧区在喉部之前,压力较高,处于 1 atm 的量级,可以认为此时的电弧区的等离子体处于热力学平衡态。对于 H_2 和 N_2 来说,根据实验数据进行拟合,$\gamma = 1$,$Q = 7 \sim 8$。计算时详细的参数选择见表 3.3。

表 3.3　氢气、肼、氮气的拟合曲线

拟合参数	气体		
	H_2	$N_2 H_4$	N_2
$\phi_0 / (W \cdot m^{-1})$	36 000	26 300	7 000
B/V	2.76	2.43	1.58
T_0 / K	7 000	7 000	7 000
$\alpha / (K \cdot m \cdot s^{-1})$	1.50	1.50	1.50
Q	7.0	7.23	7.7
$G / (J \cdot m \cdot s^{-1} \cdot kg^{-1})$	2.47×10^5	1.73×10^5	2.2×10^4

当气体由喉部流出进入喷管的扩张段后,电弧区(热核区)的流动不再处于热力学平衡态,而处于冻结流状态,此时的比例系数 Q 不能再用上述值,我们在后面对这种情况进行讨论。

电弧推力器等离子体中包括电子、离子和原子,电子、离子在流场中的扩散、复合对等离子体的热导率有很大影响。因此等离子体的热导率与中性气体相比差别很大,引入一个新的参数 —— 热势。热势定义为热导率对温度的积分,表示为

$$\phi = \int_0^T k \mathrm{d}T \tag{3.42}$$

$$\frac{\partial}{k \partial T} = \frac{\partial}{\partial \phi} \tag{3.43}$$

将热势拟合为电导率的线性函数,这个关系可表达为

$$\phi \approx \phi_0 + B^2 \sigma \tag{3.44}$$

其中,ϕ_0,B 为常数。其对应的值可由表 3.3 查出。

为求解方程的方便,将焓和电导率也以线性关系处理。它们的关系可表示为

$$h \approx G\sigma \tag{3.45}$$

利用以上的简化关系,速度、质量流量、焓通量、动能可以用焓变量简捷表达。首先引入下面的定义

$$q(x) = \rho u^2 \tag{3.46}$$

根据这个定义,速度 u 可表示为

$$u = \sqrt{\frac{\rho u^2}{\rho}} = \sqrt{\frac{q}{p} \cdot \frac{p}{\rho}} = \sqrt{\frac{q}{Qp}} \cdot \sqrt{h} \tag{3.47}$$

相似的

$$\rho u = \sqrt{\rho(\rho u^2)} = \sqrt{\frac{\dfrac{p}{p}}{\rho} q} = \frac{\sqrt{Qpq}}{\sqrt{h}} \tag{3.48}$$

$$\rho u h = \sqrt{Qpq}\,\sqrt{h} \tag{3.49}$$

$$\rho u \frac{u^2}{2} = q \frac{u}{2} = \frac{q}{2} \sqrt{\frac{q}{Qp}} \sqrt{h} \tag{3.50}$$

这样,总焓可表达为

$$\rho u h_{\mathrm{t}} = \rho u \left(h + \frac{u^2}{2} \right) = \left(1 + \frac{1}{2Q} \cdot \frac{q}{p} \right) \sqrt{Qpq}\,\sqrt{h} \tag{3.51}$$

根据假设,上面表达式中的 Q、p、q 与半径 r 无关。

以上的速度、质量流量、焓通量、动能可以用焓变量简捷表达,但是焓沿半径方向的分布是未知的。一种办法是先确定电导率 σ 沿半径方向的分布,再由电导率和式(3.45)确定焓 h 沿半径方向的分布。

采用 Maecker 对电弧区电导率的处理方法,即设

$$\sigma = \sigma_{\mathrm{c}}(x) \cdot f\left(\frac{r}{R_{\mathrm{a}}}(x) \right) \tag{3.52}$$

$\sigma_{\mathrm{c}}(x)$ 是弧柱中心的电导率,是通道轴向位置的函数。弧柱半径 R_{a} 在守恒方程的求解过程中得到。

对于柱状电弧问题,忽略流动的影响,电弧能量的平衡关系可由 Ellenbass-Heller 方程表示为

$$\frac{1}{r} \frac{\mathrm{d}}{\mathrm{d}r}\left(rk \frac{\mathrm{d}T}{\mathrm{d}r} \right) + \sigma E^2 \tag{3.53}$$

电弧边界条件为

$$\sigma(r=R_a)=0 \tag{3.54}$$

并且要满足设定的总电流条件,即式(3.37)。

将热势的表达式(3.42)及式(3.44)引入上述方程,方程变为零阶贝塞尔方程

$$r^2 \frac{d^2\sigma}{dr^2} + r \frac{d\sigma}{dr} + r^2 \frac{E^2}{B^2}\sigma = 0 \tag{3.55}$$

问题转化为零阶贝塞尔方程的求解,即 $J_0(y)=0$,它的第一个零点是 $y=2.405$。将式(3.44)代入上述方程的解得到

$$\sigma = \sigma_c(x) \cdot J_0\left(\frac{E}{B}r\right) = \sigma_c(x) \cdot J_0\left(2.405\frac{r}{R_a}\right) \tag{3.56}$$

电导率沿半径的分布即为上式所确定。

上述的电场方程是按照欧姆加热和导热平衡的关系得到的,适用于一维壁稳电弧的情形。对于电弧推力器中的流动,由于对流的存在,上述的电导率表达式作为一种近似来使用。

采用(3.56)中电导率分布,弧柱中的焓分布可表示为

$$h = h_c(x) \cdot J_0\left(2.405\frac{r}{R(x)}\right) \tag{3.57}$$

相应地,总电流表示为

$$I = 2\pi E\sigma_c \int_0^{R_a} J\left(2.405\frac{r}{R_a(x)}\right) r dr =$$
$$\frac{2\pi}{2.405} J_1\left(2.405\frac{r}{R_a(x)}\right) E\sigma_c R_a^2 = 1.356 E\sigma_c R_a^2 \tag{3.58}$$

电场方向单位长度的欧姆耗散热可表示为

$$EI = \frac{I^2}{1.356\sigma_c R_a^2} \tag{3.59}$$

电弧边界处的热流改写为

$$2\pi R_a q_c = -2\pi R_a \left(\frac{d\phi}{dr}\right)_{R_a} = -2\pi R_a B^2 \left(\frac{d\sigma}{dr}\right)_{R_a} =$$
$$2\pi R_a B^2 \sigma_c \frac{2.405}{R_a} J_1(2.405) \tag{3.60}$$

$$2\pi R_a q_c = 7.843 B^2 \sigma_c \tag{3.61}$$

利用式(3.57)可以将质量流量、能量通量的积分形式改写为便于计算的形式。

对于电弧区质量流量

$$\dot{m}_a = \int_0^{R_a} \rho u 2\pi r dr = \frac{2\pi}{\sqrt{h_c}} \left(\frac{R_a}{2.405}\right)^2 \left[\int_0^{2.405} \frac{x dx}{\sqrt{J_0(x)}}\right] \sqrt{Qpq} \tag{3.62}$$

上述表达式的积分值为 6.779,所以

$$\dot{m}_a = 7.364\sqrt{Q}\sqrt{pq}\frac{R_a^2}{\sqrt{h_c}} \tag{3.63}$$

对于外层冷流区,认为这一区域的焓值是均匀的,则

$$\dot{m}_{out} = \dot{m} - \dot{m}_a = (\rho u)_{out} \pi (R^2 - R_a^2) = \pi \sqrt{Q_{out}} \sqrt{pq} \frac{R^2 - R_a^2}{\sqrt{h_{out}}} \tag{3.64}$$

上式中,将电弧区的 Q 替换为外层冷流区的 Q_{out}。

对于电弧区总焓

$$\dot{H}_a = \int_0^{R_a} \rho u \left(h + \frac{u^2}{2} \right) 2\pi r \mathrm{d}r =$$

$$2\pi \left(1 + \frac{1}{2Q} \frac{p}{q} \right) \sqrt{Qqp} \sqrt{h_c} \frac{R_a^2}{2.405^2} \left[\int_0^{2.405} J_0(x) x \mathrm{d}x \right] \tag{3.65}$$

中括号中的积分值为 1.762,方程(3.65)变为

$$\dot{H}_a = 1.914 \left(1 + \frac{1}{2Q} \frac{p}{q} \right) \sqrt{q} \sqrt{qph_c} R_a^2 \tag{3.66}$$

外层冷流区的焓为

$$\dot{H}_{out} = \dot{H} - \dot{H}_a = \pi \left(1 + \frac{1}{2Q_{out}} \frac{p}{q} \right) \sqrt{Q_{out}} \sqrt{pqh_{out}} (R^2 - R_a^2) \tag{3.67}$$

采用以上的表达式,就可以对沿 x 方向变化的守恒方程积分求解。通过式(3.63)、(3.64)、(3.67)和(3.68),就可以求出质量流量和焓值的大小,从而为电弧推力器的设计提供指导。

3.3.2　电弧推力器设计

由以上我们对电弧推力器的分析可知,电弧推力器内部物理过程复杂多样,包括分解、电离、复合、传热、传质等物理化学过程,并且各种过程强烈耦合。推力器内部空间狭小,使得各种物质和能量输运过程极其剧烈。此外,由于推力器的喷管中空间尺度小、气体流速高、滞留时间短、压力低,喷管内的流动明显偏离化学与热力学平衡。推力器设计需要综合考虑这些因素。其中关键问题包括阴极和阳极材料选择、热设计、结构设计、连接(焊接)工艺等诸多方面的内容[26]。

推力器设计主要考虑以下几方面因素:

① 推进剂电极进入方式。可以采用阴极进入或阳极进入;国外地面实验这两种形式均有,但飞行实验采用阳极进入方式,其主要是考虑星上的安装和电路接地。

② 推进剂喷管进气方式。可以采用轴向进气、径向进气和旋流进气 3 种方式,其中旋流进气有利于电弧的稳定,并降低电极的烧蚀。

③ 电极间隙。阴极尖到阳极喷管的间隙距离决定电弧的起弧和稳定工作过程,间隙过大或过小都将影响推力器电弧的工作;电极间隙靠装配来保证。

④ 阳极喷管约束通道直径(喉径)和约束通道长度。约束通道直径直接影响推力器的其他工作参数和工作性能,应重点考虑。约束通道长度过长,会影响电弧的压缩和稳定,过短则加剧喉部烧蚀。

⑤ 喷管型面尺寸。文献表明,锥型喷管结构具有最优的电弧特性,性能也是最高的。

⑥ 喷管面积比。推力器阳极喷管膨胀比的计算式为

$$\varepsilon = \frac{A_e}{A_t} = \frac{\sqrt{k}\left(\dfrac{2}{k+1}\right)^{\frac{k+1}{2(k-1)}}}{\left(\dfrac{p_e}{p_c}\right)^{\frac{1}{k}}\sqrt{\dfrac{2k}{k-1}\left[1-\left(\dfrac{p_e}{p_c}\right)^{\frac{k-1}{k}}\right]}} \tag{3.68}$$

其中，ε 为喷管面积比；A_e 为喷管出口截面积；A_t 为喷喉面积；$\dfrac{p_e}{p_c}$ 为喷管进出口压强比；k 为比热容比。初步实验所测得的推进剂进口压力为 $0.5 \sim 5$ atm，工作真空度为 $10 \sim 100$ Pa，根据推进剂的流量、喷喉尺寸和推进剂种类的不同而变化。根据估算，喷管面积比选取 $130 \sim 450$。

图 3.27 是推力器电极结构和推进剂进入方式示意图。其中 l_{ac} 是阴极到阳极喷管距离，l_{con} 是约束通道长度，d_t 是约束通道喉径。

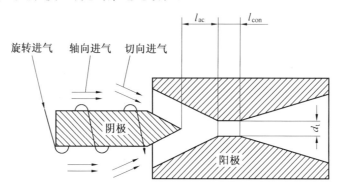

图 3.27　推力器电极结构和推进剂进入方式示意图

电弧推力器内部工作在高温状态，外壳也处于较高的温度，这就要求所选用的材料具有足够的耐高温特性。推力器工作时阴、阳极间维持稳定的电弧，不允许在阴、阳极外的部位产生电弧，这会对推力器造成严重的损害，因此要求推力器内部有合理的结构并且选用既耐高温又能起到绝缘作用的材料。

电弧推力器的材料决定其工作寿命并影响工作性能。针对电弧推力器的设计思想，在进行电弧推力器的材料选择时，要充分考虑到推力器工作时的高温状态对材料的苛刻要求，选择满足耐高温性、绝缘性、密封性和隔热性的材料以达到较好的实验效果。

由于推力器工作机理复杂而内部工作条件苛刻，材料性能对推力器工作性能和运行寿命都有着重大影响，考虑到系统复杂性等因素，推力器采用辐射冷却方式，这样对材料性能的要求更加严格，主要结构材料选择如下[27]：

(1) 阴极材料。对阴极材料的主要要求是电子发射能力强，同时要求具有良好的耐高温性和耐电弧烧蚀性。可以考虑的选择有不锈钢、铈钨和钍钨等，其中铈钨电子发射能力较强，耐高温性和耐烧蚀性也较好，并且放射性小，具有较好的综合优势；钍钨有放射性，但作为阴极材料性能更好，不锈钢作为阴极材料性能相对差些，但是经济性和加工性较好。

(2) 阳极材料。对阳极材料的主要要求是耐高温和耐电弧烧蚀，可以考虑的选择有不锈钢、钼、钨和铈钨等,不锈钢的经济性和加工性较好,但是作为阳极材料性能较差,钼和钨的耐高温性和耐电弧烧蚀性较好,但可加工性差些。

（3）绝缘材料。绝缘材料要求耐高温和绝缘性好,同时要求具有良好的加工性,如云母陶瓷和氮化硼陶瓷等,可加工云母陶瓷是微晶材料,具有良好的绝缘性、耐高温性和化学稳定性,氮化硼陶瓷是在高温下烧结而成的,作为绝缘材料性能更加优越。

（4）密封材料。密封材料主要要求密封性好,同时也要求具有一定的耐高温性和加工性,可以考虑选择包括柔性石墨和紫铜等,柔性石墨无氧情况下可耐较高的温度,是比较理想的选择。

（5）其他材料。推力器壳体和支撑部件可采用不锈钢或黄铜材料,在通常的设计中壳体采用不锈钢。

第4章 离子推进

4.1 工作原理

离子推进是电推进的一种。它利用工质电离生成离子,在静电场的作用下加速喷出,产生推力,所以又称"静电推进"。离子推进的加速原理比较简单,从理论上讲,在加速过程中没有能量损失,因此效率较高。在 1 kV 的加速电压下,就可以获得数千秒的比冲。离子推进是开发时间最早、地面和空间飞行试验都比较充分的一种电推进。

根据离子推力器电离方式不同,可以将离子推力器分为直流放电式离子推力器、电子轰击式离子推力器(即 Kaufman 型)、射频离子推力器和电子回旋共振离子推力器等。其中,直流电子轰击式离子推力器在美国已经得到了很大的发展。这些推力器的推力都产生于高速喷射的离子束。

1959 年,美国科学家 Harold Kaufman 成功研制了电子轰击式离子推力器,又被称为考夫曼型离子推力器。该发动机比冲达 4 905 s,推力在毫牛量级,效率比较低。

此后,各国纷纷着手于此项研究,而在这一技术中处于领先地位的当属美国及欧洲的一些国家。美国的离子推力器从开始研制到其空间应用经历了 40 多年的发展历程,期间进行了各种尺寸的离子推力器的研制、地面试验和空间飞行试验。美国离子推力器的研制过程大致经历了以下几个阶段:

① 离子推力器研制成功。1960 年路易斯研究中心研制成功了第一个 10 cm 汞离子推力器。由此,美国宇航局制订了离子推力器的空间试验计划。

② 离子推力器性能改进阶段。在此期间对推力器电离室、电源组件、栅极结构、阴极寿命、推力器性能以及推进剂等都作了改进和优化。

③ 离子推力器的空间应用。

20 世纪 80 年代美国先后研制出 13 cm、20 cm、30 cm 氙离子推力器。1997 年 8 月,PanAmSat 公司和休斯空间通信公司联合研制开发的氙离子推力器在美国的泛美卫星(PAS-5)上首次使用成功,开创了卫星推进技术的新纪元。作为深空一号(DS-1)主推进的 30 cm 氙离子推力器(简称 NSTAR 型 XIPS)于 1998 年 10 月 24 日成功发射升空,1999 年 7 月 29 日与 1992KD 小行星交会,在 2001 年与 Wilson-Harrington 和 Borrelly 彗星交会并圆满地完成了飞行任务。该 30 cm 发动机功率为 0.5 ~ 2.32 kW,推力范围为 20.6 ~ 92.6 mN,比冲为 2 158 ~ 3 237 s,可靠工作时间达 8 193 h。

目前,NASA 正在进行 NEXT(NASA Evolutionary Xenon Thruster)离子推力器的

研制工作,最大输入功率达 7 kW,比冲为 2 158 ～ 4 041 s,推力为 50 ～ 120 mN,寿命满足消耗 400 kg 氙气的能力。

深空一号(DS-1)离子推力器成功飞行后,NASA 计划加快其"太阳电推进技术应用"(NSTAR)计划的步伐,于 2006 年发射的 DAWN 探测器采用了 3 台 NSTAR 离子推力器作为主推进系统进行位于火星和木星之间的 Ceres 和 Vesta 两颗小行星的探测计划(称为 DAWN 计划)。推力器的研制工作由波音公司电动力学部(EDD)承担。

NASA 还计划进一步加强、深入离子推进技术。其中高功率离子推进研制组由格林研究中心牵头,航空喷气公司和波音公司电动力学部参加,任务是研制栅极式离子推力器。另一个是核电氙离子推进研制组,它由喷气推进实验室牵头,航空喷气公司和波音公司电动力学部参加,采用先进的碳-碳栅极和储存式空心阴极等新技术,性能指标为比冲7 357 s,功率 20 kW,并能携带大量工质。

在欧洲方面,欧空局的阿蒂米斯数据通信技术试验卫星依靠星载的试验性电推力器的推动,经过 18 个月的轨道转移,终于在 2003 年 1 月 31 日进入预定的地球静止轨道位置,挽救了因阿里安 5 火箭末级失灵而濒临失败的阿蒂米斯卫星,有力地证明了电推进系统的应用已日臻成熟。

英国对电推进技术的研究始于 1967 年,研制范围虽然扩展到许多类型的电推进装置,但英国最终的研究重点还是集中到了电子轰击式电推进装置。

20 世纪 70 年代中期,由皇家空军军事组织(RAE)牵头研制直径为 10 cm、推力为10 mN 的汞离子推力器,其中 Culhan 实验室在了解和优化发动机的等离子体以及束流的物理特性方面做出了一定的贡献,研制出性能优越的 T5 离子推力器系统,作为 H-Sat 卫星(后来改为 L-Sat 及 Olympus 卫星)的电推进系统,用于承担卫星的南北位置保持任务。但是,后来由于研究经费不足被迫放弃。直到 1985 年又在 T5 推力器的基础上成功地研制了氙离子推力器 UK-10,推力达 70 mN,用于承担欧洲阿蒂米斯卫星的南北位保任务。

日本在离子推进技术方面的研究主要集中在直流轰击式氙离子推力器(Kaufman型)和微波氙离子推力器。

日本从 1965 年开始研制 5 cm 离子推力器,到 1980 年基本上完成了空间飞行前的一切准备工作。日本离子推力器的应用开始于 1994 年的 ETS-6 卫星。1998 年,三菱电子公司(MEC)研制开发了计划用作工程试验卫星 6 号(ETS-6)和通信卫星(COMETS)主推进的 12 cm 氙离子推力器。实际测试性能参数为推力 24.8 mN,比冲 3 218 s,放电损失239 W/A。遗憾的是这两颗卫星都没能够进入预定轨道。但是,推力器的在轨运行却十分成功,其工作特性与地面试验结果相符。

2003 年 5 月,日本发射了 MUSES-C 小行星探测器。在飞往小行星长达 4 年的旅程中,探测器使用微波电回旋加速器共振(ECR)式放电离子推进系统调整飞行轨道。探测器携带了 3 台推力器和 1 台备份推力器,共提供 23.6 mN 推力和 1.2 kW 功率。

为适应日益发展的小卫星需求,日本还研制成功一种小功率微波放电推力器的离子推进系统,用于 50 kg 级的小卫星推进。这种小推力的推进系统不仅适用于小卫星,而且适用于卫星精确定位和姿态控制,如用于空间望远镜或干涉仪系统的卫星编队飞行和微重力阻力实验等任务。

俄罗斯电推进技术的研究也已经经历了 3 代离子推力器的研制阶段。1976—1977 年研制出第一代离子推力器 IDOR-100;1982—1985 年研制出 PIT-200C、PIT-200R 离子推力器;1996 年左右设计出了功率在 50 ～ 500 W,直径分别为 5 cm 和 10 cm 的电子轰击式离子推力器。

我国对于离子推进技术的研究机构主要是中国空间技术研究院兰州物理研究所。兰州物理研究所自 1975 年开始研制电子轰击式离子推力器,经过 20 多年,先后研制出 8 ～ 20 cm 等不同型号的试验样机,对空心阴极、绝缘器、离子引出系统、推进剂流量控制器、氙储存系统等进行了深入的研究,另外还进行了电离室结构的最佳化试验和推力器性能的优化试验。兰州物理研究所具备国内最先进的试验设备和多种测试仪器。目前研制的 20 cm 离子推力器工程样机已达到研究阶段的设计指标,作为离子推力器系统核心部件的推力器子系统的技术指标已超过设计要求。

电子轰击型推力器使用易电离的物质作为工质,如汞、铯、氙等。汞由于电离电压低、相对原子质量大、价格低廉和便于储存等优点,过去常用,但汞蒸气有毒,且可能会污染航天器表面,现在改用惰性气体氙。氙的化学性质稳定,便于储存,经压缩后其相对密度可接近 1。氙的相对原子质量也较大,电离电压低,其性能(比冲)与汞相近,缺点是氙属于稀有气体,资源较少。

近年来,Kaufman 离子推力器电离室内的磁场经改进,做成环形会切磁场,性能得到了提高。这种推力器的结构简图如图 4.1 所示。其工作原理为:工质储箱中的氙,有少量

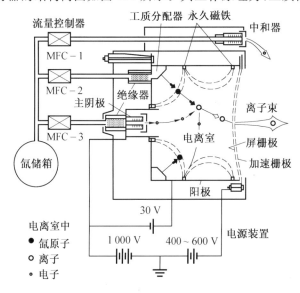

图 4.1　环形会切磁场离子推力器

从主阴极通过,大部分通过工质分配器进入电离室。主阴极为一空心阴极,向电离室内发射电子,电子在向阳极加速途中,与从分配器进入电离室的氙原子相撞,使后者电离生成离子。电离室的四周布有环形磁铁,形成磁场,其作用是防止离子向四周散逸,迫使离子只能向电离室的下游运动。电离室下游处有一离子光学系统,它由靠得很近的屏栅极(内侧)和加速栅极(外侧)组成。

氙离子则在离子光学系统的作用下被聚焦、加速,形成离子流束喷出。为了防止卫星上负电荷的积累和离子束扩散,通过中和器向离子束喷射等量电子,使喷出的粒子束呈中性。

射频和电子回旋共振离子推力器的离子加速器和电子中和器与直流放电离子推力器的几乎完全一样。但是,这两种推力器的电离室内没有空心阴极或阳极电路,而是采用射频或者是微波天线的方式来电离工质并将产生的离子输运到加速器中。这两种推力器也采用外加的或者是自洽的磁场来改善推力器的电离率。

本章中分别针对离子推力器内离子产生的方式、离子引出和加速过程以及离子推力器寿命和未来发展方向等几个方面进行论述。

4.2　理想的离子推力器电离室

离子推力器的主要特征是对电离室内产生的离子进行静电加速以产生推力。从结构上来讲,离子推力器可以分成3个部分:离子加速器、电离室以及外部的电子中和器。在第4.6节中会描述离子加速器,一般是通过在多孔栅极上施加偏压来引出离子束流。在第6章中会讨论中和阴极,它放置在推力器外部发射电子中和离子束流,并保持推力器和航天器的电势近似等于空间等离子体电势。为了给读者一个直观的概念,首先我们用最简单的方式来描述离子推力器中为了产生等离子体所需要的粒子运动和能量输运过程。理想的推力器模型中,能量可以通过不同的方式注入充满中性气体的电离室内,以激发和电离工质。之后,离子被加速栅极引出,而相同数量的电子到达壁面,以保持电量的守恒。图4.2为这一过程的示意图。

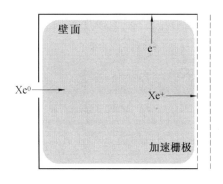

图 4.2　理想的离子推力器(假定离子进入加速栅极而电子轰击电离室壁面)

在这一模型中,推力器电离室的体积为 V,用以封闭由电子电离中性气体产生的等离子体。等离子体中的离子只会流入加速栅极(也就是说电离室能够完全限制离子),其电流大小为波姆电流,即

$$I_i = \frac{1}{2}n_i e v_a A \tag{4.1}$$

这里, n_i 是电离室中心的离子密度; v_a 是离子声速; A 是离子损失区域的总面积,在这里假定仅仅是栅极的面积,并且离子和电子相比完全是冷的。离子束电流等于到达栅极的总的离子电流乘以栅极的有效透明度 T_g,即

$$I_b = \frac{1}{2}n_i e v_a A T_g \tag{4.2}$$

在这里假设离子轰击加速和减速栅极产生的电流损失很小,可以忽略。假设离子在电离室内由电子的轰击产生,其产生速率为

$$I_p = n_o n_e e \langle \sigma_i v_e \rangle V \tag{4.3}$$

其中, n_o 是中性气体密度; n_e 是等离子体电子密度; σ_i 是电离截面积; v_e 是电子速度;括号中的两项的乘积为反应速率系数。

根据系统的能量守恒,可以得到注入等离子体区的电能等于以带电粒子或者是辐射形式流出的能量。注入等离子体的能量引起中性气体的电离和激发,并加热电子,同时由电子和离子分别与壁面和栅极的碰撞造成部分能量在壁面的沉积。注入系统的能量为

$$P_{in} = I_p U^+ + I^* U^* + I_i \varepsilon_i + \frac{n_e V}{\tau} \varepsilon_e \tag{4.4}$$

其中, U^+ 是工质气体的电离势能; U^* 是气体的激发势能; τ 是电子的平均约束时间; ε_i 是离子和壁面碰撞时的平均能量; ε_e 是离开等离子体的电子和壁面碰撞时的平均电子能量; I^* 是中性气体的激发速率,其计算式为

$$I^* = \sum_j n_o n_e e (\sigma_* v_e)_j V \tag{4.5}$$

式中, σ_* 是激发截面,反应速率系数由电子分布函数以及所有可能的激发能级 j 进行平均得到。将式(4.3)和(4.5)代入式(4.4),可以得到注入系统的总能量为

$$P_{in} = n_o n_e (\sigma_i v_e) V \left[U^+ + \frac{(\sigma_* v_e)_j}{(\sigma_i v_e)} U^* \right] + I_i \varepsilon_i + \frac{n_e V}{\tau} \varepsilon_e \tag{4.6}$$

假定电离室内的等离子体满足准中性条件 $(n_i \approx n_e)$,离子和电子由于双极扩散以相同的通量离开电离室,因此离开电离室的离子电流为

$$I_i = \frac{1}{2}n_i e v_a A = \frac{n_i e V}{\tau} \tag{4.7}$$

其中, τ 为离子和电子的平均约束时间,其值为

$$\tau = \frac{2V}{v_a A} \tag{4.8}$$

离开等离子体区与壁面碰撞的电子携带的平均能量为

$$\varepsilon_e = 2\frac{kT_e}{e} + \varphi \tag{4.9}$$

式中，φ 是等离子体相对于壁面的电势差。离子经过预鞘层的加速后，在鞘层边界具有波姆速度 $\dfrac{T_{eV}}{2}$，通过鞘层，被进一步加速。从等离子体区流出的离子平均能量为

$$\varepsilon_i = \frac{1}{2}\frac{kT_e}{e} + \varphi \tag{4.10}$$

以上两个方程的中等离子体电势可以通过离开等离子体区的电子电流来确定，即

$$I_a = \frac{1}{4}\left(\frac{8kT_e}{\pi m_e}\right)^{\frac{1}{2}} en_e A_a \exp^{-\frac{e\varphi}{kT_e}} \tag{4.11}$$

式中，A_a 是电子损失面积；m_e 是电子质量。考虑电子和离子的双极扩散，联立式(4.10)和式(4.11)，并代入离子声速 $\sqrt{\dfrac{T_e}{m_i}}$，可以得到相对于壁面的等离子体电势为

$$\varphi = \frac{kT_e}{e}l_n\left[\frac{A_a}{A}\sqrt{\frac{2m_i}{\pi m_e}}\right] \tag{4.12}$$

式(4.12)一般被称为悬浮电势，原因在于对于理想的离子推力器而言没有施加外部电压产生净电流，m_i 为离子质量。

可以通过式(4.1)和(4.3)中的离子产生和损失速率来计算电子温度，即

$$\frac{\sqrt{\dfrac{kT_e}{m_i}}}{\langle \sigma_i v_e \rangle} = \frac{2n_o V}{A} \tag{4.13}$$

上式分母上的反应速率系数和电子温度有关。如果已知电离室体积、中性气体压力以及离子损失面积，则可以求解得到 T_e。

放电损失被定义为进入等离子体的能量除以流出推力器的离子束电流，它反映了等离子体的产生效率。利用式(4.2)得到的离子束电流，可以计算理想推力器的放电损失为

$$\eta_d = \frac{p_{in}}{I_b} = \frac{2n_o \langle \sigma_i v_e \rangle V}{v_a A T_g}\left[U^+ + \frac{\langle \sigma_* v_{ej} \rangle}{\langle \sigma_i v_e \rangle}U^*\right] + \frac{1}{T_g e}\left[2.5kT_e + 2kT_e l_n\left(\frac{A_a}{A}\sqrt{\frac{2m_i}{\pi m_e}}\right)\right] \tag{4.14}$$

式(4.14)表明，栅极透明度 T_g 直接影响放电损失。方程右端的第一项表示由于电离和激发损失的能量，第二项表示电子和壁面碰撞损失的能量。

为了求解式(4.14)，必须知道激发率和电离率。当电子温度低于 8 eV 时，对于麦克斯韦分布的电子来说，氙原子的激发率大于电离率(见图 4.3)。由于氙原子的最低激发势能和电离势能接近，因此更高的激发率会造成更多的输入能量通过辐射的方式耗散并加热壁面，而不是用于电离产生离子。同样对于其他的惰性气体工质，在电子温度较低时也通常存在激发率大于电离率这一现象。

采用式(4.14)计算得到的一个 20 cm 直径的离子推力器的工质利用率和放电损失的关系如图 4.4 所示。其中氙原子的电离势能是 12.13 eV，平均激发势能是 10 eV，并且 80% 的到达栅极的离子都变成了离子束($T_g = 0.8$)。为了简化起见，假设等离子体中的电子消失在具有悬浮电势的屏栅极和壁面上。在推力器中，工质利用率与中性气体密度

成反比,这一结论将在 4.3.6 小节进行推导。从图中可以看出,放电损失(以 eV/ion 来表示)等于产生每安培离子束所需要注入的能量(W/A)。对于一个理想的电离室来说,如果假设产生的离子有 80% 能够变成离子束,则产生一安培离子所需要的能量大约为 90 W。而电离一个氙原子只需要 12.13 eV,然而由于存在其他损失,需要大约 7.5 倍的电离能才能够电离并引出一个离子。

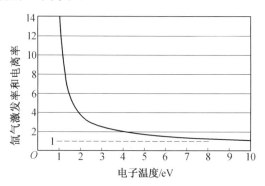

图 4.3 氙气激发电离率与电子温度的函数关系

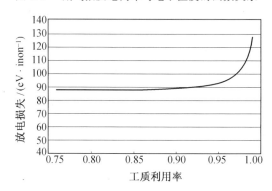

图 4.4 20 cm 直径的离子推力器的工质
利用率和放电损失的关系

图 4.5 显示了一个 30 cm 长的理想离子推力器产生 1 A 的离子束造成的 4 种能量损失随工质利用率的变化规律。产生 1 A 离子的电离能是不变的,其值为 $1/0.8 \times 12.13 = 15.1$ W。主要的能量损失机制是由于电子温度较低造成电子对原子的激发。这在图 4.3 中已经进行了分析。随着工质电离率的增加,由于中性气体密度降低,由双极扩散造成的电子和离子壁面损失也会相应地增加,使得电子温度上升,进一步增加了等离子体区的电位,因此增加了单位电子和离子的能量损失。

许多离子推力器在设计时通过约束电子来提高效率。同样,可以用理想推力器模型来对此进行评估。对电子的约束增强意味着阳极面积 A_a 的减小。对于同样的理想离子推力器模型,图 4.6 显示了当阳极电子收集面积减小到 1 cm² 时,4 种能量损失的大小。由于电荷守恒,电子的损失速率与离子相同,因此约束电子并不会改变电子损失的速率。阳极面积的减小只会导致为了保持电荷平衡所需要的等离子体区相对于损失区的电势大小,这可以采用式(4.11)来进行说明。比较图 4.5 和图 4.6 可以发现,随着对电子的约束增强,电离损失速率和激发损失速率并没有发生改变,但是和壁面碰撞造成的电子和离子的能量损失减小了。这是因为由于阳极面积减小,造成由于式(4.14)中的最后一项,也就是等离子体电势减小了,从而降低了电子和离子的壁面损失。这是提高电离室效率的基本方法(减小放电损失)。

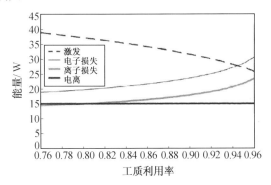

图 4.5　理想推力器中各种能量损失
机制产生的放电损失

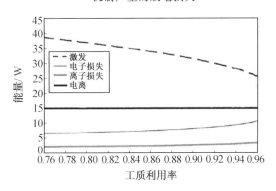

图 4.6　理想推力器内阳极面积减少后各种
能量损失机制产生的放电损失

　　以上对理想离子推力器的分析表明,产生等离子体所需的能量远远大于用于电离的能量。事实上,离子和电子并不完全被离子推力器约束,还存在着一些其他的能量损失机制。因此实际推力器的能量损失会明显高于理想离子推力器的能量损失,我们将在下面的内容中进行进一步描述。

　　最后,在大多数离子推力器中,例如电子轰击离子推力器和微波加热电子回旋共振离子推力器中,它们的电子分布函数不满足麦克斯韦分布。电子轰击离子推力器中存在一部分能量更高的原初电子,这部分电子具有相同的能量或者是存在一定的能量分布(依赖于电离室的设计)。和其他电子相比,原初电子具有更高的电离和激发速率。因此尽管原初电子的比例很小,但是它们在电离过程中起主导作用。当在粒子和能量平衡方程中考虑原初电子的电离作用后,放电损失会明显地降低。

4.3 直流放电离子源

直流放电电离室采用空心阴极电子源和一个带有磁多极边界阳极的电离室来产生等离子体并提高电离效率。从空心阴极发射的电子进入电离室内电离工质气体。电离室中的磁场会约束阴极发射的高能电子,从而增加电子和阳极壁面发生碰撞前的运动距离,并提高电离率。通过电离产生的离子向栅极运动,在电场的作用下被引出并实现加速以形成离子束流。

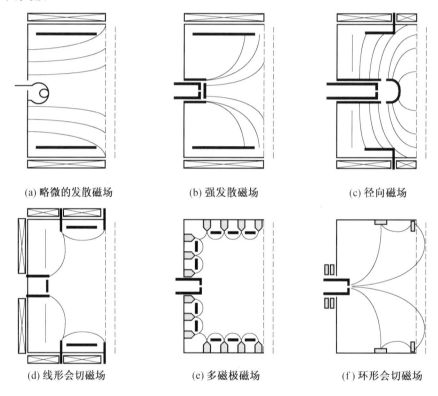

(a) 略微的发散磁场 (b) 强发散磁场 (c) 径向磁场

(d) 线形会切磁场 (e) 多磁极磁场 (f) 环形会切磁场

图 4.7 离子推力器磁场位形

对于离子和电子的磁场约束的优化设计研究已经开展了超过 50 年。图 4.7 所示为电离室的几何结构和磁场位形的演变过程。磁场设计的目的是约束从空心阴极进入电离室的高能电子从而更有效地产生等离子体。由考夫曼设计的早期离子推力器采用螺线管型或者轻微发散的磁场位形设计,如图 4.7(a) 所示,这种推力器从位于轴线上的热阴极发射电子,电子经过碰撞后迁移到阳极从而形成放电回路。图 4.7(b) 所示为改进后的设计,通过采用更强的发散磁场,提高了电离室内原初电子的均匀性,使得放电损失更低,离子束流更加均匀。这种推力器在空心阴极电子源前布置了一个挡板,以进一步阻止电子的轴向运动。图 4.7(c) 所示为一个主要具有径向磁场分量的离子推力器,它能产生非常均匀的等离子体,并具有高效率。图 4.7(d) 为通过采用永磁铁以及多磁极边界形成的会切磁场位形,这一概念最先由 Moore 提出。在这种电离室的中心磁场很弱,电子能够自由地运动,因此能够产生均匀的等离子体。可以采用环形或者是轴向布置的磁铁来实现这一设计并对等离子体进行约束。Moore 的设计中,壁面和磁铁具有阴极负偏压,同时将阳极放置于会切场内部,如图 4.7(e) 所示。这样,电子只有通过碰撞或者湍流输运扩散才能够穿越磁力线和阳极碰撞而消失。由 Sovey 设计的永磁铁产生的会切磁场的离子推力器如图 4.7(f) 所示,这是目前最为广泛应用的离子推力器设计方案。

20 世纪 70 年代,随着 30 cm 水银离子推力器的发展,具有发散磁场的考夫曼离子推力器逐渐成熟。考夫曼推力器将在 4.4.1 小节进行详细的介绍。由于水银作为工质有毒,并且有其他的一些问题,于是在后期氙离子推力器逐渐得到发展,并且同时发现会切磁场更具优势。因此,在 20 世纪 90 年代,NASA 先后开发了 NSTAR 以及 XIPS 氙离子推力器,均采用会切磁场设计方案。目前,只有这两种磁场方案在直流离子推力器中得到了应用。会切磁场推力器使用沿着推力器阳极布置交替改变极性的永磁体环。从阴极发射的高能电子沿着略微发散的磁场进入电离室,并且在磁场的约束下,沿着磁力线在两个磁极之间往复运动,直到它们经过与气体的碰撞从磁场逃逸到达阳极表面。而在考夫曼推力器中,沿着发散的强螺旋磁场注入高能电子,磁极通常具有阴极电势,阳极位于圆柱形壁面附近,电子通过穿越磁场而扩散到达阳极,从而实现电离并保证稳定放电。

4.3.1　广义零维会切等离子体推力器模型

在 4.2 节中建立了理想电离室模型,这可以用于解释放电产生等离子体的机理。但是在模型中忽略了真实推力器中的很多粒子运动和能量输运机制。图 4.8 中给出了离子推力器电离室中离子的运动过程。空心阴极发射原初电子电流为 I_e,用于电离工质产生离子和电子。假设运动到加速栅极、阳极壁面以及返回阴极的离子电流分别为 I_s,I_{ia} 和 I_k。少部分由阴极发射的原初电子直接从磁极处逃逸并消失,这部分电流大小为 I_L。电离产生的等离子体电子也最终会通过和磁极的碰撞消失,这部分电子的电量为 I_a。另外还有非常少量的电子会穿越磁力线到达阳极,在这里就不考虑了。

推力器中的粒子能量由推力器内的电势分布决定。图 4.8 描述了电离室中的电势分布。从电位为 V_c 的空心阴极小孔中引出的电子进入电离室,并在此过程中获得电势能 V_k,$V_k = V_d - V_c + V_p + \varphi$,其中 V_p 是等离子体区的电势降,φ 是阳极鞘层电势。部分从阴极发射的电子会在空心阴极出口附近电离,使得阴极出口附近局部等离子体密度很高。这部分等离子体必须在到达栅极之前扩散以实现均匀的等离子体分布。假设等离子体是均匀分布的,并满足准中性条件,其电势降 V_p 可以用无碰撞等离子体预鞘层电势来进行估计,近似等于 $kT_e/2e$。因此离开等离子体的离子获得的能量为 $\varepsilon_1 = \dfrac{kT_e}{2e} + \varphi$,这在公式 (4.10) 中已经给出。服从麦克斯韦分布的电子其高能尾部的电子能够克服阳极鞘层在磁极附近被阳极吸收,这些电子所携带的能量为 $\varepsilon_e = \dfrac{2kT_e}{e} + \varphi$,如式 (4.9) 所示。

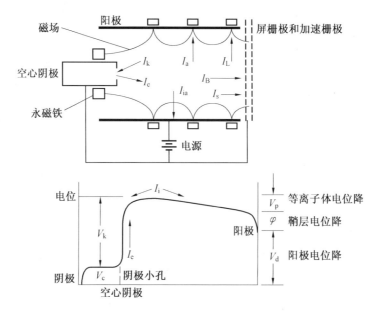

图 4.8　离子推力器示意图，包括离子运动过程以及电离室中的电势分布

在本节我们将对电离室的零维模型进行讨论。通过零维模型可以自洽地计算中性气体密度、电子温度、原初电子密度、等离子体密度、电势、放电电流以及轰击电离室壁面的离子通量。模型中假设等离子体是均匀分布的，这一假设除了在阴极羽流区附近不适用以外，在电离室大部分区域内都是合理的。采用该模型预测的结果和实验结果吻合较好。零维模型根据工质利用率来计算放电损失，这对于绘制电离室的性能曲线非常有用。

在图 4.8 中给出了零维模型中电离室内粒子流动和电势分布的示意图。从空心阴极小孔发射出的电流为 I_e 的电子以单一能量进入电离室，电离背景气体并产生均匀的等离子体分布。电离过程中产生的电子以及被等离子体电子热化的原初电子服从麦克斯韦分布，这些电子也能够用于电离。壁面附近由于磁极的作用磁感应强度较高，因此此处电子的拉莫尔半径远远小于电离室的特征尺寸。磁极附近磁力线基本上垂直于壁面，向着磁极方向磁场逐渐增强，原初电子和等离子体电子会由于磁镜效应在磁极附近被反射，在两个磁极之间做往复运动。但是仍然有部分原初电子和等离子体电子和磁极发生碰撞从而产生损失。在磁极附近损失的电子数量和当地的鞘层电势以及磁极的有效损失区域有关。电离室产生的离子可能会运动到空心阴极、阳极壁面或者屏栅极表面。在推力器加速器中，离子可能被有效透明度为 T_g 的屏栅极拦截吸收，也可能从等离子体中引出并穿过栅极后形成离子束。屏栅极的透明度取决于栅极的光学透明度以及栅极附近的电势分布。在放电模型中透明度是输入变量，可以用离子光学程序进行计算得到，我们将在第 5 章中介绍。

在模型中，加速离子的高电压电源称为屏栅极电源，与阳极相连。离子在电离室内的等离子体和屏栅极电源的电压降作用下，被加速以形成离子束。屏栅极电源也可以和屏栅极或者是阴极相连,在这种情况下离子束电流必须通过放电电源。这两种不同的连接方式会使计算推力器性能时的方式略有不同,但不会改变结果。粒子和能量平衡模型将在下面进行介绍。

4.3.2 磁多极边界

环形会切磁场(Ring-cusp)离子推力器采用交替改变极性并且垂直于推力器轴线布置的环形永磁铁来产生磁场。对于不同尺寸的离子推力器,需要优化永磁体的数量。这种磁场位形能够有效地对电子进行约束,只是在磁场的尖端处有少量的损失。同时在壁面附近垂直于磁力线方向的准双极电势也会产生对离子的静电约束。线形会切磁场(Line-cusp)推力器也采用具有高磁感应强度的永磁铁,但是交替变化极性的永磁铁沿着电离室壁面平行布置。在线形会切磁场末端的不对称性会导致等离子体的损失,并且难以在阴极出口产生均匀对称的磁场,不利于对电子的约束以及推力器效率的提高。因此环形会切磁场推力器电离室在离子推力器中的应用最为广泛。通过合理的设计,能够保证其推力器具有很高的效率,而且在加速器表面的等离子体分布均匀。

环形会切磁场直流放电离子推力器以美国波音公司电子通信分公司(L3 公司)的 XIPS 系列和 NASA 格林研究中心(GRC)的深空探测系列推力器为代表,日本东芝公司的直流放电离子推力器系列也属于该类型。其主要特点是用永久磁铁而不是螺线管产生高强环尖磁场,不消耗电能,电离室电离效率比发散场高。XIPS 系列中的中高功率推力器为 XIPS-25,该产品应用于波音 702 卫星平台位置保持和轨道插入已有近 10 年的历史。针对深空探测应用,喷气推进实验室(JPL)和 L3 公司联合进行了推力器性能扩展(增强)试验验证,XIPS-25 的扩展性能指标如表 4.1 所列。

表 4.1 XIPS-25 推力器产品扩展性能

性能参数	达到指标	性能参数	达到指标
功率 /kW	$0.3 \sim 4.5$	束电压 /V	$475 \sim 1\,215$
推力 /mN	$14.4 \sim 173.7$	束电流 /A	$0.42 \sim 3.25$
比冲 /s	$1\,610 \sim 3\,664$	加速电压 /V	$-186 \sim -280$
效率 /%	$35.0 \sim 66.0$	放电损失 /(W·A^{-1})	$211 \sim 164$
质量 /kg	13.7	推进剂利用率 /%	~ 83
束直径 /cm	25	总流量 /(cm^3·min^{-1})	$9.3 \sim 51.0$

GRC 针对深空探测开发研制的中高功率离子推力器包括 NEXT、NEXIS、HiPEP 等。NEXT 推力器为太阳能机器人探测使命研制,基线产品的主要性能如表 4.2 所列,计划中的应用包括太阳神土星系统、新世界观测、彗星表面采样返回、新前沿等使命。GRC 对 NEXT 推力器进行了更高功率扩展性能试验,验证的扩展性能上限为功率 13.6 kW、比冲 4 670 s、推力 466 mN、效率 78%。

表 4.2　NEXT 推力器产品性能

性能参数	达到指标	性能参数	达到指标
功率 /kW	0.54 ~ 6.9	束电压 /V	275 ~ 1 800
推力 /mN	25.6 ~ 236	束电流 /A	1.00 ~ 3.52
比冲 /s	1 410 ~ 4 190	加速电压 /V	−500 ~−210
效率 /%	33 ~ 71	放电损失 /(W·A⁻¹)	222 ~ 127
质量 /kg	12.7	推进剂利用率 /%	88 ~ 90
束直径 /cm	36	总流量 /(cm³·min⁻¹)	18.8 ~ 58.5

在普罗米修斯计划支持下,针对木星冰月探测(JIMO)航天器应用的核电推进系统,由 JPL 进行研制 NEXIS 高功率高比冲离子推力器,NEXIS 实验室模型的最高性能达到:功率 27 kW、比冲 8 700 s、推力 517 mN、推进剂利用率 95%、效率 81%,发展模型推力器采用碳栅极系统,进行了 2 000 h 试验,验证的主要性能如表 4.3 所列。

表 4.3　NEXIS 推力器性能

性能参数	达到指标	性能参数	达到指标
功率 /kW	20.4	束电压 /V	4 740
推力 /mN	446	束电流 /A	4.08
比冲 /s	7 050	加速电压 /V	−500
效率 /%	75.7	放电损失 /(W·A⁻¹)	180
质量 /kg	—	推进剂利用率 /%	92
束直径 /cm	57	总流量 /(cm³·min⁻¹)	65.5

在直角坐标系中把摆放永磁铁的圆周打开,就变成如图 4.9 所示的交替的周期排列的一列永磁铁,这样做可以帮助我们了解磁场结构。磁力线在磁场表面终止,形成会切磁场位形,并使磁力线垂直于磁极附近的壁面。到达这一区域的大部分电子被磁镜或者鞘层电势反射,也有一部分直接运动到阳极上造成损失。在两尖端中间向壁面运动的电子会受到磁场的阻碍,在穿越磁力线的过程中从壁面反射。磁感应强度的等值线分布如图 4.9 的右侧图所示。由图可知,当离壁面的距离足够远时,平行于壁面方向磁感应强度的值是固定的,磁场只是在尖端附近是垂直于壁面的,而在两尖端的中间是完全平行于壁面的。

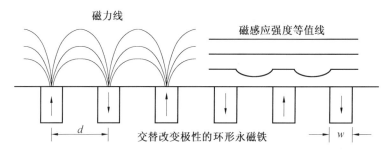

图 4.9　六极环形会切磁场多极边界的剖面图(包括磁力线以及磁场的等值线分布)

弗雷斯特对各种不同多磁极边界情况下磁感应强度的分布进行了总结,之后利伯曼

对此进行了进一步研究。由于磁场的散度为零,因此磁场满足拉普拉斯方程。可以通过傅里叶变换得到磁感应强度的空间分布

$$B_y(x,y) = \frac{\pi w B_0}{2d}\cos\left(\frac{\pi x}{d}\right)e^{-\frac{\pi y}{d}} \tag{4.15}$$

式中,B_0 是磁极表面的磁感应强度;d 是磁极中心间的距离;w 是磁极的宽度;x 是沿壁面距离磁极的距离。如图 4.9 所示,垂直于壁面是 y 方向。从图中可以看出,沿着壁面方向的磁场具有周期性的余弦分布,而在垂直于壁面方向磁感应强度以指数形式衰减。

在尖端处,由于永磁铁的偶极性质,磁场以 $\frac{1}{d^2}$ 的方式减小,这意味着在远离磁极方向磁场强度会迅速降低。因此需要保证磁铁和等离子体区的距离足够近,以使在给定磁铁大小的情况下,电离室内的磁感应强度足够大来约束初始和二次电子。在两尖端中间,由于磁场具有双极特性,磁力线会返回并包围磁铁,使得磁感应强度在距壁面 $y=0.29d$ 处有最大值,我们将在 4.3.4 小节中对这一结果进行详细推导。在尖端之间的最大磁感应强度保证了电子和离子的约束,提高了推力器效率。

尽管磁场的解析解有利于理解磁场的分布规律,但是为了更准确地掌握磁场的分布,需要采用磁场仿真软件对整个环形会切磁场的分布进行模拟。图 4.10 所示为具有 6 个环形磁极的 NEXIS 离子推力器电离室内磁场分布的模拟结果。图中很清晰地描绘了磁多极边界具有局部表面磁场特性,在电离室内大部分为无磁场区域。大部分无磁场区域的设计显著地提高了等离子体的均匀性并增加了离子电流密度。在这个推力器内,电离室表面的磁感应强度约为 60×10^{-4} T。在下一节中我们会讨论,这能够很好地约束等离子体。

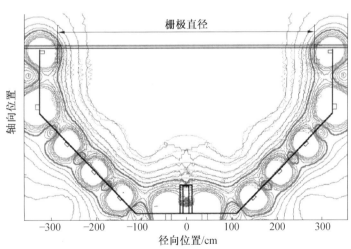

图 4.10　六极环形会切磁场 NEXIS 推力器电离室内的磁场分布

4.3.3　电子的约束

原初电子由空心阴极注入电离室。电离室可看作一个有反射边界的空间,电子主要在磁

力线垂直于壁面的尖端附近产生损失。原初电子沿着电离室做往复运动，直到它们在磁极附近有效的接触面积内和阳极碰撞或者是与中性气体发生电离或碰撞激发，或者是通过与等离子体电子之间的库仑相互作用被加热。在尖端阳极处损失的原初电子电流为

$$I_L = n_p e v_p A_p \tag{4.16}$$

其中，n_p 为原初电子密度；v_p 为原初电子的速度；A_p 为原初电子的损失面积。

在尖端处原初电子的损失面积定义为

$$A_p = 2 r_p L_c = \frac{2}{B} \sqrt{\frac{2 m_e v_p}{e}} L_c \tag{4.17}$$

其中，r_p 为原初电子的拉莫尔半径；B 为阳极壁面尖端处的磁感应强度；v_p 为原初电子速度；e 为电子电荷；L_c 为磁极的总长度。

通过简单的概率分析，原初电子的平均约束时间大约为

$$\tau_p = \frac{V}{v_p A_p} \tag{4.18}$$

式中，V 为电离室的体积。原初电子在和磁极发生碰撞并损耗前所运动的平均运动自由程为 $L = v_p \times \tau_p$。同样地，电离平均自由程是 $\lambda = \frac{1}{n_o} \sigma$，其中 σ 为原初电子总的非弹性碰撞截面。原初电子不直接被阳极吸收，而发生碰撞的概率为

$$P = \left[1 - \exp^{-n_o \sigma L} \right] = \left[1 - \exp^{-\frac{n_o \sigma V}{A_p}} \right] \tag{4.19}$$

从公式中可以看出，通过在尖端处提供足够强的磁场，使原初电子的损失面积最小，能够使原初电子直接和阳极发生碰撞的概率变得很小。同样地，还可以通过增大电离室的体积或者是提供更高的原子密度，来增加原初电子的碰撞概率。通过增加电子在损失前和原子间碰撞，能够减小电子的能量损失，提高推力器效率。

图 4.11 描述了具有 4 个或 6 个磁极的 NEXIS 离子推力器中的原初电子在轰击磁极前和原子发生碰撞的概率。对于具有 6 个磁极的情况来说，为了使原初电子的损失最小，在阳极表面的尖端磁感应强度必须接近 2 000 × 10^{-4} T。对于更少磁极的情况，从式 (4.17) 可知，由于收集原初电子的磁极面积更小，因此需要的磁感应强度更小。然而，在后续的分析中我们会看到，磁极的数量会影响效率和均匀性，在原初电子和磁极碰撞前尽可能增加碰撞频率只是离子推力器设计时需要考虑的一方面因素。

由于最佳效率时被阳极直接吸收的原初电子电流通常是最小的，因此最终到达阳极的放电电流主要来自等离子体电子。等离子体电子几乎全被磁极吸收，但是电子的运动也受到轰击磁极的离子的影响。因此，离子和电子在尖端的混合阳极区被吸收，其面积为

$$A_a = 4 r_h L_c = 4 \sqrt{r_e r_i} L_c \tag{4.20}$$

式中，r_h 是混合拉莫尔半径；r_e 是电子拉莫尔半径；r_i 是离子拉莫尔半径。克服阳极鞘层和阳极碰撞的等离子体电子流量为

$$I_a = \frac{1}{4} \left(\frac{8 k T_e}{\pi m_e} \right)^{\frac{1}{2}} e n_e A_a \exp^{-\frac{e \varphi}{k T_e}} \tag{4.21}$$

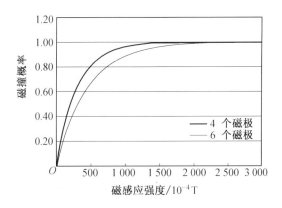

图 4.11　原初电子碰撞概率与磁感应强度间的函数关系

式中，φ 是相对于阳极的等离子体电势（实际上就是阳极鞘层电势降）。

电离室内的等离子体服从粒子守恒，因此由阴极进入电离室内的电流加上腔内产生的电流必须等于总的输出电流

$$\sum (I_{\text{injected}} + I_{\text{produced}}) = \sum I_{\text{out}} \tag{4.22}$$

注入电离室的电流等于原初电子的电流，而电离室内产生的电子电流来源于电离产生的电子离子对。阳极的总电流损失等于原初电子的直接损失、等离子体电子损失和一小部分离子损失之和。在电离室内同时还存在离子轰击阴极以及栅极表面所产生的离子电流损失。等离子体电势能够自我调节使得到达阳极的总电子电流等于流出电离室的离子电流。下面将分析阳极磁场面积或者磁极数量对等离子体电势、能量损失和放电稳定性等的影响规律。

4.3.4　阳极壁面的离子约束

由于离子推力器中电离室中磁场相对较弱，造成离子拉莫尔半径相对于推力器尺寸来说大很多，因此离子未被磁化。对于一个未磁化的等离子体来说，任意方向流出等离子体区的离子电流可由波姆电流来得到

$$I_i = \frac{1}{2} n_i e \sqrt{\frac{k T_e}{m_i}} A \tag{4.23}$$

式中，n_i 是电离室中心的离子密度；A 为总离子损失面积。波姆电流同样描述了穿过磁力线的离子流动，在接下来讨论其他类型的电离室时是非常有用的。

电子在电离室内是否被磁化需要由当地的磁感应强度决定。在环形会切磁场推力器中，电子的运动行为受到靠近边界的强磁场区的约束。磁化电子通过静电效应影响边界处的离子输运。这会导致离子以波姆电流轰击尖端混合区并产生损失，如式（4.20）所示。尖端之间的壁面区波姆电流的减少是由于此处产生的双极电位（Ambipolar Potentials）造成的。由于尖端的面积相对于其他的阳极区域的面积要小，因此到达混合尖端区域的离子电流通常可以忽略。然而，在尖端间的损失面积却是非常明显的。因此

可以通过分析电子和离子穿越磁力线的输运来计算由于减小的穿越磁场的电子漂移速度造成离子速度的减小。该结果可以用来计算离子在壁面的损失速率,并同到达壁面的非磁化波姆电流进行对比。

环形会切磁场离子推力器设计时需要对环形磁铁的数量、磁铁之间的距离以及决定磁感应强度的磁铁大小进行设计。准中性的等离子体流穿越壁面附近的磁场运动可用具有双极扩散系数的扩散方程来进行描述。穿越磁场的离子速度为

$$v_i = \frac{\mu_e}{1 + \mu_e^2 B^2 - \dfrac{v_{ei}}{v_e}} \left(E + \frac{kT_e}{e} \frac{\nabla n}{n} \right) \tag{4.24}$$

双极电场实际上会抵消通常能够将离子加速到波姆速度的预鞘层电场,因此式(4.24)中认为等离子体区中垂直于磁力线的电场 E 为 0。在这种情况下,离子速度仅为离子热速度 $\left(\approx \sqrt{\dfrac{kT_i}{m_i}} \right)$。式(4.24)中的磁场是减小电子迁移率并实现上述效果的最小磁感应强度。由于离子速度更小,因此离子通过磁场产生的通量和波姆电流相比大幅度地减小。没有到达壁面的那部分离子通量最终会在阳极表面附近被加速到波姆速度,以满足鞘层稳定性准则。在该模型中离子数量需要满足守恒条件,阳极壁面附近的磁场对离子的阻碍会使离子转而向着没有约束的栅极表面运动。

但是,以上的分析并非只对 $E = 0$ 的情况有效。如果磁场比引起 $E = 0$ 的临界磁场 B 还小,那么电子穿越磁力线的迁移率增加,在磁场扩散长度 l 中存在一个有限的电场。向壁面运动的离子会受到该电场的加速,因此离子速度满足以下条件

$$\frac{1}{2} m_i v_i^2 = eE \cdot l \tag{4.25}$$

穿越磁力线的双极流动改变了预鞘层电场大小,削弱了离子向壁面的加速。在无磁场条件下,电场必须将离子加速到波姆速度,导致等离子体边界的电场强度为

$$E = -\frac{m_i v_i^2}{el} \tag{4.26}$$

注意此处对于该区域的离子流动来说,电场的值必须是负值。将式(4.26)代入式(4.24),产生离子速度为 v_i 的最小磁感应强度为

$$B = \frac{v_e m_e}{e} \sqrt{\frac{kT_e - Mv_i^2}{v_i m_e v_e l} - \frac{v}{1+v}} \tag{4.27}$$

式中,$v = \dfrac{v_{em}}{v_{ei}}, \dfrac{kT_e}{e} \dfrac{\nabla n}{n}$ 近似等于 $\dfrac{kT_e}{el}$,l 表示尖端之间离子沿着径向穿越磁力线过程中所走过的路径。l 的值可以通过计算磁感应强度以及尖端间的壁面距离来得到,通常为 $2 \sim 3$ cm。

我们还可以将式(4.26)得到的修正后的电场表达式代入式(4.24),从而得到穿越磁力线的离子速度满足

$$v_i^2 + \frac{el}{\mu_e m_i} \left(1 + \mu_e^2 B^2 - \frac{v_{ei}}{v_e} \right) v_i - \frac{kT_e}{m_i} = 0 \tag{4.28}$$

很容易求解这个二元方程式,并得到

$$v_i = \frac{1}{2}\sqrt{\left[\frac{el}{m_i\mu_e}\left(1+\mu_e^2B^2-\frac{v_{ei}}{v_e}\right)\right]^2+\frac{4kT_e}{m_i}}-\left[\frac{el}{2m_i\mu_e}\left(1+\mu_e^2B^2-\frac{v_{ei}}{v_e}\right)\right] \quad (4.29)$$

这些方程式中碰撞频率 $v_e = v_{en} + v_{ei}$,$v = v_{en}/v_{ei}$ 为电子与中性气体的碰撞频率。上式表明,如果 B 为 0,那么流动基本是无碰撞的,式(4.29)转化成波姆速度的表达式。

在这里定义离子限制因子

$$f_c \equiv \frac{v_i}{v_{Bohm}} \quad (4.30)$$

其中,波姆速度 $v_{Bohm} = \sqrt{\frac{kT_e}{m_i}}$,其物理含义为,存在磁感应强度为 B 的磁场情况下的离子速度与波姆速度之比。两个尖端之间穿越磁力线到达阳极的离子电流为

$$I_{ia} = \frac{1}{2}n_i e\sqrt{\frac{kT_e}{m_i}}A_{as}f_c \quad (4.31)$$

式中,A_{as} 是暴露于等离子体的阳极的总面积。

用式(4.31)去估算尖端之间离子损失速率的减少量需要注意到两个问题。首先,壁面附近的会切磁场并不是任何地方都平行于壁面的。在尖端附近,磁力线由平行于壁面逐渐转为垂直壁面,因此此时以上的分析皆不适用。然而,在尖端附近由于磁感应强度快速增加,一部分等离子体电子被磁镜反射。这同样会对离子产生静电阻碍,这和以上描述的磁极之间的双极扩散机制是非常类似的。最后,在混合区域内携带波姆电流的离子会损失掉,但是这一区域和总的会切场区域相比,面积要小很多,因此可以忽略。

第二个需要注意的问题是式(4.29)中的扩散厚度 l 是未知的。然而,对于环形会切磁场离子推力器来说,可以通过磁铁的双极模型来估算。考虑图 4.9 中描述的两列具有相反极性的磁体,每个磁铁单位长度的磁偶极子磁感应强度为 M,在 x 轴上磁铁的间隔为 d。磁铁间垂直于中线的磁感应强度为

$$|B^+(y)| = \frac{q}{r} = \frac{q}{\sqrt{\frac{d^2}{4}+(y-\delta)^2}} \quad (4.32)$$

其中,r 是从中点到磁铁的距离;q 为磁偶极子的数量;δ 为磁铁高度的一半。在磁铁间中心线上的磁场只有 x 分量,由一个磁体产生磁场的 x 分量为

$$B_x^+(y) = |B^+(y)|\cos\theta = \frac{q\frac{d}{2}}{r^2} = \frac{q\frac{d}{2}}{\frac{d^2}{4}+(y-\delta)^2} \quad (4.33)$$

因此由两个磁铁产生在 x 方向的磁场为

$$B_x(y) = \frac{qd}{\frac{d^2}{4}+(y-\delta)^2}-\frac{qd}{\frac{d^2}{4}+(y+\delta)^2} \quad (4.34)$$

由此可以得到,中心线上总的磁场为

$$B(y) = \frac{2(2q\delta)yd}{\left(\frac{d^2}{4} + y^2\right)^2} = \frac{2Myd}{\left(\frac{d^2}{4} + y^2\right)^2} \tag{4.35}$$

其中,磁偶极子磁感应强度 M 等于磁偶极子的数量乘以磁铁长度。

通过式(4.35),可以计算得到磁体间最大磁感应强度的位置为

$$y = \frac{d}{2\sqrt{3}} = 0.29d \approx l \tag{4.36}$$

其中的扩散长度 l 是根据图 4.12 粗略估计的距离。

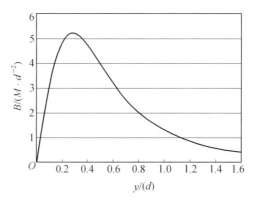

图 4.12　磁铁上方磁感应强度与距离的函数关系

在磁铁中间沿着中线的最大横向磁场通常称为鞍点磁场。可以通过将式(4.36)代入式(4.35)得到最大磁场为

$$B(y_{\text{max}}) = 5.2\frac{M}{d^2} \tag{4.37}$$

上式中的单位长度的磁偶极子磁感应强度为

$$M = \frac{B_r V_m}{4\pi w} \tag{4.38}$$

其中,B_r 是磁铁残余磁场(Residual Magnetic Field);V_m 是磁铁体积;w 是磁铁宽度。例如,对于残余磁场为 $10\,000\times10^{-4}$ T 的两行磁铁,体积和宽度比为 0.6 cm^2,磁场的距离为 10 cm,则其最大的横向磁感应强度位于边界上方 2.9 cm 处,其大小等于 24.8×10^{-4} T。

在图 4.13 中绘制了阳极电流与波姆电流的比值 $\dfrac{I_{\text{ia}}}{I_{\text{Bohm}}}$ 随 NSTAR 氙离子推力器鞍点磁感应强度的变化规律。当横向磁场为零时,阳极上的离子电流是波姆电流。随着横向磁场的增加,电子迁移率减少,离子电流缓慢减少。在 NSTAR 设计中,最后一个闭合磁场(Closed Magnetic Contour)的值大约为 20×10^{-4} T,此时从图中可以看出,大约有一半向阳极做径向运动的离子会被损失掉。如果闭合磁场增加到约为 50×10^{-4} T,对比未被磁化的波姆电流,阳极离子损失约减少为原来的 $1/10$。这能够大幅度提高电离室的效率,并减少产生单位离子束所需要的能量。因此,可以得出结论,即使这些推力器中的离子是未磁化的,由于环形会切磁场产生的双极效应也能有效地减少离子壁面损失。

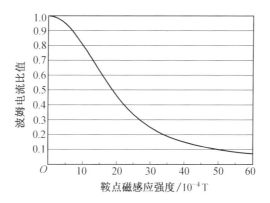

图 4.13　NSTAR 推力器中阳极电流与波姆电流的比值 $I_{\mathrm{ia}}/I_{\mathrm{Bohm}}$ 随鞍点磁感应强度的变化规律

4.3.5　离子和激发态中性气体的产生

电离室离子可以由阴极发射的原初电子以及麦克斯韦高能尾部的电子电离气体产生。电离室内单位时间内产生的离子数量为

$$I_{\mathrm{p}} = n_{\mathrm{o}} n_{\mathrm{e}} \langle \sigma_{\mathrm{i}} v_{\mathrm{e}} \rangle V + n_{\mathrm{o}} n_{\mathrm{p}} \langle \sigma_{\mathrm{i}} v_{\mathrm{p}} \rangle V \qquad (4.39)$$

式中，n_{o} 是中性原子密度；n_{e} 是等离子体电子密度；σ_{i} 是电离截面；v_{e} 为等离子体电子速度；V 是电离室内等离子体区所占的体积；n_{p} 为原初电子密度；v_{p} 为原初电子速度。括号项表示电离截面和电子能量分布的平均，通常被称为反应速率系数。

图 4.14 描述了电子和氙原子碰撞的电离和激发截面。假定原初电子具有单一的能量，则式（4.39）中原初电子的反应速率系数等于图 4.14 中的电离截面乘以给定的原初电子速度。假设原初电子有能量分布，则碰撞截面必须和电子的能量分布进行平均。

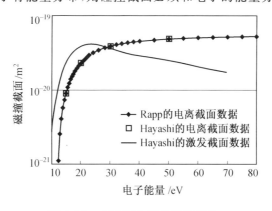

图 4.14　氙原子电离和激发截面

激发态的中性气体也可以由原初电子和麦克斯韦高能尾部的电子产生。在电离室内单位时间产生的激发态中性粒子总数为

$$I^{*} = n_{\mathrm{o}} n_{\mathrm{e}} \langle \sigma_{*} v_{\mathrm{e}} \rangle V + n_{\mathrm{o}} n_{\mathrm{p}} \langle \sigma_{*} v_{\mathrm{p}} \rangle V \qquad (4.40)$$

式中，σ_{*} 是激发截面。同样地，激发截面也需要和电子的能量分布进行平均以得到反应速率系数。在麦克斯韦电子能量分布下对电离和激发碰撞截面进行平均而得到的反应速

率系数如图 4.15 所示。在低电子温度时(低于 9 eV),激发碰撞系数大于电离系数。如同之前描述的那样,在低电子温度时,在电离的过程中电离室内大量的能量被用于激发中性粒子。这也是在推力器中产生一个离子通常需要花费超过十倍的电离势能的能量的原因之一。

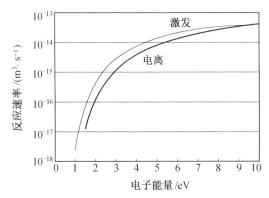

图 4.15　氙等离子体中麦克斯韦分布电子的电离和激发速率

离子推力器中通常采用惰性气体作为工质。惰性气体的二价电离势能大约是一价电离势能的两倍。例如,氙气的一价电离势能是 12.13 eV,二价电离势能是 21.2 eV。当直流放电装置中的电子能量超过 21.2 V 时,能产生大量二价离子。另外,麦克斯韦高能尾部的电子能量能够超过二价电离势能,因此如果电离室内电子温度高时会产生大量的二价离子。

二价离子的产生速率和上面讨论的一价离子类似,但是其电离碰撞截面不同。二价离子的密度可以由该种类粒子的连续方程决定:

$$\frac{\mathrm{d}n^{++}}{\mathrm{d}t} + \nabla \cdot (n^{++} v^+ \sqrt{2}) = n^{++} \tag{4.41}$$

上式中,由于二价离子带有两个电荷,其速度会比一价离子的速度大 $\sqrt{2}$ 倍。定义二价离子与一价离子产生速率之比为

$$R^{++} = \frac{n^{++}}{n^+} \tag{4.42}$$

通过离子光学系统(透明度为 T_{g})引出的一价离子束电流密度为

$$J_{\mathrm{i}}^+ = n^+ \, ev_{\mathrm{B}}^+ T_{\mathrm{g}} = n_{\mathrm{i}} ev_{\mathrm{B}}^+ T_{\mathrm{g}} (1 - R^{++}) \tag{4.43}$$

其中,n_{i} 是总离子密度。同样可以得到引出的二价离子电流密度为

$$J_{\mathrm{i}}^{++} = n^{++} (2e) (\sqrt{2} \, v_{\mathrm{B}}^+) T_{\mathrm{g}} = \sqrt{8} \, n_{\mathrm{i}} ev_{\mathrm{B}}^+ T_{\mathrm{g}} R^{++} \tag{4.44}$$

总离子束电流等于一价和二价离子束电流之和。

由于工质电离率等于变成离子束的工质(包括所有电荷)与流入电离室的工质流量的比例,考虑二价离子的影响,则工质利用率为

$$\eta_{\mathrm{md}} = \left(J_{\mathrm{B}}^+ + \frac{J_{\mathrm{B}}^{++}}{2} \right) \frac{A_{\mathrm{g}}}{\dot{em}_{\mathrm{d}}} \tag{4.45}$$

式中，$\dot{m}_d$ 是流入电离室的工质流量；A_g 是栅极面积。对于放电等离子体中存在大量二价离子的情况，必须采用上述公式来对工质利用率进行修正。

4.3.6　电离室内中性粒子和原初电子的密度

在采用式(4.39)和(4.40)计算离子和激发态中性粒子的产生速率时需要已知电离室内中性气体的密度分布。离开电离室的中性气体流量（未被电离的工质）等于进入电离室的气体减去被电离并被引出产生离子束的气体

$$Q_{\text{out}} = Q_{\text{in}} - \frac{I_b}{e} \tag{4.46}$$

漏过栅极的中性气体等于栅极上的中性气体流量乘以栅极光学透明度 T_a 和克劳辛系数 η_c（表征气体流过栅极孔的能力），即

$$Q_{\text{out}} = \frac{1}{4} n_o v_o A_g T_a \eta_c \tag{4.47}$$

其中，v_o 是中性气体速度；A_g 是栅极面积；η_c 是克劳辛系数。克劳辛系数表示由于有限栅极厚度造成的栅极导流能力的降低，该结果最早是克劳辛在研究短管对气体流动的限制时得到的。对于典型的具有小的厚度和长度比的栅极小孔，克劳辛系数必须采用蒙特卡罗方法计算得到。一般来说，离子推力器栅极的克劳辛系数大约为 0.5。

推力器电离室的工质利用率被定义为

$$\eta_{\text{md}} = \frac{I_b}{Q_{\text{in}} e} \tag{4.48}$$

联立求解式(4.46)、(4.47)和(4.48)，可以得到电离室内的中性气体密度为

$$n_o = \frac{4 Q_{\text{in}}(1 - \eta_{\text{md}})}{v_o A_g T_a \eta_c} = \frac{4 I_B}{v_o e A_g T_a \eta_c} \frac{1 - \eta_{\text{md}}}{\eta_{\text{md}}} \tag{4.49}$$

电推进流量的法定单位是标准立方厘米每分(standard)(cm³/min)或者毫克每秒(mg/s)。一般来说，中性原子在损失前会和阳极壁面或者是栅极发生多次碰撞，因此可以认定中性气体具有推力器本体的平均温度。推力器工作时的典型温度值为 200 ～ 300 ℃。

电离室内的电子温度可由离子的平衡方程来进行计算。式(4.39)给出的总的离子产生率必须等于总的离子损失率。在式(4.23)通过波姆电流导出的离子损失率，其中的面积 A 表示所有离子吸收表面（阴极、阳极和栅极）之和等于合理的限制因子 f_c（式(4.40)）乘以阳极表面积。将式(4.39)和式(4.23)代入式(4.49)，可以得出中性气体密度的关系式

$$\frac{\sqrt{\dfrac{k T_e}{m_i}}}{\langle \sigma_i v_e \rangle V + \dfrac{n_p}{n_e} \langle \sigma_i v_p \rangle V} = \frac{2 n_o V}{A_i} = \frac{8 V Q_{\text{in}}(1 - \eta_{\text{md}})}{v_o A_g A_i T_a \eta_c} \tag{4.50}$$

如果已经确定了进入电离室的总电流和工质利用率，则可以采用以下描述的方法计

算原初电子的密度,并且由于电离和激发的反应率系数是电子温度的函数,可以通过式(4.50)解出电子温度。计算电子温度的另外一种方法是,如果离子束电流值是已知的,则可以将式(4.39)的右端项代入式(4.50),从而也能得到电子温度。一般来讲,图 4.14 和图 4.15 中给出的电离和激发截面及反应率数据拟合曲线可以用于估算反应速率系数,并通过程序来反复迭代解出电子温度。

式(4.50)中的原初电子密度可以通过电离室原初电子总的约束时间来估算。从阴极发射的电流为

$$I_e = \frac{n_p e V}{\tau_t} \tag{4.51}$$

式中,τ_t 是考虑原初电子的热化和其他损失机制情况下总的约束时间。在式(4.18)中给出了原初电子直接轰击阳极所需的时间为 τ_p。假定原初电子经历了与中性气体的非弹性碰撞,已损失了足够的能量,因此其可以被等离子体电子快速加热。原初电子和中性气体原子发生碰撞的平均时间为

$$\tau_c = \frac{1}{n_o \sigma v_p} \tag{4.52}$$

式中,σ 是总的非弹性碰撞截面。采用式(4.49)计算中性粒子密度代入上式,可以得到原初电子的平均碰撞时间

$$\tau_c = \frac{v_o e A_g T_a \eta_c \eta_m}{4 \sigma v_p I_B (1 - \eta_{md})} = \frac{v_o A_g T_a \eta_c}{4 \sigma v_p Q_{in} (1 - \eta_{md})} \tag{4.53}$$

最后,原初电子在与等离子体电子平衡的过程中被加热。斯皮策推导得到原初电子速度逐渐降低并变成麦克斯韦分布的电子所需要的时间为

$$\tau_s = \frac{\omega}{2 A_D l_f^2 G(l_f \omega)} \tag{4.54}$$

式中,$\omega = \sqrt{\dfrac{2 V_{pe}}{m_e}}$;$e V_{pe}$ 是原初电子能量;$l_f = \sqrt{\dfrac{m_e}{2 k T_e}}$,是麦克斯韦分布电子平均速度的倒数;$A_D$ 是扩散常数,其值为

$$A_D = \frac{8 \pi e^4 n_e \ln \Lambda}{m_e^2} \tag{4.55}$$

式中的 $\ln \Lambda$ 为碰撞参数[28]

$$\ln \Lambda = 23 - \frac{1}{2} \ln \left(\frac{10^{-6} n_e}{T_e^{\frac{3}{2}}} \right) \tag{4.56}$$

函数 $G(l_f \omega)$ 的定义为[29]

$$G(x) = \frac{\Phi(x) - x \Phi'(x)}{2 x^2} \tag{4.57}$$

其中,$\Phi(x)$ 是误差函数

$$\Phi(x) = \frac{2}{\pi^{\frac{1}{2}}} \int_0^x e^{-y^2} dy \tag{4.58}$$

因此总的电子约束时间为

$$\frac{1}{\tau_{\mathrm{t}}} = \frac{1}{\tau_{\mathrm{p}}} + \frac{1}{\tau_{\mathrm{c}}} + \frac{1}{\tau_{\mathrm{s}}} \tag{4.59}$$

需要特别关注的是式(4.54)中的时间 τ_{s}。在某些离子推力器设计中的原初电子能量不是单值分布的,这在式(4.54)中并没有被考虑。

从空心阴极发射的电流为

$$I_{\mathrm{e}} = I_{\mathrm{d}} - I_{\mathrm{s}} - I_{\mathrm{k}} \tag{4.60}$$

式中,I_{s} 是屏栅极电流;I_{k} 是回到阴极的离子电流。联立求解式(4.51)、(4.18)和式(4.52),得出原初电子的密度是

$$n_{\mathrm{p}} = \frac{I_{\mathrm{e}}\tau_{\mathrm{t}}}{eV} = \frac{I_{\mathrm{e}}}{eV}\left[\frac{1}{\tau_{\mathrm{p}}} + \frac{1}{\tau_{\mathrm{c}}} + \frac{1}{\tau_{\mathrm{c}}}\right]^{-1} =$$
$$\frac{I_{\mathrm{e}}}{eV}\left[\frac{v_{\mathrm{p}}A_{\mathrm{p}}}{V} + \frac{4\sigma v_{\mathrm{p}}Q_{\mathrm{in}}(1-\eta_{\mathrm{md}})}{v_{\mathrm{o}}A_{\mathrm{s}}T_{\mathrm{a}}\eta_{\mathrm{c}}} + \frac{1}{\tau_{\mathrm{s}}}\right]^{-1} \tag{4.61}$$

假定原初电子直接和阳极碰撞产生的损失可忽略不计,并且电子平衡的时间很长,流回阴极的离子电流很小,则式(4.61)可改写为

$$n_{\mathrm{p}} = \frac{I_{\mathrm{e}}v_{\mathrm{o}}A_{\mathrm{s}}T_{\mathrm{a}}\eta_{\mathrm{s}}}{4V\sigma v_{\mathrm{p}}I_{\mathrm{b}}}\frac{\eta_{\mathrm{md}}}{1-\eta_{\mathrm{md}}} = \frac{(I_{\mathrm{d}}-I_{\mathrm{s}})v_{\mathrm{o}}A_{\mathrm{s}}T_{\mathrm{a}}\eta_{\mathrm{c}}}{4V\sigma v_{\mathrm{p}}I_{\mathrm{b}}}\frac{\eta_{\mathrm{md}}}{1-\eta_{\mathrm{md}}} \tag{4.62}$$

图 4.16 描述了原初电子密度随工质利用率的变化规律,其中的原初电子密度用 $\eta_{\mathrm{md}}=0$ 时原初电子密度的值进行标幺。电离室内工质利用率的增加造成中性气体密度的降低,原初电子密度快速增加。当工质利用率达到 90% 时,电离室内原初电子密度将是工质利用率为 50% 时的 9 倍。这将非常显著地影响电离率以及放电损失,我们将在下文进行进一步讨论。

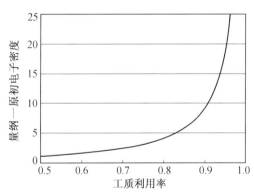

图 4.16　量纲一原初电子密度与工质利用率的函数关系

4.3.7　电离室内功率及能量平衡

图 4.8 描述了环形会切磁场离子推力器电离室内的电流和电势分布。注入电离室的功率等于空心阴极发射电流乘以电子在电离室内获得的电压,即

$$P_{\mathrm{in}} = I_{\mathrm{e}}V_{\mathrm{k}} = I_{\mathrm{e}}(V_{\mathrm{d}} - V_{\mathrm{c}} + V_{\mathrm{p}} + \varphi) \tag{4.63}$$

式中,V_{d} 是放电电压;V_{c} 是阴极电压降;V_{p} 是等离子体区的电势降;φ 为相对于阳极壁面

的鞘层电势。输入电离室的功率用于引出从阴极发射的原初电子以产生离子、激发态中性粒子和麦克斯韦分布的电子。离开电离室到达电极的能量主要包括离子向阳极、阴极和屏栅极的输运,以及原初电子和等离子体电子与阳极的碰撞。输出功率等于以上各项之和,即

$$P_{\text{out}} = I_p U^+ + I^* U^* + (I_s + I_k)(V_d + V_p + \varphi) +$$
$$(I_b + I_{ia})(V_p + \varphi) + I_a \varepsilon + I_L(V_d - V_c + V_p + \varphi) \tag{4.64}$$

式中,I_p 是电离室内产生的总的离子数量;U^+ 是工质气体的电离势能;I^* 是电离室内激发态离子的数量;U^* 是激发势能;I_s 是和屏栅极碰撞的离子数量;I_k 是回到阴极的离子数量;I_b 是离子束;I_a 是到达阳极的等离子体电流;T_e 是电子温度;I_{ia} 是到达阳极的离子电流;I_L 是损失在阳极上的原初电子的比例。和阳极壁面碰撞的等离子体电子损失的能量 $\varepsilon_e = \dfrac{2kT_e}{e} + \varphi$,离子从等离子体中心通过预鞘层到达鞘层边界,因此 V_p 近似等于 $\dfrac{kT_e}{2e} + \varphi$。到达阳极的离子能量 ε_i 等于 $\dfrac{kT_e}{2e} + \varphi$,这在式(4.10)中已给出。

由于屏栅极的电势为阴极电势,因此从阴极发射的电子电流可以采用式(4.60)进行计算。同样地,流动到阳极的电流为

$$I_a = I_d + I_{ia} - I_L \tag{4.65}$$

式中,I_d 是电源中测量的放电电流。由于输入功率等于输出功率,同时利用式(4.60)和式(4.65)给定的粒子守恒方程,可以得到从电离室引出的离子电流为

$$I_b = \frac{I_d(V_d - V_c + V_p - 2T_{eV}) - I_p U^+ - I^* U^*}{V_p + \varphi} - \frac{(I_s + I_k)(2V_d - V_c + 2V_p + 2\varphi)}{V_p + \varphi} -$$
$$\frac{I_{ia}(V_p + 2T_{eV} + 2\varphi) + I_L(V_d - V_c + V_p - 2T_{eV})}{V_p + \varphi} \tag{4.66}$$

式中,T_{eV} 的单位是电子伏。

对于一个给定的推力器来说,式(4.66)中的离子束电流的计算需要知道等离子体密度,但是在这里并不能确定。另外,离子束电流 I_b 等于屏栅极上的平均波姆电流乘以屏栅极的有效透明度 T_s,即

$$I_b = \frac{1}{2} n_i e v_a A_s T_s \approx \frac{1}{2} n_e e \sqrt{\frac{kT_e}{m_i}} A_s T_s \tag{4.67}$$

式中,n_i 是屏栅极上的峰值离子密度;v_a 是离子声速;A_s 是屏栅极面积;T_s 是屏栅极的有效透明度。公式中假定准中性条件($n_i \approx n_e$)。式(4.67)能解出用于求解等式(4.66)的离子束电流,以及式(4.16)求解的原初电子损失电流,和式(4.31)的离子阳极壁面损失要用到的等离子体密度

$$n_e = \frac{(I_d - I_L)(V_d - V_c + V_p - 2T_{eV})}{\dfrac{I_p}{n_e}U^+ + \dfrac{I^*}{n_e}U^* + \dfrac{(1 - T_s)v_a A_{as}}{2}V' + \dfrac{v_a A_{as} f_c}{2}(V_p + 2T_{eV} + 2\varphi)} \tag{4.68}$$

在这里 $V' = 2V_d - V_c + 2V_p + 2\varphi$,屏栅极电流为

$$I_s = \frac{(1 - T_s)}{2} n_i e v_a A_s \tag{4.69}$$

等离子体密度随着原初电子在阳极上损失的数量$(I_d - I_L)$的增加而迅速降低。这个公式可以说明为什么保证足够的会切磁感应强度对于推力器性能是如此重要。

不幸的是,电离和激发项中包含$\frac{n_p}{n_e}$项,所以方程式(4.69)必须反复迭代解出等离子体密度。只要知道等离子体密度,就可以通过式(4.67)解出离子束电流。如果已知平面度参数(定义为平均电流密度除以峰值电流密度),则能够获得峰值等离子体密度以及峰值离子束电流密度。平面度参数可以通过实验测量或者是二维仿真得到。

4.3.8 放电损失

离子推力器中的放电损失被定义为输入推力器的功率除以离子束电流。这个参数也可以被描述为产生单位束流所需要的功率,是衡量电离室性能的关键参数。在直流放电离子推力器中,电离室的放电损失为

$$\eta_d = \frac{I_d V_d + I_{ck} V_{ck}}{I_b} \approx \frac{I_d V_d}{I_b} \tag{4.70}$$

式中,I_b是离子束电流;I_{ck}是到达阴极触持极电极(如果存在)的电流;V_{ck}是触持极的偏置电压。在离子推力器中触持极的功率一般很小,因此可以忽略。综合式(4.70)和式(4.66)得到放电损失为

$$\eta_d = \frac{V_d \left[\frac{I_p}{I_b} U^+ + \frac{I^*}{I_b} U^* + \frac{(I_s + I_k)}{I_b} (2V_d - V_c + 2V_p + 2\varphi) \right]}{V_d - V_c + V_p - 2T_{eV}} +$$

$$\frac{V_d \left[(V_p + \varphi) + \frac{I_{ia}}{I_b} (V_p + 2T_{eV} + 2\varphi) \right]}{V_d - V_c + V_p - 2T_{eV}} +$$

$$\frac{V_d \left[\frac{I_L}{I_b} (V_d - V_c + V_p - 2T_{eV}) \right]}{V_d - V_c + V_p - 2T_{eV}} \tag{4.71}$$

方程中的第一项电流比值中,离子由原初电子和麦克斯韦分布的高能尾部电子产生,因此电离室内产生的离子总量I_p由式(4.39)进行计算,电离室内激发态中性气体的数量I^*可以由式(4.40)进行求解。

根据式(4.39)和式(4.40)求得离子产生和激发的数量,并通过式(4.67)求得离子束电流值,假设$n_i \approx n_e$,则式(4.71)中的第一项电流的比值为

$$\frac{I_p}{I_b} = \frac{2 n_o n_e e \langle \sigma_i v_e \rangle V}{n_i e \sqrt{\frac{k T_e}{m_i}} A_s T_s} + \frac{2 n_o n_p e \langle \sigma_i v_p \rangle V}{n_i e \sqrt{\frac{k T_e}{m_i}} A_s T_s} =$$

$$\frac{2 n_o V}{\sqrt{\frac{k T_e}{m_i}} A_s T_s} \left(\langle \sigma_i v_e \rangle + \frac{n_p}{n_e} \langle \sigma_i v_p \rangle \right) \tag{4.72}$$

第二项电流的比值为

$$\frac{I^*}{I_b} = \frac{2n_o V}{\sqrt{\frac{kT_e}{m_i}} A_s T_s} \left(\langle \sigma_* v_e \rangle + \frac{n_p}{n_e} \langle \sigma_* v_p \rangle \right)$$ (4.73)

忽略回流到空心阴极的小部分离子,第三项电流的比值为

$$\frac{I_s}{I_b} = \frac{1 - T_s}{T_s}$$ (4.74)

到达阳极壁面的离子电流等于限制因子 f_c 乘以波姆电流,可以通过式(4.31)进行计算。对于不同的离子推力器,其限制因子大小并不相等。然而,对于大多数离子推力器设计而言,如果封闭磁感应强度接近 50×10^{-4} T,那么可以假设 $f_c = 0.1$,也就是阳极表面的离子损失是波姆电流的 $1/10$。对于给定限制因子 f_c,式(4.71)中第四个电流的比例为

$$\frac{I_{ia}}{I_b} = \frac{\frac{1}{2} n_i e \sqrt{\frac{kT_e}{m_i}} A_{as} f_c}{\frac{1}{2} n_i e \sqrt{\frac{kT_e}{m_i}} A_s T_s} = \frac{A_{as} f_c}{A_s T_s}$$ (4.75)

式中,A_{as} 是电离室内等离子体和阳极的接触面积。

消失在阳极处的原初电子电流值 I_L 通过式(4.16)进行计算。式(4.71)中的最后一个电流比例项为

$$\frac{I_L}{I_b} = \frac{n_p e v_p A_p}{\frac{1}{2} n_i e v_a A_s T_s} = \frac{2 n_p v_p A_p}{n_e v_a A_s T_s}$$ (4.76)

将以上各式代入式(4.71),放电损失可以写为

$$\eta_d = \frac{V_d \left[\frac{I_p}{I_b} U^+ + \frac{I^*}{I_b} U^* + \frac{1 - T_s}{T_s} (2V_d - V_c + 2V_p + 2\varphi) \right]}{V_d - V_c - 2T_{eV}} +$$

$$\frac{V_d \left[(V_p + \varphi) + \frac{A_{as} f_c}{A_s T_s} (V_p + 2T_{eV} + 2\varphi) \right]}{V_d - V_c - 2T_{eV}} +$$

$$\frac{V_d \left[\frac{2 n_p v_p A_p}{n_e v_a A_s T_s} (V_d - V_c + V_p - 2T_{eV}) \right]}{V_d - V_c + V_p - 2T_{eV}}$$ (4.77)

式(4.77)说明提高推力器放电效率需要考虑的一些设计因素。由于放电电压 V_d 同时出现在分子和分母中,方程式中放电损失对放电电压的依赖性不是很大。然而,增加放电电压可提高原初电子能量,从而增加电离率和离子束电流。因此,一般来讲更高的放电电压会降低放电损失。更高的屏栅极透明度 T_s,更小的离子限制因子 f_c(更好的离子束缚)、电子损失面积 A_p 和壁面面积 A_{as} 均能够减少放电损失。此外,降低等离子体电势,同样也能够减少等离子体电子在阳极上的损失,从而减少放电损失。

求解式(4.77)需要已知的参数为:放电电压,电离室表面积和体积,磁场分布(尖端处的磁感应强度以及磁极间的磁场等值线分布)、栅极面积、透明度和温度,阴极电势降。

为了计算电离室内等离子体密度,必须给定放电电流或者离子束电流。栅极透明度通过栅极的模拟程序得到。我们将会在 4.6 节中进行描述。阴极电势降可以在阴极内测量,也可以采用二维空心阴极等离子体模型来进行求解,这将在第 6 章中进行讨论。

电离室的行为可以通过放电损失随着工质利用率的变化规律,也就是性能曲线来描述。工质利用率变化后,产生单位离子束电流所需要消耗的电能也会相应地发生变化。通过这些曲线进行分析,能够为电离室的优化设计指明方向。

在图 4.17 中对比了采用上述模型计算的性能曲线和 NEXIS 的实验结果。在 4 A 的离子束电流的情况下,分别对 3 个不同的放电电压下的放电损失进行了测量。26.5 V 的放电电压下,产生一个离子需要损失 180 eV 的能量,同时需要阴极提供 27.8 A 的放电电流从而形成 4 A 的离子束电流。

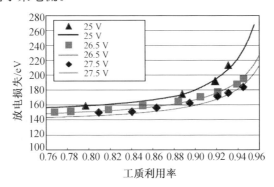

图 4.17　NEXIS 推力器内 3 个不同放电电压情况下工质利用率与放电损失的关系

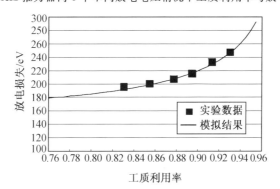

图 4.18　NSTAR 推力器内放电损失随工质利用率的变化

同样采用该放电模型对其他离子推力器进行模拟,计算和实验测量结果也非常吻合。图 4.18 描绘 NSTAR 离子推力器在功率 2.3 kW,推力 92.7 mN,比冲 3 127 s,效率 61.8% 工况下的实验数据。当 NSTAR 的空心阴极的电势降 V_c 为 6.5 V 时,模型预测结果和推力器实验结果一致。即使对于 NSTAR 内等离子体分布不是非常均匀(平面度等于 0.5),并且轴线离子峰值密度处有 20% 的二价离子的情况下,用于模拟 NSTAR 的零维模型仍然非常可靠。因此采用零维模型能够捕捉电离室的各种主要物理机制。

性能曲线的变化规律同样非常重要。正如 4.2 节介绍的理想离子推力器的简化模型那样,当工质利用率增加时,电离室内中性气体密度会降低(参见公式(4.50)),更多的原初电子会参与加热等离子体电子,造成阳极上的电子能量损失增加。最理想的推力器设计是当工质利用率增加时,性能曲线变化更加平缓,这也意味着更低的放电损失。通过推力器的设计,实现对原初电子和等离子体电子更好的约束,从而在低中性气体密度和高电子温度条件下等离子体对流损失最小,能够实现上述目标。

对于大多数放电模型来说,一个重要的挑战就是正确地处理原初电子。假设模型中原初电子只具有单一能量,原初电子密度取决于碰撞损失以及电子直接和阳极碰撞产生的损失,损失是中性气体压力的函数,而压力和和工质利用率成反比例。当工质利用率变化时原初电子密度变化明显。然而,如果原初电子完全被忽略(也就是假设立刻被阴极羽流加热),也就是说等离子体只由服从麦克斯韦分布的电子的高能尾部电离产生。如图4.19所示,当原初电子的电离被忽略后,NEXIS离子推力器电离每个离子所需要耗费的能量增加到超过240 eV。同样地,如果原初电子密度和中性气体的压力无关,则由于工质电离率较低(气体压力高)会造成原初电子数量过多,使图4.19的放电损失曲线有一个陡坡,从而产生比真实情况更多的电子。因此,在模型中必须准确考虑原初电子或者是高能电子以及非麦克斯韦分布的影响。

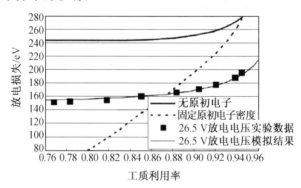

图4.19　无原初电子和恒定原初电子密度情况下预测的放电损失

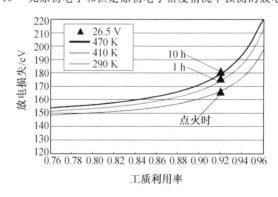

图4.20　NSTAR离子推力器中不同中性气体温度下放电损失与工质利用率的函数关系

放电模型中还需要考虑推力器环境的影响。例如,在离子推力器开始工作时,中性气体的温度随时间是逐渐变化的,直到离子推力器的温度分布达到热平衡,而这一时间长达数小时,在此期间放电损失可能会变化很大。在 3 种不同中性气体温度情况下零维模型的预测结果如图 4.20 所示。对 NEXIS 推力器进行了实验测量,检测推力器性能的变化,保证放电电压为 26.5 V 时,工质利用率为 92%;分别对推力器刚开始点火,1 h 后以及 10 h 后的数据进行了采集。推力器在开始工作时其温度等于室内温度,模型预测在推力器工作 10 h 以后,由于放电加热,中性气体温度达到 470 K。放电损失随着时间和温度变化的行为说明了推力器的特性参数必须在热平衡的情况下测量,因为中性气体密度对电离室的性能影响很大,而推力器温度则会直接影响中性气体密度。

4.3.9 放电稳定性

放电损失和放电稳定性间有密切的联系。由式(4.77)可知,如果原初电子的阳极接收面积 A_p 减小,由于放电损失的减少,效率相应地增加。因此,会很自然地认为,如果等离子体电子和阳极的接触面积减小,则服从麦克斯韦分布的那部分电子的能量损失也会减少。然而,由于阳极放电电流从根本上来自于等离子体电子,当阳极上的等离子体电子电流一定时,由式(4.21)可知,阳极壁面的鞘层电势随着阳极面积的减少而减少。放电损失方程中的鞘层电势表达式表明,当鞘层电势最小时效率最高。然而,等离子体电子的阳极面积不可能为零,因为在这种情况下放电电流不可能被阳极吸收,结果会造成放电电流要么中断要么变得不稳定。所以,在满足放电稳定性的情况下,存在最小的阳极面积以及等离子体电势。

相对于阳极的等离子体电势(阳极鞘层电势降)的值可通过式(4.21)到达阳极的麦克斯韦分布电子流量的表达式来进行计算。由于电离室中的电流守恒,放电电流的表达式可以通过式(4.65)阳极电流的计算式得出

$$I_d = I_a + I_L - I_{ia} \tag{4.78}$$

用式(4.21)、(4.16) 和式(4.31) 分别对以上 3 种电流进行了计算,代入上式并除以式(4.67),则可得

$$\frac{I_d}{I_b} = \frac{\frac{1}{4}\left(\frac{8kT_e}{\pi m_e}\right)^{\frac{1}{2}} n_e A_a}{\frac{1}{2} n_e v_a A_s T_s} \exp^{\frac{e\varphi}{kT_e}} + \frac{n_p v_p A_p}{\frac{1}{2} n_e v_a A_s T_s} - \frac{\frac{1}{2} n_e v_a A_{as} f_c}{\frac{1}{2} n_e v_a A_s T_s} \tag{4.79}$$

解得等离子体电势

$$\varphi = \frac{kT_e}{e} \ln \left[\frac{\left(\frac{2M}{\pi m_e}\right)^{\frac{1}{2}} \frac{A_a}{A_s T_s}}{\frac{I_d}{I_b} + \frac{A_{as} f_c}{A_s T_s} - \frac{2n_p v_p A_p}{n_e v_a A_s T_s}} \right] \tag{4.80}$$

通过分析式(4.80),可以很清晰地发现,当阳极面积 A_a 减少时,等离子体电势也减少。如果阳极面积非常小,那么相对于阳极电势,等离子体电势将变为负值。如图 4.21 所示,鞘层将从排斥电子转而吸引电子。在这种情况下,尖端处的阳极面积过小,不足以吸收由随机扩散的电子电流产生的总放电电流。因此,等离子体会自洽地形成电场,从而

对服从麦克斯韦分布的电子进行加速,以使这部分电子具有能够穿越鞘层电势的能力。这样才能使到达阳极的电子电流服从电流和电荷守恒。此时被阳极收集的等离子体电子电流为

$$I_a = \frac{1}{4}\left(\frac{8kT_e}{\pi m_e}\right)^{\frac{1}{2}} en_e A_a e^{\frac{e\varphi}{kT_e}}\left[1 - \mathrm{erf}\left(\frac{-e\varphi}{kT_e}\right)^{\frac{1}{2}}\right]^{-1} \tag{4.81}$$

此时电势 φ 变成一个负数。如果电势比阳极电位小很多,则为了满足电流守恒要求,电流密度能够比随机扩散产生的电子电流大两倍。

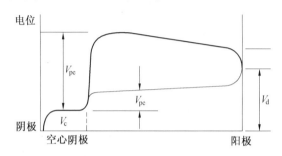

图 4.21　阳极面积减少造成相对于阳极的等离子体电势变为负值,降低了原初电子能量

　　然而,一旦相对于阳极的电势变得足够小时(大约为 T_i),则离子会被排斥,那么等离子体电子的阳极接收面积不再是混合面积,而只是两倍的等离子体电子拉莫尔半径乘以尖端的长度,这和式(4.17)得到的原初电子的损失面积接近。结果导致式(4.50)中的尖端阳极面积 A_a 急剧减少,并进一步降低等离子体相对于阳极的电势。观察图 4.21 中等离子体的电势分布,在给定放电电压情况下,当等离子体相对于阳极的电势变为负值后,原初电子能够获得的能量 V_{pe} 会相应地减少。这将造成电离率降低,放电将转变为振荡模式,产生不稳定性,甚至会造成熄火。

　　在给定工作点(放电电流、离子束电流、电离室中性气体密度)的等离子体放电稳定性取决于磁场设计。图 4.22 中给出两种不同数量的环形尖端情况下,尖端磁感应强度和等离子体电势的关系。通过将尖端磁感应强度代入式(4.20)中,可以求得阳极面积 A_a,代入式(4.17)得到原初电子损失面积 A_p,代入式(4.80)中可以得到等离子体电势。模型预测结果表明,当尖端磁感应强度大于 $2\,000\times10^4$ T 时,由于相对于阳极的等离子体电

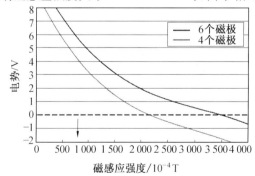

图 4.22　四极和六极环形会切磁场电离室中等离子体电势与尖端磁感应强度的函数关系

势变为负值,四环永磁铁的设计是不稳定的。由于强磁场需要被用于约束原初电子和离子,因此需要增加永磁铁的数量来保持等离子体的正电势。通过采用六环的设计,充分增加了阳极面积,从而增加了等离子体电势。通过式(4.77)进行放电损失的分析,采用六环设计能够增大阳极面积,改进电离室的稳定性,但是效率会降低。因此,在对离子推力器电离室进行设计时,需要权衡效率和稳定性两方面的问题。

4.3.10　重新启动过程(Recycling)中的行为

离子推力器可以通过暂时关闭高电压来消除高压加速栅极暂时的失效或者是击穿,我们将这一过程称为重新启动过程。为了重新启动推力器,加速器栅极电压必须被重新启动以避免电子在屏栅极重新启动前进入推力器。如果在这一过程中等离子体放电仍然是持续的,则带有负偏压的加速栅极会吸收几乎所有的具有加速栅极电压的离子束流,直到屏栅极上的电压再次启用。如果重启的次数过多,则将导致加速栅极表面过多的能量负载,甚至会造成加速栅极的腐蚀。因此,标准的程序是在重启的过程中关闭放电,或者是将其保持在一个较低的水平,从而使加速栅极能够承受此热载荷,最终不断提高屏栅极电压将放电电流恢复到正常水平。

另外需要注意的问题是系统的重启过程中,推力器放电通常会变得不稳定。当高电压被关闭时,原先以离子束的形式离开电离室的离子会轰击加速栅极表面,并在栅极表面被中和。一部分被中和的离子变成中性气体并返回电离室,这将提高电离室内的中性气体压力,从而产生两方面的影响。首先,更高的中性气体压力将使原初电子和原子碰撞并被热化的过程更快,并导致等离子体电势的降低。其次,中性气体压力上升降低了放电电流,从而导致更低的放电阻抗和放电电压。接下来我们会发现,这两方面的影响会造成等离子体电势的下降。设计离子推力器时通过减小等离子体电势来减小放电损失,但在重启过程中可能会导致等离子体电势相对于阳极电势变为负值,同时产生放电不稳定性等问题。

可以采用分子动力学的方法来模拟高压关闭后电离室内气体压力的变化过程。在此过程中等离子体也随着时间发生变化,可以采用之前我们介绍的零维模型来进行分析。推力器内压力随时间的变化为

$$V\frac{\mathrm{d}P}{\mathrm{d}t}=Q_{\mathrm{in}}-C\Delta P \tag{4.82}$$

式中,V 是电离室体积;P 是推力器电离室压力;C 是栅极通流系数(Conductance of Grids);ΔP 是穿过栅极的压力降。初始时刻的压力为推力器正常工作时的压力,通过式(4.49)可以得到

$$P_{\mathrm{o}}=4.1\times10^{-25}\frac{T_{\mathrm{o}}Q_{\mathrm{in}}(1-\eta_{\mathrm{m}})}{v_{\mathrm{o}}eA_{\mathrm{g}}T_{\mathrm{a}}\eta_{\mathrm{c}}} \tag{4.83}$$

当高压关闭后,离子和中性粒子流入栅极区域,小部分通过栅极小孔逃逸,但是大部分会轰击栅极的上游表面或者是栅极小孔内的壁面并返回推力器电离室。由于栅极通流

系数定义为流量除以压力降,最终稳定时的气体压力为

$$P_f = (1 - T_a) \frac{Q_{in}}{C} \tag{4.84}$$

式中,C 是栅极通流系数,栅极下游的压力很小,因此被忽略。对于有限厚度的栅极来说,栅极通流系数可以根据一个薄的小孔的分子通过率乘以有限厚度的克劳辛系数来进行估计。因此可以得到通流系数

$$C = 3.64 \left(\frac{T}{M_a}\right)^{\frac{1}{2}} T_a A_g \eta_c [L/s] \tag{4.85}$$

式中,M_a 是离子质量,单位为相对原子质量;栅极的有效面积等于加速栅极的光学透明度 T_a 乘以栅极面积 A_g。对式(4.84)进行积分,得到压力随时间的变化

$$P(t) = P_f - (P_f - P_o) e^{-\frac{t}{\tau_g}} \tag{4.86}$$

式中,τ_g 是气体充满电离室的流动时间常数,$\tau_g = \frac{V}{C}$。

图 4.23 描述了 NEXIS 离子推力器在重启过程中电离室压力随时间的变化。由于栅极面积较大,工质利用率较高,正常工作时电离室压力是 10^{-5} Torr。在重启过程中,电离室压力在大约 60 ms 内达到平衡,一旦高电压关闭,压力会增加一个数量级。

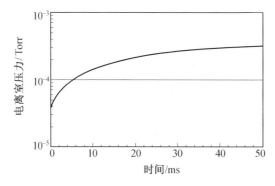

图 4.23　在重启过程中电离室压力随时间的变化

图 4.24(a) 给出了在给定磁场情况下,采用零维模型计算得到的等离子体电势随电离室内压力的变化。在重启过程中,放电电流减少,从而造成放电电压和等离子体电势的减小。通过分析可以发现,对于一个给定推力器设计的情况下,即使其在正常工作时能够保持稳定,但在点火过程中由于压力增加以及放电电压的减小会导致等离子体电位比阳极电位低,从而使放电变得不稳定。

对于放电电压为 23 V 的 NEXIS 离子推力器,采用式(4.80)计算两种不同磁场设计下的等离子体电势,如图 4.24(b) 所示。从图中可以发现,在给定压力情况下,阳极面积减小会造成等离子体电势降低。因此,可以通过增加阳极面积使重启过程中等离子体电流降到期望的水平而不发生振荡。当然,更大的阳极面积会增加电离室内的放电损失。需要在高性能和稳定性上做出权衡。

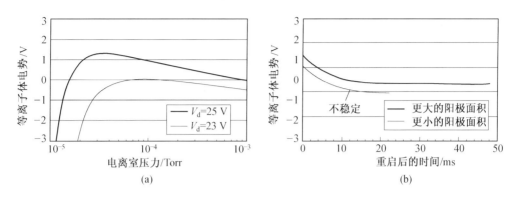

图 4.24　等离子体电势随压力和时间的变化关系

4.3.11　零维模型的局限性

在本节建立了零维模型,能够对离子推力器设计提供参考,并对等离子体产生和损失规律有较好的理解,然而,零维模型依然有它的一些局限性。首先,零维模型假设在整个电离室内电子和中性气体密度分布是均匀的,离子的产生速率也是均匀分布的。离子推力器内等离子体分布非常不均匀的情况,会导致在采用零维模型计算平均等离子体密度和离子束电流时的不准确,此时只能够采用多维电离室模型来进行处理。其次,实际电离室气体来源自空心阴极小孔以及电离室内的小孔。因此真实的中性气体密度不可能是完全均匀的,中性气体密度在空间上的变化会影响电离室内的输运、扩散过程以及电离率。

另外,离子推力器电离室内空心阴极这种局部电子源的存在会严重影响原初电子的密度分布。如同之前我们所描述的那样,原初电子密度对电离率影响很大。因此采用零维模型不能够对局部电子源产生的初始非均匀的等离子体进行预测。另外,这些模型中认为原初电子能量为单值分布,但是实际情况下原初电子的分布更为复杂。虽然能够在零维模型中考虑原初电子的能量分布,但迄今为止从未进行这方面的尝试。

最后,零维模型假设原初电子的能量为 $e(V_d - V_c + \varphi)$,一般放电电压为 25 V,阴极电压降为 $5 \sim 10$ V,因此原初电子没有足够的能量产生二价氙离子(需要 21.2 V 的电离势能)。二价离子只能由满足麦克斯韦分布的等离子体的高能尾部电子产生。对于 $3 \sim 5$ eV 的电子温度,只有不到 1% 的电子有能力产生二价离子。但是,实验结果表明,NSTAR 离子推力器中的二价离子的比例超过 20%,因此模型中假设单能的原初电子能量不能准确地模拟二价离子的产生。我们将在 4.5 节中讨论二维模型,通过更准确的预测能量分布和原初电子的空间分布,能够得到与实验一致的结果。

4.4 其他离子源

4.4.1 考夫曼离子源

以上我们描述的粒子和能量平衡模型适合于任何尺寸的离子推力器。在模型中电子损失主要由被阳极吸收的电子电流大小决定,其值和鞘层电势有关。图4.25展示了考夫曼离子推力器,目前该类型的离子推力器仍然在使用。该推力器的主要特点是具有强烈发散的轴向磁场,以保护在电离室壁面附近的圆柱形阳极。在这种情况下,输运到阳极的电子由穿越磁场的扩散决定。

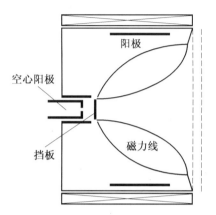

图4.25 带有挡板的考夫曼离子推力器空心阴极原理图(由外线圈产生的磁场保护阳极)

考夫曼离子推力器以英国 QinetiQ 公司研制的 T 系列为代表,其独特性包括:

① 用电流线圈(螺线管)产生发散磁场,使得对电离室等离子体条件能够通过磁场调节进行实时控制;

② 内凹曲面的三栅极系统,具有更好的热稳定性和聚焦性能;

③ 三路流率单独控制,使推力器性能在较宽功率范围内连续可调。

目前中高功率推力器只有 T6,计划用于2014年发射的贝布克伦布号(Bepicolombo)水星探测航天器,产品额定的主要性能如表4.4所列。该产品地面试验验证的上限推力和比冲分别达到230 mN、4 700 s。

表4.4 T6推力器产品性能

性能参数	达到指标	性能参数	达到指标
功率 /kW	$2.5 \sim 4.5$	束电压 /V	1 850
推力 /mN	$75 \sim 145$	束电流 /A	$1.10 \sim 2.14$
比冲 /s	$3\,710 \sim 4\,120$	加速电压 /V	-265
效率 /%	$55.0 \sim 63.6$	放电损失 /(W·A^{-1})	$346 \sim 256$
质量 /kg	7.5	推进剂利用率 /%	$69.7 \sim 75.3$
束直径 /cm	22	总流量 /(cm^3·min^{-1})	$20.6 \sim 35.8$

穿越磁场扩散的电子流量为

$$\Gamma_e = n v_\perp = \mu_\perp \, nE - D_\perp \, \nabla n \tag{4.87}$$

对于考夫曼推力器,垂直于磁场的扩散系数接近于波姆扩散系数

$$D_B = \frac{1}{16} \frac{kT_e}{eB} \tag{4.88}$$

由阳极收集的电子电流等于通过磁场扩散的通量乘以鞘层处的玻耳兹曼因子

$$I_a = (\mu_\perp\, nE - D_\perp\, \nabla n)\, eA_{as}\, \mathrm{e}^{-\frac{e\varphi}{kT_e}} \tag{4.89}$$

式中，A_{as} 是暴露于等离子体区的阳极面积。考夫曼推力器电离室的电流分布与电势分布和直流放电离子推力器电离室相同，如图 4.8 所示。然而，在对环形会切磁场离子推力器需要考虑的一些因素在考夫曼推力器中可忽略。

首先，如果电离室内轴线磁场接近于 100×10^{-4} T，则对于 20 eV 的原初电子来说，其拉莫尔半径是 1.5 mm。由于磁力线不和阳极相交，并且原初电子的能量过高以至于不能参加集体的不稳定性所导致的波姆扩散，因此原初电子必须通过碰撞来产生传导以形成放电回路。这说明会切磁场推力器中存在的部分原初电子直接损失在阳极形成的电流 I_L 在考夫曼离子推力器中可以忽略，这是考夫曼推力器的一大优点。

第二，穿过磁场的等离子体流仍然被双极效应支配。如同 4.3.4 节中所展示的那样，在典型的离子推力器电离室中，如果横向磁感应强度超过 50×10^{-4} T，则等离子体区内的径向电场接近为零，离子损失率大约为波姆电流的 1/10 左右。这表明到达阳极的离子电流 I_{ia} 也可以被忽略。通过放电回路收集的阳极电流能够通过式(4.78)进行描述，其值等于等离子体电子电流减去离子电流并加上原初电子的电流。因此，在这里放电电流和阳极收集的电子电流有关，可以写为

$$I_d = I_a = -D_\perp\, \nabla n A_{as}\, \mathrm{e}^{-\frac{e\varphi}{kT_e}} \tag{4.90}$$

第三，在对环形会切磁场离子推力器进行处理时，由于和等离子体接触的阴极出口面积很小，因此返回空心阴极的离子电流可以忽略。在考夫曼推力器中，在阴极前面放置了一个挡板，以迫使原初电子偏离轴线使密度分布更平均。由于磁场是强烈发散的，轴向等离子体密度梯度很大，并且等离子体与挡板间的接触会很多。因此，在考夫曼推力器中，回到阴极的离子流 I_{ik} 不能被忽略。

注入等离子体的功率由式(4.63)进行计算。而输出的功率为

$$P_{out} = I_p U^+ + I^* U^* + I_s(V_d + \varepsilon_i) + I_k(V_d + \varepsilon_i) + I_b \varepsilon_i + I_{ia}\varepsilon_i + I_a\varepsilon_e \tag{4.91}$$

式中，ε_i 为离开等离子体区的离子能量，根据式(4.24)，其值为 $\dfrac{T_{eV}}{2} + \varphi$；$\varepsilon_e$ 是从等离子体区离开的电子能量，由式(2.23)可知，其值为 $2T_{eV} + \varphi$。同样，由于输入和输出的功率相等，可以得到放电损失为

$$\eta_d = \frac{V_d\left[\dfrac{I_p}{I_b}U^+ + \dfrac{I^*}{I_b}U^* + \varphi + \dfrac{T_{eV}}{2} + \dfrac{I_s + I_k}{I_b}\left(2V_d - V_c + 2\varphi + \dfrac{T_{eV}}{2}\right)\right]}{V_d - V_c + 2T_{eV}} \tag{4.92}$$

式中，第一个电流的比例项 $\dfrac{I_p}{I_b}$ 可以由式(4.69)给出，第二个电流的比例项 $\dfrac{I^*}{I_b}$ 由式(4.73)给出。电流比 $\dfrac{I_s}{I_b}$ 由式(4.74)给出，最后一项电流比等于

$$\frac{I_{\mathrm{k}}}{I_{\mathrm{b}}} = \frac{\dfrac{1}{2} n_{\mathrm{k}} e \sqrt{\dfrac{kT_{\mathrm{e}}}{m_{\mathrm{i}}}} A_{\mathrm{k}}}{\dfrac{1}{2} n_{\mathrm{e}} e \sqrt{\dfrac{kT_{\mathrm{e}}}{m_{\mathrm{i}}}} A_{\mathrm{s}} T_{\mathrm{s}}} = \frac{n_{\mathrm{k}} A_{\mathrm{sa}}}{n_{\mathrm{e}} A_{\mathrm{s}} T_{\mathrm{s}}} \tag{4.93}$$

其中，n_{k} 是阴极挡板处的等离子体密度。因此，可以得到考夫曼推力器的放电损失为

$$\eta_{\mathrm{d}} = \frac{V_{\mathrm{d}} \left[\dfrac{I_{\mathrm{p}}}{I_{\mathrm{b}}} U^{+} + \dfrac{I^{*}}{I_{\mathrm{b}}} U^{*} + \varphi + \dfrac{T_{\mathrm{eV}}}{2} + \left(\dfrac{1 - T_{\mathrm{s}}}{T_{\mathrm{s}}} + \dfrac{n_{\mathrm{k}} A_{\mathrm{sa}}}{n_{\mathrm{e}} A_{\mathrm{s}} T_{\mathrm{s}}} \right) \left(2V_{\mathrm{d}} - V_{\mathrm{c}} + 2\varphi + \dfrac{T_{\mathrm{eV}}}{2} \right) \right]}{V_{\mathrm{d}} - V_{\mathrm{c}} + 2T_{\mathrm{eV}}} \tag{4.94}$$

式(4.94)中的等离子体电势可以通过求解式(4.90)得到

$$\varphi = \frac{kT_{\mathrm{e}}}{e} \ln \left[\frac{- D_{\perp} \nabla n e A_{\mathrm{as}}}{I_{\mathrm{d}}} \right] \tag{4.95}$$

和环形会切磁场离子推力器一样，可以通过式(4.50)离子平衡方程得到电子温度。从式(4.62)计算得到原初电子的密度。由以上的分析可知，原初电子不会直接和阳极发生碰撞而产生损失。最后，等离子体区的体积近似等于从挡板到栅极的圆锥体的体积，原因是等离子体被强发散的磁场限制。由于零维模型中假定为相对均匀的等离子体分布，在阳极附近磁场区的等离子体径向梯度以及由于挡板产生的额外阴极电势降必须在式(4.94)中考虑，以保证模型的准确性。

假如设计了一个考夫曼推力器，具有 20 cm 直径的屏栅极，80% 的透明度，以及 25 cm 直径的阳极，栅极和挡板间距离为 25 cm。假定平均磁感应强度为 50×10^{-4} T，在图 4.26 中绘制从式(4.48)得出的放电损失，其中考虑了两个不同的阴极电势降。考夫曼推力器电离室的阴极电势降会比环形会切磁场推力器中的情况要高，原因在于这里的阴极电势降包括了挡板区域的电势降。放电损失与阴极电势降的值紧密相关，因为它直接影响原初电子的能量。

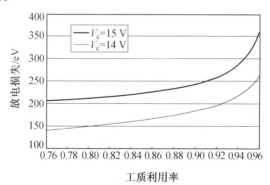

图 4.26　考夫曼推力器电离室的放电损失与工质利用率的关系

相对于会切场推力器，考夫曼推力器需要更高的放电电压，这可以通过图 4.27 来进行解释。对于 30 V 和 35 V 两种放电电压的情况，阴极电势降为 16 V，放电损失和工质电离率的关系如图所示。对于 35 V 放电电压的情况，放电损失较低，但是放电电压减小为 30 V 时，放电损失迅速增加。这是因为电离室内的原初电子能量在低电压情况下接近电

离的能量阈值,随着等离子体电子被更多的电离,放电效率降低。另外,更低的放电电压会造成等离子体电势相对于阳极电势为负值($\approx T_{\mathrm{e}}$),这将会造成放电不稳定。

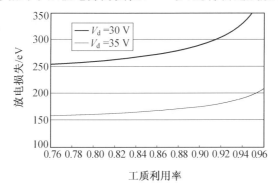

图 4.27　考夫曼推力器在两个不同电压下的放电损失随工质利用率的变化

考夫曼离子推力器是第一种实现高性能的离子推力器,目前它也是环形会切场离子推力器的主要竞争对手。但是考夫曼离子推力器在设计时有诸多的限制。首先,强烈的轴向磁场限制了电子穿越磁场向阳极的运动,这会导致电离室内需要更高的中性气体压力来提高电子和原子碰撞产生的迁移率,从而降低了工质利用率;同时产生了更为显著的不稳定性以增加电子的迁移率。不稳定性通常由 $E\times B$ 漂移以及波姆扩散产生,会造成电离室内明显的噪声,并可能造成离子束电流的噪声。其次,挡板的主要作用是使原初电子离开轴线产生更均匀的等离子体分布,但是挡板会受到等离子体的溅射轰击,同时增加等离子体在阳极上的损失。另外,原初电子在注入时离开轴线,可能导致等离子体分布以及由此产生的离子束流分布在轴线处最大或者是中空的,这依赖于电离腔内垂直于磁力线的扩散和迁移率的大小。

最后,推力器尺寸、形状和磁感应强度的设计必须保证电离室内的磁感应强度保持在最佳磁场范围内,从而通过静电双极扩散效应来约束离子实现高效率。但是磁场不能过强,否则垂直于磁力线的扩散不能够提供足够的电子电流以保证放电稳定。如果磁场太强或者和等离子体区接触的阳极面积太小,则等离子体电势相对于阳极电位来说会变为负值,将引出电离室中的电子。在图 4.21 中已经进行了分析,如果等离子体电势相对于阳极是负的,在给定的放电电压下原初电子能量会减少,从而强烈地影响放电效率。在高压情况下考虑到离子对挡板和屏电极的溅射会显著增加,并且放电电压过高会导致过多的二价离子产生从而显著地减少放电效率,因此放电电压不能随意地增加。在负的等离子体电势情况下,阳极上损失的电子电流为

$$I_{\mathrm{a}} = -D_{\perp}\,\nabla ne A_{\mathrm{as}}\,\mathrm{e}^{\frac{e\varphi}{kT_{\mathrm{e}}}}\left[1-\mathrm{erf}\left(\frac{-e\varphi}{kT_{\mathrm{e}}}\right)^{\frac{1}{2}}\right]^{-1} \tag{4.96}$$

式中,φ 是一个负数。负的等离子体电势将使等离子体区的部分电子向阳极运动,从而增加到达阳极面积为 A_{as} 的电子电流。相对于正的等离子体电势来说,理论上可以估算出超过两倍的电子会被引出。电子过多地被引出让电子偏离麦克斯韦分布,从而影响等离

子体放电。因此,在对考夫曼推力器进行结构设计时,必须保证电离室内的等离子体电势不会转变为负值,从而得到较高的效率,但是这也限制了推力器设计的自由度。

4.4.2 射频放电

以上介绍的离子推力器均采用空心阴极向电离室内注入热电子,并通过直流放电电源向电子注入能量从而电离气体工质。为了消除采用空心阴极以及直流气体放电可能对电源以及推力器寿命的影响,一个可选的替代方案是利用电磁场来加热等离子体电子,从而实现对工质的电离。一个实现该目标的方法是利用感应电离室,通常也被称为射频,或RF。在这种情况下,低频的射频电压应用于围绕或放置于等离子体内的天线中,从而将射频能量耦合到电子中。

最简单的射频离子推力器结构如图 4.28 所示。射频线圈缠绕在具有供气管路的绝缘壁面上。电离室可以是圆柱形、半球形或圆锥状。和电子轰击离子推力器一样,电离室与离子加速器也就是栅极相连接,通常栅极系统由 2 个或 3 个栅极组成。等离子体相对于第一个栅极来说是具有悬浮电势,同时在两个栅极之间施加高电位差以加速离子通过栅极同时产生离子束。射频线圈和射频电源相连,以提供能量产生等离子体。在射频离子推力器内通常不施加磁场,尽管施加磁场可能能够提高放电性能。和其他离子推力器的设计一样,整个电离室由金属的屏栅极进行封闭。推力器外部的阴极中和器用于发射电子中和离子束。

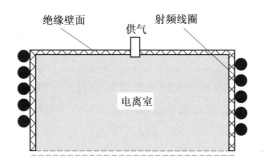

图 4.28　射频离子推力器结构图

缠绕在绝缘电离室上的射频线圈可以采用 N 匝线圈来近似。在线圈上施加的射频电压产生射频电流。射频离子推力器中使用的典型频率为 1 MHz 量级。在该频率的电磁波作用下,由线圈产生的电磁场通过壁面进入等离子体的深度为等离子体的趋肤深度,对于产生超过 1 mA/cm² 的电流密度的等离子体来说,其趋肤深度等于或者是略小于大多数射频离子推力器的半径。电磁场在等离子体区域内向中心区域逐渐衰减,并将大部分等离子体限制在远离壁面的中心区。

忽略端部效应,则由射频电流产生的线圈内的轴向磁感应强度为

$$B_z = \frac{NI}{\mu_0} e^{i\omega t} \tag{4.97}$$

式中,I 是射频线圈中的电流;μ_0 是真空磁导率;ω 是射频的角频率,$\omega = 2\pi f$;t 是时间。通过麦克斯韦方程,可以得到交变磁场产生的交变电场为

$$\nabla \times \boldsymbol{E} = -\frac{\partial \boldsymbol{B}}{\partial t} \tag{4.98}$$

因此在射频离子推力器内产生的射频电场是周向的,其值为

$$E_\theta = -\frac{\mathrm{i}\omega r}{2} B_{z0} \mathrm{e}^{\mathrm{i}\omega t} \tag{4.99}$$

式中,r 是距离轴线的距离;B_{z0} 是由式(4.97)得到的轴向射频磁场的峰值。上式表明,在电离室内偏离轴线的方向上会产生一个有限大小的电场。

感应电场在半个周期(对于 1 MHz 的频率来说等于 $0.5~\mu\mathrm{s}$)内方向($\pm\theta$ 方向)保持不变。然而,电子不能够感受到电场的振荡,原因在于它们穿过靠近天线的影响区域的时间要远远小于这个时间。例如,一个具有 5 eV 能量的电子穿越 1 m 只需要 $1~\mu\mathrm{s}$ 左右的时间,因而电子可以在电场的半周期内多次穿越电场区域。因此,电子只能感受到电场的直流分量,并被加速。如果电子在离开放电区域前发生碰撞,它们可以保留部分或所有来自于电场的能量并被加热。

射频电离室实现对电子加热的前提是足够数量的电子在电场作用区域发生碰撞。如果电场的作用区域为几厘米宽,则其平均自由程也应该在此量级。电子的碰撞概率为

$$P = 1 - \exp^{-\frac{x}{\lambda}} = 1 - \exp^{-n_0 \sigma x} \tag{4.100}$$

如果在射频离子推力器电离室内的温度为 T,则由工质气体压力和密度相互转换的关系,可以得到实现放电所需的最小压力为

$$P_{\min}/\mathrm{Torr} = \frac{-1.04 \times 10^{-25} T}{\sigma x} \ln(1-p) \tag{4.101}$$

在图 4.29 中绘制了实现放电所需的最小压力与电子碰撞概率的关系,其中假设氙的温度为室温(290 K),氙原子半径为 1.24 Å,电场作用区域长度为 5 cm。如果为了让电离和放电持续需要在 5 cm 的作用区域内有 10% 电子和原子发生碰撞,则可以计算出该推力器内的最小压力约为 $1 \times 10^{-3}\,\mathrm{Torr}$。实验表明,为了实现射频等离子体的点火,最小压力需要达到 $10^{-3} \sim 10^{-2}\,\mathrm{Torr}$。一旦等离子体被点燃,射频电场区域对电子的加热可以通过等离子体电子之间的库仑碰撞来实现。这样实际会减小所需的工作压力,并实现更高的工质电离率。

射频放电的启动也同样有一些困难。因为在开始阶段,没有多少自由电子和射频场发生相互反应并电离注入的气体。一种点火的方法是通过火花塞或者是阴极中和器(加速栅极电压暂时关闭)向电离室内提供电子,从而与射频电场相互作用,以实现点火。

如果射频离子推力器的天线直接暴露在等离子体里,则电离室内的离子可以通过射频电压加速轰击天线表面造成天线的溅射腐蚀。这可能最终限制射频离子推力器的寿命。为了避免这个问题,可以将天线安置在绝缘体内,或者是让推力器外部由绝缘体覆盖,同时将天线安置在推力器外部,避免了离子对天线的轰击。图 4.30 的 RIT-XT 射频离子推力器就使用了该设计方法。在这种情况下,推力器外部为圆锥形(或半球形)的氧

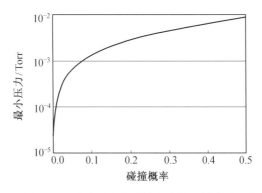

图 4.29 最小压力与碰撞概率的函数关系

化铝绝缘体,采用高电导率材料(通常是铜)制作的天线缠绕绝缘体。只要氧化铝表面不镀上导电层,就能够保证其绝缘性。射频场可以通过壁面进入推力器内部并产生等离子体。

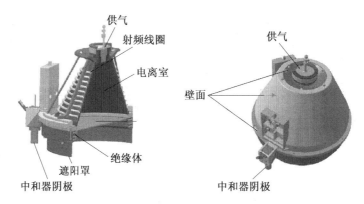

图 4.30 RIT - XT 射频离子推力器设计(包括氧化铝电离室、外部的
线圈、加速器栅极、中和器阴极等,天线被包围在一金属体内
以避免收集空间等离子体中的电子[30])

很容易通过粒子和能量平衡模型对射频离子推力器进行分析,因为它们没有局部电子源(空心阴极)。射频区域只是简单地加热麦克斯韦分布电子从而进行电离,此外电离室内产生的等离子体非常均匀。在能量平衡方程中,假定被等离子体吸收的功率为 P_{abs},等离子体区产生的离子向推力器壁面方向运动。只有麦克斯韦分布高能尾部的电子有足够的能量克服等离子体和壁面间的鞘层电势降并和壁面碰撞。等离子体吸收的功率为

$$P_{abs} = I_p U^+ + I^* U^* + (I_s + I_w + I_b)\left(\frac{T_{eV}}{2} + \varphi\right) + I_a(2T_{eV} + \varphi) \qquad (4.102)$$

由于能量守恒,等离子体吸收的功率等于输出功率,则放电损失为

$$\eta_d = \frac{P_{abs}}{I_b} = \frac{I_p}{I_b} U^+ + \frac{I^*}{I_b} U^* + \left(\frac{I_s}{I_b} + \frac{I_w}{I_b} + 1\right)\left(\frac{T_{eV}}{2} + \varphi\right) + \frac{I_a}{I_b}(2T_{eV} + \varphi) \qquad (4.103)$$

由于电离和激发只是由等离子体电子产生的,所以采用式(4.64),并假设准中性条件,可以得到上式中电流的第一个比例项为

$$\frac{I_{\mathrm{p}}}{I_{\mathrm{b}}} = \frac{2n_{\mathrm{o}}\langle\sigma_{\mathrm{i}}v_{\mathrm{e}}\rangle V}{\sqrt{\dfrac{kT_{\mathrm{e}}}{m_{\mathrm{i}}}}A_{\mathrm{s}}T_{\mathrm{s}}} \tag{4.104}$$

同样可以得到第二个电流的比例项为

$$\frac{I^{*}}{I_{\mathrm{b}}} = \frac{2n_{\mathrm{o}}\langle\sigma_{*}v_{\mathrm{e}}\rangle V}{\sqrt{\dfrac{kT_{\mathrm{e}}}{m_{\mathrm{i}}}}A_{\mathrm{s}}T_{\mathrm{s}}} \tag{4.105}$$

屏栅极电流与离子束电流之比在式(4.74)给出,为 $\dfrac{1-T_{\mathrm{s}}}{T_{\mathrm{s}}}$。

流向壁面的离子电流等于在壁面面积 A_{w} 条件下流向壁面的波姆电流,由于外加或者自洽产生的磁场对电子的径向约束,A_{w} 会变小。第四项电流比为

$$\frac{I_{\mathrm{w}}}{I_{\mathrm{b}}} = \frac{\dfrac{1}{2}n_{\mathrm{i}}v_{\mathrm{a}}A_{\mathrm{w}}f_{\mathrm{c}}}{\dfrac{1}{2}n_{\mathrm{i}}v_{\mathrm{a}}A_{\mathrm{s}}T_{\mathrm{s}}} = \frac{A_{\mathrm{w}}f_{\mathrm{c}}}{A_{\mathrm{s}}T_{\mathrm{s}}} \tag{4.106}$$

公式中 f_{c} 是之前定义的限制因子,用于描述由于双极效应造成离子速度相对于波姆速度的减少量。由于在电离室内没有采用直流电源,并且所有的壁面电势都是悬浮的,因此流出系统的电子电流等于离子电流

$$I_{\mathrm{a}} = I_{\mathrm{s}} + I_{\mathrm{w}} + I_{\mathrm{b}} \tag{4.107}$$

式(4.103)中的电势可以通过流出等离子体的电子和离子电流来进行求解

$$\frac{n_{\mathrm{i}}}{2}\sqrt{\frac{kT_{\mathrm{e}}}{m_{\mathrm{i}}}}(A_{\mathrm{w}}f_{\mathrm{c}} + A_{\mathrm{s}}) = \frac{n_{\mathrm{e}}}{4}\sqrt{\frac{8kT_{\mathrm{e}}}{\pi m_{\mathrm{e}}}}[A_{\mathrm{w}} + (1-T_{\mathrm{s}})A_{\mathrm{s}}]\exp^{-\frac{e\varphi}{kT_{\mathrm{e}}}} \tag{4.108}$$

解出等离子体电势为

$$\varphi = \frac{kT_{\mathrm{e}}}{e}\ln\left[\frac{A_{\mathrm{w}} + (1-T_{\mathrm{s}})A_{\mathrm{s}}}{A_{\mathrm{w}}f_{\mathrm{c}} + A_{\mathrm{s}}}\sqrt{\frac{2m_{\mathrm{i}}}{\pi m_{\mathrm{e}}}}\right] \tag{4.109}$$

如果壁面面积比屏栅极面积大,或栅极的透明度远远小于 1,则上式变成标准的悬浮电势

$$\varphi = \frac{kT_{\mathrm{e}}}{e}\ln\left[\sqrt{\frac{2m_{\mathrm{i}}}{\pi m_{\mathrm{e}}}}\right] \tag{4.110}$$

对于氙来说,其值为 $5.97T_{\mathrm{e}}$。

通过式(4.104)和(4.107),可以得到射频离子推力器的放电损失

$$\eta_{\mathrm{d}} = \frac{2n_{\mathrm{o}}\langle\sigma_{\mathrm{i}}v_{\mathrm{e}}\rangle V}{\sqrt{\dfrac{kT_{\mathrm{e}}}{m_{\mathrm{i}}}}A_{\mathrm{s}}T_{\mathrm{s}}}\left(U^{+} + U^{*}\frac{\langle\sigma_{*}v_{\mathrm{e}}\rangle}{\langle\sigma_{\mathrm{i}}v_{\mathrm{e}}\rangle}\right) +$$

$$\left[\frac{1-T_{\mathrm{s}}}{T_{\mathrm{s}}} + \frac{A_{\mathrm{w}}f_{\mathrm{c}}}{A_{\mathrm{s}}T_{\mathrm{s}}} + 1\right](2.5T_{\mathrm{ev}} + 2\varphi) \tag{4.111}$$

公式中的等离子体电势 φ 由式(4.109)进行计算,单位为 eV。

通过离子产生率和损失项可以求得电子温度

$$n_o n_e e \langle \sigma_i v_e \rangle V = \frac{1}{2} n_i e \sqrt{\frac{kT_e}{m_i}} (A_w f_c + A_s) \tag{4.112}$$

从而解出电子温度为

$$\frac{\sqrt{\dfrac{kT_e}{m_i}}}{\langle \sigma_i v_e \rangle} = \frac{2n_o V}{A_w f_c + A_s} \tag{4.113}$$

假如射频离子推力器的栅极直径为 20 cm,其圆锥形绝缘电离室的长度为 18 cm,栅极透明度为 80%,产生的氙离子束流为 2 A。图 4.31 为采用式(4.111)计算的放电损失和工质利用率的关系,模型中不考虑外加磁场或感应磁场,因此,没有磁场对等离子体的约束。由图可以看出,当工质利用率为 90% 时,产生一个离子大约要损失 450 eV 的能量,这是一个非常高的放电损失。由图 4.31 还可以看出,大多数的能量损失是由离子和电子向具有悬浮电势的壁面运动产生的。这是因为对于麦克斯韦分布的电子,要实现 90% 的工质电离率,其电子温度通过式(4.113)求得,等于 5 eV,则壁面附近的鞘层电势降等于 30 V。这样高的鞘层电势以及大的等离子体损失面积($A_w + A_s$)会将非常多的能量向电离室的壁面输运,造成相对较高的放电损失。

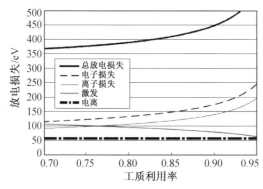

图 4.31 射频离子推力器的放电损失以及 4 种能量损失机理所产生的放电损失

但是实际测量的射频离子推力器的放电损失比上述计算的结果要小。这是因为尽管这些推力器通常没有外加的恒定磁场,但是流经射频天线的电流会在电离室内部产生一个交变的磁场,频率为射频振荡频率量级。对于典型的射频离子推力器来说,该频率为 1 MHz。在 $T_e = 5$ eV 时离子声速为 1.9 km/s,因此在 1 μs 的周期内,离子移动距离小于 2 mm,这意味着在磁场的振荡周期内,离子可以认为是静止的。当然,电子在这一周期内是运动的,但是离子的空间电荷将阻止电子的运动。因此,射频线圈产生的交变磁场能够约束部分等离子体,减少等离子体到达电离室壁面的通量。由射频线圈感应产生的磁感应强度取决于线圈的尺寸和总功率。例如,假设线圈在 1 cm 可以缠绕 100 匝,线圈的电阻为 50 Ω。如果输入功率为 500 W,则流过线圈的射频电流为 10 A。为简单起见,假设射频线圈形成一个螺线管,螺线管内的磁感应强度(忽略边界效应)为

$$B/10^{-4}\,T = 10^4 \mu_0 NI \tag{4.114}$$

其中,μ_0 是真空磁导率,$\mu_0 = 4\pi \times 10^{-7}$ H/m;N 是单位长度的匝数;I 是线圈电流。对于以

上所述的这个射频离子推力器,计算可得产生的磁感应强度为 12.6×10^{-4} T。看上去磁感应强度很低,它是在电离室内自洽产生的轴向磁场,其厚度等于等离子体的趋肤深度,由于射频离子推力器内等离子体密度较低,因此趋肤深度的值较大。

在 4.3.5 小节中分析了由于穿越磁场以及双极流动造成沿径向朝壁面运动的离子速度的减少量。图 4.32 为通过计算式(4.29)得到径向波姆电流(f_c)的减少量,此时的波姆扩散长度实际等于电离室的半径。充满整个电离室的 10×10^{-4} T 的磁感应强度能够使离子、电子和壁面碰撞产生的损失减小为原来的 $1/2$。尽管由于射频线圈天线有限的长度(螺线管端面效应)造成射频磁感应强度沿半径方向逐渐降低,但是在电离室轴线附近的磁场仍然足够强,可以减小离子的壁面损失。

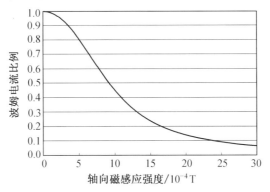

图 4.32　离子限制因子与磁场的函数关系

由零维模型计算的 20 cm 的射频离子推力器的放电损失和等离子体产生的射频磁感应强度的关系如图 4.33 所示。在 90% 的工质利用率下,如果没有磁场,产生每个离子需要 450 eV 的能量,但是将磁场提高到 10×10^{-4} T 时,放电损失减小到 230 V。因此,自洽产生的磁场对于减小放电损失非常重要,这也是射频离子推力器放电性能较高的关键。

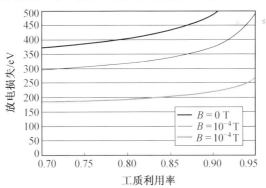

图 4.33　在 3 个不同磁场下工质利用率与射频
离子推力器放电损失的函数关系

为了在 20 cm 射频离子推力器中产生 2 A 的离子束电流,并且如果产生一个电子所需要的能量为 230 eV,则需要被等离子体吸收的输入能量为 460 W。由于该频率范围内射频电源的效率通常为 90%,因此推力器的输入功率大约为 511 W。预测的性能和实验结果吻合很好。这表明,通过采用零维粒子和能量平衡模型,可以准确地预测射频离子推力器的性能。

射频离子推力器的一个优点是它们只有服从麦克斯韦分布的电子以及双极扩散造成的离子和电子的损失率,这简化了放电损失的表达式,而且很容易通过对少数几个几何参数进行分析来优化放电损失。对于射频离子推力器进行设计的流程如下:首先,指定所需的束电流和电流密度,计算栅极的直径。然后可以采用离子光学模型确定栅极透明度。当栅极设计确定后,就可以采用蒙特卡罗方法计算式(4.47)中的克劳辛因子。对于给定的电离室长度,假设圆锥形或圆柱形的电离室,可以计算得到等离子体区的体积以及壁面的损失面积。然后,由给定的工质利用率可以得到中性气体密度,可以通过式(4.113)计算得到电子温度。然后将以上的这些参数代入式(4.111)得到放电损失,从而在已知天线效率的情况下,能够得到需要通过天线输入的射频功率的大小。最终得到放电损失和射频功率。

需要指出的是,随着电离室长度减小,天线的轴向范围也会减小,由于螺线管的端面效应,这会减小电场作用区,并减小产生的交变磁感应强度。点火时击穿中性气体的能力,以及射频能量和电子有效耦合的能力都会降低。

射频放电离子推力器以德国 Astrium EADS 公司研制的 RIT 系列为代表,独特性包括:用射频电流线圈产生等离子体,在较宽功率范围内推力器性能连续可调。其最新型号为 RIT—22,针对水星探测 Bepicolombo 使命,该推力器完成了 5 000 h 试验,产品的主要性能如表 4.5 所列。

射频离子推力器的一个缺点是天线必须与等离子体隔绝,并且绝缘体受到离子轰击和材料沉积的影响。绝缘电离室的机械强度较低,在加工、环境测试和发射时容易出现机械问题。并且绝缘材料如果表面镀上导电层就会造成寿命问题。通过在绝缘体外部缠绕天线,能够满足发射时严格的结构强度要求。射频离子推力器的放电损失通常高于电子轰击离子推力器,因此其总效率更低。但是射频离子推力器简单的结构使得很容易对其进行分析,并预测各种不同设计下的性能。射频离子推力器的设计消除了潜在的放电阴极的寿命问题,同时采用更少的电源来完成放电。这些因素使射频离子推力器在未来航天应用中极具竞争力。

表 4.5　RIT—22 推力器产品性能

性能参数	达到指标	性能参数	达到指标
功率 /kW	$3.2 \sim 6.1$	束电压 /V	2 000
推力 /mN	$100 \sim 200$	束电流 /A	$1.36 \sim 2.72$
比冲 /s	$5\,230 \sim 4\,400$	加速电压 /V	$-150 \sim 180$
效率 /%	$81 \sim 72$	放电损失 /(W·A^{-1})	$289 \sim 191$
质量 /kg	7.0	推进剂利用率 /%	$95 \sim 80$
束直径 /cm	21	总流量 /(cm³·min^{-1})	$18.9 \sim 30.1$

4.4.3　微波离子源

　　另一种产生等离子体的方式是采用由微波产生的电磁场实现放电。类似于射频离子推力器,采用这种方案能够解决空心阴极放电带来的寿命问题。同时由于在电离室内没有直流电压,因此能够减小等离子体对电极的溅射。然而,在等离子体中的电磁波只有在某些特定条件下才能传播或被吸收。如果微波频率过高或等离子体密度过低,则微波辐射会完全被等离子体反射出去。如果满足微波在等离子体中的传播条件,则微波与磁场中的电子共振并和中性原子发生碰撞,从而将能量耦合到等离子体中。实现满足共振条件的磁场非常重要,此外为了满足足够的碰撞,需要气体压力较高以实现点火。这些因素直接影响电离室的设计和性能。

　　采用微波离子源的这种离子推力器又被称为电子回旋共振离子推力器(ECRIT)。其特点是比冲高、无电极烧蚀、寿命长、电源系统简单,因而非常适用于长时间工作的空间飞行器。日本宇宙科学研究所 2003 年把这种推力器应用到隼鸟号返回式深空探测器上,2010 年 6 月隼鸟号成功返回地面。在长达 7 年的空间飞行中,ECRIT 始终承担着重要的推进作用。隼鸟号的成功返回证明了这种推力器在深空探测中应用的可行性。在国内,西北工业大学利用实验和数值模拟相结合的方法已经研制出圆台型 ECRIT 电离室实验模型,并成功引出离子束流,同时对电离室内的等离子体特征进行了诊断实验。在本节将对该类型推力器电离室内的物理过程进行分析。

　　微波在等离子体中的传播可以通过色散关系来进行分析。推力器等离子体中的微波特性可以通过麦克斯韦方程描述为

$$\nabla \times \boldsymbol{E} = -\frac{\partial \boldsymbol{B}}{\partial t} \tag{4.115}$$

$$\nabla \times \boldsymbol{B} = \mu_0 \left(\boldsymbol{J} + \varepsilon_0 \frac{\partial \boldsymbol{E}}{\partial t} \right) \tag{4.116}$$

　　电磁行为可以通过对两方程进行以下的线性化分析得到

$$\boldsymbol{E} = \boldsymbol{E}_0 + \boldsymbol{E}_1 \tag{4.117}$$

$$\boldsymbol{B} = \boldsymbol{B}_0 + \boldsymbol{B}_1 \tag{4.118}$$

$$\boldsymbol{J} = \boldsymbol{j}_0 + \boldsymbol{j}_1 \tag{4.119}$$

其中,$\boldsymbol{E}_0$,$\boldsymbol{B}_0$ 和 $\boldsymbol{j}_0$ 分别为电场强度、磁感应强度和电流的平衡值,$\boldsymbol{E}_1$,$\boldsymbol{B}_1$ 和 $\boldsymbol{j}_1$ 分别为电磁场和电流的波动值。将方程(4.115)和(4.116)线性化,并且由于平衡值无旋度且对时间无依赖性,由真空中的 $\varepsilon_0\mu_0 = \dfrac{1}{c^2}$,得

$$\nabla \times \boldsymbol{E}_1 = -\frac{\partial \boldsymbol{B}_1}{\partial t} \tag{4.120}$$

$$c^2 \nabla \times \boldsymbol{B}_1 = \frac{\boldsymbol{j}_1}{\varepsilon_0} + \frac{\partial \boldsymbol{E}_1}{\partial t} \tag{4.121}$$

　　对方程(4.120)求旋度得

$$\nabla \times \nabla \times \boldsymbol{E}_1 = \nabla(\nabla \cdot \boldsymbol{E}_1) - \nabla^2 \boldsymbol{E}_1 = -\nabla \times \frac{\partial \boldsymbol{B}_1}{\partial t} \tag{4.122}$$

对方程(4.121)求时间的导数得

$$c^2 \nabla \times \frac{\partial \boldsymbol{B}_1}{\partial t} = \frac{1}{\varepsilon_0} \frac{\partial \boldsymbol{j}_1}{\partial t} + \frac{\partial^2 \boldsymbol{E}_1}{\partial t^2} \tag{4.123}$$

结合式(4.122)和(4.123)得

$$\nabla(\nabla \cdot \boldsymbol{E}_1) - \nabla^2 \boldsymbol{E}_1 = -\frac{1}{\varepsilon_0 c^2} \frac{\partial \boldsymbol{j}_1}{\partial t} - \frac{1}{c^2} \frac{\partial^2 \boldsymbol{E}_1}{\partial t^2} \tag{4.124}$$

假设微波为平面波,且按下式变化:

$$\boldsymbol{E} = E e^{i(kx-\omega t)} \tag{4.125}$$

$$\boldsymbol{j} = j e^{i(kx-\omega t)} \tag{4.126}$$

其中,$k = \dfrac{2\pi}{\lambda}$ 且 ω 是周期频率 $2\pi f$,则式(4.124)变为

$$-k(k \cdot \boldsymbol{E}_1) + k^2 \boldsymbol{E}_1 = \frac{i\omega}{\varepsilon_0 c^2} \boldsymbol{j}_1 + \frac{\omega^2}{c^2} \boldsymbol{E}_1 \tag{4.127}$$

电磁波为横波,则 $k \cdot \boldsymbol{E}_1 = 0$,式(4.127)变为

$$(\omega^2 - c^2 k^2) \boldsymbol{E}_1 = \frac{-i\omega}{\varepsilon_0} \boldsymbol{j}_1 \tag{4.128}$$

在微波频率范围内,由于离子的质量太大,基本保持不动,因此波动电流 $\boldsymbol{j}_1$ 只由电子运动产生。等离子体中的波动电流密度为

$$\boldsymbol{j}_1 = -n_e e \boldsymbol{v}_{e1} \tag{4.129}$$

其中,n_e 为等离子体密度;v_{e1} 为波动电子速度。如果外加磁感应强度为零或波动电场平行于外加磁场(即"O形波"),则波动电子的运动方程为

$$m_e \frac{\partial \boldsymbol{v}_{e1}}{\partial t} = -e \boldsymbol{E}_1 \tag{4.130}$$

求解波动电子速度,假设为平面波,将上式代入到式(4.129)中,可以得到波动电流为

$$\boldsymbol{j}_1 = -n_e e \frac{\varepsilon_0 \boldsymbol{E}_1}{i\omega m_e} \tag{4.131}$$

将式(4.131)代入(4.128)中,求解频率,可以得出等离子体中电磁波的色散关系:

$$\omega^2 = \frac{n_e e^2}{\varepsilon_0 m} + c^2 k^2 = \omega_p^2 + c^2 k^2 \tag{4.132}$$

其中的 ω_p 为式(2.5)定义的电子振荡频率,$\omega_p^2 = \dfrac{n_e e^2}{\varepsilon_0 m}$。

通过上式可以解出等离子体中微波的波长

$$\lambda = \frac{2\pi c}{\sqrt{\omega_p^2 - \omega^2}} = \frac{c}{\sqrt{f_p^2 - f^2}} \tag{4.133}$$

其中,f_p 是真实的等离子体频率;f 为微波频率。如果微波频率超过等离子体电子频率,则波长会变得无限长并会逐渐消失(不会传播进入等离子体)且会被反射。这种情况被称为截止,决定了微波源能够注入并产生等离子体的最大等离子体密度。表4.6显示了

一定等离子体密度范围内等离子体的截止频率,以及氙等离子体在电子温度为 3 eV 时的离子电流密度。如果离子推力器设计需要到达栅极的离子电流密度为 1.2 mA/cm²,则微波频率需要超过 2.85 GHz 的频率,否则输入的部分或全部微波功率会被反射。

表 4.6　不同等离子体密度下的截止频率,相应的为氙等离子体在电子温度 $T_e = 3$ eV 时的离子电流密度

等离子体密度 /cm⁻³	截止频率 /GHz	$J/(\mathrm{mA \cdot cm^{-2}})$
10^9	0.285	0.0118
10^{10}	0.900	0.118
10^{11}	2.846	1.184
10^{12}	9.000	11.84
10^{13}	28.460	118.4

微波能量通过电子的回旋共振加热与等离子体耦合,其中微波频率等于电子在磁场中的回旋频率为

$$\omega_c = \frac{|q|B}{m_e} \tag{4.134}$$

因此可以得到等离子体中实际的微波频率为 $f_c = \dfrac{eB}{2\pi m_e}$。表 4.7 给出了几个磁感应强度下的微波频率。假设微波能量存储在存在磁场的等离子体中。在表中分别给出了各种不同的磁感应强度下避免截止的最大等离子体密度(和相应的到达栅极的离子电流密度)。如果要在 3 eV 电子温度下,让超过 1 mA/cm² 电流密度的氙离子打到加速栅极,则需要磁感应强度超过 $1\,000 \times 10^{-4}$ T,如果到达栅极的离子密度更高,则需要的磁感应强度接近 $2\,000 \times 10^{-4}$ T。对于电离室来说,这是非常大的一个磁感应强度。

表 4.7　不同磁感应强度下的电子回旋频率,相应的截止前的最大等离子体密度

以及 3 eV 电子温度下氙等离子体到达栅极的最大离子电流密度

磁感应强度 /10^{-4} T	电子回旋频率 f_c/GHz	最大等离子体密度 /cm⁻³	最大离子电流密度 /(mA·cm⁻²)
100	0.28	9.68×10^8	0.012
500	1.40	2.42×10^{10}	0.286
1 000	2.80	9.68×10^{10}	1.146
2 000	5.60	3.87×10^{11}	4.58
3 000	8.40	8.71×10^{11}	10.31
4 000	11.20	1.55×10^{12}	18.34

使用微波辐射可以直接加热等离子体电子,但是在这一过程中必须有碰撞的参与。否则,电子在每半周期回旋加速运动中得到的能量会在下半周期运动时被电场减速。因此存在一个发生显著碰撞的最小压强来引发等离子体并维持放电。碰撞发生的概率为

$$P = \left[1 - \exp^{-n_0 \sigma x}\right] = \left[1 - \exp^{\left(-\frac{x}{\lambda_{en}}\right)}\right] \tag{4.135}$$

其中,x 是电子在密度为 n_0 的中性气体中运动的路径长度;λ_{en} 为电子与中性气体碰撞的平均自由程。进入共振区的电子由于其垂直于磁力线方向的速度,会产生绕磁力线的旋转,并由于其平行速度产生沿磁力线的运动。

　　尽管电子回旋加热倾向于让电子绕磁力线做螺旋线运动,但是碰撞往往会破坏电子沿磁力线方向的运动并让部分由于共振产生的高能电子热化到麦克斯韦分布。实现加热所需的碰撞特性参数可以通过分析电子温度为 T_e 的电子沿磁力线做螺旋运动的路径长度来得到。电子绕磁力线螺旋运动的距离由拉莫尔半径给出

$$r_L = \frac{v_\perp}{\omega_c} = \frac{m_e v_\perp}{|q| B} = \frac{1}{B}\sqrt{\frac{2m_e v_\perp}{e}} \tag{4.136}$$

　　电子离开长度为 L 的微波作用区域的时间为

$$t = \frac{L}{v_{/\!/}} \tag{4.137}$$

其中, $v_{/\!/}$ 是平行于磁力线方向的电子速度。电子在微波作用区域所做的回转次数 N 等于微波频率 f 乘以在共振区域的时间。电子在垂直于磁力线的回旋运动的路径长度为

$$L_g = 2\pi r_L N = 2\pi r_L f \frac{L}{v_{/\!/}} \tag{4.138}$$

因此螺旋运动电子的总路径长度为

$$L_T = \sqrt{L_g^2 + L^2} = \sqrt{\left(\frac{2\pi r_L fl}{v_{/\!/}}\right)^2 + L^2} \tag{4.139}$$

　　这个值即为电子的路径长度 x。代入公式(4.135),可以得到电子和中性气体碰撞的概率。图 4.34 所示为电子温度为 2 eV 的情况下,两种不同共振区长度下电子和氙原子碰撞的概率。由图可知,要在 $5\sim10$ cm 长的共振区域内实现 10% 的电子与中性原子碰撞,需要内部压力至少为 10^{-3} Torr。事实上,电子必须在共振区域内实现多次碰撞,因为在单次回旋运动中电子得到的能量很小。此外,一旦等离子体建立起来,库仑碰撞将有助于将微波场中的电子加热。这样就减少了电离室工作所需的压力,同时实现更高的工质利用率,这和射频离子推力器的物理过程是类似的。

　　正如表 4.6 和表 4.7 所描述的那样,在电子回旋共振离子推力器中要产生足够的等离子体密度来达到合适的到栅极的电流密度(对于氙来说 >1 mA/cm^2),需要高磁感应强度($>1\times10^{-4}$ kT)和微波频率(>2.8 GHz)。但是在电离室中产生这么高的磁感应强度很困难,因此共振区域经常被局限到推力器中一个很小的区域,而且允许等离子体沿着

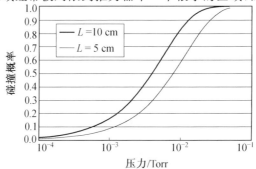

图 4.34　2 eV 电子温度下电子与中性粒子在离开共振电场区域前的碰撞概率随中性气体压力的函数变化

发散的磁力线向栅极扩张。图 4.35 显示了一个 ECR 等离子体源同 2.45 GHz 频率的微波源(由商用的磁控管微波源产生)在电离室尾部较强磁场区域中产生的共振。如果将等离子体共振区域扩大到栅极附近会降低等离子体密度和电流密度。因此,为了实现产生超过 1 mA/cm² 的电流密度,需要在共振区域内布置更高的磁场和微波频率。

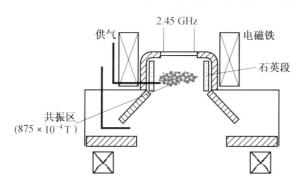

图 4.35　由电磁铁产生的强磁场下微波离子源共振区的示意图

ECR 等离子体源的微波辐射是通过波导窗来耦合到电离室尾部的,而且在共振区域使用石英覆盖金属表面,以确保热电子不直接轰击电离室金属壁而造成损失。该区域内的磁场由电磁铁产生。磁场具有比较强的发散性,以使等离子体输运到电离室出口的整个栅极区域。这也是等离子体处理时常用的工业离子源和等离子体源的结构,而且这种电离室的性能是众所周知的。

同样这种电子回旋共振离子推力器性能可以利用零维模型来进行预测。在模型中假定磁感应强度足够,因此等离子体的径向损失可以忽略不计。这种假设意味着等离子体被冻结在磁力线上,并且由于场扩张使密度随着面积增加而线性减小。简化模型中认为离子源为直筒形,并且不考虑径向损失。由于等离子体的轴向运动,会在面积为 A_s 的屏栅极和面积为 A_w 的电离室后部发生损失。由于没有外加直流电场,等离子体电势相对于电离室内部表面悬浮,电子在电离室尾部的壁面附近损失,而在屏栅极的收集区域等于 $\dfrac{1-T_s}{A_s}$。忽略微波辐射的生产成本,被等离子体吸收的能量为

$$P_{abs} = I_p U^+ + I^* U^* + (I_s + I_w + I_b)\left(\frac{T_e V}{2} + \varphi\right) + I_a(2 T_e v + \varphi) \qquad (4.140)$$

其中,I_s 是由屏栅极收集的离子电流;I_w 是整个壁面收集的电流,离子能量损失为 $\dfrac{T_e}{2+\varphi}$。

计算电子和壁面损失的能量时假定电子服从麦克斯韦分布,这种假设可能会由于电子的回旋过程中产生部分高能电子低估了能量损失。放电损失等于输入的能量除以离子束电流

$$\eta_d = \frac{P_{abs}}{I_b} =$$

$$\frac{I_p}{I_b} U^+ + \frac{I^*}{I_b} U^* + \left(\frac{I_s}{I_b} + \frac{I_w}{I_b} + 1\right)\left(\frac{T_e V}{2} + \varphi\right) + \frac{I_a}{I_b}(2 T_e v + \varphi) \qquad (4.141)$$

前 3 个电流的比例项可以分别由式(4.72)、(4.73)和(4.74)进行计算。第四个电流的比例项由下式给出

$$\frac{I_{\mathrm{w}}}{I_{\mathrm{b}}} = \frac{\frac{1}{2} n_{\mathrm{i}} e v_{\mathrm{a}} A_{\mathrm{w}}}{\frac{1}{2} n_{\mathrm{i}} e v_{\mathrm{a}} A_{\mathrm{s}} T_{\mathrm{s}}} = \frac{A_{\mathrm{w}}}{A_{\mathrm{s}} T_{\mathrm{s}}} \tag{4.142}$$

其中,面积 A_{w} 仅仅是后壁面积,同样,可以通过电荷守恒方程,也就是离子电流和电子电流相等

$$\frac{n_{\mathrm{i}} e}{2} \sqrt{\frac{k T_{\mathrm{e}}}{m_{\mathrm{i}}}} (A_{\mathrm{w}} + A_{\mathrm{s}}) = \frac{n_{\mathrm{e}} e}{4} \sqrt{\frac{8 k T_{\mathrm{e}}}{\pi m_{\mathrm{e}}}} \big[A_{\mathrm{w}} + (1 - T_{\mathrm{s}}) A_{\mathrm{s}} \big] \exp\left(-\frac{e\varphi}{k T_{\mathrm{e}}} \right) \tag{4.143}$$

求解得到等离子体电势为

$$\varphi = \frac{k T_{\mathrm{e}}}{e} \ln \left[\frac{A_{\mathrm{w}} + (1 - T_{\mathrm{s}}) A_{\mathrm{s}}}{A_{\mathrm{w}} + A_{\mathrm{s}}} \sqrt{\frac{2 m_{\mathrm{i}}}{\pi m_{\mathrm{e}}}} \right] \tag{4.144}$$

这不同于射频离子推力器得到的结果,原因在于电子回旋共振离子推力器(假设离子由于强磁场在径向被完全束缚)内没有由于射频感应的磁场所产生的离子限制因子。电子由于和屏栅极以及电离室尾部的壁面碰撞产生损失,所以式(7.141)中的最后一项电流比例项为

$$\frac{I_{\mathrm{a}}}{I_{\mathrm{b}}} = \frac{\frac{1}{4} \sqrt{\frac{8 k T_{\mathrm{e}}}{\pi m_{\mathrm{e}}}} n_{\mathrm{e}} e \big[A_{\mathrm{w}} + (1 - T_{\mathrm{s}}) A_{\mathrm{s}} \big]}{\frac{1}{2} n_{\mathrm{i}} e \sqrt{\frac{k T_{\mathrm{e}}}{m_{\mathrm{i}}}} A_{\mathrm{s}} T_{\mathrm{s}}} \exp\left(-\frac{e\varphi}{k T_{\mathrm{e}}} \right) \tag{4.145}$$

将式(4.144)中的等离子体电势代入(4.145),可得

$$\frac{I_{\mathrm{a}}}{I_{\mathrm{b}}} = \frac{A_{\mathrm{w}} + A_{\mathrm{s}}}{A_{\mathrm{s}} T_{\mathrm{s}}} \tag{4.146}$$

因此放电损失为

$$\eta_{\mathrm{d}} = \frac{2 n_{0} \langle \sigma_{\mathrm{i}} v_{\mathrm{p}} \rangle V}{\sqrt{\frac{k T_{\mathrm{e}}}{m_{\mathrm{i}}}} A_{\mathrm{s}} T_{\mathrm{s}}} \left(U^{+} + U^{*} \frac{\sigma_{*} v_{\mathrm{e}}}{\sigma_{\mathrm{i}} v_{\mathrm{c}}} \right) +$$

$$\left[\frac{1 - T_{\mathrm{s}}}{T_{\mathrm{s}}} + \frac{A_{\mathrm{w}}}{A_{\mathrm{s}} T_{\mathrm{s}}} + 1 \right] \left(\frac{T_{\mathrm{eV}}}{2} + \varphi \right) + \frac{A_{\mathrm{w}} + A_{\mathrm{s}}}{A_{\mathrm{s}} T_{\mathrm{s}}} (2 T_{\mathrm{eV}} + \varphi) \tag{4.147}$$

其中的等离子体电势由式(4.144)给出,电子温度和中性气体密度都可以采用与之前求解其他类型的离子推力器相同的方式来求解。图 4.36 中给出了直径为 20 cm、栅极 80% 透明度的电子回旋共振离子推力器,在不同推力器长度下产生 1 A 氙离子的放电损失。结果表明,放电损失约为每离子 200 eV。该放电损失的值是 4.2 节描述的理想离子推力器放电损失的两倍,原因在于尽管理想离子推力器和电子回旋共振离子推力器中均假定工质被麦克斯韦分布的电子电离且完全在径向被束缚,但是电子回旋共振离子推力器中考虑了等离子体在电离室后壁上的损失。等离子体在栅极和后壁的损失面积大,因此会让等离子体电势自洽地升高来保证双极流动,并维持电荷平衡。因此,相对于设计得很好

的直流放电离子推力器而言增大了放电损失。

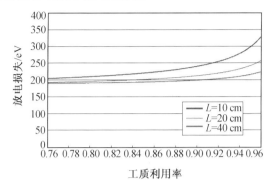

图 4.36 完全径向约束下电子回旋共振离子推力器中放电损失与工质利用率的关系

在微波离子源中可以通过在上游共振区加一个强磁场来产生磁镜效应,从而减轻在后壁的损失。通过这种方式限制了等离子体电子,并减小了轴向损失。磁镜效应我们在 2.2.1 小节中进行了分析。因为磁矩 $\dfrac{mv^2}{2B}$ 沿磁力线是不变的,电子在向壁面运动时,由于逐渐增强的磁感应强度,会将平行于磁场方向的能量转化为垂直于磁场方向的能量,并被磁镜所反射。但是在损失锥内的电子会产生电子损失。由式(2.29)可知,损失的电子的平行方向的速度满足

$$v_{/\!/} > v_\perp \sqrt{R_{\mathrm{m}} - 1} \tag{4.148}$$

其中,R_{m} 为磁镜比,其值为 $\dfrac{B_{\max}}{B_{\mathrm{m}}}$。例如,如果磁镜比为 5,则当电子平行方向的速度大于其垂直方向速度两倍时,会和壁面发生碰撞而产生损失。如果服从麦克斯韦分布的电子温度为 T_{e},则满足 $v_{/\!/} > 2v_\perp$ 的电子数量为 $e^{-2} = 13.5\%$,所以大部分电子是会被磁镜反射的。由于回旋加热会增加电子的垂直能量,因此当磁镜比的值为 $4 \sim 6$ 时能够非常有效地束缚电子以提高电离率。

图 4.35 所示的离子源,利用电磁铁在较大体积范围内产生强磁场,同时具有较大磁镜比。然而,驱动电磁铁需要额外的能量,从而增加了放电损失,并限制了离子推力器的放电效率。另外,由于电离室内的强磁场会约束等离子体并影响等离子体分布,因此微波源很难在大面积区域内产生均匀的等离子体分布。这一问题可以通过在壁面布置环形或者是线形的磁极,形成磁多极边界,在壁面附近产生强磁场来缓解。图 4.37 显示了两个环形磁极之间的磁力线,在磁极附近的强磁场区满足共振条件。可以通过在磁极间开槽,或者是在磁极间采用天线结构,在尖端之间注入微波辐射,将微波和强磁场区进行耦合。

这种几何结构没有通过线圈来产生磁场,同时减少了产生强共振场所需的永磁铁的数量。但是仍然需要注意一些问题。首先,磁感应强度随着电离室表面距离的平方的倒数降低,这意味着在大范围内产生共振场需要非常强的磁场。其次,从微波中获得能量的电子容易沿着磁力线碰撞壁面从而产生损失。这意味着采用多极永磁铁设计的离子源需要在尽量远离壁面的区域建立共振区,从而产生大的磁镜比,反射接近壁面的电子,避免

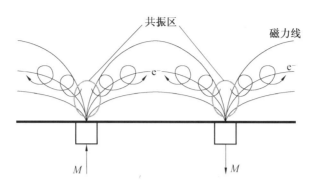

图 4.37　环形会切磁场壁面附近的磁力线以及电子回旋共振区域

壁面上过多的电子损失。

由于等离子体主要在壁面附近的表面区域产生,因此需要关注这种构型下的壁面损失。电子被近壁面的磁力线约束,在共振区被加热,以获得足够的能量来电离工质并产生等离子体。由于壁面附近的强磁场区会减小等离子体垂直于磁力线的输运,因此将共振区或表面磁层区中的等离子体耦合进推力器是有问题的。在本章所讨论的其他推力器设计中,离子的产生是体积效应,而对流损失是表面效应,因此推力器的效率和推力器的体积面积比成正比。这意味着大的直流和射频放电推力器会比小的推力器效率更高。但是对于电子回旋共振离子推力器来说,并不满足以上结论,原因在于大量的等离子体需要在壁面附近的表面区域产生并输运,并进一步填充整个电离室。此外,等离子体密度受截止频率和共振场的大小的限制,因此产生高电流密度的离子需要非常高的磁感应强度和微波频率。因此,和之前我们讨论的其他离子推力器相比,电子回旋共振离子推力器只限制于较低电流密度和较小的尺寸情况。但目前继续扩大电子回旋共振离子推力器尺寸并提高效率的工作仍然在继续。

最成功的该类型的离子推力器是 10 cm 的隼鸟号电子回旋共振离子推力器,如图 4.38 所示。推力器电离室采用 SmCo 永磁铁产生会切磁场位型,并在尖端之间产生共振

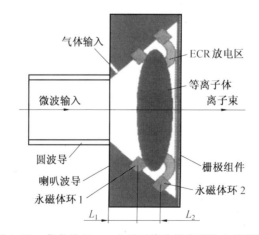

图 4.38　隼鸟号 10 cm 电子回旋共振离子推力器微波源

场。这将使电子在远离壁面的区域加热,同时由于该区域的磁镜比为 $2 \sim 3$,因此能够通过磁镜捕获电子。推力器体积也减少到最低限度,以使等离子体产生区靠近栅极。当采用 $4.2\,\mathrm{GHz}$ 的微波源时,该结构能够在栅极附近区域产生超过 $1\,\mathrm{mA/cm^2}$ 的氙离子,同时工质利用率超过 85%,产生一个离子大约需要花费 $300\,\mathrm{eV}$ 的能量。表 4.8 是该推力器的主要性能指标。

表 4.8　隼鸟号 10 cm 电子回旋共振离子推力器产品性能

性能参数	达到指标	性能参数	达到指标
功率 /kW	0.39	束电压 /V	1 500
推力 /mN	8.1	束电流 /A	0.14
比冲 /s	2 910	加速电压 /V	-350
效率 /%	—	放电损失 /$(\mathrm{W \cdot A^{-1}})$	300
质量 /kg	—	推进剂利用率 /%	85
束直径 /cm	10	总流量 /$(\mathrm{cm^3 \cdot min^{-1}})$	2.9

最后,还有其他的一些因素,造成电子回旋共振离子推力器很难实现高效率同时具有紧凑的结构。首先,微波源的频率在千兆赫量级。产生这么高频率的微波源,如行波管和磁控管,它们的效率一般为 $50\% \sim 70\%$,电源效率约为 90%。这意味着有将近一倍的功率在微波源中被消耗掉了,从而降低了推力器系统的性能。另外,等离子体通常是一个难以匹配的负载,一般会有 $10\% \sim 30\%$ 微波能量被反射回微波源。最后由表 4.6 可知,为避免截止,同时产生 $1 \sim 2\,\mathrm{mA/cm^2}$ 的到达栅极的离子电流密度,要求微波源频率为 $4 \sim 6\,\mathrm{GHz}$。这时,具有该频率的行波管的功率只有几百瓦。对于一个给定的放电损失,这限制了电子回旋共振离子推力器能够产生的电流大小。由于电子回旋共振离子推力器中没有直流放电离子推力器所需要的热阴极,同时不需要射频离子推力器的陶瓷电离室,因此电子回旋共振离子推力器还是有其独到的优势的。但是设计高效率、大推力的电子回旋共振离子推力器系统仍然具有相当挑战。这将是未来研究的一个主要方向。

4.5　离子推力器电离室的二维计算模型

上面描述的零维模型可以解释并预测电离室的整体行为及性能,但是还需要多维模型来预测推力器内的参数分布,例如等离子体密度分布,二价离子电流,并评估不同设计的具体细节。电离室多维模型不仅需要电离室壁面和磁场的具体模型,还需要考虑中性气体、离子,以及原初电子和二次等离子体电子等多种粒子。由于各种类的粒子的主要物理机制不同,因此需要分别建模。例如,大多数中性气体原子按照直线轨迹运动,直到撞击到壁面或被电离,因此可以采用简单的直线轨迹方法来确定中性气体的密度分布。而原初电子主要围绕磁场做旋转运动,可以采用典型的粒子追踪技术来确定其密度和空间分布。另外离子和二次电子由于碰撞较多,可以采用流体方程来进行描述。因此,离子推力器放电模型是融合了流体和粒子跟踪模型的混合模型。

图 4.39 描述了离子推力器混合模型的流程图。首先输入电离室尺寸等参数,之后在

电离室内划分网格。使用磁场求解器来确定电离室各处的磁场分布。网格生成器可以和磁场求解器迭代,将网格节点布置在磁力线上。通过这种网格布置方式,将方程分成了水平和垂直于磁力线两部分,简化了等离子体扩散的计算过程,当网格足够精细时能够提高代码精度。之后使用中性气体模型来确定整个体积内的中性气体密度。采用"电离模型"模拟电磁场作用下原初电子的运动轨迹,以及原初电子与其他等离子体(如原子、离子、二次电子)的碰撞过程。之后使用离子光学模型来确定原子和离子光学透明度,我们将在4.6节进行介绍。最后通过离子扩散模型来确定等离子体的运动,通过能量平衡方程来求解电子的运动,同时确定电子的温度分布。整个过程不断迭代,直到结果收敛。

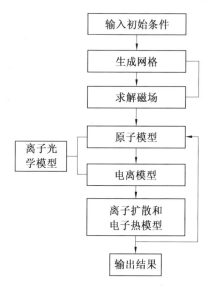

图 4.39　离子推力器电离室混合二维混合模拟方法流程图

4.5.1　中性原子模型

多维等离子体模型中需要准确地知道中性气体的分布来预测离子束分布、放电等离子体的细节行为以及推力器性能。很多电离室中由于局部的电子源以及中性气体的泄漏,会产生非均匀分布的中性气体,这些情况都需要考虑,从而准确地预测性能。

电离室内的工作压力为 1×10^{-4} Torr 或更低,以获得较高的工质利用率。在此压力范围内,认为中性气体不发生碰撞,因此可以采用简单的稀薄气体流动模型来确定推力器内部中性气体的平均密度。假设当原子与器壁碰撞后以器壁温度各向同性反射回电离室。气体与器壁的碰撞使得气体与器壁具有相同的温度。在电离室内部,中性原子与电子和离子发生碰撞,通过电荷交换碰撞将离子的能量转移到中性原子上从而使中性原子被"加热",但是此过程发生的概率较小,对气体的平均温度几乎没有影响。中性气体密度的空间分布由气体的喷入位置、气体和器壁的碰撞、通过栅极小孔的气体损失以及电离等多种因素决定。

图 4.40 描述了 NSTAR 离子推力器模型的边界条件以及所采用的网格。气体通过电离室后部位于中心的空心阴极,以及电离室右上方的管路喷入。图 4.41 描述了由该模型计算的 NSTAR 推力器在功率 2.3 kW,推力 92.7 mN,比冲 3 127 s,效率 61.8% 工况下的气体密度分布。如图所示,在空心阴极和气体入口附近的中性气体密度最高。在栅极轴线附近的中性气体密度最低。我们将在下面介绍,由于轴线附近区域的原初电子密度很高,从而显著地电离产生离子并消耗掉中性气体。这个结果非常重要,因为在中性气体被耗尽的区域,会大量发生二次电离,从而大幅度地增加二价离子。

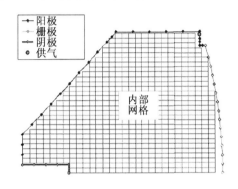

图 4.40　离子推力器内的直角网格

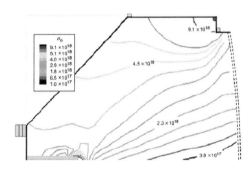

图 4.41　NSTAR 离子推力器功率 2.3 kW,推力 92.7 mN,比冲 3 127 s,
效率 61.8% 工况下的二维气体密度分布

4.5.2　原初电子运动和电离模型

粒子模拟方法已经应用到离子推力器电离室内原初电子运动的模拟。粒子模拟方法采用巨粒子来代表大量原初电子。这些粒子的运动是离散的,时间步长通过初始条件、边界条件,以及内部电磁场来确定。采用蒙特卡罗方法来从阴极出口注入原初电子,单个电子的速度是随机给定的,但是其整体分布和阴极的特性有关。在每个时间步长,依据粒子新的位置和速度重新计算电磁场的分布,并根据当地的电磁场来计算粒子的运动。另外,采用蒙特卡罗方法处理粒子间的碰撞。该过程不断重复,直到该粒子消失。

原初电子的运动可以采用式(2.11)洛伦兹方程来描述。

$$m_e \frac{\partial \boldsymbol{v}}{\partial t} = q(\boldsymbol{E} + \boldsymbol{v} \times \boldsymbol{B}) \tag{4.149}$$

可以通过 Boris 粒子推进方法计算粒子的速度和位置变化。假设在弹性碰撞过程中，原初电子的动能保持不变，并且使用硬球散射模型来估算粒子的散射角度。对于非弹性碰撞，原初电子的部分能量被用于激发或电离原子。正如前面所讨论，有可能出现额外的能量损失，例如库仑碰撞加热以及由于不稳定性所产生的反常输运过程。图 4.42 描述了 NSTAR 推力器内典型的原初电子的运动轨迹。从图中可以发现，由于电离室内磁场很强，因此原初电子被很好地限制，并且通过碰撞效应最终将原初电子散射到会切磁场的尖端位置。

图 4.43 描述了 NSTAR 离子推力器在功率 2.3 kW，推力 92.7 mN，比冲 3 127 s，效率 61.8% 工况下计算得到的原初电子密度分布，结果表明 NSTAR 的磁场构型能够捕获从位于轴线上的阴极发射的原初电子。原初电子被磁场约束，加之轴线上较低的中性气体密度，导致推力器轴线上相对更高的二价离子的产生速率。

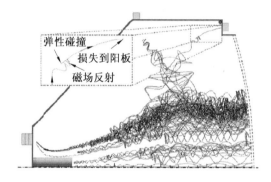

图 4.42　NSTAR 放电腔内的原初电子运动轨迹

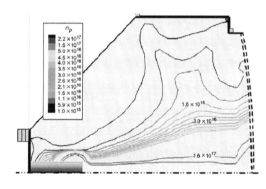

图 4.43　NSTAR 离子推力器功率 2.3 kW，推力 92.7 mN，比冲 3 127 s，效率 61.8%
工况下的原初电子密度分布

离子和二次电子的输运过程可以由离子和电子的连续和动量方程进行描述。离子连续方程为

$$\frac{\partial n_i}{\partial t} + \nabla \cdot (n_i \boldsymbol{v}) = \dot{n}_s \tag{4.150}$$

其中,$\dot{n}_s$ 是离子源项。离子和电子的动量方程为

$$m\left[\frac{\partial (n\boldsymbol{v})}{\partial t} + \nabla \cdot (n\boldsymbol{v}\boldsymbol{v})\right] = nq(\boldsymbol{E} + \boldsymbol{v} \times \boldsymbol{B}) - \nabla \cdot \boldsymbol{p} - nm\sum_n \langle n_n \rangle (\boldsymbol{v} - \boldsymbol{v}_n) \quad (4.151)$$

其中,下脚标 n 代表各种不同类型的粒子种类。联立方程(4.150)和(4.151)可以得到等离子体的扩散方程

$$-\boldsymbol{D}_a \nabla^2 n = \dot{n}_s \quad (4.152)$$

其中,$\boldsymbol{D}_a$ 是双极扩散系数。将扩散系数分解成平行和垂直于磁力线方向,如下

$$\boldsymbol{D}_a = \begin{bmatrix} D_{/\!/a} & 0 \\ 0 & D_{\perp a} \end{bmatrix}$$

$$D_{/\!/a} = \frac{\mu_e D_i + \mu_i D_e}{\mu_i + \mu_e}$$

$$D_{\perp a} = \frac{\mu_e D_{\perp i} + \mu_i D_{\perp e}}{\mu_i + \mu_e} \quad (4.153)$$

其中各种粒子的迁移和扩散系数分别由平行和垂直于磁力线的离子和电子流确定。这一简化的等离子体扩散方程中假设离子和电子的生成速率以及温度分布在空间上是均匀的;通过在玻耳兹曼方程中乘以 $\frac{mv^2}{2}$,并对速度积分,可以得到电子的能量方程

$$\frac{\partial}{\partial t}\left(\frac{nm}{2}v^2 + \frac{3}{2}nkT\right) + \nabla \cdot \left[\left(\frac{nm}{2}v^2 + \frac{5}{2}nkT\right)\boldsymbol{v} + \boldsymbol{q}\right] = en\boldsymbol{E} \cdot \boldsymbol{v} + \boldsymbol{R} \cdot \boldsymbol{v} + Q_e + Q_c$$

$$(4.154)$$

方程中不考虑黏性的影响,$\boldsymbol{R}$ 是由于与其他粒子碰撞而引起的电子平均动量的变化。图4.44描述了由电子能量方程计算得到的 NSTAR 推力器的温度分布图。在 NSTAR 内对于原初电子在轴向附近很强的限制会局部加热电子,从而导致轴线上电子温度较高。

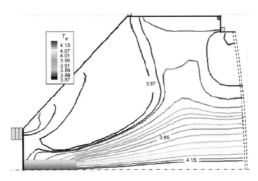

图 4.44　NSTAR 离子推力器功率 2.3 kW,推力 92.7 mN,比冲 3 127 s,效率 61.8%
工况下的二次电子温度分布

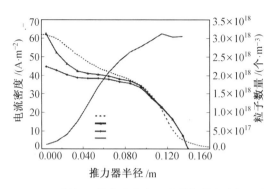

图 4.45　NSTAR 栅极上的束流密度和中性气体密度沿径向的分布

4.5.3　电离室模型结果

图 4.44 描述了 NSTAR 推力器在功率 2.3 kW,推力 92.7 mN,比冲 3 127 s,效率 61.8% 工况下的模拟结果,在长达 8 200 h 的连续测试中,计算得到的离子束电流密度值与试验结果吻合。轴线附近电流密度的峰值是由于 NSTAR 内磁场对阴极发射的电子很强的限制作用,从而耗尽了中心线上的中性气体并且产生大量的二价离子所造成的。图 4.45 中同时描述了改进磁场后的分布情况,该磁场促使原初电子更容易逃离推力器的轴线。离子密度分布如图 4.46 所示。从图 4.43 和图 4.44 所示的原初电子密度和等离子体电子温度可以看出,等离子体密度在轴上具有最大值。整个电离室中二价离子占总离子的比例分布如图 4.47 所示,模型计算结果与试验结果吻合良好,表明 NSTAR 中离子束电流在轴线上的峰值分布是由中心线上较高的二价离子密度产生的。

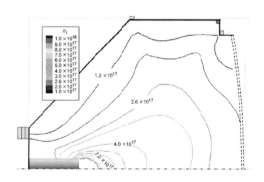

图 4.46　NSTAR 离子推力器功率 2.3 kW,推力 92.7 mN,比冲 3 127 s,效率 61.8%
工况下的等离子体密度分布(m^{-3})

最初 NSTAR 中的磁场分布趋向于捕获轴线上的原初电子,这将提高该区域的局部电子温度、电离率并产生更多的二价离子。中心附近中性原子的消耗也证实了原初电子的捕获,如图 4.45 所示。图中优化设计后的计算结果的分布曲线表明计算机模拟有利于改进离子推力器的设计。由于允许原初电子逃离电离室中心,整个电离室的电离更加均匀。并且随着原初电子密度的减小,中心的二价离子的分布更加平缓。

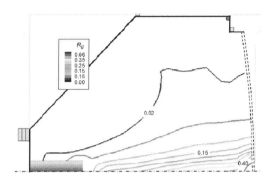

图 4.47　NSTAR 离子推力器功率 2.3 kW,推力 92.7 mN,比冲 3 127 s,效率 61.8%
工况下二价离子比例的分布

4.6　离子引出和加速过程

离子推力器主要依靠引出由电离室产生的离子进行静电加速来工作,通过在多个栅极之间施加电偏压实现对离子的加速。栅极系统也被称为离子光学系统。栅极对离子推力器运行至关重要,其设计需要综合考虑离子推力器的性能、寿命、尺寸等因素。对于大多数空间任务,离子推力器需要在太空运行数年的时间。因此离子推力器的寿命是其非常重要的考核指标。当然,推力器的性能和尺寸同样重要,不仅要有合适的推力和比冲,还要适合整个航天器的安装。

影响离子推力器栅极设计的因素有许多。栅极从等离子体中引出离子,并通过下游的加速栅极和减速栅极(如果采用)对离子进行聚焦。不同的功率水平下不同的推力需求,会让栅极引出的离子电流密度不同,需要保证不同离子密度情况下的聚焦,以保证推力器效率。电离室与屏栅极相接触,在第 4.3 节中提及,屏栅极的透明度直接影响放电损失。因此栅极系统必须设计成尽可能地减小离子对屏栅极的轰击,同时要最大限度地引出由等离子体区到达屏栅极表面的离子。另外,应通过栅极尽可能减少原子从电离室的逃逸,以提高电离室的电离率。简而言之,离子推力器栅极应该具有高的离子透明度和低的中性气体透明度。这要求屏栅极孔更大,而加速栅极孔则要更小。栅极的设计直接影响到离子的聚焦以及羽流发散角。羽流发散角的减小同时有利于减少推力损失以及羽流对航天器或太阳能帆板的影响。最后,栅极的寿命是至关重要的,为了拥有较长的寿命,迫使推力器设计者们在性能方面妥协,或者使用不同材料的栅极。本节将会讨论栅极设计的主要影响因素,以及离子加速的原理。

4.6.1　栅极结构

为了加速离子,首先需要在推力器内部电离室与空间背景等离子体间形成电势差。如果只是简单地在电离室和航天器或空间背景等离子体间形成电势差并不能够对离子束进行加速。原因在于在这种情况下由于德拜屏蔽的作用,电势降只会影响电极附近的鞘层区域。如果电势降相对于电子温度 T_e 较小，那么就建立了德拜鞘层；相反如果电势远远大于电子温度 T_e，则会形成 Child - Langmuir 鞘层。

这里我们介绍一下 Child - Langmuir 鞘层情况下电极所收集的电流大小。假设等离子体和电极的直流电位差为 V，如果 $V \gg T_e$，在这种情况下，电子运动到鞘层边界时会被反射回去。所以鞘层中没有电子，可以认为电子电流近似为 0。而鞘层中的离子被加速后越过鞘层达到电极上。从离子电流密度的连续性和能量守恒，我们求解泊松方程可得能够到达电极的最大离子电流

$$J_i = \frac{4}{9}\varepsilon_0 \left(\frac{2e}{m_i}\right)^{\frac{1}{2}} \frac{V^{\frac{3}{2}}}{d^2} \tag{4.155}$$

其中，d 为鞘层的长度，$d = 0.606\lambda_D \left(\frac{2V}{T_e}\right)^{\frac{3}{4}}$。

因此，为了引出离子，有必要在栅极和电离区间施加高的电势降，从而形成 Child - Langmuir 鞘层。这样才能够使被加速的离子更有方向性（形成好的聚焦），并且将电子反射回电离室。图4.48展示了计算得到的不同离子电流密度情况下 Child - Langmuir 鞘层的长度，其中加速电压为 1 500 V。从图中可以看出，对于氙离子来说，在该电压情况下小孔的直径为 $2 \sim 5$ mm，如果放电电压减小或者小孔内的离子电流增加，则小孔尺寸需要相应地减小。

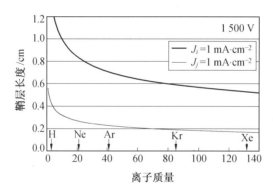

图 4.48　在 1 500 V 加速电压下两个不同电流密度下 Child - Langmuir 鞘层长度随离子质量的变化

每个栅极孔径获得的离子电流大小受限于空间电荷。对于一个直径为 0.25 cm 的孔，在 1 500 V 电压下，由于空间电荷饱和，能够引出的最大氙离子电流密度约为 5 mA/cm²，也就是说此时通过一个小孔的离子电流总量仅有 0.25 mA。假设引出的离子具有很好的聚焦特性，此时仅能产生 16 μN 的推力。因此，必须使用多孔结构，通过从离子推力器中引出更大的离子束电流来增大推力。仍然采用上述的工况，则在 1 500 V 的放电电压下如果要提取 1 A 的氙离子电流，就需要超过 4 000 个孔，同时会产生超过 60 mA 的推力。实际上，为保证可靠的高压运行，并且由于电离室内等离子体分布的不均匀性造成到达栅极表面的离子分布不均，通常工作时的电流密度小于 Child - Langmuir 空间饱和电荷的最大值，从而需要更多数量的小孔。这最终决定了离子推力器的尺寸。

图 4.49 为一个简化的与等离子体接触的栅极小孔的示意图。Child－Langmuir 鞘层是由推力器等离子体和加速栅极之间电势差建立的,并且受到鞘层边界的电流密度的影响。离子通过小孔被加速,从而形成离子束。但是,部分离子未能被加速通过小孔,而是被加速轰击栅极,造成栅极的腐蚀。因此,在加速栅极的上游安放一个带孔的屏栅极用以阻止这些离子,这就是典型的双栅极系统。屏栅极的电势一般是浮动的,或者是和阴极的电位相等。这样能够束缚电离室内的电子,同时使轰击屏栅极的离子具有相对较低的能量,因此溅射腐蚀较小。栅极一般是由耐溅射的金属或碳材料制成的,在栅极上密集地布置六角形结构的小孔,使之对电离室中的离子具有高的透明度。同时栅极通常设计具有足够的结构强度以避免航天器发射时强烈振动产生的栅极结构失效。并且需要保证栅极在热载荷条件下能够均匀地膨胀。

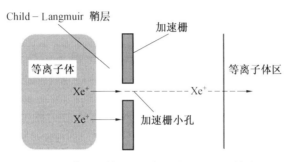

图 4.49　与等离子体接触的栅极小孔的一维简化图

图 4.50 为离子推力器的电路图。高电压电源(或称为屏栅极电源)通常位于阳极和中和器阴极中间,并形成放电回路。电离室内具有较高的电势,其主要目的是产生等离子

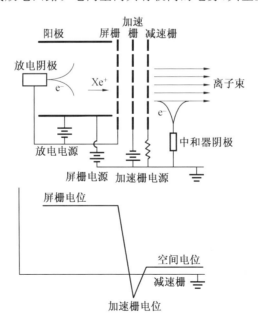

图 4.50　直流放电离子推力器的电路图(未考虑阴极加热器和触持极电源)

体,并将离子加速喷出以产生推力。相对于中和器阴极来说,加速栅极的电位一般是负的,其目的是防止推力器羽流中的高能电子返回推力器。高能电子的轰击会造成电离室器壁面被局部加热,并且返流电子电流过大会最终导致屏栅极电源过载。推力器喷出的离子束被中和阴极发射的电子中和,以使羽流区呈电中性。

图 4.50 描述了一个包含 3 个栅极的离子推力器。其中最后一个栅极被称为"减速栅极",它被放置在加速栅极的下游,该栅极的主要作用是防止加速栅极被由电荷交换碰撞产生的返流离子轰击,同时消除加速栅极下游表面的洞-槽(Pits-and-grooves)腐蚀(我们将在 4.7 节进行详细的讨论)。因此,三栅极系统相对二栅极系统寿命更长,并且在航天器上较少地沉积溅出物质。这些优势弥补了因增加第三个栅极而造成的系统复杂性。

在实际设计中,需要使加速栅极的孔径尽可能小,以限制电离室中未被电离的中性气体,提高电离率;同时屏栅极透明度要尽可能大,以使栅极能够从等离子体中引出最大数量的离子。通过优化栅极孔径和间距,减小离子对加速栅极的轰击。当这些离子轰击到加速栅极后,由于它们较高的能量,会造成栅极迅速被溅射腐蚀。图 4.51 为模拟得到的一个三栅极系统内离子的二维轨迹。通过合理地对栅极进行设计,能够使离子在通过加速栅极时被聚焦而不轰击栅极表面。在加速栅极的下游,由于负电位的存在,能够避免电子的返流,同时离子轰击产生的腐蚀也相对较小。但是,如图所示,栅极的高透明度和较强的"加速-减速"几何结构,会造成部分离子发散。但是,通常离子束的发散角度只有几度,因此由此造成的推力损失较小。

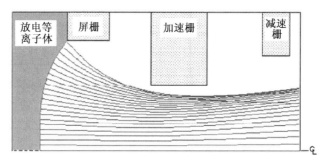

图 4.51　从三栅极加速器等离子体鞘层引出的离子轨迹

当放电电压固定后,由于空间电荷效应,离子推力器栅极能够引出并聚焦的电子电流是有限的,这可以通过 Child - Langmuir 方程推导得到。在这里我们定义导流系数(Perveance)为

$$p = \frac{I_{\mathrm{b}}}{V^{\frac{3}{2}}} \qquad (4.156)$$

栅极能够获得的最大导流系数可以由 Child - Langmuir 方程中的系数给定

$$P_{\max} = \frac{4\varepsilon_0}{9}\sqrt{\frac{2e}{m_{\mathrm{i}}}}\left[\frac{\mathrm{A}}{\mathrm{V}^{\frac{3}{2}}}\right] \qquad (4.157)$$

对于一个电子加速器,最大导流系数为 $2.33 \times 10^{-6}\ \dfrac{\mathrm{A}}{\mathrm{V}^{\frac{3}{2}}}$;对于一价氙离子来说,此系

数为 $4.8\times10^{-9}\dfrac{\text{A}}{\text{V}^{\frac{3}{2}}}$。对于圆孔，Child – Langmuir 方程改写为

$$J=\frac{I_{\text{b}}}{\left(\dfrac{\pi D^2}{4}\right)}=\frac{4\varepsilon_0}{9}\sqrt{\frac{2e}{m_{\text{i}}}}\frac{V^{\frac{3}{2}}}{d^2}\left[\frac{\text{A}}{\text{m}^2}\right] \tag{4.158}$$

式中，d 是有效栅极间距；D 是离子束直径。将式(4.158)代入式(4.156)中，得到圆孔的最大导流系数为

$$P_{\max}=\frac{\pi\varepsilon_0}{9}\sqrt{\frac{2e}{m_{\text{i}}}}\left(\frac{D^2}{d^2}\right)\left[\frac{\text{A}}{\text{V}^{\frac{3}{2}}}\right] \tag{4.159}$$

　　从上式中可以发现，要使栅极的导流系数最大，就需要栅极间距小于孔的直径，也就是类似于图 4.51 的几何结构。

　　图 4.51 中的离子轨迹表明，离子基本不和栅极发生碰撞，并且离子束发散角很小，这是因为栅极工作在最佳离子电流密度和最佳电压下。若在远小于最佳导流系数时工作，称为"亚导流系数"，此时的电压更高，通过栅极的离子电流更小，并且 Child – Langmuir 鞘层长度相应地增加并推动鞘层向左移动，使其更深入电离室等离子体内部。在极端情况下，这种效应会造成屏栅极小孔附近的边缘区域的离子发射角度过大，并引起"交叉"轨迹；这会增加离子对加速栅极的轰击，从而增大腐蚀量。同样的，如果栅极工作在高于最佳导流系数的条件下，则意味着离子束电流过高或者是电压过低，这会减小 Child – Langmuir 鞘层的厚度，并且使等离子体边界向着屏栅极的小孔移动。在这种"过导流系数"状态下，鞘层等势线变得更加平坦，造成离子直接轰击加速栅极，同样会增加栅极的腐蚀。因此，对于任何一个栅极设计来说，都只能在一定的电压和电流密度范围内保证其离子光学性能和寿命，我们将会在 4.6.3 小节进行详细介绍。同时，只有保证栅极区域等离子体的均匀性，才可能避免在部分区域离子束的相交或者与栅极的碰撞，这二者效应都会显著降低栅极的寿命。

　　在双栅极或三栅极系统中，通过合理地设计栅极孔径及间距尺寸，能够消除至少是减小系统中离子束对加速栅极(也就是电势最低的电极)的直接轰击，从而减少由此产生的栅极材料的溅射。尽管屏栅极的透明度较低，但是由于离子轰击屏栅极的能量只有电离室内的放电电压量级，因此轰击屏栅极的离子能量较小，屏栅极的溅射腐蚀只在高放电电压下或者是空心阴极区域产生的高能离子轰击栅极情况下才需要考虑。同样的，减速栅极的电位和羽流等离子体的电位接近，羽流中由于电荷交换碰撞产生的离子在和减速栅极发生碰撞时能量很低，因此只会产生少量的溅射腐蚀。对于双栅极系统而言，返流的离子具有的能量为加速栅极和中和器阴极的电势差，这是一个比较大的离子能量，会导致加速栅极下游表面产生显著的溅射，直接减少栅极的寿命。

　　加速栅极下游电位相对加速栅极更高，因此对离子来说是一个减速场，这会造成离子束更加发散，但是能够避免由中和器阴极发射的高能电子返流进入电离室内的高电位区域。这样的一个减速场可以通过在加速栅极和减速栅极之间施加电势降或者是在加速栅

极和中和器阴极之间施加电势降来实现。然而,离子与电离室逃逸的未被电离的中性气体发生电荷交换碰撞产生低能离子,以及羽流中返流的高能电子电离产生的离子均能够返回栅极区,并轰击加速栅极表面造成栅极的腐蚀。电荷交换产生的离子对加速栅极的腐蚀最终限制了栅极寿命,这将在 4.7.2 小节中继续讨论。

4.6.2 离子栅极基础

离子推力器的离子光学系统主要有以下 3 个作用:

① 从电离室中引出离子;

② 加速离子从而产生推力;

③ 防止电子返流。

理想的栅极系统能够从等离子体中引出并加速所有靠近栅极的离子,并阻止中性气体从电离室逃逸,同时由栅极加速的离子应该具有较高的离子电流密度,并且栅极应具有较长的寿命。另外,在放电条件下,产生的离子束都应与推力器轴线平行,也就是说发散角较小。实际上,很难设计这种理想的栅极。首先,栅极都有着有限的透明度,因此,电离室内的部分离子会与屏栅极发生碰撞,造成这部分离子不能被栅极引出产生推力。屏栅极的透明度 T_s,定义为离子束电流 I_b 与电离室内屏栅极附近的总离子电流 I_i 之比

$$T_s = \frac{I_b}{I_i} \tag{4.160}$$

透明度由电离室中的等离子体参数决定。如果屏栅极相对较薄,则在外加电压的作用下半球形鞘层的边界通常会向电离室等离子体区略微移动。等离子体边界的预鞘层会引出那些本该轰击栅极的离子转而进入离子束中。因此,具有较大孔径和较薄厚度的栅极的有效透明度通常超过光学透明度。此外,屏栅极的电位比电离室内的阴极更低,以便反射等离子体区中麦克斯韦分布尾部的高能电子。

离子束电流的最大值受屏栅极和加速栅极间的空间电荷限制,由 Child-Langmuir 方程详细描述的导流系数在上文已经进行了介绍,该方程假设鞘层是平板型的。但实际上屏栅极孔中的鞘层形状并不是平面的,如图 4.52 所示,并且精确的鞘层形状以及由此产生的离子轨迹需要通过二维轴对称模型来进行模拟。但是,可以采用 Child-Langmuir 方程对鞘层厚度进行修正,近似地考虑屏栅极孔中鞘层的实际形貌

$$J_{max} = \frac{4\varepsilon_0}{9} \sqrt{\frac{2e}{m_i}} \frac{V_T^{\frac{3}{2}}}{l_e^2} \tag{4.161}$$

式中,V_T 为屏栅极和加速栅极产生的鞘层电势降;l_e 为鞘层的厚度,由下式给出

$$l_e = \sqrt{(l_g + t_s)^2 + \frac{d_s^2}{4}} \tag{4.162}$$

图 4.52 中给出了式(4.162)中定义的栅极尺寸。如图所示,屏栅极附近的鞘层的等势线为半球形。通过 l_e 来描述这种非平板结构的鞘层。将式(4.162)代入式(4.161),可以得到空间电荷饱和电流,也就是能够引出的最大离子束电流密度的大小。需要注意的

是，l_g 为"热栅极间距"，是在给定离子束电流和电压工作后，栅极受热膨胀到最终形状时的数值。对于氙离子，其最大离子束电流密度为

$$J_{\max} = 4.75 \times 10^{-9} \frac{V_{\mathrm{T}}^{\frac{3}{2}}}{l_{\mathrm{e}}^2} \tag{4.163}$$

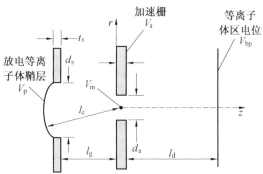

图 4.52　双栅极系统的近似非平面鞘层模型

此外，还可以计算由离子推力器产生的单位面积的最大推力。离子推力器所能产生的总推力为

$$T = \frac{\mathrm{d}(mv)}{\mathrm{d}t} = \gamma \dot{m}_{\mathrm{i}} v_{\mathrm{i}} \tag{4.164}$$

其中，γ 是考虑二价离子的修正因子。假设离子从静止开始运动，则离开栅极系统的离子速度为

$$v_{\mathrm{i}} = \sqrt{\frac{2eV_{\mathrm{b}}}{m_{\mathrm{i}}}} \tag{4.165}$$

式中，eV_{b} 是离子通过栅极所获得的能量，则单位面积栅极产生的推力为

$$\frac{T}{A_{\mathrm{g}}} = \frac{J_{\max} \gamma T_{\mathrm{s}} m_{\mathrm{i}} v_{\mathrm{i}}}{e} \tag{4.166}$$

式中，A_{g} 为栅极的有效面积（包括栅极孔的面积）；T_{s} 为式（4.66）中定义的栅极透明度。栅极间的有效电场强度为

$$E = \frac{V_{\mathrm{T}}}{l_{\mathrm{e}}} \tag{4.167}$$

式中，V_{T} 是屏栅极和加速栅极间的电势降

$$V_{\mathrm{T}} = V_{\mathrm{s}} + |V_{\mathrm{a}}| = \frac{V_{\mathrm{b}}}{R} \tag{4.168}$$

式中，V_{s} 和 V_{a} 分别是屏栅极和加速栅极相对于零电位的电位值。由于加速栅极的电位通常低于零电位，因此在这里取其绝对值。R 是离子束获得的电势降 V_{b} 与总的电势降 V_{T} 之比，其值小于 1。将式（4.161）计算得到的空间电荷饱和电流密度以及式（4.167）计算得到的电场强度代入式（4.166），可以得到最大推力密度为

$$\frac{T_{\max}}{A_{\mathrm{g}}} = \frac{4}{9} \frac{\varepsilon_0 \gamma T_{\mathrm{s}}}{e} \sqrt{\frac{2e}{m_{\mathrm{i}}}} \frac{V_{\mathrm{T}}^{\frac{3}{2}}}{l_{\mathrm{e}}^2} m_{\mathrm{i}} \sqrt{\frac{2eV_{\mathrm{b}}}{m_{\mathrm{i}}}} = \frac{8}{9} \varepsilon_0 \gamma T_{\mathrm{S}} \sqrt{R} E^2 \tag{4.169}$$

由上式可以发现,离子推力器的最大推力密度与栅极透明度以及电场强度的平方成正比。对于一台给定的离子推力器,当给定栅极面积,如果栅极薄,具有高的透明度,在最佳导流系数附近工作,且在栅极间具有最大可能电场强度,则能够产生最大的推力。同时式(4.169)还表明了离子推力器的一个重要特性,即推力密度与工质的原子质量无关。

式(4.163)中的净电压与总电压之比 R 由下式给出

$$R = \frac{V_b}{V_T} = \frac{V_s}{V_s + |V_a|} \tag{4.170}$$

此方程描述了加速栅极相对于屏栅极电势的偏差。在 R 值较小的情况下工作,会增加屏栅极和加速栅极间的总的电势降,从式(4.161)可以看出,这会使得通过推力器加速出来的离子具有更高的电流密度。尽管看起来在小 R 值(大的加速栅极负偏压)下工作更好,但这会导致更高能量的离子轰击在加速栅极上,进而缩短栅极寿命。并且工作在小 R 值下会影响离子束聚焦,但是对于大多数栅极设计,这种影响相对较小。在一些对推力器寿命有严格要求的应用中,加速栅极的偏置电压值通常被减小到刚好能够避免电子返流,R 值通常在 $0.8 \sim 0.9$ 范围内变化。式(4.169)表明推力密度正比于 R 的平方根。但这实际上是不正确的,原因在于总电压同样出现在电场计算中($E = \frac{V_T}{l_e}$)。实际上对于给定的净电压,加速栅极的负电位增加后,由于屏栅极到加速栅极间电势降的升高,会产生更大的推力密度。

除了机械公差外,栅极间的最小"热间距"l_g,受到栅极材料的真空击穿电场的限制,即

$$E = \frac{V}{l_g} < E_{\text{breakdown}} \tag{4.171}$$

实际工作中,栅极间的电弧或微放电需要进行"重启"的操作来消除。在这些"重启"过程中,栅极间的电势降会暂时被移除,然后再次建立。在一次重启过程中也经常减少放电等离子体密度,并随着放电电流的增加逐渐增大放电电压,从而保证在重启过程中导流系数一直保持最佳,这将减少重启过程中离子对加速栅极的轰击。关于"重启"过程中的物理问题在4.3.10小节中进行了详细介绍。为了实现稳定的运行,避免频繁的"重启"发生,通常设置最强电场小于或等于真空击穿电场的一半。例如,若栅极间距为 1 mm,栅极间的加速电压为 1 000 V,则理论上氙离子束电流密度的最大值为 15 mA/cm²。对于一个直径为 25 cm、透明度为 75% 的栅极系统,能够产生大约 5.5 A 的离子束电流。实际上,为了避免高压击穿,从栅极中得到的离子束电流通常只有理论最大值的一半左右。

最后,离子推力器的尺寸是由导流系数对离子束电流密度的限制,以及栅极的实际情况(如最大透明度及电场强度)来确定的。因此,离子推力器的离子束电流密度只有霍尔推力器的 1/10 左右。离子推力器能够达到的最大比冲受能够施加到栅极上的最大电压的限制;施加的电压要确保在引出一定的离子电流时栅极不发生电击穿或者电子返流。目前,超高比冲($>$ 10 000 s) 离子推力器已经被制造并成功地进行了测试。

4.6.3 离子光学模型

上述的简单公式提供了估算离子推力器内离子轨迹和加速性能的方法。为了更加准确地预测栅极加速下离子的运行轨迹,需要采用离子光学模型来进行模拟。当给定栅极和孔的几何尺寸后,可以通过计算离子电荷密度并求解泊松方程,得到离子二维或三维轨迹。因此,通过采用计算模拟程序,能够用于设计和分析栅极的性能。

1. 离子轨迹

目前有各种不同的模拟程序,对栅极性能和离子轨迹进行预测。例如,JPL 开发的多维模拟程序 CEX-2D,可以用于计算二维或三维的离子轨迹和离子束中离子与中性推进剂气体间的电荷交换碰撞。CEX-2D 程序通过建立柱坐标系,采用矩形网格,并求解泊松方程,对一个屏栅极和加速栅极的小孔进行模拟。计算区域在径向和轴向分别被划分为 400 和 600 个网格。径向网格是均匀分布的,而轴向网格大小沿出口方向逐渐增加。计算区域在径向上约为几毫米,在轴向的长度为 5 cm。

在加速栅极的上游,假设电子服从麦克斯韦假设,则电子密度满足玻耳兹曼分布

$$n_e(V) = n_e(0) \exp\left(\frac{\varphi - \varphi_0}{T_e}\right) \tag{4.172}$$

上游的参考电子密度 $n_e(0)$ 为电离室内的离子密度。同样假设在加速栅极的下游,电子也服从玻耳兹曼分布,只是参考电势不同

$$n_e(V) = n_e(\infty) \exp\left(\frac{\varphi - \varphi_\infty}{T_e}\right) \tag{4.173}$$

其中,下游的参考电子密度 $n_e(\infty)$ 等于计算得到的下游平均离子束密度。下游电势自洽地得到;不需要假定一个准中性的平面。

图 4.53 是一个由 CEX-2D 程序计算得到的离子运动轨迹。图中对一个三栅极系统半个小孔进行了模拟,单位为米,模拟了 3 种不同导流系数的情况。如图所示,从电离室引出的离子从模型的左边进入计算区域,然后在屏栅极与加速栅极间的电场中加速。水平的下边界是轴线。认为轴线是镜面反射边界,也就是当一个离子在穿过轴线边界时,以镜面反射的方式从外部区域补充进来。图 4.53(a) 为导流系数过大的情况,在这种情况下,对于一个给定的电压,离子束电流过高,也可以说是对于一个给定的等离子体密度和离子电流,所施加的电压过低。在这种情况下,部分离子直接撞击在加速栅极的上游表面。图 4.53(b) 描述了最佳导流系数时的工作状态,此时离子通过加速栅极和减速栅极孔之后,有效地聚焦,并不会轰击栅极表面。图 4.53(c) 为一个导流系数过小的情况,此时离子被过度聚集,在加速栅极孔内发生相互交义。在这种情况下,离子直接轰击加速栅极孔的内壁面,最终造成栅极孔由于磨损而变大,使推力器性能变差。

从图 4.53 中还可以发现,从半径最大的等离子体区引出的小部分离子直接轰击屏栅极,未能从栅极引出产生推力。这部分离子主要是由于屏栅极有限的透明度造成的。栅极的透明度在进行能量计算时非常重要,我们在 4.3 节进行了详细的介绍。如上节所述,

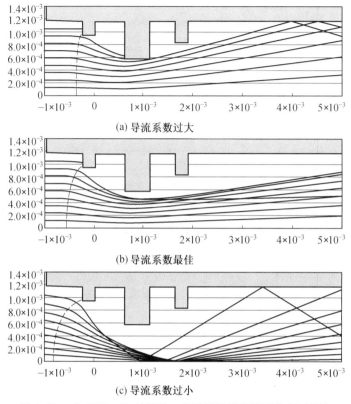

图 4.53　由 CEX‑2D 计算的 3 种不同导流系数下的离子轨迹

对于接近最佳导流系数或小导流系数状态下,栅极透明度大于其几何透明度(也就是栅极小孔面积与整个栅极面积之比)。原因在于,由于鞘层形成的自洽电场会引出部分位于较大半径处的原本会和屏栅极发生碰撞的离子。这部分离子最终被引出栅极产生推力,从而增大了栅极透明度。

2. 导流系数限制

图 4.53 表明,当工作在最优导流系数附近时,栅极通过静电场的作用对离子聚焦,能够避免栅极的拦截。当工作电压或者是电流超过极限范围后,由于栅极间的空间电荷饱和效应,会造成离子发散角急剧增加,并导致离子对加速栅极和减速栅极的轰击。图 4.54 为在 3 个不同加速电压下(仍然只考虑栅极上只有一个孔的情况),与加速栅极碰撞的离子电流(在这里定义为加速栅极电流)随着离子束电流的变化规律。其中,栅极的额定工况为加速电压 2 kV、离子束电流 0.8 mA。模拟结果表明,当工作电流超过设计电流正负 50% 时,和栅极碰撞的离子电流仍然较小。随着离子束电流的继续增加,电离室内等离子体密度相应增加,加速栅极小孔内的鞘层厚度减小,进而使鞘层变得扁平,并且增加了加速栅极的拦截作用。最终,由于导流系数的限制,大部分离子束被拦截并处于欠聚焦的状态,如图 4.53(a) 所示。由于系统工作在过高的导流系数下,使加速栅极电流迅速增加。当电离室内等离子体密度过低时,会产生较低的离子束电流,离子束被过聚焦,并产生交叉轨迹,增加了加速栅极上的离子拦截,也会使加速栅极电流增加,图 4.53(c) 展示

了这种情形下的离子轨迹。

　　计算结果表明,当离子推力器加速电压为 2 kV 时,通过小孔的电流可以在 0.4 ～ 1.2 mA 范围内变化,在此过程中束流聚焦从过聚焦向欠聚焦转变,并且不会产生过大的加速栅极电流。我们再来看小孔内电流曲线沿径向的分布规律。在设计栅极时,通常是根据轴线附近的电流密度来确定栅极小孔的大小,因此造成栅极边缘附近小孔的导流系数偏离最佳导流系数,从而使离子对边缘小孔的轰击比较严重,最终导致边缘孔非常严重的腐蚀,这将会影响推力器寿命。因此,必须在半径方向上改变栅极间距或屏栅极小孔尺寸,或者通过改进电离室来产生更加均匀的分布等方式进行修正。

　　图 4.54 同样表明,当增加加速电压后,所能引出的离子束电流更大。显然,这可以用式(4.155) 的 Child-Langmuir 方程进行解释。如果鞘层厚度和栅极尺寸保持不变,则电流与 $V^{\frac{3}{2}}$ 成正比。从图 4.54 还可以看出,当推力器的功率必须减小时(这在航天器进行深空探测远离太阳的过程中由于所获得的太阳能减小,很容易发生),则离子束电压和推力器的比冲必须随着电流的减小而降低,以避免离子轰击栅极表面。

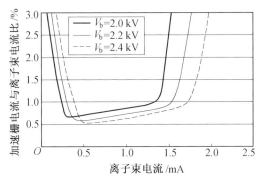

图 4.54　在 3 个不同离子束电压下加速栅极电流与离子束电流之比随离子束电流变化的函数曲线

　　对于一个给定的栅极设计,如果保证离子束电流固定或几乎不变,则电压的变化范围和上面讨论的电流的变化规律非常类似。然而对于离子推力器来说,在给定的电流下的最小电压是一个至关重要的物理量,因为它与推力器的最小比冲相关。

　　图 4.55 为 NASA 的 NSTAR 离子推力器在功率 2.3 kW,推力 92.7 mN,比冲

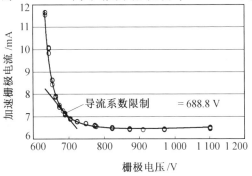

图 4.55　NSTAR 推力器在功率 2.3 kW,推力 92.7 mN,比冲 3 127 s,效率 61.8%
工况下加速栅极电流随栅极电压的变化(标出了导流系数限制)

3 127 s,效率 61.8% 工况下,轰击加速栅极的电流与屏栅极电压的相互关系。可以发现,当屏栅极的电压小于 688.8 V 时(图中曲线的拐点位置),加速栅极电流迅速增加。而在该功率参数下额定的屏栅极的电压为 1 100 V。

3. 栅极的膨胀与对齐

离子推力器需要重点考虑的一个问题是在推力器工作过程中,由于栅极材料的受热膨胀造成屏栅极和加速栅极间距发生改变,这将直接影响离子轨迹和离子光学系统的导流系数。屏栅极由于等离子体轰击而被加热,通常被设计成蝶形,并向外侧弯曲,并尽可能地减小厚度以增加有效的透明度。屏栅极的热膨胀通常比加速栅极的要大,随着推力器在工作过程中逐渐升温,加速栅极和屏栅极间距逐渐减小。对于这种凸型(栅极向外弯曲)栅极来说,光学导流系数会增加,并相应改变离子束轨迹。此外,当发生热膨胀之后,由于外加电压不发生变化,而栅极间间距减小,会造成电场增加,因此场发射以及高压击穿可能会出现。对于由难熔金属设计的凹型栅极(栅极向电离室方向弯曲)来说,随着栅极的膨胀,栅极间的距离会增大,造成导流系数相应地减小。除此之外,对于一个给定尺寸的推力器来说,凹型栅极的电离室的体积更小,这对放电损失有着不利影响。

理想情况下,尽管栅极的间距会发生变化,但是推力器离子光学系统的设计应该在不同的功率范围都能够正常工作。这对于一些较小的推力器,或者是功率密度较低的推力器来说问题不大,原因在于对于这些情况栅极受热产生的热膨胀较小。但是对于栅极直径大于 15 cm,且运行功率超过 1 kW 的推力器,需要将栅极设计成在最大功率情况下仍然具有较小的热膨胀,并让推力器首先在只实现放电情况(不施加栅极电压)或在低离子束功率下启动,以对栅极进行预热,避免在热膨胀过程中产生电击穿。因此,在进行栅极设计时,需要保证推力器在高功率工作情况时栅极间距的变化在允许范围内,同时减小离子对栅极的轰击。需要注意的是,由各种碳材料(石墨、碳碳复合材料、碳化物等)制造的栅极的热膨胀系数相对于金属来说更小。另外,可以采用两种具有不同热膨胀系数的材料来设计栅极,以解决热膨胀过程中栅极间距发生变化的问题。

另一个栅极设计的重要问题是保证栅极孔的对齐。图 4.53 中假定屏栅极和加速栅极对齐非常好,因此在这种情况下的离子轨迹沿着孔中心线是轴对称的。如果制造公差或热变形等因素,造成加速栅极孔在径向相对于屏栅极的孔发生偏离,则会造成离子轨迹的错位产生的对栅极表面的轰击。当栅极间小孔发生错位时,由于在加速栅极小孔边缘有更高的聚焦电场,因此离子束会朝着小孔错位方向相反的方向偏转。研究表明,即使发生较小的孔错位(约等于屏栅极孔直径的 10%),也会导致离子束角度偏转高达 5°。这种效应可以用来弥补栅极的曲率的影响,以降低离子束的发散角。然而,这种情况下,孔的导流系数会降低。此外这会造成电场的不均匀分布,并使加速栅极孔边缘离子与栅极发生碰撞。因此,保证栅极的制造精度,使栅极的对齐和固定,减小非均匀热变形,对于保证离子推力器在低发散角度情况的稳定运行非常重要。

4.6.4　电子返流

在加速栅极的下游,离子束电荷被空心阴极发射的电子中和。由于电子比离子运动速度更快,需要一个势阱来阻止电子返流回电离室。若没有势阱,电子电流将会是离子电流的数百倍,所有的电能几乎都会被浪费掉。势阱由加速栅极的负偏压产生。由加速栅极建立的势阱,能够阻止除部分高能电子之外几乎所有电子从羽流返流进入电离室。这个被称为"返流"的电子电流不仅会带来功率损耗(因为这些电子不产生推力),同时也会造成电离室内阴极等内部构件的过热而对推力器造成损害。

通过对加速栅极施加负偏压,目标是将电子的返流电流限制在一个较小的值(通常小于离子束电流的1%)。可以通过对栅极孔区进行二维建模,求解考虑离子束电流情况下的泊松方程,来确定加速栅极的偏置电压。图 4.56 是模拟的计算结果,图中标明了电极间轴对称的半个栅极小孔内的电势分布。需要注意的是,栅极孔中心的电位高于加速栅极的电位,这是由离子束的空间电荷效应引起的。栅极孔中心的电位是离子从电离室被引出过程中所能感受到的最低电位。在下面我们将其统称为最低电位。实际上最低电位决定了电子的返流率。通过合理地选取加速栅极的电位值,能够避免过多的返流发生。

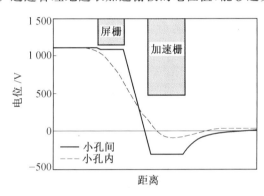

图 4.56　单个小孔内电势沿轴向的变化

加速栅极孔内最低电位主要由施加在栅极上的偏置电压、加速栅极孔中的离子束空间电荷以及栅极和羽流等离子体区的电势降等因素共同决定。在这里我们通过简化方法对这些进行评估,从而帮助理解电子返流的机理。

如上所述,返流电子电流是由于麦克斯韦分布尾部的高能电子克服加速栅极的势垒形成的。因此进入推力器电离室等离子体区的返流电子电流等于羽流等离子体区的电子随机通量乘以束流等离子体和加速栅极孔内的电势差决定的玻耳兹曼因子

$$I_{eb} = \frac{1}{4} ne \left(\frac{8kT_e}{\pi m_e} \right)^{\frac{1}{2}} e^{-\frac{(V_{bp} - V_m)}{T_e}} A_a \tag{4.174}$$

其中,I_{eb} 为电子返流电流;V_{bp} 为羽流等离子体区电位;V_m 为栅极孔内的电位;A_a 为栅极孔的束流面积。此外,通过栅极孔流出的离子束电流为

$$I_i = n_i e v_i A_a \tag{4.175}$$

其中通过系统的离子速度为

$$v_i = \sqrt{\frac{2e(V_p - V_{bp})}{m_i}} \qquad (4.176)$$

式中,V_p 是电离室中鞘层边缘的等离子体电势。结合式(4.174)和(4.176),可以得到栅极孔内的电位为

$$V_m = V_{bp} + T_e \ln\left[\frac{2I_{eb}}{I_i}\sqrt{\pi \frac{m_e}{m_i}\left(\frac{V_p - V_{bp}}{T_e}\right)}\right] \qquad (4.177)$$

该方程描述了为了产生相对于离子束电流的特定数量的电子返流电流,栅极孔内所需要的电位。注意到这个公式与栅极几何尺寸无关。图 4.57 所示为加速电压 $V_p - V_{bp} = 1\,500\,V$ 的情况下,通过上式计算得到的羽流不同电子温度情况下返流电子电流和离子束电流的比例与加速栅极孔内电位的关系。例如对 NSTAR 推力器羽流电子温度为 2 eV 的情况,可以计算出为了将返流电子电流与离子束电流之比控制在 1% 以内,则需要在羽流等离子体区和加速小孔内建立起至少 12.5 V 的电势降。

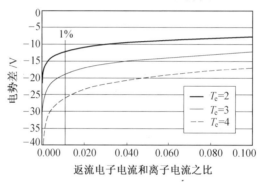

图 4.57　几个不同电子温度下要达到给定的返流电子电流与离子电流
之比与所需要的等离子体束与最低电位间的电势差的关系

实际上最低电位由栅极的几何形状、栅极表面的电位以及空间离子电荷密度等因素共同决定。在双栅极系统中的电势分布如图 4.56 所示,这最早是由 Spangenberg 在不考虑空间电荷影响的条件下,通过对真空条件下薄栅极进行建模,对拉普拉斯方程求解析解得到的。

Spangenberg 的表达式进一步由 Williams 和 Kaufman 进行修正,使之适用于大多数离子推力器栅极结构。在这里我们进行简单的介绍:

$$V_m^* = V_a + \frac{d_a(V_p - V_a)}{2\pi l_e}\left[1 - \frac{2t_a}{d_a}\tan^{-1}\left(\frac{d_a}{2t_a}\right)\right]e^{-\frac{t_a}{d_a}} \qquad (4.178)$$

其中,V_m^* 指忽略离子空间电荷情况的最低电位;V_a 为外加的加速栅极上的电位。图 4.52 中定义了栅极的各种尺寸,l_e 由式(4.162)给出。式(4.178)描述了最低电位和栅极几何形状的关系。但该式仅在离子束空间电荷可以忽略的情况下(非常低的离子束电流密度)适用。

因此在这里我们进一步分析空间离子电荷密度对最低电位的影响。栅极小孔内的离

子空间电荷会造成最低电位的降低,这可以采用高斯定理的积分形式来进行估计,即

$$\oint \boldsymbol{E} \cdot \mathrm{d}\boldsymbol{A} = \frac{1}{\varepsilon_0} \int\limits_V \rho \,\mathrm{d}V \tag{4.179}$$

式中,$\boldsymbol{E}$ 为电场 $\mathrm{d}\boldsymbol{A}$ 为面积微元;ε_0 为真空介电常数;ρ 为表面积 S、体积 V 的高斯面内的离子电荷密度。分别在离子束内以及离子束和加速栅极孔壁之间的无电荷区域内进行求解可以得到这两个区域的电势降。最后,把这两个电势降相加即得到了加速栅极和离子束中心之间的总电势降。

假设离子束半径为 $\dfrac{d_b}{2}$,而加速栅极孔内径为 $\dfrac{d_a}{2}$。对式(4.179)左端沿半径方向进行积分

$$\oint\limits_S \boldsymbol{E} \cdot \mathrm{d}\boldsymbol{A} = \int_0^{2\pi} \int_0^{r_a} E_r r \,\mathrm{d}\theta \,\mathrm{d}z = E_r 2\pi r z \tag{4.180}$$

其中假定 E_r 和轴向位置无关。如果离子电荷密度均匀分布,则可以对式(4.179)的右端项进行积分并得到

$$\frac{1}{\varepsilon_0} \int\limits_V \rho \,\mathrm{d}V = \frac{1}{\varepsilon_0} \int\limits_V \rho r \,\mathrm{d}r \,\mathrm{d}\theta \,\mathrm{d}z = \frac{\rho}{\varepsilon_0} \pi r^2 z \tag{4.181}$$

综合式(4.180)和(4.181),可以得到加速栅极孔中心线到离子束外缘的径向电场 E_{r1} 为

$$E_{r1} = \frac{\rho r}{2\varepsilon_0} \quad \left(0 < r < \frac{d_b}{2}\right) \tag{4.182}$$

从离子束边缘到孔壁再次使用高斯公式,可以得到离子束外侧“真空区域”的径向电场 E_{r2} 为

$$E_{r2} = \frac{\rho d_a^2}{8\varepsilon_0 r} \quad \left(\frac{d_b}{2} < r < \frac{d_a}{2}\right) \tag{4.183}$$

利用式(4.182)、(4.183)得到的电场,并进行积分,可以得到由空间离子电荷所产生的中心线到加速栅极壁之间的电势降 ΔV

$$\Delta V = -\int_0^{\frac{d_b}{2}} E_{r1} \,\mathrm{d}r - \int_{\frac{d_b}{2}}^{\frac{d_a}{2}} E_{r2} \,\mathrm{d}r = -\int_0^{\frac{d_b}{2}} \frac{\rho r}{2\varepsilon_0} \,\mathrm{d}r - \int_{\frac{d_b}{2}}^{\frac{d_a}{2}} \frac{\rho d_b^2}{8\varepsilon_0 r} \,\mathrm{d}r =$$

$$\frac{\rho d_b^2}{8\varepsilon_0} \left[\ln \frac{d_a}{d_b} + \frac{1}{2}\right] \tag{4.184}$$

上式中加速栅极孔内的离子束电流密度等于电荷密度与离子束速度的乘积。因此离子电荷密度 ρ 为

$$\rho = \frac{4I_i}{\pi d_b^2 v_i} \tag{4.185}$$

其中,v_i 为最低电位处的离子速度

$$v_i = \sqrt{\frac{2e(V_p - V_m)}{M}} \tag{4.186}$$

将式(4.185)和(4.186)代入式(4.184)中,可以得到

$$\Delta V = \frac{I_i}{2\pi\varepsilon_0 v_i}\left[\ln\frac{d_a}{d_b}+\frac{1}{2}\right] \tag{4.187}$$

由于电势为标量,可以进行求和计算,式(4.187)和(4.178)之和为考虑离子空间电荷密度情况下的最低电位值

$$V_m = V_a + \Delta V + \frac{d_a(V_{bp}-V_a)}{2\pi l_e}\left[1-\frac{2t_a}{d_a}\tan^{-1}\left(\frac{d_a}{2t_a}\right)\right]e^{-\frac{t_a}{d_a}} \tag{4.188}$$

式(4.188)等于式(4.177)。因此综合这两式,得到返流电子电流和栅极电位的函数关系,其值为

$$\frac{I_{be}}{I_i} = \frac{e^{\frac{V_a+\Delta V+(V_{bp}-V_a)C-V_{bp}}{T_e}}}{2\sqrt{\pi\dfrac{m_e}{m_i}\dfrac{(V_p-V_{bp})}{T_e}}} \tag{4.189}$$

式中,几何参数 C 的表达式为

$$C = \frac{d_a}{2\pi l_e}\left[1-\frac{2t_a}{d_a}\tan^{-1}\left(\frac{d_a}{2t_a}\right)\right]e^{-\frac{t_a}{d_a}} \tag{4.190}$$

对于实际的离子推力器,返流电流的大小是由两种方法来确定的。一种方法是监控随着加速栅极电位的减小,栅极电流的增加的值。电流的增加是由于电子返流而引起,而且 1% 的增量被定义为避免电子返流所需的最大加速栅极电位(该值为一负值),称为返流限制。图 4.58 显示了 NSTAR 离子光学系统中,由式(4.189)计算得到的加速栅极电流(以离子束电流进行归一化)随着加速栅极电位的变化规律,推力器的放电功率保持最大功率(功率 2.3 kW,推力 92.7 mN,比冲 3 127 s,效率 61.8%)。在图中按照推力器的测量结果,假定羽流区的电势和电子温度分别为 12 V 和 2 eV。可以发现加速栅极上的返流大约出现在 −150 V 的情况,这与发动机测试得到的数据是一致的。

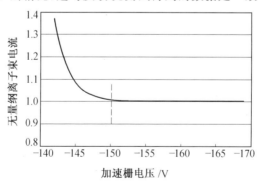

图 4.58　无量纲后的离子束电流随加速栅极电压的变化曲线,显示了电压减小过程中电子返流开始时的电压

第二种确定返流限制的方法是监测产生单位离子所需要的能量,这可以通过计算产生离子束电流所需要的放电功率除以离子束电流得到。当存在返流时,就降低了离子生成的成本。图 4.59 中显示了采用这种方法在 NSTAR 推力器上功率 2.3 kW,推力 92.7 mN,比冲 3 127 s,效率 61.8% 工况下测得的试验数据。由于加速电压的减小,离子

生产成本降低 1‰ 则表明返流的开始。采用这种方法计算的返流限制大小约为 −148.1 V,这和上一种方法得到的结果是一致的。

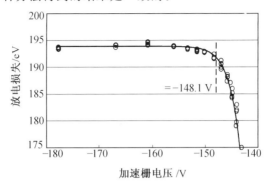

图 4.59　NSTAR 离子推力器功率 2.3 kW,推力 92.7 mN,比冲 3 127 s,效率 61.8% 工况下的离子生产成本随加速栅极电压变化的曲线,显示了电压减小过程中电子返流开始时的电压

式(4.189) 和(4.190) 表明电子返流是加速栅极孔直径的函数。加速栅极孔直径的增加会导致最低电位的减小。这会增加给定电压下的返流电流,也可以说增加了给定电流下的返流限制。在 NSTAR 离子推力器功率 2.3 kW,推力 92.7 mN,比冲 3 127 s,效率 61.8% 工况下的寿命试验中发现,由于栅极的溅射腐蚀会造成加速栅极孔变大,如图 4.60 所示。图中标明了壁面发生回流的最小栅极电压与加速栅极小孔直径的关系。当栅极小孔直径增大后,则需要更大的负偏压,以避免返流的发生。

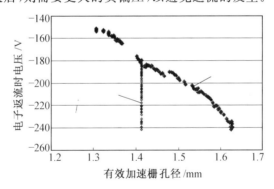

图 4.60　在 NSTAR 推力器功率 2.3 kW,推力 92.7 mN,比冲 3 127 s,效率 61.8% 工况下电子返流发生时的加速栅极电压与有效加速栅极孔直径的关系

从图 4.60 中也可以发现栅极孔的形状是非常重要的。在推力器寿命前期,栅极孔由于溅射而被腐蚀,这时小孔的直径可以采用光学测量方法测试得到的最小孔直径来进行描述。但是,随着测试的进行,对加速栅极的上表面的腐蚀基本上就停止了,但是观察到加速栅极下表面逐渐变为倒菱形。此时在计算栅极小孔尺寸时就需要考虑到由于返流造成的小孔腐蚀的不规则效应,如图 4.60 的右侧部分所示。上面的分析模型只考虑了栅极孔直径和厚度的影响,因此此时还需要添加新的一项,用于考虑圆锥形的腐蚀形状。这种情况下最好使用二维模型来处理,从而能够确定栅极孔形状随时间的变化,并能计算轴线

上的电场分布。

需要注意的是,虽然上面描述的分析模型能够说明电子返流的机制,并且理论计算结果和实验测量结果吻合较好;但计算结果对给定的尺寸及离子束参量非常敏感。因此,这个返流模型实际上只能提供返流电压和电流的估算方法,很容易出现 10% ~ 20% 的偏差。上面描述的二维栅极程序通过求解泊松方程,能够更加精确地计算返流限制。

最后,电子返流首先发生在离子束电流最高的区域,该区域内的离子空间电荷密度最高。NSTAR 推力器的平面度(被定义为电流密度的平均值与峰值之比)为 0.5,也就是说其峰值电流与平均电流之比约为 2∶1,因此其离子束分布是很不均匀,这种情况会造成电子的返流首先发生在栅极中心附近的小孔区域。这种局部返流会加速轴线上的电子,并造成推力器尾部位于中心线的部件,例如阴极过热。如果推力器栅极被设计成平板结构,例如 NEXIS 离子推力器,则其平面度大于 0.9。对于这种推力器,在给定总的离子束电流时,由于峰值离子电流密度较低,并不会轻易形成返流。而且如果发生返流,返流发生的面积更大,这能够最大限度地减少电离室内的局部过热问题。

4.7　离子推力器寿命和未来发展方向

4.7.1　离子寿命的主要影响因素

离子推力器的长寿命是卫星寿命不断增加和星际深空探测使命对推进系统的必然要求。因此,各种应用于空间任务的离子推力器在投入应用之前都会进行相应的寿命实验。美国航天局(NASA)的 30 cm 的 NSTAR 推力器的原设计寿命为 8 000 h,消耗氙推进剂 83 kg。从 1998 年 10 月开始,在喷气推进实验室(JPL)一直进行着深空一号(DS-1)飞行备份推力器的地面寿命扩展试验,到 2001 年 8 月已经累计达到 18 000 h,到 2003 年 8 月达到 25 000 h,消耗推进剂 200 kg。2004 年 NSTAR 地面寿命扩展试验结束,累计时间达到 30 352 h,消耗推进剂 235 kg。相对原设计寿命大大延长。JPL 已经完成了完整的数据评估和硬件物理分析工作[31,32]。

2002 年德国 10 cm 射频离子推力器 RIT - 10 的地面寿命试验达到 15 000 h,2003 年达到 19 000 h,最终验证的寿命大于 20 000 h。日本从 2000 年开始的 10 cm 电子回旋共振离子推力器地面试验寿命到 2003 年已经达到 18 000 h。

离子推力器比传统的化学推进设备结构更为复杂,这在一定程度上增加了推力器的失效风险。20 世纪 60 年代以来,研究者就对离子推力器进行了一系列地面和空间试验,迄今为止发现的离子推力器失效模式多达 20 余种。其中影响推力器寿命的主要部件有:离子光学系统的栅极、主阴极和中和器的阴极。

对于栅极来说,首先是加速栅极存在受离子轰击溅射的问题。电离室中已电离的离子与未电离的氙原子之间会进行电荷交换而生成低能离子,称电荷交换离子。由于加速栅极为负电位,极易受到电荷交换离子的轰击。在双栅极系统中,离子会聚集到加速栅极孔中,导致栅极结构发生变化。在三栅极系统中,会使栅极孔扩大,产生电子的逆向流动。屏栅极相对于电荷交换离子也是负电位,也会受到这种电荷交换离子的轰击,造成孔的连接部分断裂。其次,屏栅极等低电位部件在受到离子的溅射和轰击以后,会散发出微粒碎屑。这些微粒碎屑附着在屏栅极上,会改变栅极孔附近的电位分布,引起离子束偏离正常射向。在空间失重条件下,这些微粒碎屑还会到处飘浮,很可能使栅极之间产生短路(SERT‐II 出现过这种短路故障)。因此,为了减少电荷交换离子对栅极的轰击,应提高工质利用率,以减少未电离的氙原子;降低放电损失和放电电压,以减小电离室离子的能量,特别是要控制二价离子的生成。在本节中,我们会针对常见的栅极腐蚀以及其物理机制为读者进行介绍。

主阴极在反复加热和离子轰击下,其发射体、触持极以及小孔等部件会被溅射腐蚀,造成工作寿命缩短,我们将会在 6.5 节进行详细论述。

4.7.2　离子加速栅极寿命

目前离子推力器最主要的腐蚀机制来自加速栅极的腐蚀。尽管通过合理的离子光学设计能够使大部分离子从电离室被引出后通过加速栅极聚焦,但是在电离室下游形成的二次离子流会轰击加速栅极。二次离子是由离子束和电离室逸出的中性气体进行电荷交换碰撞(CEX)形成的。电荷交换碰撞的碰撞截面很大,约为 100Å^2 数量级。通过这一过程产生高速的中性原子和低速的热离子。这些低速离子被吸引并轰击带负电的加速栅极,并且这部分离子有足够的能量造成加速栅极材料的溅射。由于溅射产生的腐蚀最终会造成加速栅极孔径太大而不能阻止电子回流,或者太多的材料从栅极表面脱落造成加速栅极结构损坏。

栅极腐蚀区域按照其特点可以分成两个区域,一个是栅极孔腐蚀(Barrel Erosion),这是由于在屏栅极孔鞘层和加速栅极下游表面之间产生的离子轰击而形成的,如图 4.61 所示。这个区域形成的电荷交换离子会对加速栅极小孔的内表面造成影响,导致孔径增大。随着孔径的增大,加速栅极必须逐步增加负偏压,以阻止由中和器阴极发射的电子回流至电离室,其原因在 4.6.4 小节中已经进行了论述。但是由于电源功率的限制,加速栅极上能够施加的负偏压是有限的,当负偏压超过电源允许的最大值后,加速栅电源无法进一步阻止电子回流,推力器就会发生故障。

加速栅极腐蚀的第二个区域是由栅极下游发生电荷交换碰撞的离子引发的。因为离子束呈细长条状,在每个小离子束内部,径向电场起主导地位,从而排斥速度较慢的电荷交换离子,并将它们引入离子束间的狭缝中。在诸多离子束融合形成一个连续离子密度分布之前的该区域,由于电荷交换产生的离子会在较大的负电势的吸引下返回到加速栅极,如图 4.62 所示。这些离子会轰击加速栅极下游表面的材料,从而产生溅射腐蚀,并在下游栅极表面形成了六边形的"洞‐槽"型腐蚀。如果这种腐蚀贯穿整个栅极就会造成加速栅极的结构失效。由离子回流引发的加速栅极小孔边缘的腐蚀也会增大加速栅极小孔直径,从而导致电子回流的发生。

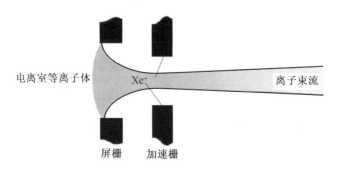

图 4.61　造成栅极小孔腐蚀的离子由加速栅极小孔上游和孔内的电荷交换碰撞产生

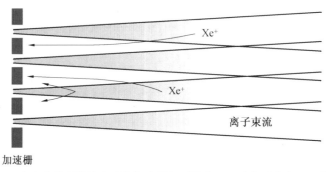

图 4.62　产生沟槽腐蚀的离子在加速栅极下游表面以及离子束交叉区域产生

对 NSTAR 离子推力器功率 2.3 kW,推力 92.7 mN,比冲 3 127 s,效率 61.8% 工况下的寿命实验表明,电荷交换离子的溅射造成的加速栅极腐蚀是限制其寿命的最主要原因。图 4.63 为加速栅极中心孔在经过 30 000 h 测试前后的对比图片,可以明显看出栅极孔腐蚀扩大了小孔直径。需要指出的是,在测试结束的图片中,出现三角形结构的部位是腐蚀已经完全贯穿于整个加速栅极的情况。图 4.64 为扫描电镜图(SEM)的测试结果,展示了"洞-槽"型腐蚀状态。从图中可以看出,当测试结束时,发生的腐蚀已经贯穿整个加速栅极。如果栅极继续进行工作,则最终会导致加速栅极的结构失效,但并不认为这种情况在测试结束时即将发生。

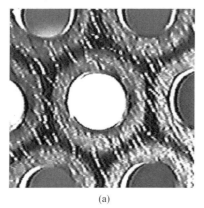
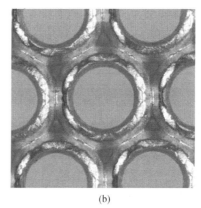

(a)　　　　　　　　　　　　　　　(b)

图 4.63　NSTAR 离子推力器的加速栅极

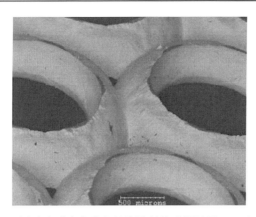

图 4.64　SEM 图片表明在小孔之间的溅射几乎损坏了 NSTAR 栅极的结构

1. 栅极模型

如上所述,加速栅极的腐蚀主要是由电荷交换离子的溅射作用造成的。最简化的腐蚀速率的计算方法为:首先计算离子束内产生的电荷交换离子的数量,然后找到这些离子撞击加速栅极的具体部位,最后确定被离子溅射的材料的腐蚀速率。在一个设计合理的离子加速器中,总的电荷交换离子流应该构成几乎全部加速栅极的电流(也就是说栅极没有直接对来自于电离室内的离子束进行拦截)。美国宇航局 NSTAR 推力器测定的加速栅极电流占总离子束电流的 $0.2\%\sim0.3\%$,如图 4.65 所示。对于大多数离子推力器,一般要求加速栅极电流占总电流的 1% 或更低水平。

计算在栅极区域的电荷交换碰撞频率比较简单。单个小孔的离子束形成的电荷交换电流计算公式为

$$I_{\mathrm{CEX}} = I_{\mathrm{Beamlet}} n_{\mathrm{o}} \sigma_{\mathrm{CEX}} l_{\mathrm{d}} \tag{4.191}$$

其中,l_{d} 是加速栅极下游离子回流到栅极的有效路径长度;n_{o} 是沿着此长度的平均中性气体密度。电荷交换碰撞截面 σ_{CEX} 随着离子束能量的变化缓慢发生变化。沿着 l_{d} 的平均中性气体密度可以通过推力器的工质利用率(等于流过加速栅极的离子束电流与中性原子流量之比)来进行估计。通常假设中性气体密度在加速栅孔内恒定不变,并且气体在加速栅极下游扩散过程中逐渐降低。中性气体密度通常在加速栅极边缘的小孔内是最高的,而在加速栅极中心区域的小孔内较低,原因在于电离室的中心区域几乎所有的气体已经被电离。有效路径长度 l_{d} 本质上是指在下游区域小离子束完全融合形成束流等离子体并在束流半径方向具有均匀的电势分布所需的长度。在进行加速栅腐蚀计算时,有效路径长度的估计是必须的。通过对这一参数计算,使计算区域大于该长度,才能够保证计算区域足够长,足以包含所有能够回流到加速栅极的电荷交换离子。

利用式(4.191)以及图 4.65 得到的电流比,可以对 NSTAR 推力器的有效路径长度 l_{d} 进行估算。如果加速栅极电流完全是由电荷交换碰撞造成的(也就是没有栅极对离子直接的阻断),那么式(4.191)可以改写为

$$l_{\mathrm{d}} = \frac{I_{\mathrm{accel}}}{I_{\mathrm{beam}} \sigma_{\mathrm{CEX}} n_{\mathrm{o}}} \tag{4.192}$$

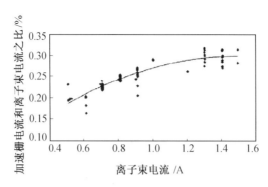

图 4.65　NSTAR 推力器中加速栅极电流和离子束电流之比随离子束
电流的变化,表明加速栅极一般只有离子束电流的 1% 左右

假设电荷交换碰撞的有效路径长度比屏栅极和加速栅极之间的间距大得多,则可以由加速栅极直径、逸出推力器的中性气体流量、推力器离子束电流来估算平均中性气体密度。加速栅极下游,推力器附近的中性气体密度为

$$n_{\mathrm{o}} = \frac{\Gamma_{\mathrm{o}}}{v_{\mathrm{o}} \pi r_{\mathrm{grid}}^2} \qquad (4.193)$$

其中,v_{o} 是中性气体速度,Γ_{o} 是逸出电离室的未电离的工质流量。对于工作于功率 2.3 kW,推力 92.7 mN,比冲 3 127 s,效率 61.8% 工况下的 NSTAR 离子推力器,进入推力器总的中性气体流量是 28 cm³/min。推力器电离室内的工质利用率大约为 88%,所以逸出推力器的中性气体流约是 3.4 cm³/min,也就是每秒大约 1.5×10^{18} 个原子。假设气体流出推力器时具有 250 ℃ 的温度,则中性气体的流速 $\frac{\bar{c}}{2}$ 大约是 110 m/s,则由式 (4.193) 计算得到的平均中性气体密度约为 2.3×10^{17} m⁻³。使用图 4.65 的数据可以得出,在功率 2.3 kW,推力 92.7 mN,比冲 3 127 s,效率 61.8% 工况下离子束电流为 1.76 A,而电荷交换碰撞截面为 5×10^{-19} m²,因此由式(4.192)得到的有效路径长度为

$$l_{\mathrm{d}} = \frac{0.003}{(5 \times 10^{-19})(2.3 \times 10^{17})} = 0.03 [\mathrm{m}] \qquad (4.194)$$

计算得到的路径长度比栅极间距大一个数量级,与假设一致。同时与栅极孔直径相比,路径长度也要大很多,这表明离子光学程序的计算空间很长(几厘米),因此计算模型必须将中心轴尺寸延长到加速栅极的下游。

2. 栅极孔腐蚀

正如图 4.61 所示,在屏栅极与加速栅极上表面之间形成的电荷交换离子,会轰击加速栅极孔的内表面。这些离子对加速栅极材料的溅射会造成栅极孔径的增加。可以采用计算模拟程序,对栅极孔的腐蚀速率进行计算。以下的内容为 NASA 的 NSTAR 推力器在功率 2.3 kW,推力 92.7 mN,比冲 3 127 s,效率 61.8% 工况下的腐蚀数据以及计算结果。

假设所有在电离室下游形成的离子都不能通过加速栅极孔进行聚焦,对于栅极孔腐

蚀,其路径长度被认为是栅极间距和加速栅极厚度之和。对于 NSTAR 来讲是毫米量级。上游气体密度可以通过下游气体密度除以加速栅极开口区域比率 f_a,以及由于加速栅极有限的厚度造成的气体通过率降低的克劳辛系数 η_c 来进行计算。因此中性气体密度为

$$n_o = \frac{\Gamma_o}{v_o \pi r_{grid}^2} \frac{1}{f_a \eta_c} \tag{4.195}$$

由此计算得到,由于开口区域和克劳辛系数的影响,造成加速栅极小孔内的中性气体密度高于加速栅极下游的气体密度。对于开口区域 f_a 的比例为 0.24 以及克劳辛系数等于 0.6 的情况,可以得到栅极间的中性气体密度约为 9×10^{18} m^{-3}。

加速栅极小孔数量近似等于开口区总面积除以每个小孔的面积

$$N_{aperture} \approx \frac{f_a \pi r_{grid}^2}{\pi r_{aperture}^2} \tag{4.196}$$

平均每个小孔引出的离子电流等于总离子束电流除以小孔数目

$$\overline{I}_{aperture} = \frac{I_b}{N_{aperture}} \tag{4.197}$$

一般来说,栅极中心附近的小孔引出的离子电流密度最大。由于电离室内等离子体分布不均,由栅极中心到壁面能够引出的离子电流逐渐减小。中心孔引出的最大小孔电流可以通过离子束平面度来计算,公式为

$$f_b = \frac{平均电流密度}{峰值电流密度} = \frac{\overline{I}_{aperture}}{I_{aperture}^{max}} \tag{4.198}$$

NSTAR 的离子束平面度为 0.47。使用式(4.196),(4.197) 和 (4.198) 计算得到的每个小孔引出的最大离子电流值为 2.5×10^{-4} A。能够轰击加速栅极的电荷交换离子在屏栅极出口与加速栅出口之间形成。屏栅极出口与加速栅出口之间的距离 d 约是 1.12 mm。因此可以得到中心小孔的电荷交换离子流为

$$I_{CEX} = I_{aperture}^{max} n_o \sigma_{CEX} d = 1.4 \times 10^{-6} [\text{A}] \tag{4.199}$$

模拟结果表明,轰击加速栅极的电荷交换离子具有约 30% 的离子束电势能。NSTAR 推力器的离子束电势能为 1 100 V。因此,电荷交换离子的平均能量约为 330 V。小孔壁面材料溅射率计算公式为

$$\dot{n}_{sputter} = \frac{I_{CEX}}{e} Y \approx 3.5 \times 10^{12} \left[\frac{\text{particles}}{\text{s}}\right] \tag{4.200}$$

其中,Y 是材料溅射系数。可以通过材料溅射率来计算器壁的体积腐蚀率

$$\dot{V}_{aperture} = \frac{\dot{n}_{sputter}}{\dfrac{\rho_{Mo}}{M_{Mo}}} \tag{4.201}$$

式中,钼的密度 $\rho_{Mo} = 1.03 \times 10^4$;原子质量 $M_{Mo} = 1.6 \times 10^{-25}$ kg。通过式(4.200)计算得到的体积腐蚀率为

$$\dot{V}_{aperture} = \frac{\dot{n}_{sputter}}{\dfrac{\rho_{Mo}}{M_{Mo}}} = \frac{3.5 \times 10^{12}}{\left(\dfrac{1.03 \times 10^4}{1.6 \times 10^{-25}}\right)} \approx 5.5 \times 10^{-17} [\text{m}^3/\text{s}] \tag{4.202}$$

假设腐蚀在孔内是均匀的,那么小孔半径的增加率等于体积腐蚀率除以孔面积

$$\dot{r}_{\text{aperture}} = \frac{\dot{V}_{\text{aperture}}}{2\pi r_a w_{\text{accel}}} \approx 3 \times 10^{-11} [\text{m/s}] \tag{4.203}$$

其中,加速栅极小孔半径 $r_a = 0.582$ mm;厚度 $w_{\text{accel}} = 0.5$ mm。可以估算出,经过 8 200 h 运行后,孔径增加约为 0.2 mm,这与 NSTAR 推力器 8 200 h 的寿命实验结果是相一致的。

通过二维和三维计算机模拟可以对加速栅极孔腐蚀速率进行更加精确的预测,但是模型确定电荷交换溅射所造成的材料损失所使用的方法都相同。更准确的预测结果需要对通过栅极表面的气体密度以及离子电流密度进行更加精细的计算得到。

3. 洞-槽腐蚀

使用三维离子光学代码,可以再现加速栅极下游表面洞-槽腐蚀的几何细节。JPL 开发的 CEX-3D 三维光学软件,可以对栅极系统的电势和离子轨迹进行计算。计算区域如图 4.66 所示。计算区域从电离室内几毫米的区域开始一直延伸到最后一个栅极下游的几厘米的位置。

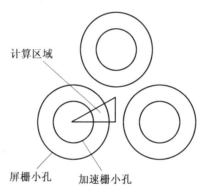

图 4.66　计算区域

模型除了跟踪离子轨迹之外,还能够计算电荷交换离子产生速率以及电荷交换离子的三维轨迹。加速栅极孔内的腐蚀以及下游表面的腐蚀都是由于这些电荷交换离子造成的。程序中记录每种粒子的位置、动能、入射角和电流,用以计算加速栅极材料的腐蚀速率。如上所示,轰击加速栅极下游表面的电荷交换离子可能来自于加速栅极下游几厘米处,因此计算区域通常延伸至加速栅极末端下游 5 cm 位置。

图 4.67 展示了由 CEX-3D 预测的加速栅极下游表面腐蚀的一个结果。NSTAR 推力器寿命试验表明,在寿命后期,加速栅极表面会出现三角形的"坑",这和图 4.67(a) 模拟结果一致。除此之外,能够模拟得到小孔"槽"周围的环形腐蚀深度,如图 4.67(b) 所示。

当采用三栅极结构后,加速栅极表面的洞-槽腐蚀几乎消失了。XIPS 就是采用三栅极结构的离子推力器。如图 4.68 所示,第三栅极能够将轰击加速栅极的电荷交换离子的形成区域从厘米量级降低到毫米量级。这将极大地降低栅极的洞-槽腐蚀,如图4.69 所示。

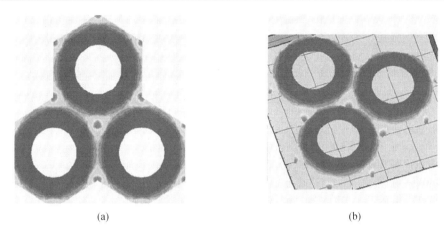

(a)　　　　　　　　　　　　　　　　(b)

图 4.67　具有洞-槽腐蚀的计算结果和实验吻合

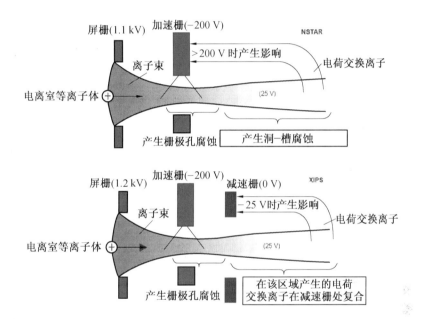

图 4.68　电荷交换离子的产生区域（包括双栅极的 NSTAR 以及三栅极的 XIPS 系统）

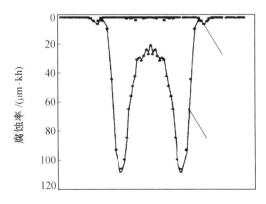

图 4.69　电荷交换碰撞的计算结果表明 XIPS 的第三个栅极几乎没有洞-槽腐蚀,而 NSTAR 中则非常明显

CEX-3D三维代码是用来预测加速栅极下游表面的腐蚀,而较简单的CEX-2D二维代码主要用于计算加速栅极孔腐蚀的过程,因为小孔是圆柱形,能够简化成轴对称模型,而且CEX-2D的计算速度更快。对于电离室等离子体和离子束离子轨迹,CEX-2D与CEX-3D使用的计算方法相同。这两种代码基准互为基准,它们之间的结果值相差几个百分点。

4.7.3 离子推力器的发展趋势

技术先进的离子推力器具有明显的性能优势和航天器应用价值。针对未来航天器使命需求,美国、法国、德国、英国、俄罗斯、日本等国家都在大力发展这种类型的电推进技术,并且已经在高功率、高比冲、长寿命、多模式等关键技术和技术发展方向上取得了重要的进展[32]。

随着离子推力器技术的不断发展以及空间能源技术的不断进步,应用电推进系统正在成为下一代航天器最重要的技术特征之一。对未来许多深空探测使命,离子推力器已经成为实现使命所必需的支撑技术。与国外先进水平相比,我国离子推力器技术还存在较大的差距,非常有必要进一步加强和加快技术发展,因为它不仅标志着一个国家的航天技术发展水平,而且更为重要的是能够带来显著的经济效益和技术效益。根据国内外离子推力器的发展态势,大致可以将离子推力器的发展方向总结如下:

(1)高功率。高功率离子推力器能完成轨道转移、轨道重定位等大推力(短周期)类型机动,可以带来更大效益的应用发展要求。离子推力器功率正在从NSTAR的3 kW级向NEXT的8 kW、NEXIS的20 kW和HiPEP的50 kW扩展。同时,高功率离子推力器也是未来核电推进和更远距离深空探测的支撑技术。

(2)长寿命。离子推力器的长寿命是卫星寿命不断增加和星际深空探测使命对推进系统的必然要求,虽然离子推力器的地面验证寿命已经从10 000 h扩展到30 000 h,空间飞行验证达到16 000 h,但高功率和更高比冲离子推力器的发展使得栅极腐蚀、阴极寿命将再次成为寿命制约因素。一方面,发展中的离子推力器寿命模拟分析技术将使得节省昂贵寿命验证试验成本成为可能;另一方面,正在实现工程应用的抗溅射腐蚀碳基材料栅极将为延长工作寿命提供技术支持。

(3)高可靠。离子推力器是所有电推进类型中结构最为复杂的系统,任何保证实现高可靠工作仍然是需要面对的最大技术挑战,卫星应用中的故障问题反映出可靠性问题还没有彻底解决。目前长寿命工作的可靠性问题主要集中在推力器的阴极(中和器)、栅极、绝缘和高压电源等方面。

(4)高比冲。离子推力器的高比冲是其最大的技术优势,但要进一步提高传统的双栅极推力器比冲,会受到耐高压栅极材料、栅间距和绝缘性能等因素的制约。

第5章 霍尔推力器

5.1 霍尔推进概念及工作原理

5.1.1 历史背景

从 20 世纪 50 年代以来,经过许多科研机构长期广泛的研究,霍尔推力器先后发展了多种型号的样机,如 SPT－50,60,70,100,140,200,290 等,其性能参数见表 5.1。与离子推力器相比,霍尔推力器的特点是:

① 结构简单,没有容易变形、易烧蚀的栅极;运行电压低,所需的电源数少,可靠性高。

② 不存在空间电荷效应问题,推力密度高,体积更小。

③ 比冲和效率虽低于离子推力器,但比冲正好处于目前近地航天器控制所需的最佳比冲范围内。

它的不足之处是:其羽流发散角度大,排气流中粒子含有的能量高,有可能对暴露于射流的表面(阳极、通道及航天器)造成溅射烧蚀;另外,常用氙作为推进剂,但是氙气自然界很少,价格昂贵。

早在 20 世纪 60 年代,前苏联和美国就各自开展了对霍尔推力器的研制工作,但是当时推进器的效率相当低,到了 60 年代末,前苏联通过研究使效率提高到接近 50%,并且当时霍尔推力器的主要设计结构及运行特征一直保持到现在,这些特征包括:在适当的放电电压下表现出稳定的工作特性、应用外部阴极作为额外的电子源并且利用励磁线圈产生外加磁场。美国对于霍尔推进技术研究投入较少,主要精力集中在离子推力器,在 20 世纪 70 年代初几乎停止了对霍尔推进技术的研究工作。而前苏联对霍尔推进技术不断努力进行研究,对计划用于星际任务的大功率推进器和用于地球轨道任务的低功率推进器都进行了相应的理论实验研究并取得了巨大的成功,并于 1972 年在水星号上实现了霍尔推力器的首次飞行。前苏联从第一台霍尔推力器成功飞行以来,前后共有 100 多台霍尔推力器投入正式使用,目前大约还有 50 台依然在工作。表 5.1 为前苏联研制的各种霍尔推力器的性能参数。在霍尔推力器的多种型号当中,霍尔推力器系列是技术最为成熟、飞行任务中实际应用最多的霍尔推力器型号,到 2001 年,在空中飞行的 SPT－100(1.35 kW)累计运行时间已经超过了 7 500 h。目前俄罗斯已成功研制出 ATON 型霍尔推力器,实验证实其效率比传统霍尔推力器系列高 15% ～ 20%,但目前尚未投入实际应用,在地面实验中也没有进行寿命测试,对其在侵蚀寿命方面的优势大小还不清楚。

表 5.1　前苏联几种霍尔推力器样机的性能参数

样机型号	SPT-50/60	SPT-70	SPT-100	SPT-140	SPT-200	SPT-290
加速通道外径/mm	50～60	70	100	140	200	290
推力/N	0.01～0.05	0.02～0.1	0.04～0.2	0.08～0.4	0.15～0.6	0.3～1.00
比冲/s	—	1 570	1 600	1 810	1 950	—
喷气速度/(km·s^{-1})	12	16	16	20	25	30
额定功率/kW	0.7	1.5	3.0	6.0	12.0	25.0
效率	40%	50%	50%	60%	60%～70%	70%～75%
总冲/(kN·s^{-1})	80	250	750	2 200	6 500	2 000
用途	辅助推进	辅助推进	辅助推进	主推进	主推进	主推进
发展状态	正式产品	正式产品	正式产品	初样	实验样机	实验样机

　　20世纪90年代初,随着冷战的结束和前苏联的解体,当时先进的霍尔推进技术逐渐传入西方并进入美国,由于具有良好的性能,该技术立刻引起了研究者的注意,迅速组织人员对俄罗斯的SPT系列霍尔推力器进行了大量的性能实验测试。欧空局已经成功使用PPS-1350型霍尔推力器作为探月航天器Smart-1的飞行动力装置。美国研制的BHT-200,BPT4000等型号霍尔推力器,也已经投入使用。目前霍尔推力器已应用于各类卫星上完成南北位置保持、东西位置保持、姿态控制、倾角修正及重新定位等任务。自从1972年第一台霍尔推力器在水星号卫星上首次试飞成功以后,已有230多台霍尔推力器在60多个卫星上成功应用。

　　虽然我国航天事业日益壮大,但卫星推进系统种类相对单一,适应任务范围也就受到限制。目前我国在卫星推进系统上依然采用传统的化学推进方式,虽然技术成熟且可靠性较高,但是对于卫星的有效载荷、高寿命和高定位精度的要求远不及采用霍尔推进方式。因此,国内对于电推进系统的研究也正在逐步发展,对霍尔推进技术开展研究的单位正逐渐增多。上海801研究所于1995年从俄罗斯引进了SPT系列推进器技术,并对样机通道内的磁场设计及低功率工作模式进行了实验和理论研究工作。哈尔滨工业大学先进动力技术研究所于2002年开始,同作为霍尔推进技术起源地及发明高性能ATON型号的俄罗斯MIREA展开深入合作,建立了等离子推进技术实验室(HPPL),在该领域上开展了全面的理论和实验研究工作。

　　综合各国目前的研究情况,对霍尔推进技术研究现状简要归结如下:在实用化方面,功率为1 kW左右的SPT系列已经成熟,已广泛用于卫星的各种轨道任务;在新型号研制方面,为了进一步增强霍尔推力器的飞行任务适用范围,正在研究开发多种型号,功率范围从100 W到100 kW,比冲范围从1 000 s到5 000 s,寿命要求在5 000 h以上,甚至达到10 000 h;在理论研究方面,虽然对推进器内部的各种物理机制进行了大量的理论和实验研究,但由于自身物理过程复杂且相互关联,仍有很多物理机制及其效应尚未彻底理解。

5.1.2 工作原理及特点

霍尔推力器的工作原理如图 5.1 所示,分别将两个半径不同的陶瓷套管固定在同一轴线上组成了具有环形结构的等离子放电通道。内外磁线圈和磁极将在通道内产生磁场,其磁场构形由整体磁路结构和励磁电流共同决定,正常工作状态下通道内磁场方向主要沿通道半径方向。在径向磁场的条件下,阳极和阴极之间的放电等离子体在通道内将产生自洽的轴向电场,这样,环形通道内将形成正交的电磁场。

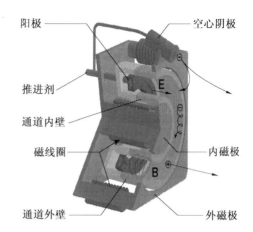

图 5.1 霍尔推力器工作原理

阴极发射的电子进入通道后,在正交的电磁场作用下将形成周向漂移,也称霍尔漂移,大量电子在环形通道内的漂移运动形成了霍尔电流。推进剂从气体分配器注入推进器通道,中性原子同做漂移运动的电子发生碰撞电离成为离子。离子在霍尔推力器的电离区中产生,在电场的作用下加速,从通道喷出后产生推力。

霍尔推力器放电通道中是正交的电磁场,从物理知识可知,在没有其他外力的作用下,磁化电子在正交电磁场中会被束缚在某一有限区域(轴向尺寸在电子拉莫尔回旋半径 λ_L 量级)内沿着与电场和磁场均垂直的方向做霍尔漂移运动。电子做稳定霍尔漂移运动的具体标志是其绕磁力线回旋的导向中心的速度 v_Hall 满足公式

$$v_\mathrm{Hall} = \left| \frac{\boldsymbol{E}}{\boldsymbol{B}} \right| \tag{5.1}$$

v_Hall 是由于电子在一个拉莫尔回旋周期内逆电场方向运动时的轨道差引起的,在本书的 2.2.1 小节单粒子运动的描述中对霍尔漂移的物理过程进行了比较详细的推导。一个稳定的霍尔漂移对应着一个固定的电子绕磁力线旋转的速度相位变化,即电子的旋转轨迹点与电子速度的相位是严格的一一对应关系。电子霍尔漂移的轨迹如图 5.2 所示。霍尔漂移形成的周向电流为霍尔电流,电流的大小是电子密度和速度在特征厚度 L 内的积分,即

$$I_\mathrm{Hall} = n_\mathrm{e}eW \int_0^L v_\mathrm{Hall} \mathrm{d}z \approx n_\mathrm{e}eW \int_0^L \frac{E_z}{B_r} \mathrm{d}z \tag{5.2}$$

式中,W 是通道中等离子体的有效宽度。推力器通道内的轴向电场,约等于放电电压除以等离子体厚度,所以有

$$I_\mathrm{Hall} \approx n_\mathrm{e}eW \frac{V_\mathrm{d}}{B} \tag{5.3}$$

从式(5.3)中可以看到,当磁感应强度不变时,霍尔电流随着放电电压和通道宽度的增大而增加。霍尔漂移的值很大,为 $20 \sim 30$ A,它在推力器将电势能转化为动能的过程

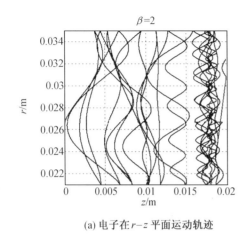
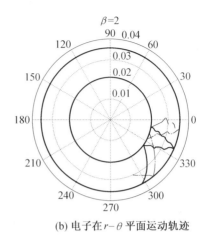

(a) 电子在 $r-z$ 平面运动轨迹   (b) 电子在 $r-\theta$ 平面运动轨迹

图 5.2   周向电子霍尔漂移示意图

中发挥重要作用。

5.1.3   推力器本体及其辅助系统的组成

一个完整的推力器应该包括阳极、阴极、气体分配器、通道套筒及磁路等,如图 5.3 所示。

霍尔推力器的阳极主要是提供电压使等离子体放电。在第一代霍尔推力器中,阳极和气体分配器是一体的。一维热力学模型表明阳极的最高温度为 1 300 ℃ 左右,因此在阳极材料的选择上应选用热导率高的材料来减小其热负荷。

推进剂从气体分配器注入并沿着加速器通道扩散,为了能够均匀化气体,气体分配器的出射孔应周向分布均匀,且出气横截面积要小。在目前 1 kW 量级的霍尔推力器中,常见的气体分配器在周向上分布 50 ~ 100 个直径为 0.1 ~ 0.5 mm 的出射孔,从而达到均匀气体的要求。

霍尔推力器通道内的磁场是由励磁线圈(或永磁铁)及磁路系统生成的。磁路材料必须要有很高的导磁性可以在加速通道的出口提供较强的径向磁场,才能满足稳定放电的要求。图 5.4 为典型霍尔推力器的磁路实物图。磁路由磁导率较高的材料构成,磁场由缠绕在内外线圈铁芯上的线圈产生,在该磁路的引导下在通道内形成了径向磁场。

对于霍尔推力器绝缘通道而言,不仅要求材料具有良好的绝缘性,最为重要的是要考虑材料的各种热学性能。首先,霍尔推力器放电过程中器壁所要承受的温度较高,如 SPT - 100 推力器运行过程中内壁出口位置的温度最高,可以达到 870 K;其次,在轨运行需要推力器数万次的冷启动,启动过程对通道器壁将造成很大的热冲击,导致材料产生热疲劳损伤。因此,要求绝缘壁要有良好的导热性能,减小其所受的热负荷,从而提高推力器的使用寿命。除此以外,由于通道器壁与放电等离子体直接接触,电子与任何表面碰撞都会产生二次电子,二次电子还会直接参与到近壁传导中,对放电电流的大小以及效率有着很大的影响,因此还要求材料具有合适的二次电子发射系数以获得较高的运行效率。此外,霍尔推力器通道具有环形几何结构及较薄的壁厚,这就要求材料具有很好的机械加工性能。因此通常采用氮化硼、氧化硅和氧化铝作为霍尔推力器的绝缘材料。此外,大量的实验表明,氮化硼因具有较高的抗溅射性能、适宜的二次电子发射系数、优异的热学及电学性质而被广泛用于制造霍尔推力器的通道陶瓷套管。

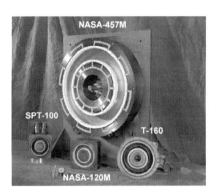 

图 5.3　霍尔推力器实物图　　　　图 5.4　磁路实物图

　　此外,空心阴极,如图 5.5 所示,作为一种电子发射装置是霍尔推力器的关键部件。其发射材料一般采用六硼化镧（LaB_6）或钨钡氧化物等低逸出功物质,在特定的温度下利用热效应发射电子。空心阴极使用螺旋钨丝和直流方式进行持续加热,以便发射体能够达到足够的温度。空心阴极与霍尔推力器羽流连接的区域称为空心阴极耦合区,这里发生着极其重要的物理过程,对空心阴极和推力器的工作状态都具有非常重要的影响。本书的第 6 章,将会对空心阴极的原理和物理过程进行详细的介绍。

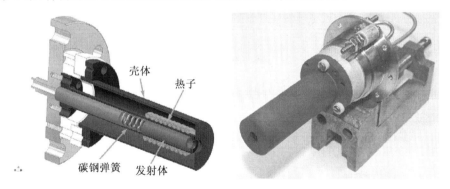

图 5.5　空心阴极示意图

5.2　重要的物理过程及现象

　　根据霍尔推力器的放电过程,一般将推力器的通道分为 3 个区域——近阳极区、电离区以及加速区,通道外则为羽流区,如图 5.6 所示。工质注入推力器后首先进入近阳极区;电离区是工质发生电离的主要区域,轴向范围集中在几个厘米;加速区位于电离区与通道出口之间,是离子加速的主要区域。离子离开推力器通道后,其分布区域则称为羽流区。推力器运行时,在不同区域存在着不同的物理过程,它们会对推力器本身或者航天器性能产生不同的影响。在本节我们针对霍尔推力器内部的物理过程为读者进行介绍。

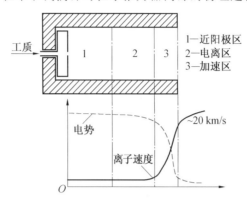

图 5.6 霍尔推力器的典型区域

5.2.1 电 离

工质电离是由磁化电子与工质气体碰撞实现的,是一个原子消耗,并伴随着等离子体产生的物理过程,它是霍尔推力器通道中最重要的物理过程之一。电离主要发生在靠近推力器通道出口的电离区,中性气体(如 Xe)到达电离区后与高速运动的电子发生碰撞,当电子的能量大于中性气体的电离能时,中性气体可能发生电离,其产生的电子在电场的作用下获得能量,继续与中性气体发生碰撞电离,产生连锁反应,如图 5.7 所示。

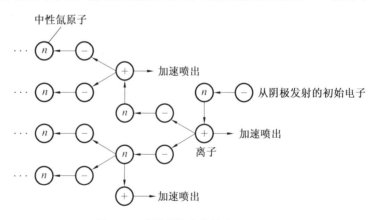

图 5.7 连锁碰撞电离效应

中性气体与电子的电离碰撞过程是一个复杂的过程,以 Xe 为例,主要形式有以下几种:

$$e + Xe \longrightarrow Xe^+ + 2e(低能电子碰撞电离) \tag{5.4}$$

$$e + Xe^+ \longrightarrow Xe^{2+} + 2e(二次电离) \tag{5.5}$$

$$e + Xe \longrightarrow Xe^{n+} + (n+1)e(高能电子碰撞电离) \tag{5.6}$$

由于低能电子(能量大于中性气体的一价电离能)与中性气体碰撞后所生成的离子会在足够大的加速电场的作用下被加速喷出,所以二次电离很少发生;又因为推力器中,电子能量一般为低能,因此高能电子碰撞电离也很少发生,通常认为推进剂电离后主要生成一价离子。对于电离过程,可以分别用原子和离子沿轴向 z 的一维稳态连续性方程表示为

$$V_{a} \frac{\mathrm{d}n_{a}}{\mathrm{d}z} = -n_{e}(z)n_{a}(z)\beta_{iz}(z) \tag{5.7}$$

$$V_{i} \frac{\mathrm{d}n_{i}}{\mathrm{d}z} = n_{e}(z)n_{a}(z)\beta_{iz}(z) \tag{5.8}$$

上式右端项即为电离速率 R_{ion},它表示单位时间内电离所消耗的原子密度。而 $\beta_{iz} = V_{e}\sigma_{iz}$ 为电离速率系数,其近似表达式为

$$\beta_{iz}(z) = \begin{cases} 0 & (T_{e} < T^{*}) \\ \beta_{0}\left[\dfrac{T_{e}(z)}{T^{*}} - 1\right] & (T_{e} > T^{*}) \end{cases} \tag{5.9}$$

对于氙工质而言,方程(5.9)中的 $\beta_{0} = 2.2 \times 10^{-14} \ \mathrm{m}^{3}/\mathrm{s}$,$T^{*} = 4 \ \mathrm{eV}$。可见,电离速率系数直接由电子温度 $T_{e}(z)$ 决定。

方程(5.9)说明在等离子体数密度充足,分布基本相同的条件下,电离特性由电子温度分布 $T_{e}(z)$ 决定,而 $T_{e}(z)$ 又与电子在通道中的能量获取和损失过程有关。

在霍尔推力器中只要等离子体密度和电子温度达到一定水平,电离就有可能随时发生于通道中的任意位置。但是,如果要想达到较高的性能指标,就要考虑对电离的相关参数加以约束,下面将提出能够反映上述电离特性的参数。

为了实现霍尔推力器作为静电加速器的基本职能,要求电离发生的主要区域应该位于加速阶段之前,如图 5.8 所示,并令其轴向长度作为电离区长度,用 L_{ion} 表示,它实际上是中性气体电离的特征长度。若所注入的原子具有初速度 v_{a},则原子电离前在这一区域中停留的时间 t_{a} 可简化表示为电离区长度除以中性粒子的速度,即

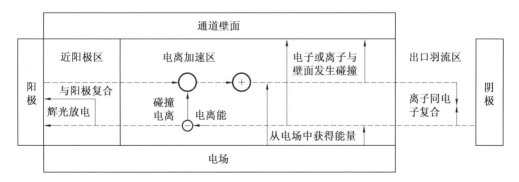

图 5.8　电离区位置示意图

$$t_{a} = \frac{L_{ion}}{v_{a}} \tag{5.10}$$

原子发生电离碰撞所需要的时间 t_n 是原子电离频率 υ_n 的倒数,表示为

$$t_n = \frac{1}{\upsilon_n} = \frac{1}{n_e \upsilon_e \sigma_{iz}} \tag{5.11}$$

当霍尔推力器稳定运行时,电离过程处于动态平衡,一个中性粒子在电离区中的停留时间 t_a 应该与原子电离碰撞时间 t_n 基本相等,即

$$\frac{t_a}{t_n} = \frac{L_{ion} n_e \upsilon_e \sigma_{iz}}{\upsilon_a} \approx 1 \tag{5.12}$$

由式(5.12)可以得到电离区长度为

$$L_{ion} = \frac{\upsilon_a}{n_e \upsilon_e \sigma_{iz}} \tag{5.13}$$

若电子和原子的温度不变,那么根据式(5.13)可知,电离区长度与等离子体密度成反比。但在很多情况下,电子温度是会发生变化的,所以进一步将式(5.13)右端项均乘以原子密度 n_a,则

$$L_{ion} = \frac{n_a \upsilon_a}{n_a n_e \upsilon_e \sigma_{iz}} = \frac{\Gamma_a}{R_{ion}} \tag{5.14}$$

其中,Γ 为原子通量,与质量流量和通道横截面积有关,即 $\Gamma_a = m_a V$。式(5.14)说明在原子通量相同的条件下,电离区长度与电离速率成反比,即 $L_{ion} \propto R_{ion}^{-1}$。

由于受到霍尔推力器中电磁场、壁面等多种因素的影响,电离区所在轴向位置 z_{ion} 也是影响霍尔推力器性能的关键因素,如图5.8所示。由于离子产生后的速度方向具有随机性,如果离子在距出口较远的位置处产生,则很可能会在未到达出口之前就会在径向速度分量的作用下运动到壁面,一方面会与电子复合成原子,损失掉离子动能,造成霍尔推力器的端壁损失,降低推力器效率;另一方面离子在向壁面运动过程中自身能量可能不断增加,在与壁面碰撞后造成壁面腐蚀,影响推力器的使用寿命;如果离子在距出口较近的位置处产生,则绝大多数离子虽然可以顺利离开通道,但是那些具有较大径向速度分量的离子会加剧羽流发散。由此可见,适宜的电离位置也是保证霍尔推力器高性能运行的前提条件之一。

因为电离区的长度可以由电离速率来反映,所以这里用电离速率的峰值来表示电离区的位置,即 $R_{ion}(z = z_{ion}) = \max(R_{ion})$。

工质利用率也是衡量电离效果的重要指标。阳极质量流量 $\dot{m}_a$ 是工质的来源,决定了所能产生的离子。它可以分为离子流等效质量流 $\dot{m}_i$ 和未电离原子质量流量 $\dot{m}_N$ 两个部分,即

$$\dot{m}_a = \dot{m}_i + \dot{m}_N \tag{5.15}$$

其中,$\dot{m}_i$ 与电离生成的离子通量有关,可表示为

$$\dot{m}_i = m_i n_i \upsilon_i S \tag{5.16}$$

对式(5.16)两边沿轴向进行积分,可以得到 $\dot{m}_i$ 与电离速率 R_{ion} 之间的关系,即

$$\dot{m}_i = m_i S \int_z R_{ion} dz \tag{5.17}$$

由此可见, $\dot{m}_i$ 与电离过程直接相关。为了定量化地反映霍尔推力器电离水平,一般用工质利用率 η_m 的大小来表示。

$$\eta_m = \frac{\dot{m}_i}{\dot{m}_a} \tag{5.18}$$

对于给定工况, $\dot{m}_a$ 是已知的,要想获得 η_m 的大小就要计算 $\dot{m}_i$。由于生成的离子会沿放电通道形成定向电流 I_i

$$I_i = e n_i v_i S \tag{5.19}$$

利用 $\dot{m}_i$ 与 I_i 之间的关系,将式(5.19)代入式(5.16)中,可得

$$\dot{m}_i = \frac{m_i I_i}{e} \tag{5.20}$$

离子电流 I_i 可以用探针测量得到,在计算中也易于统计。

当工质全部电离形成离子之后, $\eta_m = 1$。 $\eta_m < 1$,表示存在尚未电离的工质。工质利用率越高,电离效果越好。

5.2.2　电子传导

在没有其他外力的作用下,霍尔推力器通道内的磁化电子在正交电磁场中会被束缚在某一有限区域做霍尔漂移运动。若有外力因素破坏了这种对应关系,那么电子将失去稳定漂移的状态,其导向中心就要发生偏移,即传导。目前,根据破坏机制的不同,在霍尔推力器中共发现 3 种电子传导形式,即经典传导、Bohm 传导和近壁传导。

首先是经典传导。在无电场的磁化等离子体中,目标粒子与其他粒子碰撞之后,不管是否存在能量交换,目标粒子的速度方向总会发生改变。在这种情况下,尽管目标粒子在碰撞之后仍然围绕磁场旋转,但是它的回转相位却发生了不连续的变化。这个变化会使目标粒子旋转的导向中心发生随机的偏移,从而产生穿越磁场的扩散,如图 5.9 所示。这种因为粒子之间的碰撞作用而引起的扩散最早被发现,因此称其为经典扩散机制。由理论分析可知,带电粒子发生碰撞之后其导向中心随机偏移的步长在 λ_L 量级。

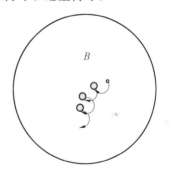

图 5.9　碰撞引起的带电粒子
横越磁场的扩散

在考虑了电场对磁化等离子体的作用之后,带电粒子的导向中心在经典机制的作用下并不再是随机的偏移,而是在电场的牵引下发生定向的传导。这也正是霍尔推力器中的经典传导情况。目前,霍尔推力器通道内的放电参数在设计工况下的典型大小为: $n_e \approx n_i \propto 10^{18} \text{ m}^{-3}$, $n_a \propto 10^{19} \text{ m}^{-3}$, $T_e \propto 10 \text{ eV}$。由这些参数可以大致估算出电子与其他粒子之间的碰撞频率: $v_{ea} \propto 10^6 \text{ s}^{-1}$, $v_{ee} \approx 10^5 \text{ s}^{-1}$。可见,电子与带电粒子之间的相互作用要远远弱于电子与原子的相互作用,因此经典传导主要以电子与原子的碰撞为主。于是,

经典传导机制在通道内引起的电子轴向传导电流密度 j_{ez} 可以表示为

$$j_{ez} = \left(\frac{\upsilon_{ea}}{\upsilon_{ea}^2 + \omega_{ce}^2} \right) \frac{e^2 n_e}{m_e} E_z \tag{5.21}$$

其中, $\omega_{ce} = eB_r/m_e$。在推力器通道内 $B_r \approx 100 \times 10^{-4}$ T,由此可得 $\omega_{ce} \approx 10^8 \ \mathrm{s}^{-1}$;于是有 $\omega_{ce} \gg \upsilon_{ea}$ 成立。此时,式(5.21)可以简化为

$$j_{ez} \approx \left(\frac{\upsilon_{ea}}{\omega_{ce}^2} \right) \frac{e^2 n_e}{m_e} E_z = m_e n_e \upsilon_{ea} \frac{E_z}{B_r^2} \tag{5.22}$$

因此,在经典传导机制作用下,霍尔推力器通道内横越磁场的电导率与电子密度、电子与中性原子的碰撞频率以及传导方向上的电场强度成正比,与垂直于传导方向的磁感应强度的平方成反比,即 $j_{e\perp} \propto |\boldsymbol{B}|^{-2}$。 E_z 在通道内一般为 10^4 V/m,结合之前给出的通道内参数的典型大小,代入式(5.22)可得 $j_{ez} \sim 10 \ \mathrm{A/m^{-2}}$。以 SPT-100 的尺寸为例, $R_1 = 30$ mm, $R_2 = 50$ mm;推力器通道的横截面积 $S \approx 0.005 \ \mathrm{m}^2$。所以经典机制引起的传导电流只有 0.05 A,这比实验测量得到的总电子传导电流的结果要小一个数量级。

因此,霍尔推力器中还存在着除经典传导以外的反常传导机制,目前主要有 Bohm 传导和近壁传导两种反常传导机制。

Bohm 传导的存在已经有很长的历史了,它是由 Bohm、Burhop 以及 Massey 于 1946年在磁约束装置中进行实验时发现的。他们注意到高电离度等离子体横越磁场的扩散系数要比经典扩散系数大得多,这种异常的差距促使它们研究并得出如下结论:高电离度等离子体的不稳定性引起了电场的振荡,进而导致了电子发生横越磁场的随机扩散。由于 Bohm 等人的重要贡献,人们将这种由等离子体振荡引起的扩散称为 Bohm 扩散。将 Bohm 扩散定律应用到霍尔推力器中便是 Bohm 传导。

Bohm 等人给出了在振荡作用下电子横越磁场的扩散系数 $D_{e\perp}$ 的关系式

$$D_{e\perp} \propto \frac{1}{K} \frac{1}{|\boldsymbol{B}|} \tag{5.23}$$

其中,实验常数 $K = 16$。可见,与经典机制下等离子体的扩散与 $|\boldsymbol{B}|^2$ 成反比不同,这种由等离子体振荡引起的扩散与 $|\boldsymbol{B}|$ 成反比,因此式(5.23)很好地解释了 Bohm 在实验中发现的高电导现象。在 Bohm 传导机制下,我们很容易得出 j_{ez} 的计算公式为

$$j_{ez} \approx \frac{en_e}{K} \frac{E_z}{|\boldsymbol{B}|} \tag{5.24}$$

与式(5.22)相比可知,Bohm 传导的霍尔参数 $\left(\frac{\omega_{ce}}{\upsilon_B} \right)$ 被认为是一常数。

在 Bohm 之后,几乎所有实验室中的高电离度等离子体扩散现象均与式(5.24)有很好的吻合。因此,在霍尔推力器的电子传导机制研究中,Bohm 传导也被认为占有很重要的地位。

近壁传导的概念是由 SPT 型霍尔推力器的发明人 A. I. Morozov 于 1968 年提出来的,之后逐渐建立起了相应的理论体系。Morozov 指出,与经典传导类似,电子与通道壁面碰撞也会发生传导。电子与壁面发生碰撞之后会打出二次电子,这一现象称为二次电

子发射(Secondary Electron Emission,SEE)。二次电子可以是被壁面散射的入射电子,也可以是入射电子从壁面材料中撞击出来的真二次电子。不论二次电子的来源,二次电子从壁面发射的初始速度几乎很难继承入射电子的速度,因此二次电子绕磁力线旋转的初始相位与入射电子撞击壁面时的终了相位相比,便发生了不连续的变化,于是产生了传导。Morozov 称这种传导形式为近壁传导。面容比大是霍尔推力器的典型特征,易知电子与壁面碰撞的平均自由程(通道宽度尺寸,几个厘米)要比与其他粒子碰撞的平均自由程(米量级)小得多,因此近壁传导效应要比经典传导效应大得多。图 5.10 给出了电子在微观尺度下发生近壁传导的示意图。可以看出,由于等离子体与壁面相互作用会产生鞘层,鞘层电势一般低于准中性区的电势,因此只有能量高于鞘层势垒的快电子才能打到壁面参与近壁传导。

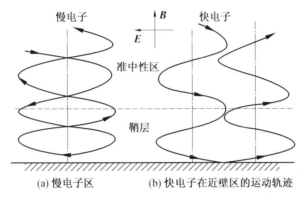

图 5.10　电子在微观尺度下发生近壁传导的示意图

由于近壁传导机制与经典传导机制均依赖于碰撞作用,因此根据式(5.22)可以很容易地写出电子与壁面碰撞之后产生的 j_{ez} 的表达式

$$j_{ez} \approx m_e n_e \gamma \upsilon_{ew} \frac{E_z}{B_r^2} \tag{5.25}$$

其中,二次电子发射系数 γ 与壁面材料的属性以及电子撞击壁面的能量、角度等有关。

关于哪一种反常传导机制在通道内占主导地位的问题经历了很长一段时期的争论,通过对霍尔推力器通道内已有的相关实验现象进行分析,我们可以得出近壁传导才是通道内最重要的传导机制这一结论。

首先,理论分析与实验研究均表明,Bohm 传导在通道内并不占优势。A. I. Morozov 在对霍尔推力器中等离子体流动稳定性的理论研究中,得出稳定准则,即如果在离子的流动方向上磁感应强度的梯度为正的话,那么等离子体流动是稳定的。为了证明这一稳定准则,Morozov 通过实验手段研究了磁场梯度对电流的影响。实验结果表明,随着离子流动方向上磁场梯度由正变化到负,放电电流中离子电流的组分在减小而电子电流的组分在增加,这说明电子横越磁场的传导在增强,对此的解释是电子传导逐渐从稳定的碰撞传导形式转移到振荡传导形式,从而证明了等离子体流动的稳定性判据,即

$$\frac{d|\boldsymbol{B}|}{dz} > 0 \tag{5.26}$$

同时,不同研究者的实验均表明与 Bohm 传导有关的周向波只在 $\nabla_z|\boldsymbol{B}|<0$ 的范围内存在,而在 $\nabla_z|\boldsymbol{B}|>0$ 的区域,这种高频的周向振荡被抑制住了。这一发现再一次印证了 Morozov 给出的等离子体流动的稳定性判据。从这一点来看,以振荡为必要条件的 Bohm 传导不会存在于通道内的绝大部分区域,Bohm 传导更多地是在通道外的负磁场梯度区起作用。

其次,实验研究表明,壁面材料属性对放电电流具有重要影响。法国国家科学研究中心与波兰科学院合作,在不同的壁面材料条件下对霍尔推力器进行了大量的放电实验研究工作。对 3 种绝缘材料(BN‑SiO$_2$、Al$_2$O$_3$、SiC)条件下的放电电流进行测量的结果表明,在推力器正常工作的参数范围之内,不同壁面材料在相同的放电电压下引起的放电电流是不一样的,其最大相对差值达到 25%。进一步的分析表明,引起放电电流这种差异的主要原因是不同壁面材料在电子轰击下具有不一样的二次电子发射特性;二次电子作为近壁传导的载流子,其发射特性的不同将直接导致近壁传导电流的不同,即放电电流的不同。此外,美国、日本的学者也得出结论,壁面材料的二次电子发射特性影响放电电流。

最后,近壁传导电流已经在实验中被测量得到。如果说壁面材料影响放电电流的实验事实只是从侧面反映了通道内近壁传导的重要性,那么通过探针的手段测量得到具有近壁性质的电子电流则给出了近壁传导重要性的最直接证明。近壁传导电流是由 A. I. Bugrova 等人首先测量得到的。实验结果表明,在通道出口附近的加速区,近壁传导电流一般占总传导电流的 80%。由此可见,近壁传导是霍尔推力器通道内最重要的电子传导机制。

5.2.3　近壁区等离子体行为

近壁区等离子体行为在放电过程中扮演着重要角色。而这些近壁机制就隐藏在等离子体与壁面相互作用这一物理过程之中。等离子体与壁面相互作用会在近壁很薄(德拜长度量级)的区域形成一空间带电区域 —— 鞘层。鞘层是连接通道等离子体与壁面的纽带,壁面材料对推力器放电过程的影响实际上是通过影响近壁鞘层来实现的。在本书的 2.3.4 节中,我们对鞘层的主要特点进行了介绍。本节针对霍尔推力器内近壁区等离子体以及鞘层的特殊行为进行描述。

近壁鞘层在通道等离子体与壁面之间扮演着“热绝缘”的作用。以一般的正离子鞘层(Bohm 鞘)为例,鞘层空间的电势分布和电子流动相图如图 5.11 所示。鞘层边界速度小于 $v_c=\sqrt{-\dfrac{2e\varphi_w}{m_e}}$ 的电子不能克服鞘层势垒,因而被鞘层反射回等离子体区;鞘边速度大于 v_c 的电子才能克服鞘层势垒(即 $|\varphi_w|$)与壁面发生作用。一方面将大部分能量沉积在壁面上,另一方面生成的低能二次电子会被鞘层加速出鞘层区域。可见,鞘层势垒 $|\varphi_w|$ 对通道等离子体在壁面的能量沉积具有决定性作用。$|\varphi_w|$ 越大,到达壁面的入射电子流越小,沉积在壁面的电子能量因而越少,从而降低了电子与壁面的相互作用。

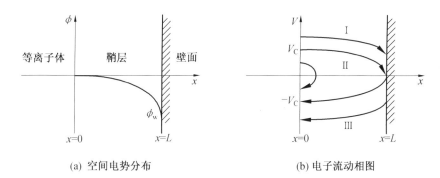

(a) 空间电势分布　　　　　(b) 电子流动相图

图 5.11　正离子鞘层参数分布和电子流动示意图

霍尔推力器的一大特点是绝缘壁面的二次电子发射系数很大,而二次电子发射系数 $\bar{\sigma}$ 对鞘层行为有直接影响。1967 年,Hobbs 和 Wesson 研究了二次电子发射对绝缘平板鞘层中电子热流的影响。通过流体模型分析给出了壁面二次电子发射对壁面电势的影响

$$\varphi_{\mathrm{w}} = \begin{cases} -T_{\mathrm{e}}\ln\left[\dfrac{1-\bar{\sigma}}{\sqrt{\dfrac{2\pi m_{\mathrm{e}}}{m_{\mathrm{i}}}}}\right] & (\bar{\sigma} < \bar{\sigma}_{\mathrm{SCS}}) \\ -1.02T_{\mathrm{e}} & (\bar{\sigma} = \bar{\sigma}_{\mathrm{SCS}}) \end{cases} \tag{5.27}$$

其中,$\bar{\sigma}_{\mathrm{SCS}} = 1 - 8.3\left(\dfrac{m_{\mathrm{e}}}{m_{\mathrm{i}}}\right)^{\frac{1}{2}}$。以各向同性满足麦克斯韦分布的氙等离子体为例,$\bar{\sigma}_{\mathrm{SCS}} \approx 0.983$,我们得到鞘层势垒 $|\varphi_{\mathrm{w}}|$ 和壁面入射电子流通量 j_{ew} 随 $\bar{\sigma}$ 的变化关系,如图 5.12 所示,其中

$$j_{\mathrm{ew}} = n_0\sqrt{\frac{T_{\mathrm{e}}}{2\pi m_{\mathrm{e}}}}\exp\left(\frac{e\varphi_{\mathrm{w}}}{T_{\mathrm{e}}}\right) \tag{5.28}$$

式中,n_0 为鞘边的等离子体密度,m^{-3}。

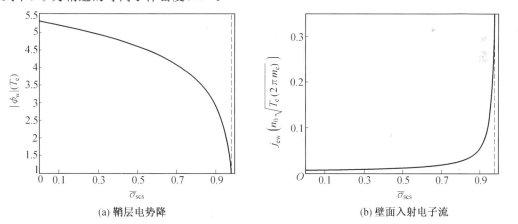

(a) 鞘层电势降　　　　　　　(b) 壁面入射电子流

图 5.12　各向同性氙等离子体绝缘壁面鞘层参数随 $\bar{\sigma}$ 的变化关系

可见,随着总二次电子发射系数 $\bar{\sigma}$ 的增加,壁面势垒 $|\varphi_{\mathrm{w}}|$ 逐渐降低,入射电子通量逐渐增加,并且在 $\bar{\sigma} \to \bar{\sigma}_{\mathrm{SCS}}$ 时变化非常迅速。

可见,壁面二次电子发射特性对鞘层势垒、壁面电子热流以及由此决定的等离子体与

壁面相互作用有重要影响。当二次电子发射系数较低时($\bar{\sigma} < \bar{\sigma}_{SCS}$),鞘层势垒很大(为电子温度的好几倍),$j_{ew}$ 随 $\bar{\sigma}$ 的增加变化不大,表明等离子体与壁面相互作用较弱,鞘层表现出"热绝缘"特性。然而当 $\bar{\sigma} \to \bar{\sigma}_{SCS}$ 时,$|\varphi_w|$ 迅速降低,导致 j_{ew} 急剧增加,等离子体与壁面相互作用明显增强,鞘层表现为"吸热"特性。

相比于一般的热平衡等离子体与壁面相互作用,霍尔推力器中的等离子体与壁面相互作用存在着很多特殊的地方,主要表现在:

(1)通道等离子体处于非热平衡状态。

实验研究表明[33],霍尔推力器中的电子分布函数明显偏离麦氏分布,且通道电子大致可以分成 3 个群落:

①"闭锁电子"。这部分电子能量很低,不能克服鞘层势垒,因而被封闭在内外壁面之间的放电通道中。

②"中间电子"。这部分电子由于和壁面发生非弹性碰撞后受到了轴向强电场的加速。

③"快电子"。这部分电子和壁面发生若干次弹性碰撞,每次碰撞后都会受到轴向电场的加速,因而具有很高的能量。由于大部分中间电子和所有快电子都能克服鞘层势垒与壁面发生作用,因而总的电子能量分布会出现高能尾部耗竭的形状。加拿大的 Sydorenko 等人通过径向一维 PIC 模拟发现,当壁面发射电子束流较大时会造成通道中的电子速度分布函数随速度非单调变化,进而引起主流区等离子体的双流不稳定[34]。

(2)鞘层不稳定。

俄罗斯的 Kirdyashev 在型号为 SPD-70 的霍尔推力器上实验发现加速区外壁面附近存在 $1 \sim 5$ GHz 的超高频等离子体振荡,并推测振荡源为绝缘壁面的非平衡二次电子发射,从而揭示了霍尔推力器放电通道鞘层的不稳定现象[35]。Morozov 和 Savelyev 通过一维动理学鞘层模拟发现鞘层边界的密度扰动会引起鞘层振荡[36],当壁面二次电子发射足够强时(空间电荷饱和机制)鞘层表现为周期振荡[37]。Yu 等人采用 PIC 方法研究了霍尔推力器通道壁面二维鞘层的动理学特性,发现空间电荷饱和机制下鞘层会出现空间振荡[38]。Sydorenko 等人的一维径向 PIC 模拟发现强二次电子发射条件下,通道鞘层表现为"弛豫"振荡,即非空间电荷饱和鞘层机制与空间电荷饱和鞘层机制之间的周期性切换。

(3)双壁面结构。

霍尔推力器放电通道由同轴内外陶瓷套筒构成,因此具有平行的双壁面结构。为了解释和壁面碰撞的电子来源,西班牙的 Ahedo 通过径向一维动理学鞘层模型,考虑了壁面二次电子发射及通道电子的部分热化,指出与一侧壁面发生碰撞的电子主要来源于另外一侧壁面发射的二次电子。分析指出壁面发射的二次电子在向通道中心运动时会受到鞘层的加速,从而具有较高的速度,使得这部分电子具有足够高的能量来克服另一侧壁面鞘层的势垒,进而与另一侧壁面发生碰撞。在 Ahedo 研究的基础上,加拿大的 Sydorenko 以及美国 PPPL 实验室的 Kaganovich 采用一维 PIC 模型对径向预鞘层和鞘层进行了模拟[39]。模拟结果表明,基本上所有由壁面发射的二次电子都能够与另一侧壁面发生碰撞,并且流向壁面的二次电子束流可达体电子束流的 6.8 倍。

可见,霍尔推力器放电通道中的近壁等离子体行为存在很多特殊的地方。尽管前人对鞘层的特性及机理、鞘层的影响因素做了很多重要的研究,得到了许多有益的结论,但是对鞘层的研究还远没有结束。如鞘层与通道出口反常腐蚀形貌之间的深层次机理、鞘层对电子运动过程的影响等。

由于霍尔推力器近壁等离子体行为对整个放电过程(包括电子传导、电子能量平衡、工质电离和离子加速过程)的重要影响,人们对其进行了大量的理论及数值研究。这些研究中,有的直接针对近壁微观鞘层进行模拟,有的考虑双壁面构型二次电子发射效应的径向一维宏观模型,有的则把近壁过程作为边界条件嵌入到一维轴向或二维(轴向和径向)模型中。总的来说,由于模拟方法的差别,以及等离子体与壁面相互作用的处理方法各不相同,这些研究反映的物理机制也有所不同。

不同研究者在其模型中对等离子体与壁面相互作用的处理方法见表 5.2。这些研究囊括了等离子体模拟领域的一般方法,如一维轴向($1D(z)$)、一维径向($1D(r)$)及二维($2D(r,z)$)流体模拟,动理学模拟($1D(r)$),混合模拟($2D(r,z)$),一维径向($1D(r)$)及二维($2D(r,z)$)PIC 模拟方法。其中,流体模拟从宏观的角度研究等离子体大范围、长时间的性质,将微观得到的输运系数等作为已知条件,数值求解磁流体方程。

一般而言,一维轴向或二维流体模型需要附带一个鞘层模型来引入近壁效应,而一维径向流体模型除了研究近壁鞘层及预鞘层机制外,还可为一维轴向及二维流体模型提供坚实可靠的鞘层模型。动理学方法则主要通过对弗拉索夫方程的求解,来得到粒子的分布函数随时间的演化过程。由于考虑了粒子的分布函数,动理学方法可以考虑细致的二次电子发射模型(即建立基于单能电子入射的二次电子发射系数模型和能谱模型)。粒子模拟方法通过跟踪大量单个微观粒子的运动来统计平均得到等离子体的宏观特性,因而也能够考虑细致的二次电子发射模型。

总的说来,这些模型反映的物理机制包括:

① 壁面二次电子发射机制。包括二次电子发射系数模型,如给定一恒值,幂规律[40]、线性规律以及实际的单峰形貌;二次电子能谱模型,如单峰分布[36,37],以及实际的双峰分布。

② 高发射系数条件下的空间电荷饱和鞘层机制。

③ 二次电子部分热化。

④ 电子温度各向异性。

⑤ 电子非麦氏分布等。

表 5.2　霍尔推力器绝缘壁面鞘层模型

作者	模型	SEE	电势求解	主要近似及假设
Roy & Pandey[40]	1D(z) 流体	考虑	准中性	σ服从幂规律;不考虑空间电荷饱和机制
Barral 等	1D(z) 流体;电子服从双温Maxwellion 分布	考虑	电子动量守恒方程	σ服从线性律;鞘层电势由壁面电流平衡条件获得;考虑了空间电荷饱和机制
Ahedo 等	1D(z) 流体	考虑	电子动量守恒方程	σ服从线性律;二次电子全部热化;考虑了空间电荷饱和机制
Ahedo[41]	1D(r) 流体	考虑	泊松方程	σ服从幂规律;忽略二次电子能量;二次电子全部热化;考虑了空间电荷饱和机制
Ahedo 等	1D(r) 流体	考虑	泊松方程	忽略二次电子能量;径向对称;二次电子部分热化;考虑了空间电荷饱和机制
Ahedo	1D(r)2V 动力学	考虑	Vlasv-Poisson	分别考虑了真二次电子和弹性散射电子及其分布函数;径向对称;电子部分热化;考虑空间电荷饱和机制
Keidar 等	1D(r,z) 流体	考虑	准中性	σ固定;鞘层电势由壁面电流平衡条件获得
Komurasaki & Arakawa[42]	2D(r,z) 混合	忽略	电子扩散方程	—
Levchenko & Keidar[43]	2D(r,z) 混合	考虑	准中性	σ服从幂规律;鞘层电势由壁面电流平衡条件获得
Fife[44]	2D(r,z) 混合	考虑	总电流平衡	σ服从幂规律;垂直于壁面方向离子速度为零;不考虑空间电荷饱和机制
Hagelaar 等[45]	2D(r,z) 混合	忽略	准中性	—
Koo[46]	2D(r,z) 混合	忽略	准中性	—
Hirakawa & Arakawa[47]	2D(r,z)PIC	考虑	泊松方程	壁面处径向电场满足绝缘壁面边界条件;σ固定;质量比很小
Sullivan 等[48]	2D(r,z)PIC	考虑	泊松方程	壁面处径向电场为零;σ固定;质量比很小;ε_0 很大
Taccogna 等[49]	2D(r,z)PIC	考虑	泊松方程	壁面处径向电场满足绝缘壁面边界条件;细致的二次电子发射模型
Taccogna 等[50]	1D(r)PIC	考虑	泊松方程	壁面处径向电场满足绝缘壁面边界条件;细致的二次电子发射模型
Sydorenko 等[34]	1D(r)PIC	考虑	泊松方程	详细的绝缘壁面边界条件;细致的二次电子发射模型

注:SEE——二次电子发射;σ——二次电子发射系数;ε_0——真空介电常数。

尽管人们就霍尔推力器中的等离子体与壁面相互作用作了大量的研究工作,但是仍有不少物理问题需要深入研究。与一般的热平衡、麦氏分布等离子体与壁面的相互作用相比,霍尔推力器中的等离子体与壁面相互作用更为复杂。主要表现在电子非麦氏分布和非热平衡、双壁面构型入射电子群的分类和二次电子的部分热化效应等。下面我们就霍尔推力器通道等离子体与壁面相互作用的物理问题作详细的分析。

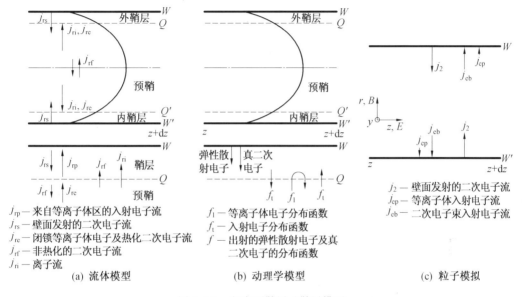

j_{rp}——来自等离子体区的入射电子流
j_{rs}——壁面发射的二次电子流
j_{re}——闭锁等离子体电子及热化二次电子流
j_{rf}——非热化的二次电子流
j_{ri}——离子流

f_t——等离子体电子分布函数
f_i——入射电子分布函数
f——出射的弹性散射电子及真二次电子的分布函数

j_2——壁面发射的二次电子流
j_{ep}——等离子体入射电子流
j_{eb}——二次电子束入射电子流

(a) 流体模型　　　　(b) 动理学模型　　　　(c) 粒子模拟

图 5.13　径向预鞘层 / 鞘层模型

双壁面结构条件下径向电子流的一个重要物理机制就是电子热化。一般情况下,以3 个参数的关系来评判电子热化的强弱,即德拜长度 λ_D,二次电子的平均自由程 λ_{col},以及通道宽度 h_c。当 $\lambda_D \ll \lambda_{col} \ll h_c$ 时,可以认为二次电子完全热化,即一个壁面发射的二次电子不能打到另一侧壁面上。由于电子热化效应的定量研究无法通过实验来执行,人们围绕电子热化展开了广泛的数值模拟工作。这其中就包括 Ahedo 等人的一维径向流体及动理学模拟,以及 Sydorenko 等人的一维径向粒子模拟。下面我们就这 3 种模拟方法分别介绍电子热化的处理过程。

(1)Ahedo 等人文献中考虑的二次电子的部分热化流体模型。

考虑的双壁面预鞘层 / 鞘层流体模型如图 5.13(a) 所示。基本假设为:预鞘层 / 鞘层结构径向对称,鞘层无碰撞,不考虑周向漂移,忽略壁面发射二次电子的能量,壁面发射二次电子的热化系数为 $\delta_t (0 \leqslant \delta_t \leqslant 1)$,且一侧壁面 W' 的二次电子流 j_{rsW} 经部分热化后进入另一侧鞘层 QW 的通量为

$$j_{rfQ} = -(1 - \delta_t) j_{rsW} \tag{5.29}$$

其中,二次电子流由等离子体区入射电子产生,即

$$j_{rsW} = -\sigma j_{rpW} \tag{5.30}$$

式中,j_{rpW} 为来自等离子体区的入射电子通量,m^{-2}。

壁面处满足零电流条件,即离子流等于电子流

$$j_{riQ} = j_{rpw} + j_{rsw} + j_{rfQ} = (1 - \bar{\sigma}\delta_t) j_{rpw} \tag{5.31}$$

(2)Ahedo 等人文献中考虑的二次电子的部分热化动理学模型。

考虑的双壁面预鞘层/鞘层动理学模型如图 5.13(b)所示。基本假设为:预鞘层/鞘层结构径向对称,鞘层无碰撞,考虑了径向 r 和垂直于径向两个方向速度的分布函数 $f(v_r, v_\perp)$,等离子体电子服从温度为 T_1 的麦氏分布 $f_1(v)$(其中 v 为速度标量)。设 $f_{fw'}(v_r, v_\perp)$ 为 W' 壁面发射电子的分布函数,则与 W 壁面碰撞的入射电子分布函数为

$$f_{tW}(v_r, v_\perp) = (1 - \delta_t) f_{fw'}(v_r, v_\perp) + \delta_t \exp\left(-\frac{e\varphi_{wQ}}{T_1}\right) f_1(v) H(v_r) \tag{5.32}$$

式中,$H(v_r)$ 为赫维塞德阶梯函数;φ_{wQ} 为鞘层电势降,V;δ_t 为热化系数($0 \leqslant \delta_t \leqslant 1$)。

从壁面发射的二次电子分布函数为

$$f_{fW}(v_r, v_\perp) = \sigma_{sr}(\varepsilon_P) f_{tW}(-v_r, v_\perp) + f_2(v) H(-v_r) \tag{5.33}$$

其中,弹性反射系数 $\sigma_{sr}(\varepsilon_P) = \sigma_0 \exp\left(-\dfrac{\varepsilon_P}{\varepsilon_r}\right)$,对于霍尔推力器的氮化硼陶瓷壁面,$\sigma_0 \approx 0.4 \sim 0.6$;$\varepsilon_r \approx 50$ eV;ε_P 为入射电子能量;真二次电子服从温度为 T_2 的麦氏分布 $f_2(v)$。

(3)Sydorenko 等人在文献中的径向一维粒子模拟。

考虑的双壁面预鞘层/鞘层流体模型如图 5.13(c)所示。基本假设如下:预鞘层/鞘层结构径向对称,考虑了细致的壁面二次电子发射模型(包括弹性反射、真二次电子发射及能谱模型),考虑了正交电磁场作用下电子的周向漂移能,考虑了电子与中性原子碰撞频率 v_{en},以及电子湍性碰撞频率 v_{turb},考虑一侧壁面发射的二次电子与另一侧壁面碰撞生成的二次电子。

计算中利用与壁面发生碰撞电子的能量差别,区分了入射电子流,即来自等离子体区域的入射电子流 j_{epw},以及 W' 壁面发射的二次电子流 j_2 通过主流区等离子体的部分热化后到达另一侧壁面 W 的电子流 j_{ebw}。$\delta_t = \dfrac{j_{ebw}}{j_2}$ 即为热化系数。壁面发射的二次电子流满足 $j_2 = \bar{\sigma}_p j_{epw} + \bar{\sigma}_b j_{ebw}$,其中 $\bar{\sigma}_p$ 和 $\bar{\sigma}_b$ 分别为等离子体电子流和二次电子束流的二次电子发射系数。在电势形貌单调的稳态鞘层条件下,与一侧壁面碰撞的二次电子束流以及等离子体入射电子流之比为

$$\frac{j_{ebw}}{j_{epw}} = \frac{\delta_t \bar{\sigma}_p}{1 - \delta_t \bar{\sigma}_b} \tag{5.34}$$

上式必须满足 $\delta_t \bar{\sigma}_b < 1$,否则鞘层是不稳定的。当 $\delta_t \bar{\sigma}_p \gg 1 - \delta_t \bar{\sigma}_b$,即 $j_{ebw} \gg j_{epw}$ 时,与壁面相碰撞的电子流主要由二次电子束流组成。

可以得到一侧壁面的总二次电子发射系数为

$$\bar{\sigma} = \frac{\bar{\sigma}_p}{1 + \delta_t(\bar{\sigma}_p - \bar{\sigma}_b)} \tag{5.35}$$

计算表明,当 $\bar{\sigma} = 0.97 < \bar{\sigma}_{SCS} = 0.983$ 时,等离子体电子平均能量 $\langle w_e \rangle = 66$ eV,$j_{ebw} \approx$

$6.8j_{\text{epw}}$。

对比以上 3 种处理电子热化的模拟方法,我们不难发现,采用粒子模拟方法是最直接有效的,因为模型可以包含影响电子热化效应的诸多物理机制:各种碰撞机制,如 υ_{en} 和 υ_{turb};电子非麦氏分布以及电子温度各向异性;二次电子在 $E \times B$ 方向的漂移能等。当然流体模拟也有其明显的优势,比如模型简洁可以进行解析计算,计算量小等。就流体模型而言,还有不少需要改进的地方,如考虑等离子体电子温度的各向异性、电子霍尔漂移能等物理效应。

5.2.4　电场的建立和离子的加速

霍尔推力器是典型的等离子体放电装置,众所周知,要想在等离子体中建立强电场是一件非常困难的事情,主要是由于电子迁移率很大,所以为了形成较强的轴向电场,通常在加速区构造出较强的径向磁场,有效抑制电子轴向传导的同时形成远高于放电电流数倍的霍尔漂移电流,从而为加速区强电场的形成提供充分条件。在放电通道中电磁场的共同作用下,电子动力学模型可用下式来描述

$$\frac{\partial n_{\text{e}}}{\partial t} + \overline{\sigma} \cdot (n_{\text{e}} \boldsymbol{v}_{\text{e}}) = 0 \tag{5.36}$$

$$m_{\text{e}} n_{\text{e}} \frac{\mathrm{d}\boldsymbol{V}_{\text{e}}}{\mathrm{d}t} + \overline{\sigma} P_{\text{e}} = e n_{\text{e}} (\boldsymbol{E} + \boldsymbol{v}_{\text{e}} \times \boldsymbol{B}) \tag{5.37}$$

$$P_{\text{e}} = P_{\text{e}}(n) \tag{5.38}$$

其中,P_{e} 是电子压力,认为各方向的电子压力相等。

由于电子的质量很小,因此可以在动量方程中忽略电子的惯性,则式(5.37)可以进一步表示为

$$\frac{\overline{\sigma} P_{\text{e}}}{e n_{\text{e}}} - \boldsymbol{E} = \boldsymbol{v}_{\text{e}} \times \boldsymbol{B} \tag{5.39}$$

令热焓 $W_{\text{e}} = \displaystyle\int \frac{\mathrm{d}P_{\text{e}}(n)}{n_{\text{e}}}$,并利用泊松方程以及电势准稳态的条件,式(5.39)的形式可以变为

$$\overline{\sigma} \left[\varphi + \frac{W_{\text{e}}(n_{\text{e}})}{e} \right] = \boldsymbol{v}_{\text{e}} \times \boldsymbol{B} \tag{5.40}$$

定义热化电势 φ_{T} 为

$$\varphi_{\text{T}} = \varphi + \frac{W_{\text{e}}(n_{\text{c}})}{e} \tag{5.41}$$

由式(5.40)和(5.41)得到通道内等离子体放电的热化电势满足

$$\overline{\sigma} \varphi_{\text{T}} = \boldsymbol{v}_{\text{e}} \times \boldsymbol{B} \tag{5.42}$$

从方程(5.42)可以看出,$\overline{\sigma} \varphi_{\text{T}}$ 与磁场严格垂直且沿着磁力线热化电势满足:$\nabla \varphi_{\text{T}} = \text{const}$,因此,磁力线与等热化电势线几何上完全重合。从式(5.41)φ_{T} 的定义可以看出,

等电势线与等热化电势线（也是磁力线）之间的差异最根本的是由于电子压力 P_e 造成的。

在电子处于热平衡状态下，电子压力 P_e 可以写作

$$P_e = k_b n_e T_e \tag{5.43}$$

若电子在加速区满足 Maxwellian 分布，则电场形成的等势线可以进一步表示为

$$\varphi = \varphi_T + \frac{k_b T}{e} \ln \frac{n_e}{n_0} \tag{5.44}$$

式中，n_0 是参考电子密度。这样，放电通道中的等离子体密度和电子温度分布就决定了等电势线的分布特点。根据电势和电场之间的关系 $E = -\nabla \varphi$，可得

$$E = E_r - \frac{k_b}{e} \nabla(T_e \ln n_e) \tag{5.45}$$

式中，E_r 为热化电场，其大小与放电电压有关。式(5.45)说明影响离子加速特性的电场分布主要由电子分布特点决定。

图 5.14 形象地给出了磁力线等势化和热化电势的物理图像解释，对于电子能量不为零的中心区，出现了等势线与磁力线不重合的现象；而在边缘冷等离子体条件下，磁力线就成了等势线。

电场建立之后，离子在电场力的作用下产生加速运动。与在电磁场中做霍尔漂移运动的电子相比，离子的运动相对简单。由于霍尔推力器中施加的磁场仅能束缚电子，而不能约束离子。所以在不考虑碰撞的条件下，离子仅受到电场力作用时的动力学方程可以写为

$$m_i \frac{\mathrm{d}\boldsymbol{v}_i}{\mathrm{d}t} = e\boldsymbol{E} \tag{5.46}$$

从这一方程可以看出，对于同一种工质气体，影响离子运动的因素主要来自于离子初始速度和电场分布这两个方面。首先，电离产生的离子其自身初始速度继承于被电离的原子。而工质原子是由外部供气回路提供，通过气体分配器进入放电通道。因为中性原子本身感受不到通道中电磁场的作用，所以其运动方向具有随机性。这就为离子初始速度具有轴向和径向运动分量提供了极大的可能性。其次，从电场角度来说，外部回路仅提供了加载在阴极和阳极之间的电压，它在通道中的分布是等离子体在电磁场中运动时自洽产生的，与磁场、壁面等多方面因素有关。

因为霍尔推力器所产生的有效推力是沿着推力器轴向，所以设计中希望霍尔推力器中的离子流能沿轴向平行出射，这时推力器具有最佳的比冲和效率。但是研究发现，通常情况下通道内的离子在沿轴向射流的同时还存在从通道中心区域向两个壁面沿径向方向的串流，如图 5.15 所示。结合霍尔推力器基本工作过程，从等离子体流动的角度来看，可将离子运动方程式(5.46)在径向和轴向上进行分解，得到

$$m_i \frac{\mathrm{d}v_{iz}}{\mathrm{d}t} = eE_z \tag{5.47}$$

$$m_i \frac{\mathrm{d}v_{ir}}{\mathrm{d}t} = eE_r \tag{5.48}$$

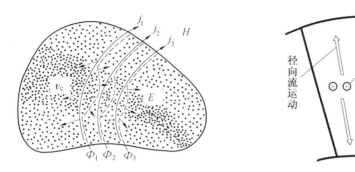

图 5.14　磁力线等势化和热化电势影响示意图　图 5.15　霍尔推力器通道离子径向流运动示意图

　　离子径向流动则是造成能量损失和性能下降的重要因素之一。它在通道中的作用结果表现为对壁面的侵蚀,而在羽流区则表现为羽流发散角过大,这些已成为制约霍尔推力器发展应用的一大瓶颈。

　　为控制通道中离子的径向流动,实现等离子体的平直射出,设计中一是根据磁场的热化电势特性,构造具有对离子有聚焦特性的磁场位形;二是选择合适放电电压、阳极工质流量,通过调节电离区分布来间接地控制离子运动,这些方法在后面的章节会有详细的论述。

5.2.5　电子分布函数

　　霍尔推力器内部的电子运动行为非常复杂,主要表现在:电子的运动过程受推力器内电场、磁场以及其他种类粒子的影响,各种因素互相耦合作用,需要综合考虑;另外,电子和壁面相互作用剧烈,壁面属性对电子运动行为具有较大的影响,这造成电子的物理过程在微观上区别于传统等离子体放电装置,电子分布函数也不同于通常的麦克斯韦分布。

　　俄罗斯的 Bugrova,Guerrini 等人分别对霍尔推力器内的电子分布函数进行了测量。根据 Bugrova 等人实验测量的结果,霍尔推力器通道不同轴向位置的电子能量分布函数 $F(\varepsilon)$ 如图 5.16(a) 所示。

　　用 $\widehat{\varepsilon}_0 = 15$ eV 作为能量 ε 的量纲,速度 v 的量纲取为 $v_T = \sqrt{\dfrac{\widehat{\varepsilon}_0}{m_e}}$。我们得到了归一化的电子速度分布函数

$$f(v) = \frac{1}{2} \frac{F(\varepsilon)}{\displaystyle\int_0^\infty F(\varepsilon)\,\mathrm{d}\varepsilon} \cdot \widehat{\varepsilon}_0 v \quad (v > 0) \tag{5.49}$$

　　如图 5.16(b) 所示,其中,$\varepsilon = \dfrac{\widehat{\varepsilon}_0 v^2}{2}$。可见,霍尔推力器放电通道电子分布函数远远偏离了热平衡的麦氏分布。EDF1 为电离区典型的电子分布函数,由于该区域电离碰撞激烈(电子能量损失很大),大部分电子的能量都很低,电子能量分布为线性函数。EDF2 为

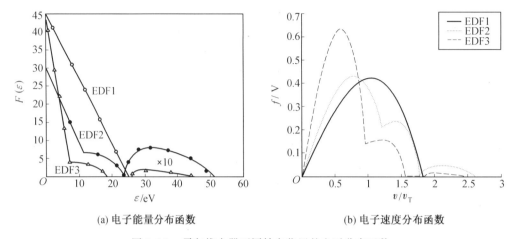

(a) 电子能量分布函数   (b) 电子速度分布函数

图 5.16   霍尔推力器不同轴向位置的电子分布函数

加速区典型的电子分布函数,被放大十倍的高能尾部分即所谓快电子,其形成机理为:电子和壁面发生若干次弹性碰撞,每次碰撞后经过轴向电场的加速获得很高的能量。EDF3为近阳极区典型的电子分布函数,相比于 EDF2 高能尾部分明显降低,这是因为电子在内外通道之间与壁面连续发生弹性碰撞的概率随着进入通道深度的增加而减小的缘故。EDF2 和 EDF3 都有一个平台区,这部分电子即所谓"中间电子",其产生机制为电子与壁面发生非弹性碰撞后通过轴向电场的加速,从而获得了较高的电场能。EDF2 和 EDF3 都有一个线性低能区,这部分电子即所谓"慢电子",这部分电子能量很低,不能克服鞘层势垒,被封闭在内外壁面之间的放电通道中。

5.2.6   放电振荡

等离子体振荡现象在霍尔推力器放电过程中广泛存在,从几千赫到几吉赫不等,这些振荡信号不但关系到霍尔推力器电源系统的设计,同时对霍尔推力器的传导机制、离子束流、陶瓷壁面的腐蚀、放电稳定性、卫星通信均有不同程度的影响,进而影响推力器的寿命、比冲和效率。由于霍尔推力器中等离子体振荡现象关系到霍尔推力器放电的基础物理过程且与其实际应用息息相关,从霍尔推力器诞生起,关于霍尔推力器中等离子体振荡问题的研究就从未停止过。从图 5.17 中可以看出,霍尔推力器中每一种等离子体振荡模式由于其物理机理不同,其频率也因此不同,如由通道内的工质的电离和补充引起的频率在百千赫以内的低频振荡、在离子穿越通道时间尺度内的飞行振荡、与电子绕磁场回旋运动有关的高频振荡等。

尽管霍尔推力器的工作电源是直流放电的,但是在实验中观察到频率范围为 $1 \sim 100\ \mathrm{kHz}$ 的放电电流的振荡,相对于等离子体的振荡称为低频振荡,如图 5.18 所示。这一类振荡振幅很大,峰峰值往往可以达到放电电流平均值的 100%。低频振荡会对霍尔推力器的电源系统工作造成冲击,还可能串到卫星上的其他设备中,影响它们的正常工作,并且可能会影响推力器的性能和寿命。

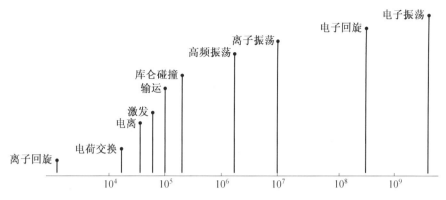

图 5.17　霍尔推力器中的等离子体振荡频率量级(Hz)

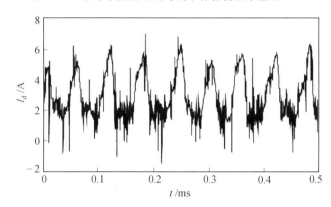

图 5.18　霍尔推力器放电电流低频振荡

目前对霍尔推力器各种振荡模式的物理机理研究中,低频振荡由于其幅值较大,对霍尔推力器放电稳定性和性能等影响较大,因此关于低频振荡的研究最早,成果也比较多。对于低频振荡的起因,Fife 以自然界的捕食模型来描述低频振荡;Choueiri 认为低频振荡与电离区位置不稳定有关;Boeuf 和 Garrigues 则把低频振荡描述为原子前峰面的移动,表现为中性原子流动的呼吸效应;Chable 和 Rogier 认为低频振荡是由于离子电流和自洽电场之间的耦合引起的 Buneman 不稳定性。从上述对低频振荡的描述来看,都是从不同的侧面来阐述低频振荡的起因,放电电流的大幅值的低频振荡是工质在通道内的电离和补充交替占统治地位的一种外在体现,这种中性原子的电离和补充过程就使得原子与离子表现为类似自然界的捕食过程或呼吸效应,同时伴随有通道内原子峰面的移动、离子电流的波动以及电离区位置不稳定。目前,对霍尔推力器中低频放电振荡的物理过程相对比较清晰,但是仍然存在与低频振荡相关的基础物理问题有待解决。如低频振荡在羽流中的特性、低频振荡的抑制方法、外部滤波回路与低频振荡的关系等。

对于低频振荡的抑制,可以通过提高推力器缓冲腔内的预电离的方法,降低通道内原子密度和离子密度的变化范围,削弱通道内电离过程的正反馈和负反馈的作用,从而减小低频振荡的幅度;也可以通过回路原件(电感、电阻)的实际特性来控制低频振荡。

霍尔推力器内存在频率在几十千赫范围的低频振荡,也存在频率在几百千赫到几十兆赫范围的高频振荡。一般情况,推力器内产生的振荡在几十千赫到几百千赫的频率范围内振荡幅值最大,在接近 1 MHz 时振幅降为原来的 $\frac{1}{50}\sim\frac{1}{10}$,频率再升高时,则振幅的下降约为原来的 $1/f^2$。A I Morozov 等人把霍尔推力器中具有较大幅值的等离子体振荡归结为"离子化振荡"和"飞行振荡"两种类型,其中"离子化振荡"是在低放电电压的条件下,即在的电流饱和区域,振荡的频谱呈现出另外一种形式 —— 它是产生于等离子体内的与离子化过程无关的一种等离子体不稳定性,这种振荡的最大特点是它的频率范围 f_0 与离子飞行穿过加速管的时间倒数有关,因此称之为"飞行振荡"。

霍尔推力器在运行时会产生高频振荡现象是阻碍霍尔推力器在卫星或宇宙飞船上成功应用的一个重要问题,因为振荡引起的高频辐射可能干扰射频通信或推力器自身的运行。对于高频范围的飞越时间振荡 ——"飞行振荡"产生机理的解释,虽然 Esipchuck 在他概括 Morozov 的早期振荡研究成果时就已经首先提出[51],但是,对霍尔推力器几十兆赫频段的高频振荡物理性质的理论和实验研究都是十分有限的,高频振荡实验数据的缺乏是由检测和诊断这些振荡所遇到的技术难题所造成的。

霍尔推力器内部产生的超高频(Ultra High Frequency,UHF) 振荡的频率为吉赫量级。而用于深空探测的飞行器与地面通信所采用的通信频段在近几十年的发展中逐渐提高,从早期的 S-band(2 GHz),X-band(8.4 GHz),Ku-band(14 GHz) 到现在主要使用的 Ka-band(32 GHz),通信频率覆盖了 $2\sim30$ GHz 的范围。由此可见,霍尔推力器的 UHF 振荡频率与通信频段相重合,深空探测飞行器使用霍尔推力器后,霍尔推力器自身发射的 UHF 必然会以电磁波的形式干扰飞行器运行过程中所携带的电子器件与地面的正常通信。对于近地轨道而言,因为通信距离较近,信号较强,实践证明 UHF 干扰对卫星通信几乎没有影响;但对于远距离飞行的深空探测来说,信号衰减较大,UHF 对飞行器通信的干扰不容忽视,所以必须研究霍尔推力器在超高频振荡的特性,为霍尔推力器在深空探测飞行器上的使用做必要的理论储备。

但是,目前对于霍尔推力器内超高频振荡的研究出版的文献较少,仅在 20 世纪 70～90 年代俄罗斯的研究机构对霍尔推力器内的超高频振荡进行了较为全面的分析测试。1972 年,是在"火炬"实验台上首次开始进行超高频振荡的研究的。文献[52]综述了俄罗斯在超高频振荡问题上的一些主要研究成果。首先,通过实验测量了超高频振荡在推力器内部的分布特点,并对推力器内产生超高频振荡的区域进行了划分:电离区、近壁区、负梯度区和等离子体桥区,如图 5.19 所示,根据这 4 个区域刚好是不同速度电子群

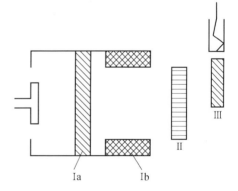

图 5.19　超高频振荡区域划分示意图

I_a — 电离区;I_b — 近壁区;

Ⅱ — 负梯度区;Ⅲ — 等离子体桥区

的产生区域,推测霍尔推力器内的超高频振荡主要是由电子分量引起的。并对各个区域产生的超高频振荡的特性进行比较,得出电离区产生的超高频振荡频率最高(10～13 GHz),近壁区次之(1～5 GHz),负梯度区和等离子体桥区为最小(0.5～1 GHz)。

其次,对不同区域超高频辐射随推力器工况的变化情况进行了测量。并在推力器长时间的运行条件下,对超高频辐射随运行时间的变化情况进行了实验观察。除此之外,通过实验给出了超高频振荡引起的电子散射对加速通道内电子反常传导的影响。

5.2.7　羽　流

霍尔推力器出射的离子束被称为羽流。羽流的外形特征如图 5.20 所示。从图中可以看到羽流有如下的特征:首先它具有外边界,且离子电流密度具有一定的分布。其次,束流中的高能离子有可能与来自推力器或中和器的中性气体进行电荷交换,然后在束流方向上产生快速的中性粒子及慢速离子。出口区域的加速电场与中和器的等离子体相互作用后产生一个局部电场,慢离子在局部电场的作用下就有可能回流回推力器或者加速后撞击附近的航天器部件。第三,受霍尔推力器出口区边缘磁场大梯度的影响,高能粒子经常会在与推力器中轴线成较大角度的位置产生。最后,随着推力器部件性能的下降,羽流参数会逐渐偏离最优值。下降原因包括霍尔推力器陶瓷通道的侵蚀、阳极材料的老化以及推力器电极的侵蚀等。而溅射材料还有可能会附着在航天器表面,导致表面材料的发射率、透明度等表面性质发生变化。

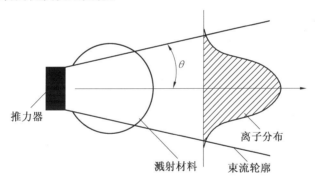

图 5.20　显示离子分布、材料溅射、发散角及离子电荷交换的羽流示意图

推力器的羽流成分通常很复杂,包括各种能量的离子和电子以及一些中性粒子。羽流粒子绝大多数是推力器通道内正交电磁场加速后的离子,这也是推力的主要来源。对于霍尔推力器,由于加速电压一般为几百伏特,所以羽流区电场对羽流的展宽效应比离子推力器要更明显。羽流中的离子除了来自通道的电离过程,还有就是来自束流离子与中性气体的电荷交换。而中性气体来自通道和中和器(空心阴极)未电离的工质,以及实验室条件下的背压气体。羽流区的电荷交换一般是非弹性碰撞,产生的离子能量较低,与主束流方向的偏角也比较大。同时,随着推力器放电电压的增大,比冲也随之增大,离子的能量也会增大。

5.2.8 壁面溅射侵蚀

寿命问题是制约霍尔推力器应用和发展的关键因素之一,而器壁溅射侵蚀是推力器寿命研究的重要内容,值得深入研究。

器壁的溅射侵蚀首先要受到推力器工作状况的影响。霍尔推力器的放电电压通常都在 1 kV 以下,例如典型的 SPT-100 型和 ATON 型推进器的放电电压 U_d 分别为 300 V 和 350 V,NASA 设计的一高电压霍尔推力器 HIVHA(High Voltage Hall Accelerator)放电电压为 $500\sim700$ V。对于设计功率为 50 kW 的超大功率霍尔推力器而言,其实验中采用的最高放电电压为 1 050 V。由于各种电压损失机制,通常单价离子的能量为 $\frac{2}{3}\sim\frac{3}{4}eU_d$,二价离子的能量可能高于 eU_d,但是其占离子总数比例低。因此,对于霍尔推力器的器壁溅射过程而言,离子能量通常在 1 keV 以下,属于低能重离子溅射过程。在本书的 2.2.3 小节,我们针对离子轰击壁面可能的几种溅射方式进行了介绍。由于离子速度在 10^4 m/s 量级,满足 $v_i\ll v_0$(v_0 为 Bohm 速度,在 10^6 m/s 量级),远不足引起高密度级联碰撞,因此属于线性级联溅射,能够采用线性级联溅射理论来进行分析。

溅射产额 Y 是衡量溅射的一个重要指标,它依赖于基材的成分、微观组织结构及表面形貌。对于特定的基材,Y 取决于入射离子的能量 E 及入射角度 θ,即 $Y=Y(E,\theta)$,通常也称 Y 为溅射系数。其中,θ 是离子入射方向和材料表面法线方向所成的角度。影响 Y 的两个因素 E 和 θ 可以视为是相互独立的,即满足

$$Y(E,\theta)=S(E)\cdot Y'(\theta) \tag{5.50}$$

其中,$S(E)$ 定义为能量溅射系数;$Y'(\theta)$ 定义为角度溅射系数,且 $Y'(0)=1$。

下面将对影响 BN 陶瓷器壁侵蚀速率的 $S(E)$ 和 $Y'(\theta)$ 的特性分别进行讨论。

1. 能量溅射系数 $S(E)$

表面束缚能 U_0 决定了材料产生溅射的离子能量阈值 E_{th},在低能离子轰击条件下,材料的表面束缚能对溅射系数具有决定性影响。在图 5.21 中给出了 Britton 和 Garnier 测量低能 Xe^+ 轰击 BN 的实验结果,通过对比可以看出,$U_0=4$ eV 情况下 $S(E)$ 的计算结果与实验结果较为接近。BN 的化学及热稳定性能非常好,无明显熔点,加热至 1 800 ℃ 开始直接分解,因此 U_0 约等于化学键能应当是合理的。同时,低能条件下 Xe^+ 轰击 BN 的 $S(E)$ 可以认为近似满足线性增长规律,如图 5.21 所示,以直线近似拟合实验结果得到的 $S(E)$ 同时与计算结果也较为吻合。Kim 在寿命预测计算中也认为低能 Xe^+ 轰击下 BN 的 $S(E)$ 近似满足线性增长特性。

同样利用半经验方法计算了不同 U_0 值下 SiO_2 的 $S(E)$,结果如图 5.22 所示。可以看出,和 BN 一样,U_0 的大小对 SiO_2 的 $S(E)$ 具有决定性影响。同时,相同 U_0 条件下 BN 和 SiO_2 的 $S(E)$ 基本相同,如图 5.22 中所示,$U_0=4$ eV 条件下两 $S(E)$ 曲线之间的差异很小。形成这种情况的原因主要是入射离子在两者材料表面沉积的能量基本相同,因此,

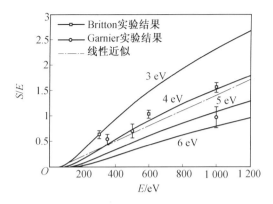

图 5.21　低能 Xe^+ 轰击下 BN 材料 $S(E)$ 的实验结果及不同 U_0 条件下的计算结果

BN 和 SiO_2 两者之间 U_0 的差别将是造成在低能 Xe^+ 轰击下两者之间 $S(E)$ 差别的最根本原因。

Peterson 等人对表 5.3 中所列的不同等级 BN 陶瓷制造的霍尔推力器通道陶瓷套管各自进行的侵蚀实验结果表明,随着 SiO_2 在陶瓷中含量的降低,相同工作条件下的器壁侵蚀量随之降低。除此以外,Garnier 对纯 BN 和掺入 SiO_2 的 BN 陶瓷的实验结果也表明含量为 $10\% \sim 15\%$ SiO_2 的掺入将导致陶瓷的溅射系数增加,如图 5.23 所示。同时 Garnier 在实验中证实了 BN‐SiO_2 陶瓷中 SiO_2 的择优溅射特性。因此,从目前的实验结果中可以看出,在低能 Xe^+ 轰击条件下,SiO_2 的溅射系数比 BN 相对要高,则可知 SiO_2 的 U_0 比 BN 低,从图 5.23 所示的结果可以推测 SiO_2 的 U_0 要低于 4 eV,该值低于表 5.4 中所列的 (SiO)—O 化学键能。其原因应当与 SiO_2 的无定形结构有关,且 Garnier 认为 SiO_2 中的(SiO) 相对单个原子而言更容易被溅射出来,这样 U_0 应该接近表 5.4 中所列的 (SiO)—(SiO) 化学键能,该值小于 3 eV,以此能够对 SiO_2 的择优溅射现象的产生作出合理解释。

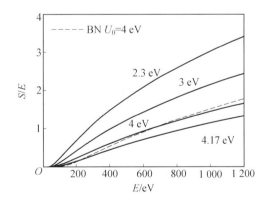

图 5.22　低能 Xe^+ 轰击下 SiO_2 材料
　　　　　在不同 U_0 值下的 $S(E)$

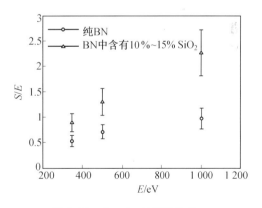

图 5.23　Garnier 的实验结果

表 5.3　NASA 在霍尔推力器侵蚀实验中使用的 5 种商用 BN 陶瓷

BN 陶瓷类型	BN/%	SiO$_2$/%	B$_2$O$_3$/%	Ca/%	其他/%
A	90	0.2	6	0.2	3.6
AX05	99	—	0.2	0.04	0.47
HP	92	0.1	0.3	3	4.6
M	40	60	—	—	—
M26	60	40	—	—	—

表 5.4　BN 和 SiO$_2$ 的物理参数表

分子式	原子序数	相对原子质量	密度/(g·cm^{-3})	化学键/eV
BN	$Z_B = 5$ $Z_N = 7$	$M_B = 10.81$ $M_N = 14.0067$	2.27	4.00 ± 0.22[53]
SiO$_2$	$Z_{Si} = 14$ $Z_O = 8$	$M_{Si} = 28.0855$ $M_O = 15.9994$	2.20	(SiO)—O ：4.71[54] (SiO)—(SiO)：2.30 ± 0.44

由于 SiO$_2$ 在 BN 陶瓷中具有择优溅射性,致使陶瓷中 SiO$_2$ 掺入比例的增加将导致溅射侵蚀量的增加,因此在推进器器壁 BN 陶瓷材料的制备过程中应当尽量减小烧结助剂 SiO$_2$ 的掺入比例。

2. 角度溅射系数 $Y'(\theta)$

线性级联溅射条件下,离子的入射能量和入射角度对溅射系数的影响被认为是相互独立的,因此,由式(5.42)可以看出,离子入射角度对溅射系数的影响可以用角度溅射系数 $Y'(\theta)$ 来定量表示。

线性级联溅射的理论计算和溅射实验结果都表明,在离子斜入射的情况下,当 θ 不是很大时,$Y'(\theta)$ 的值随入射角 θ 的变化关系基本上呈 $\cos^{-1}\theta$ 的趋势,但随 θ 接近并超过 θ_{opt} 时,这种关系便不再成立,$Y'(\theta)$ 随 θ 的进一步增加而迅速降低,如图 5.24 所示,其中 θ_{opt} 称为最优溅射角,当 $\theta = \theta_{opt}$,Y' 达到最大值。

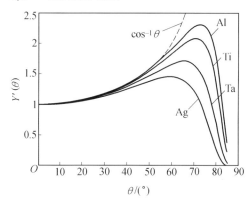

图 5.24　1.05 keV Ar$^+$ 轰击 Al,Ti,Ta 和 Ag 的角度溅射系数的实验结果

对于 Y 随 θ 的变化特性可以给出如下解释:由于级联区中心与表面的距离随着 θ 的增加而减小,将导致反冲原子接近表面的概率增大,从而使溅射系数增大。但是,随着 θ 的进一步增加而接近擦拭入射时,入射离子被表面反射而不能够在材料内部引起级联碰撞

的概率增加,导致溅射系数再次降低。图 5.25 给出了 TRIM 模拟得到的不同 θ 条件下 1 keV 的 Xe^+ 在固体石墨内的运动轨迹以及离子在固体内运动时所造成的反冲原子的运动轨迹,反冲原子大量轨迹点的位置分布描述了固体内级联碰撞区的形状和大小,由图 5.25 中 $\theta=0°$,$\theta=30°$ 和 $\theta=60°$ 的 3 种情况可以看出随着 θ 的增加,级联中心区和表面之间的距离减小,级联区域位于表面位置的面积增加,造成反冲原子与表面间的平均距离减小,使反冲原子成为溅射原子的概率增加,导致 $Y'(\theta)$ 的增大;但是随着 θ 的进一步增加,如图 5.25 中 $\theta=80°$ 的情况所示,由于入射离子在接近擦拭入射的条件下被表面反弹而不能够在固体内进一步产生级联碰撞的概率迅速增加,导致反冲原子个数减小,级联区域体积缩小,因此 $Y'(\theta)$ 再次迅速降低。

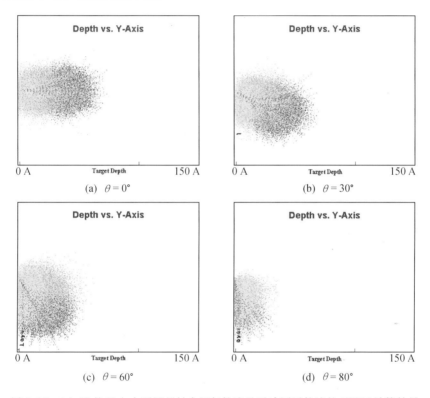

图 5.25　1 keV 的 Xe^+ 在石墨基材内运行轨迹及反冲原子轨迹的 TRIM 计算结果

Yamamura 根据大量材料溅射的实验结果总结给出了 $Y'(\theta)$ 经验拟合公式

$$Y'(\theta) = x^f \exp\left[-\sum(x-1)\right] \tag{5.51}$$

其中,$x = \dfrac{1}{\cos\theta}$,$\sum$ 和 f 满足关系:$\dfrac{\sum}{f} = \cos\theta_{\text{opt}}$。目前该经验拟合公式应用最为普遍。

图 5.26 分别给出了 Garnier 和 Britton 对 BN 陶瓷在低能 Xe^+ 轰击下的溅射系数实验结果,并利用 Yamamura 的经验公式拟合 Garnier 的实验结果,经过计算,在 $f=2.23$ 和 $\theta_{\text{opt}}=67.9°$ 的条件下经验公式(5.43)拟合得到的曲线与实验数据点之间的方差最小。拟合得到的 $Y'(\theta)$ 在小角度入射时基本满足随 θ 增加 $\cos^{-1}\theta$ 增加的趋势。

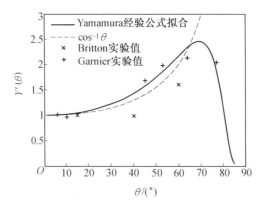

图 5.26　利用经验公式及实验结果拟合的 BN 陶瓷角度溅射系数

5.3　霍尔推力器设计方法

5.3.1　充分电离条件

工质利用率 η 是表征霍尔推力器工质利用程度的参数，取值区间 $[0,1)$，该值越大表明工质气体在通道内被电离加速喷出的就越充分，同等条件下霍尔推力器所获得的推力就越大，因此令霍尔推力器的工质充分电离是提高其性能的重要前提条件。

工质的电离过程如下：中性气体从推力器阳极进入通道，设中性气体密度为 n_n，电子密度为 n_e。通道内中性气体的密度随时间变化为

$$\frac{\mathrm{d}n_n}{\mathrm{d}t} = -n_n n_e \langle \sigma_i v_e \rangle \tag{5.52}$$

$\langle \sigma_i v_e \rangle$ 是麦式分布电子的电离激发速率。中性气体流量为

$$\Gamma_n = n_n v_n \tag{5.53}$$

式中，v_n 为中性气体速度，$v_n = \dfrac{\mathrm{d}z}{\mathrm{d}t}$，$z$ 是轴向位置。

将式（5.53）代入（5.52），得到

$$\Gamma_n(z) = \Gamma(0) \mathrm{e}^{-\frac{z}{\lambda_i}} \tag{5.54}$$

$\Gamma(0)$ 是工质进入电离区的初始流量；λ_i 为电离平均自由程

$$\lambda_i = \frac{v_n}{n_e \langle \sigma_i v_e \rangle} \tag{5.55}$$

原子低速穿过等离子体区域，所以电离平均自由程除了与电子温度相关，也要依赖于原子热速度的大小。又因为电子密度的增加会提高电子与原子的碰撞频率，所以电离自由程的大小与电子密度成反比。根据式（5.54），工质穿过 L_{ion} 长度的电离区域后，未电离工质的流量为

$$\Gamma_n(L_{ion}) = \Gamma(0) \mathrm{e}^{-\frac{L_{ion}}{\lambda_i}} \tag{5.56}$$

工质利用率为电离的工质与初始流量的比值

$$\eta = \frac{\Gamma(0) - \Gamma_{n}(L_{ion})}{\Gamma(0)} \tag{5.57}$$

霍尔推力器的设计原则是要把阳极输出的推进剂气体尽量多地电离,令 $\eta \to 1$,根据式(5.57),有

$$L_{ion} \gg \lambda_i \tag{5.58}$$

所以要保证工质在电离区内能充分地电离,需要满足电离区长度远大于电离平均自由程的条件。

5.3.2 磁场设计

霍尔推力器通道内的磁场设计是推力器研究中不可或缺的部分,它是维持推力器持续稳定放电、控制离子束流发散的关键。

最初期霍尔推力器成品的磁场位形设计基本上处于一维径向磁场的设计阶段。在此基础上,经过理论设计和实验总结,设计上使得磁感应强度沿通道轴向的分布满足正梯度要求,如图 5.27 所示,即$\nabla B_r > 0$,在这样的磁场设计位形下,接近通道出口形成强电场,离子加速主要发生在一个窄区域中,既给离子提供了足够的能量,又改变了离子在通道内的运动轨迹,减小了加速后的高能离子与器壁碰撞的概率。由于加速区内磁力线与等电势线基本重合,则弯曲的磁场构型相应产生了具有凸向阳极的弯曲构型的等电势面。在这种情况下,电场的径向分量均指向通道中心,由于离子非磁化,离子运动由通道内的电场所控制,因此离子受到电场力的作用会向通道中心聚集,有效地控制了离子沿通道径向方向的发散。

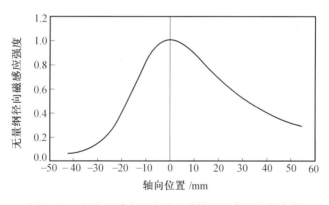

图 5.27 径向磁感应强度沿通道轴向的典型分布曲线

近年来新一代 ATON 推力器在通道内的磁路结构和磁场形状的设计理念有了大的改进和提高。为了在加速通道内获得径向的磁场,第一代霍尔推力器采用一个内部线圈和一组外部线圈的结构。不同于第一代的推力器,ATON 推力器采用了两个内部线圈和一组外部线圈的结构。这种不同的线圈结构在加速通道内所产生的磁场和传统的霍尔推力器有很大的差别(图 5.28)。从图 5.28 中可以明显看出,磁场构型的差异:传统霍尔推

力器的磁场结构具有向外突出的形状,而 ATON 推力器的磁场不但具有凸向阳极的形状并且在近阳极区形成了一个零磁场空间。

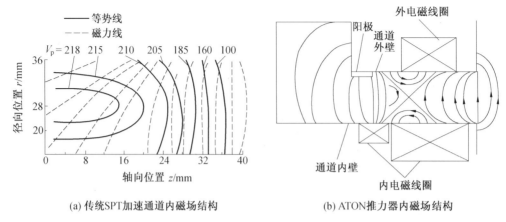

(a) 传统SPT加速通道内磁场结构　　　　　(b) ATON推力器内磁场结构

图 5.28　两代 SPT 内磁场结构对比

第一代霍尔推力器的线圈结构在加速通道中不可能形成具有凸向阳极结构的磁场形状,即使优化后的磁力线也几乎是直线形的,且斜向内绝缘壁面,并且磁力线和等势线形状偏离较大(图 5.28(a))。因此,磁场所形成的电场不具备将离子流从壁面推开使其聚焦到通道中心的能力。而 ATON 推力器则由于其不同的内外线圈结构,能够产生凸向阳极的磁场形状。在这种磁场构造下形成了向通道中心聚集的电场结构,能够使离子流聚集到通道的中心,减少了离子的壁面损失和离子束的羽流发散损失。传统霍尔推力器的羽流发散半角为 $45°$,而 ATON 的羽流发散角可以控制在小于 $10°$ 的范围内。值得注意的是,虽然以弯曲为主要特征的磁力线分布可以提高霍尔推力器的性能,但是其弯曲的程度并不是任意的。弯曲程度过小可能无法达到聚焦离子的效果;而弯曲程度过大则又可能出现过度聚焦现象,即离子可能会从一个壁面沿径向迁移而运动到另一个壁面上,同样会造成壁面腐蚀、性能降低的后果。

另外,ATON 推力器的磁场结构除了有对离子聚焦的特性以外,在近阳极区还产生了一个零磁场区域,这种特性对于减少阳极加速电压损失 φ_{anode} 具有重要作用。阳极区的电子运动方程可以写成

$$0 = -neE_z - kT_e \frac{\mathrm{d}n_e}{\mathrm{d}z} + env_\varphi B \tag{5.59}$$

为了维持推力器的放电电流,阳极区必须保持足够的电子向阳极运动,而由式(5.59)可以看出,阳极区的磁场对电子有束缚作用。为了消除这种束缚作用,需要有加速电子的电场,并且磁场的强度越大,所需要的加速电场就会越强,导致阳极电势降增大,使得阳极区的加速电压损失增大。所以近阳极区零磁场的结构有助于电子向阳极的运动,减少了这种加速电压损失。

5.3.3　等离子体聚焦

实现所有离子能从霍尔推力器通道中平直地喷出(即聚焦),是保证推力器高比冲、低溅射和长寿命的关键。图 5.29(a) 是等离子体聚焦的典型放电图片。与图 5.29(b) 相比,图 5.29(a) 所示羽流外形已经非常接近理想的圆柱状,这一点可以从其放电时具有比较清晰明显的羽流外边界看出来。羽流能被压缩形成类圆柱的状态也直接表明,通道内向壁面运动的离子实际上可以进行非常有效的控制,这不但可以有效地减小羽流发散损失,还可以控制陶瓷壁面因粒子轰击而引起的过热现象,提高寿命。

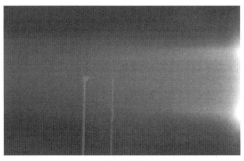 

(a) 放电图片　　　　　　　　　　　　　(b) 对比

图 5.29　等离子体聚焦示意图

与第一代霍尔推力器相比,第二代霍尔推力器在通道内的磁场设计上突出了对离子束的聚焦控制,其磁场位形特点主要是:电离加速区的弯曲型磁透镜和近阳极区的"零"磁点(实际上它是一个不能磁化电子的弱磁场区),如图 5.30 所示。弱磁场区内电子的非磁化效应导致其中等离子体密度和电子能量都很低,这使该区域内中性气体的电离效应非常弱。因此在我们所关注的磁场位形下,可以忽略弱磁场区这个物理特征对霍尔推力器通道内工质电离和加速过程的影响,也就是说真正控制它们的实际上只是电子磁化区的磁场位形。从图 5.30 可以看出,霍尔推力器通道内的磁力线弯曲形状非常像光聚焦时所用的透镜,而实际上这种磁场位形可以用来聚焦霍尔推力器内的等离子体,因此也被称为"磁透镜"。

图 5.30 是放电电压 $U_d = 400$ V, $\dot{m}_a = 3$ mg/s,羽流发散半角 $\alpha_{0.95} = 11.5°$ 工况下通道内的磁场位形(图中粗实线)。可见,由于零磁点的存在,通道内靠近阳极的磁力线弯曲程度明显要大,而在出口区附近的磁力线则比较平直,甚至已经变成外凸的形状,这与SPT-P70 的磁极布置有关。电离区则介于零磁点和推力器出口之间,电离峰值点附近的磁力线则基本上全部凸向阳极,这样所产生的离子才能得到较好的聚焦,这也是该工况下推力器羽流发散半角较低的重要原因。

实际上,霍尔推力器通道内的磁力线并非真正的透镜型曲线组,而是由曲率不同的许多弯曲线构成的,因此并不能直接使用透镜的参数(如焦距等)来量化磁场位形,必须引入几个新的与磁力线和电离加速过程有关的参数,来表征磁场位形与等离子体束聚焦之间的关系。结合磁力线弯曲和工质电离分布特点,这里我们以磁场的弯曲方向 γ_M 和曲率

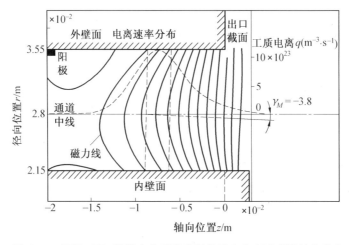

图 5.30 SPT - P70 通道内典型的磁场位形和电离速率沿轴向分布

K_M 的空间分布为基础,把工质电离分布 $q(z)$ 作为权重来计算积分参数,以达到利用较为简单的几个参数来量化磁场位形对等离子体束聚焦影响的目的。其中磁场的弯曲方向 γ_M 和曲率 K_M 的微分表达式可以写为

$$\gamma_M(r,z) = \arctan \frac{B_z}{B_r} = \arctan \frac{\mathrm{d}z}{\mathrm{d}r}$$

$$K_M(r,z) = \frac{1}{\rho_M} = \frac{\mathrm{d}\varphi_M}{\mathrm{d}S_M} \tag{5.60}$$

在工质电离径向均匀的假设条件下,磁场的弯曲方向 γ_M 和曲率 K_M 沿轴向的分布可表达为

$$\gamma_M(z) = \frac{\int \gamma_M(r,z)\,\mathrm{d}r}{h} \tag{5.61}$$

$$K_M(z) = \frac{\int K_M(r,z)\,\mathrm{d}r}{h} = \left| \frac{\sin\gamma_{Mw} - \sin\gamma_{Mn}}{h} \right| \tag{5.62}$$

这里我们使用了微弧条件下 $\mathrm{d}\varphi = \mathrm{d}\gamma$ 和 $\mathrm{d}S = \mathrm{d}r\sqrt{1 + \tan^2\gamma}$ 的近似等价关系,参见图 5.31。这样在以工质电离分布函数 $q(z)$ 为统计权重下的磁场平均参数可表达为

$$\overline{K}_M = \frac{\int q(z)K_M(z)}{\int q(z)\,\mathrm{d}z}, \quad \overline{\gamma}_M = \frac{\int q(z)\gamma_M(z)\,\mathrm{d}z}{\int q(z)\,\mathrm{d}z} \tag{5.63}$$

可见,这两个参数既体现出了磁力线本身的特征,又联系了工质的电离过程,因此可以用来讨论工质电离和等离子体束流运动过程中磁场位形的作用。由离子运动方程可知,通道内真正对等离子体束起到控制作用的实际上是电场,也就是等势线分布,但通道内电势分布的影响因素非常多,以至于到现在为止还没有一个明确的解析形式,应用得最多的也仅是磁力线等势化和热化电势理论,而该理论下磁力线与等势线差别不大。由此来看,利用磁力线的参数来表征空间电势场,进而讨论其对离子运动的影响规律是合理的。

图 5.32 给出了磁场弯曲方向 $\bar{\gamma}_M$ 影响羽流形态的物理解释。由于霍尔推力器通道外的电势变化非常小，即 $\Phi(z>0)\approx \mathrm{const}$，所以离子在羽流近场区的运动可以近似认为是直线，也就是说等离子体束的射流方向主要由通道内的 $\bar{\gamma}_M$ 来决定。对于 $\bar{\gamma}_M>0$，即图 5.32 的第 ① 种条件，此时等离子体束在羽流近场区直接表现为向外发散，并且 $\bar{\gamma}_M$ 越大羽流发散得越厉害。对于 $\bar{\gamma}_M<0$，即是图 5.32 中的第 ③ 种条件，此时等离子体束在近场区形成了向中轴线收敛的现象，但过了交会点之后，在羽流远场区仍然是发散的。$\bar{\gamma}_M$ 越小则羽流汇聚点就越靠近出口，最终形成的羽流发散角也就会越大。只有当 $\bar{\gamma}_M\sim 0$ 时，等离子体束才有可能实现平行的射流形态。而实际上推力器实现良好的聚焦时，$\bar{\gamma}_M$ 并不等于零，而是小于零，$\gamma_M(z)$ 在通道内的分布也仅是在出口附近才接近零。这可能与热化电势在通道内外壁面处的非对称效应有关，由于真正对等离子体束聚焦起作用的是通道内的空间电场，而通道内的热化电势会因磁感应强度的非对称性而引起径向偏差，因此实现恰到好处的等离子体束聚焦实际上需要有一定磁力线弯曲方向。

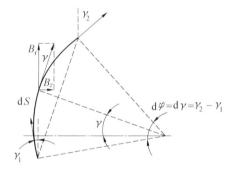

图 5.31　磁力线微元分析示意图

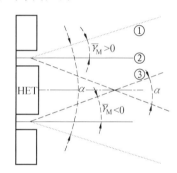

图 5.32　磁场平均弯曲方向对近场羽流形态影响示意图

除磁场位形外，工质电离分布对等离子体聚焦也有重要的影响。考虑磁力线曲率和弯曲方向沿轴向不均的影响，通道内的电势分别在轴向和径向存在分量，离子在通道出口也分别存在轴向和径向的速度分量，且出射角 α 将满足

$$\tan\alpha=\frac{v_{\mathrm{irc}}}{v_{\mathrm{izc}}}=\sqrt{\tan|\bar{\gamma}_M|} \tag{5.64}$$

由此可见，只要在运动轨迹上所受势场作用的折合方向角 $\bar{\gamma}_M$ 不为零，离子就会在径向上有一个速度分量。

正是由于通道内磁力线弯曲效应的存在，工质电离区的展宽会引起 3 种典型的离子径向运动。如果离子产生在磁力线弯曲程度较大的通道深处（图 5.33 位置 ①），则过大的径向电场会使一部分等离子体束快速汇聚并交叉射出通道，这部分等离子体束会因为径向电场太强而产生过矫的现象，使喷出通道的等离子体束仍有很强的径向速度分量，产生较大的羽流发散半角；如果离子产生在弯曲程度很小甚至是凸向出口的磁力线附近（图 5.33 位置 ③），则会因为径向电场较弱而无法压制离子的径向运动，同样会导致等离子体束在径向上有一个平均能量而产生羽流的发散现象。只有在能够恰好压制离子径向运动而又不过矫的情况下(位置 ②),等离子体束才能够沿通道平行喷出,达到羽流发散角最小。电离区的展宽通常在两个方向上都存在(向阳极和出口),这会造成能被恰好压制径向运动的离子份额大幅下降,最终表现出羽流发散半角的快速增加。这一方面会造成等离子体束的轴向平均速度下降,导致推力器的比冲、效率等都大幅降低,另一方面还会增大离子在壁面上的损失份额,造成寿命降低。

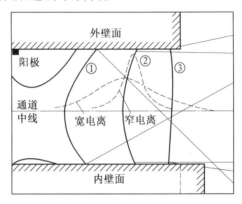

图 5.33　电离区展宽对等离子体束流影响的物理解释示意图

通过上面的分析可见,电离区的位置和集中程度对推力器的磁聚焦有着非常重要的影响。实际设计过程中减小等离子体束的羽流发散半角可以从两个方面入手:其一就是通过磁极设计合理优化通道内的磁场位形,争取能在较宽的区域内实现恰好可以压制离子径向流动的空间电势分布;其二是合理调节工质电离区位置和宽度,使具有足够份额的工质电离在恰好可以压制离子径向流动的有限空间内。

此外,阳极供气流量、低频振荡幅值以及放电电压的变化等都会影响电离区参数,进而影响等离子体的聚焦状况。

5.3.4　壁面材料的选取

对于制造霍尔推力器通道套管而言,不仅要求材料具有良好的绝缘性,最为重要的是要考虑材料的各种热学性能。首先,通道放电过程中器壁所要承受的温度较高,根据 SPT-100 实验模型的实验和计算结果,推力器运行过程中通道内部温度在 700 K 左右,其中内壁出口位置的温度最高,可以达到 870 K;其次,在轨运行需要推力器数万次的冷启动,启动过程对通道器壁将造成很大的热冲击,导致材料产生热疲劳损伤。因此,要求材料既是绝缘体又是热的良导体。除此以外,由于通道器壁与放电等离子体直接接触,还要求材料具有合适的二次电子发射系数以获得较高的运行效率。另外,霍尔推力器通道具有环形几何结构及较薄的壁厚,这就要求材料具有很好的机械加工性能。

在以上的各项要求下,通常采用六方 BN 陶瓷材料来制造霍尔推力器通道套管,其原因如下:

①BN 成键时形成满壳层结构,因此是良好的绝缘体,并且具有良好的高频介电性能;

②BN 的耐热性能非常好,无明显熔点,在 0.533 Pa 的真空中,于 1 800 ℃ 开始分解,具有很好的化学稳定性;

③BN 的导热性能与不锈钢相当,在较高的温度下仍相当稳定,热导率随着温度的升高降低得相当缓慢,而且在 500 ~ 600 ℃ 以上,BN 陶瓷的热导率为电绝缘陶瓷的首位;

④ 六方 BN 是一种软质材料,能够在烧成后进行各种机械加工,容易制成精密的陶瓷部件;

⑤ 实验表明 BN 陶瓷对于霍尔推力器通道内的等离子体放电过程而言具有合适的 SEE,相对于其他结构陶瓷,如 SiC、Al_2O_3 等,能够获得效率最佳的工作状态。由六方 BN 陶瓷加工成的霍尔推力器通道套管如图 5.34 所示,套管呈白色。

六方 BN 为六方晶体结构,其晶体结构与石墨相似,如图 5.35 所示,由于六方 BN 层间为分子键,层间距离大,易破坏,硬度很低,有润滑性,因此也称为"白石墨"。但是,其层内的强共价键不易破坏,所以 BN 是良好的高温材料。

图 5.34　由 NASA 制造的霍尔推力器
BN 陶瓷通道套管

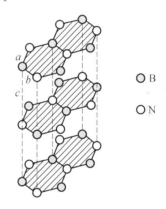

图 5.35　六方 BN 的晶体结构

纯的六方 BN 呈白色粉末状,由于 BN 晶体粉末的烧结性能很差,因此不能直接制成陶瓷件。常用热压方法制备并在热压时根据需要添加不同成分及比例的烧结助剂,常用的烧结助剂有 SiO_2、B_2O_3 以及 CaO 等,最终制成不同类型的 BN 陶瓷,表 5.3 列出了 NASA 在霍尔推力器侵蚀实验中所采用的 5 种美国商用 BN 陶瓷。

为了进一步了解制造陶瓷套管所用 BN 陶瓷材料的成分及微观组织结构,对 Fakel 经过 5 000 h 侵蚀实验的内器壁陶瓷样片(图 5.36)进行了 XRD 及 SEM 实验。

XRD 实验结果如图 5.37 所示,表明陶瓷为六方 BN,晶格常数分别为:$a = b = 2.504$、$c = 6.656$ 及 $\alpha = \beta = 90°$,陶瓷中除了六方 BN 晶体,还存在有非晶态的结合剂。通过半定量的 X 射线散布能量分析(EDAX),结果如图 5.38 所示,确定非晶态的物质为 SiO_2,它作为烧结助剂在陶瓷的热压制备过程中加入,且所占比例不高。

图 5.36　Fakel 经过 5 000 h 侵蚀测试的
推进器内器壁陶瓷样片

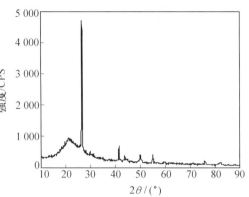

图 5.37　BN 陶瓷试片的 XRD 实验结果

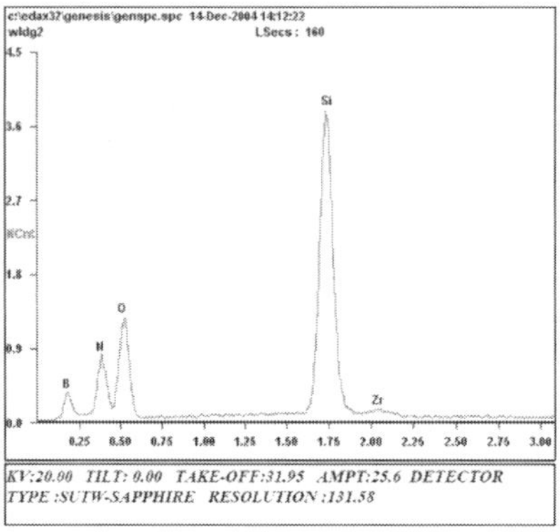

Element	Wt %	At %
B K	57.22	67.16
N K	19.42	17.59
O K	14.26	11.31
SiK	08.53	03.85
ZrL	00.58	00.08

EDAX ZAF QUANTIFICATION　STANDARDLESS SEC
TABLE : USER

图 5.38　BN 陶瓷试片 EDAX 结果

图 5.39 是 BN 陶瓷试片的 SEM 样图,从中可以明确材料微观组织结构,如图 5.40 所示,在陶瓷的热压制备过程中,BN 晶体粉末在高温高压下通过结合剂烧结在一起,制成了陶瓷件。

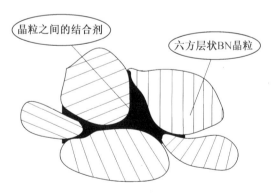

图 5.39　BN 陶瓷试片的 SEM 显微组织

图 5.40　BN 陶瓷试片的组成示意图

5.3.5　预电离

对于第二代 ATON 型霍尔推力器来说,其中存在缓冲腔结构,如图 5.41 所示。缓冲腔主要用来实现输入工质气体的均化。在推力器运行时,通道内部分快电子会进入缓冲腔,将推进剂工质部分电离成等离子体。为区分通道内的工质电离过程,我们称缓冲腔内的电离为"预电离"。在 P70 霍尔推力器典型工况下,缓冲器发射光谱如图 5.42 所示。从图中可以看出,在可见光范围内,有 3 条强度较大的氙离子谱线分别为 484.3 nm、529.1 nm 和 541.8 nm,其他强度较大的是氙原子谱线,分别为 473.4 nm、480.7 nm、482.9 nm、492.3 nm 和 498.5 nm,即缓冲腔内存在预电离现象,A. I. Morozov 在实验中同样也观测到了缓冲腔内的预电离现象。

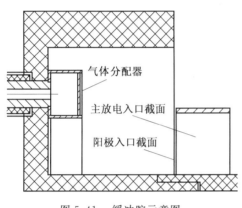

图 5.41　缓冲腔示意图

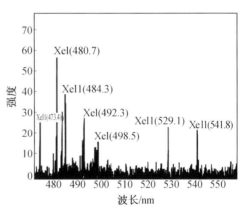

图 5.42　缓冲腔等离子体的光谱

实验发现,预电离对推力器等离子体的低频振荡有抑制作用。为进一步分析缓冲腔预电离机制对霍尔推力器中低频振荡的影响,我们在气体分配器和阳极之间附加一个电压来改变缓冲腔内的电离率,如图 5.43 所示。随着附加电压的变化,霍尔推力器低频振荡的强度(用振荡的标准差表征)变化如图 5.44 所示,从图中可以看出,随着阳极和气体分配器之间附加电压的提高,缓冲腔内预电离率增大,霍尔推力器放电低频振荡显著降低。

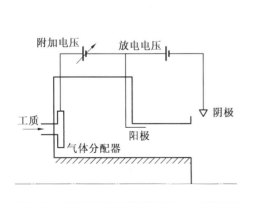

图 5.43　阳极和气体分配器间附加电压原理图

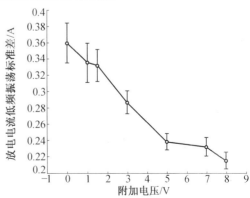

图 5.44　放电电流低频振荡标准差与附加电压关系

可以发现,附加电压的增强,可以降低低频振荡的振幅。这是因为缓冲腔内电场的增强有助于提高预电离的程度,电场的增强能够提高电子能量,从而提高电子和原子碰撞的概率。而在通道内的电离过程中,正负反馈作用交替占据主导地位,造成电离的不稳定性,引起等离子密度和原子密度大幅度变化,是引起霍尔推力器低频振荡的主要原因。而通过提高推力器缓冲腔内的预电离,提高了预电离率,也就提高了工质进入加速通道时离子的密度,相应地降低了通道入口处原子的密度。显然,这使得通道内原子密度和离子密度的变化范围都减小了,削弱了通道内电离过程的正反馈和负反馈的作用,从而减小了低频振荡的幅度。

5.3.6 模化设计方法

相似理论是建造大型复杂设备与结构,及探明复杂物理过程及物理－化学过程内部规律时广为应用的一种理论。模化设计正是基于相似理论的一种设计方法,它首先是建立描述研究对象的微分方程组或者函数表达式,再运用方程分析方法或者因此分析方法获得原始的相似准则,最后根据实际适用范围进行应用设计。由于在研究复杂的问题时,不可能满足每一个相似准则,即"完全模化",因此应对得到的原始相似准则进行分析、取舍,选定与现象密切相关的相似准则作为模化条件,进行"近似模化"设计,如图 5.45 所示。目前相似模化设计方法已广泛应用于传热学、流体力学、叶轮机械设计、化工、动力等领域。如在物体运动方面,已采用相似模化设计方法研究了汽车在碰撞事故中的运动、巨型浸没油罐向海底的沉没过程、阿波罗登月舱如何落到月球倾斜表面上的运动规律等;在动载荷对结构的作用方面,研究了核反应堆内部爆炸引起的压力壳的应变与振动频率的关系、火箭发射架的震动规律等;在流体运动方面,研究了海洋表面上油膜的扩散及轴承中润滑油的流动规律等问题;在热力学方面,研究了气温对铁路永冻路基的作用、铁轨的受热变化规律等。

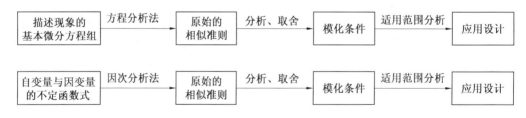

图 5.45 模化设计方法

由于霍尔推力器设计内部运行机制的复杂性,靠常规实验、数学模拟等方法有时难以进行,使模化方法指导设计成为不可缺少的研究手段。因此,在还没有完全掌握霍尔推力器设计复杂的物理机理条件下,可通过霍尔推力器设计基本方程确定相似准则,在此基础上确定模化条件,进行相似理论研究,最终达到指导霍尔推力器设计的目的。然而,目前用于指导霍尔推力器设计的相似理论体系并不完善,其相似准则也仅有 Melikov－Morozov 相似准则,基于 Melikov－Morozov 相似准则的 Kyhams 线性相似理论与实验结果差别较大,不能很好地指导霍尔推力器设计,因此有必要对霍尔推力器相似模化设计方法进行研究。

对第一代推力器进行相似设计时,可转换为直磁场下的相似设计问题,可忽略径向电场和轴向磁场对粒子运动的影响,认为离子沿着轴向喷出,电子是在正交的电磁场中运动。在直磁场条件下,通过对中性气体连续性方程、电子动量方程、离子动量方程及电子能量方程 4 个基本方程进行分析,可得到如下的 31 个相似准则:

$$S_1 = \frac{v_n}{\beta_i n_e L_a}, \quad S_2 = \frac{kT_e}{m_e v_{ex}^2}, \quad S_3 = \frac{eL_a E_x}{m_e v_{ex}^2}, \quad S_4 = \frac{ev_{e\theta} B_r L_a}{m_e v_{ex}^2}, \quad S_5 = \frac{v_{ei} L_a}{v_{ex}}$$

$$S_6 = \frac{v_{ei} L_a v_{ix}}{v_{ex}^2}, \quad S_7 = \frac{v_{en} L_a}{v_{ex}}, \quad S_8 = \frac{v_{en} v_n L_a}{v_{ex}^2}$$

$$S_9 = \frac{v_{ew} \delta v_{esx} L_a}{v_{ex}^2}, \quad S_{10} = \frac{v_{ew} L_a}{v_{ex}}, \quad S_{11} = \frac{n_n \beta_i L_a}{v_{ex}}$$

$$S_{12} = \frac{eB_r L_a}{m_e v_{e\theta}}, \quad S_{13} = \frac{v_{ei} L_a}{v_{ex}}, \quad S_{14} = \frac{v_{en} L_a}{v_{ex}}$$

$$S_{15} = \frac{v_{ew} \delta v_{es\theta} L_a}{v_{ex} v_{e\theta}}, \quad S_{16} = \frac{v_{ew} L_a}{v_{ex}}, \quad S_{17} = \frac{n_n \beta_i L_a}{v_{ex}}$$

$$S_{18} = \frac{kT_i}{m_i v_{ix}^2}, \quad S_{19} = \frac{eL_a E_x}{m_i v_{ix}^2}, \quad S_{20} = \frac{m_e v_{ie} L_a}{m_i v_{ix}}, \quad S_{21} = \frac{m_e v_{ie} L_a v_{ex}}{m_i v_{ix}^2}$$

$$S_{22} = \frac{v_{in} L_a}{v_{ix}}, \quad S_{23} = \frac{v_{in} v_n L_a}{v_{ix}^2}, \quad S_{24} = \frac{v_{iw} L_a}{v_{ix}}, \quad S_{25} = \frac{n_n \beta_i L_a}{v_{ix}}$$

$$S_{26} = \frac{k_e}{L_a n_e v_{ex}}, \quad S_{27} = \frac{eE_x L_a}{kT_e}, \quad S_{28} = \frac{\alpha L_a \beta_i n_n}{v_{ex} kT_e}$$

$$S_{29} = \frac{v_{ew} L_a}{v_{ex}}, \quad S_{30} = \frac{L_a v_{ew} e \Delta \Phi_w}{v_{ex} kT_e}, \quad S_{31} = \frac{L_a v_{ew} e \Delta \Phi_w}{v_{ex} kT_e}$$

其中,S_5 和 S_{13},S_7 和 S_{14},S_{10}、S_{16} 及 S_{29},S_{11} 和 S_{17} 可分别是相同的,可分别从电子的轴向和周向动量方程中求得。因此,对于上述粒子的基本方程,可以得出 26 个相似准则,然而求得的这些准则不可能在相似设计中均保持不变,需对相似准则进行进一步分析。在实际的推力器设计中,26 个相似准则又可分为 4 类,分别是电离准则、传导准则、加速准则以及能量交换准则。

首先是电离准则。由于 $\lambda_a = \dfrac{v_n}{\beta_i n_e}$,$S_1$ 可以进一步表示为

$$S_1 = \frac{v_n}{\beta_i n_e L_a} = \frac{\lambda_a}{L_a} \tag{5.65}$$

这与 Melikov-Morozov 相似准则数是一致的,体现了中性气体的电离。而在电子和离子的动量方程中,其涉及电离项得出的相似准则为 $S_{11} = \dfrac{n_n \beta_i L_a}{v_{ex}}$ 和 $S_{19} = \dfrac{n_n \beta_i L_a}{v_{ix}}$,将 S_1 和 S_{11} 及 S_{19} 比较,并考虑其准中性 $n_e \approx n_i$ 可得

$$\frac{S_{11}}{S_1} = \frac{n_e v_{ex}}{n_n v_n}, \quad \frac{S_{19}}{S_1} = \frac{n_i v_{ix}}{n_n v_n} \tag{5.66}$$

$\dfrac{n_\mathrm{e} v_\mathrm{ex}}{n_\mathrm{n} v_\mathrm{n}} = \mathrm{const}$ 且 $\dfrac{n_\mathrm{i} v_\mathrm{ix}}{n_\mathrm{n} v_\mathrm{n}} = \mathrm{const}$，意味着通道内的电离情况相同，电离度相同，$S_1$、$S_{11}$ 及 S_{19} 都体现了通道内的电离过程。

其次是传导准则。$S_2 = \dfrac{kT_\mathrm{e}}{m_\mathrm{e} v_\mathrm{ex}^2}$ 体现了电子压力梯度引起的电子传导，当电子压差比较大时应考虑该准则数。$S_3 = \dfrac{eL_\mathrm{a} E_\mathrm{x}}{m_\mathrm{e} v_\mathrm{ex}^2}$ 和 $S_4 = \dfrac{e v_{\mathrm{e}\theta} B_\mathrm{r} L_\mathrm{a}}{m_\mathrm{e} v_\mathrm{ex}^2}$ 体现了电场对电子的加速和磁场对电子的束缚，在正交的电磁场中，$v_{\mathrm{e}\theta} = \dfrac{E_\mathrm{x}}{B_\mathrm{r}}$，因此正交的电磁场并不会对电子的轴向传导产生作用，电子在正交的电磁场中做周向漂移运动，因此在研究第一代推力器时可不考虑 S_3 和 S_4 这两个相似准则。$S_{12} = \dfrac{eB_\mathrm{r} L_\mathrm{a}}{m_\mathrm{e} v_{\mathrm{e}\theta}}$ 和 $S_{15} = \dfrac{v_\mathrm{ew} \delta v_{\mathrm{es}\theta} L_\mathrm{a}}{v_\mathrm{ex} v_{\mathrm{e}\theta}}$ 体现了径向磁场和壁面对电子周向 Hall 漂移的影响，在研究等离子体推力器时应考虑。$S_5 = S_{13} = \dfrac{v_\mathrm{ei} L_\mathrm{a}}{v_\mathrm{ex} V_{\mathrm{e}\theta}}$、$S_6 = \dfrac{v_\mathrm{ei} L_\mathrm{a} v_\mathrm{ix}}{v_\mathrm{ex}^2}$、$S_7 = S_{14} = \dfrac{v_\mathrm{en} L_\mathrm{a}}{v_\mathrm{ex}}$、$S_8 = \dfrac{v_\mathrm{en} v_\mathrm{n} L_\mathrm{a}}{v_\mathrm{ex}^2}$、$S_9 = \dfrac{v_\mathrm{ew} \delta v_\mathrm{esx} L_\mathrm{a}}{v_\mathrm{ex}^2}$ 及 $S_{10} = S_{16} = S_{29} = \dfrac{v_\mathrm{ew} L_\mathrm{a}}{v_\mathrm{ex}}$ 体现了中性气体、离子及壁面与电子的碰撞引起的电子向阳极的迁移（传导），其中 $\dfrac{L_\mathrm{a} v_\mathrm{ei}}{v_\mathrm{ex}}$、$\dfrac{L_\mathrm{a} v_\mathrm{en}}{v_\mathrm{ex}}$、$\dfrac{L_\mathrm{a} v_\mathrm{ew}}{v_\mathrm{ex}}$ 和流体力学中的流体动力均时性准则相对应，其物理意义是速度场的改变速度与流体在系统内停留时间的比值，在霍尔推力器中体现了电子速度、特征长度 L_a 及碰撞频率（v_ew、v_en 和 v_ei）的关系。表征了电子在穿越电离加速区的过程中与离子、中性气体、壁面碰撞的次数是相同的，体现了经典的碰撞传导和近壁传导过程。

然后是加速准则。$S_{18} = \dfrac{kT_\mathrm{i}}{m_\mathrm{i} v_\mathrm{ix}^2}$ 是离子压力梯度项和离子动量变化量之间的比值，体现了离子温度和动能之间的关系，当等离子体密度分布不均匀而导致压差较大时，应考虑该准则。$S_{19} = \dfrac{eL_\mathrm{a} E_\mathrm{x}}{m_\mathrm{i} v_\mathrm{ix}^2}$ 体现了离子在加速电场的作用下的加速过程，其物理意义是电场能与离子获得的动能的比值，可直接从带电粒子在电场中的运动方程得出该准则数。$S_{20} = \dfrac{m_\mathrm{e} v_\mathrm{ie} L_\mathrm{a} v_\mathrm{ex}}{m_\mathrm{i} v_\mathrm{ix}^2}$、$S_{21} = \dfrac{v_\mathrm{in} v_\mathrm{n} L_\mathrm{a}}{v_\mathrm{ix}^2}$、$S_{22} = \dfrac{v_\mathrm{in} L_\mathrm{a}}{v_\mathrm{ix}}$、$S_{23} = \dfrac{v_\mathrm{in} v_\mathrm{n} L_\mathrm{a}}{v_\mathrm{ix}^2}$ 及 $S_{24} = \dfrac{v_\mathrm{iw} L_\mathrm{a}}{v_\mathrm{ix}}$ 体现了碰撞（离子与电子、离子与中性气体、离子与壁面）对离子运动的影响，其中 $S_{20} = \dfrac{m_\mathrm{e} v_\mathrm{ie} L_\mathrm{a}}{m_\mathrm{e} v_\mathrm{ix}}$、$S_{22} = \dfrac{v_\mathrm{in} L_\mathrm{a}}{v_\mathrm{ix}}$ 及 $S_{24} = \dfrac{v_\mathrm{iw} L_\mathrm{a}}{v_\mathrm{ix}}$ 与 $S_5 = \dfrac{v_\mathrm{ei} L_\mathrm{a}}{v_\mathrm{ex}}$、$S_7 = \dfrac{v_\mathrm{en} L_\mathrm{a}}{v_\mathrm{ex}}$ 及 $S_{10} = \dfrac{v_\mathrm{ew} L_\mathrm{a}}{v_\mathrm{ex}}$ 类似，分别表征离子在加速过程中离子与电子、中性气体、壁面的碰撞次数是相同的。通过对传导和加速准则的分析可以得出：电子向阳极迁移和离子加速喷出过程中，电子（离子）和其他粒子及壁面的碰撞次数是相同的。

最后是能量交换准则。$S_{26} = \dfrac{k_\mathrm{e}}{L_\mathrm{a} n_\mathrm{e} v_\mathrm{ex}}$ 体现了热传导项引起的电子能量的变化，当温

差比较大时应考虑该准则数。$S_{27} = \dfrac{eE_x L_a}{kT_e}$ 体现了电场对电子的加热作用,从该准则数可以看出,当电场加热项占主导地位时,即其他加热项和损失项与电场加热项相比较小时,电子温度和放电电压成正比,当放电电压保持不变时,其电子温度也保持不变,这对于维持放电电压不变条件下的相似设计提供了可靠的模化条件。$S_{28} = \dfrac{\alpha L_a \beta_i n_n}{v_{ex} kT_e}$ 是电离损失项与能量变化量之间的比值,在通常情况下,电离损失项与中性气体的电离能有关,通常选用的推进剂为 Xe 或 Kr,其电离能分别为 12.13 eV 和 14.00 eV,与数百伏放电电压相比较小,在通常情况下可不考虑该相似准则,但在极低的放电电压下放电时,应考虑该相似准则数。$S_{30} = \dfrac{L_a v_{ew} e\Delta\Phi_w}{v_{ex} kT_e}$ 和 $S_{31} = \dfrac{L_a v_{ew} \delta e\Delta\Phi_w}{v_{ex} kT_e}$ 是体现了壁面损失项对电子温度的影响,结合 S_{29} 可得出 $\dfrac{e\Delta\Phi_w}{kT_e} = \text{const}$ 及 $\dfrac{\delta e\Delta\Phi_w}{kT_e} = \text{const}$,体现了 $\Delta\Phi_w$ 与 T_e 及 δ 的关系。由于 δ 仅仅是壁面材料和电子温度 T_e 的函数,当放电电压 U_d 及壁面材料保持不变时,T_e 和 δ 也保持不变,则壁面鞘层电势降 $\Delta\Phi_w$ 也保持不变。

根据霍尔推力器典型的通道参数的数值,利用壁面碰撞项进行标幺比较,就可以确定各个准则的主次地位。通过对推力器参数的分析,可以确定在研究等离子体相似问题时,从中性气体的电离、电子的传导、离子的加速及能量平衡角度考虑,应保持 $S_1 = \dfrac{v_n}{\beta_i n_e L_a}$、$S_{12} = \dfrac{eB_r L_a}{m_e v_{e\theta}}$,$S_{19} = \dfrac{eL_a E_x}{m_i v_{ix}^2}$,$S_{27} = \dfrac{eE_x L_a}{kT_e}$ 及 $S_{29} = \dfrac{v_{ew} L_a}{v_{ex}}$ 不变,在此基础上研究其他参数间的关系,我们可将上述 5 个准则数定义为电离准则、电子周向漂移准则、离子能量准则、电子温度准则和近壁传导准则。

下面将研究放电电压 U_d 不变(保持比冲不变)的条件下推力器的相似设计问题。

设计时要保证在电离准则 $\dfrac{v_n}{\beta_i n_e L_a}$、电子周向漂移准则 $\dfrac{eB_r L_a}{m_e v_{e\theta}}$、离子能量准则 $\dfrac{eL_a E_x}{m_i v_{ix}^2}$、电子温度准则 $\dfrac{eE_x L_a}{kT_e}$ 和近壁传导准则 $\dfrac{v_{ew} L_a}{v_{ex}}$ 保持不变的情况下,模化条件应满足以下 5 个方面:

① 根据电离准则,在保证电离度的情况下,应满足 $\dfrac{\lambda_{ion}}{L_a} = \text{const}$;

② 根据电子周向漂移准则,应满足 $\dfrac{eB_r L_a}{m_e v_{e\theta}} = \text{const}$;

③ 根据离子能量准则,应满足当 $U_d = \text{const}$,$v_{ix}\left(\dfrac{x}{L_a}\right) = \text{const}$;

④ 根据电子温度准则,应满足当 $U_d = \text{const}$,$T_e\left(\dfrac{x}{L_a}\right) = \text{const}$;

⑤ 根据近壁传导准则,应满足 $\dfrac{v_{ew} L_a}{v_{ex}} = \text{const}$;

基于以上模化条件，我们可以得出以下结论(表 5.5)：

① 当 $T_e\left(\dfrac{x}{L_a}\right)=\mathrm{const}$、$\dfrac{\lambda_{ion}}{L_a}=\mathrm{const}$ 及通道内中性气体温度 T_n 没有明显变化时，粒子密度满足

$$\begin{cases} n_n\left(\dfrac{x}{L_a}\right) \propto L_a^{-1} \\[2mm] n_e\left(\dfrac{x}{L_a}\right) \propto L_a^{-1} \\[2mm] n_i\left(\dfrac{x}{L_a}\right) \propto L_a^{-1} \end{cases} \tag{5.67}$$

② 当 $U_d=\mathrm{const}$，$v_{ix}\left(\dfrac{x}{L_a}\right)=\mathrm{const}$ 以及通道内中性气体温度 T_n 没有明显变化时，质量流量与 L_a 的关系满足

$$\dot{m} \propto L_a^{-1}WD \tag{5.68}$$

③ 当 $U_d=\mathrm{const}$、$\dfrac{eB_r L_a}{m_e v_{e\theta}}=\mathrm{const}$ 时，磁场与 L_a 的关系满足

$$B_r \propto L_a^{-1} \tag{5.69}$$

④ 当 $T_e\left(\dfrac{x}{L_a}\right)=\mathrm{const}$、$\dfrac{\lambda_{ion}}{L_a}=\mathrm{const}$、$U_d=\mathrm{const}$、$\dfrac{v_{ew}L_a}{v_{ex}}=\mathrm{const}$、$v_{ix}\left(\dfrac{x}{L_a}\right)=\mathrm{const}$ 时，放电电流密度、放电电流及功率与 L_a 的关系满足

$$\begin{cases} j_d \propto L_a^{-1}WD \\[2mm] I_d \propto L_a^{-1}WD \\[2mm] P \propto L_a^{-1}WD \end{cases} \tag{5.70}$$

⑤ 当 $T_e\left(\dfrac{x}{L_a}\right)=\mathrm{const}$ 及 $\dfrac{\lambda_{ion}}{L_a}=\mathrm{const}$ 时，电子回旋半径 r_c 和回旋频率 ω_e 与 L_a 的关系满足

$$\begin{cases} r_c \propto L_a \\[2mm] \omega_e \propto L_a^{-1} \end{cases} \tag{5.71}$$

⑥ 当 $T_e\left(\dfrac{x}{L_a}\right)=\mathrm{const}$、$\dfrac{v_{ew}L_a}{v_{ex}}=\mathrm{const}$ 及 $\dfrac{\lambda_{ion}}{L_a}=\mathrm{const}$ 时，其 Hall 参数 β_{Hall} 与 L_a 的关系为

$$\beta_{Hall}=\mathrm{const} \tag{5.72}$$

⑦ 当 $T_e\left(\dfrac{x}{L_a}\right)=\mathrm{const}$ 以及 $\dfrac{eB_r L_a}{m_e v_{e\theta}}=\mathrm{const}$ 时，电子漂移速度 $v_{e\theta}$ 与推力器径向尺寸的关系满足

$$v_{e\theta}=\mathrm{const} \tag{5.73}$$

⑧ $T_e\left(\dfrac{x}{L_a}\right)=\mathrm{const}$ 以及 $\dfrac{\lambda_{ion}}{L_a}=\mathrm{const}$ 时，电子的迁移率满足

$$\mu_{e\perp}=R^{2-\zeta} \tag{5.74}$$

⑨ 当 $T_e\left(\dfrac{x}{L_a}\right)=\mathrm{const}$、$\dfrac{\lambda_{\mathrm{ion}}}{L_a}=\mathrm{const}$、$U_d=\mathrm{const}$、$\dfrac{R^{2-\zeta}}{L}=\mathrm{const}$、$v_{\mathrm{ix}}\left(\dfrac{x}{L_a}\right)=\mathrm{const}$ 以及中性气体温度没有明显改变时，推力与推力器径向尺寸的关系满足

$$T \propto L_a^{-1}WD$$

表 5.5　SPT 参数与几何尺寸的关系

参数	n	$\dot{m}$	P	I_d	j_d	B_r	E_x	$v_{e\theta}$	r_e	T
关系	$\propto L_a^{-1}$	$\propto L_a^{-1}WD$	$\propto L_a^{-1}WD$	$\propto L_a^{-1}WD$	$\propto L_a^{-1}$	$\propto L_a^{-1}$	$\propto_a^{-1}$	const	$\propto L_a$	$\propto_a^{-1}WD$

5.3.7　寿命设计

随着航天器向长寿命以及推力器向高功率不断发展的趋势，对霍尔推力器的使用寿命提出了更高的要求。器壁溅射侵蚀是影响推力器运行稳定性和制约寿命的重要问题之一，抑制溅射侵蚀是寿命设计的关键。

推力器器壁侵蚀过程取决于离子轰击条件，它与通道内的磁场构型设计和运行参数密切相关。首先，由于热化电势的物理机制，通过合理的磁场构型设计可以控制通道内离子流的发散，导致轰击器壁离子流量的减小和离子入射角度的增加。通过减小通道内的离子束发散，能够改善外角的侵蚀状况并降低整体器壁的侵蚀速率以提高寿命。其次，主要运行参数包括放电电压和流量将决定推进器通道内的功率密度，它将决定器壁表面所受离子溅射强度，因此运行参数对器壁侵蚀过程同样具有重要影响。

根据热化电势物理机制，推力器通道内可以认为磁力线近似满足等电势特性，因此，通过合理的磁场构型设计可以实现合理的电场构型以控制离子束的发散。

为了控制通道内离子束的发散程度，减少器壁所受离子溅射强度及出口羽流发散角度，提高霍尔推力器性能，在保证稳定放电的磁感应强度正梯度分布条件下，目前主要通过在通道中构造凸向阳极的弯曲磁场来控制离子束的发散。由于加速区内磁力线与等电势线基本重合，则弯曲的磁场构型相应产生了具有凸向阳极的弯曲构型的等电势面。在这种情况下，电场的径向分量均指向通道中心，由于离子非磁化，离子运动由通道内的电场所控制，因此离子受到电场力的作用会向通道中心聚集，有效地控制了离子沿通道径向方向的发散，大大降低了器壁所受离子溅射轰击强度。这一点已经成为霍尔推力器磁场优化设计的基本要求，在理论和实验方面都得到了验证。俄罗斯 MIREA 于 1996 年研制成功的 ATON 型霍尔推力器，利用两个同轴的内线圈在阳极附近产生"零磁场"，构造出凸向阳极的弯曲磁场构型，其出口羽流发散角度为 $15°\sim18°$，也有最小值达到 $11°$ 的文献记录，哈尔滨工业大学等离子推进技术实验室对 ATON 某型号测量得到最小羽流发散角为 $12°$。相比于传统未采用弯曲磁场构型的 SPT 型推进器约为 $45°$ 的羽流发散角度而言，其离子流发散情况得到明显改善。美国密歇根大学也通过在阳极后方增加附加线圈或采用增加磁屏的方法来实现弯曲的磁场构型，实验结果同样表明羽流发散角度明显减小。

地面实验或者实际飞行中通常采用改变推进剂流量及放电电压的大小来调整霍尔推

力器的推力和功率大小,使其能够根据实际需求更好地完成飞行任务。运行参数的调整直接导致器壁所受离子溅射条件发生变化,从而对器壁侵蚀过程产生影响。因此,下面将分析主要运行参数对器壁侵蚀过程的影响。

霍尔推力器的主要运行工作参数包括推进剂质量流量 $\dot{m}$ 以及放电电压 U_d,前者关系到推进器推力 T 和放电电流 I_d 的大小,而后者将决定推进器比冲 I_{sp} 的大小。在通道内假定推进剂完全电离,根据连续性方程可以得到

$$\frac{\dot{m}}{m_i} = A \cdot n_i(x) \cdot v_i(x) \tag{5.75}$$

其中,$n_i(x)$ 和 $v_i(x)$ 为通道轴向 x 位置的离子密度和速度;A 为通道的横截面积

$$A = 2\pi(R_2^2 - R_1^2) \tag{5.76}$$

其中,R_1 和 R_2 分别为通道的内外半径。由于轰击器壁的离子流源于通道内离子的主流区,因此可以认为轰击器壁的离子流量 $J_i(x) \propto n_i(x) \cdot v_i(x)$。

由于通道内的电势分布取决于磁感应强度分布形式,在磁场构型不变的条件下可以认为不同放电电压的电势分布曲线满足相似特性,即满足 $\dfrac{\Phi(x)}{U_d} = \text{const}$,认为离子绝热流动,则由能量守恒关系可以得到 $E(x) \propto U_d$。由于实验及理论计算结果均表明在 1 keV 下的 Xe^+ 轰击 BN 陶瓷的能量溅射系数 $S(E)$ 与 E 之间基本满足线性关系:$S(E) = k(E - E_{th})$,其中 k 为系数,E_{th} 为材料溅射能量阈值。因此可以将离子溅射强度 κ_0 分布表示为

$$\kappa_0(x) = \frac{J_i(x) \cdot S[E(x)]}{N} =$$
$$\frac{c_1 n_i(x) \cdot v_i(x) \cdot c_2(c_3 U_d - E_{th})}{N} \tag{5.77}$$

其中,c_1、c_2 和 c_3 均为系数。进一步将式(5.75)代入(5.77)可以得到

$$\kappa_0(x) = \frac{c_1 \dot{m} \cdot c_2(c_3 U_d - E_{th})}{A \cdot m_i \cdot N} = c\frac{\dot{m} \cdot (U_d - u')}{A} \tag{5.78}$$

其中,c 和 u' 为参数,这样,式(5.78)给出了 $\dot{m}$ 及 U_d 与 κ_0 的关系,可以看出,在其他条件不变的条件下存在以下关系:$\kappa_0 \propto \dot{m}$、$\kappa_0 \propto A^{-1}$,κ_0 随 U_d 的增加而线性增加。由于侵蚀速率 q 正比于 κ_0,因此,如图 5.46 所示:$q \propto \dot{m}$,$q \propto (U_d - u')$ 和 $q \propto A^{-1}$,其中 u' 为参数,由式(5.77)和式(5.78)可以看出,u_0 随 E_{th} 的增加而增加。

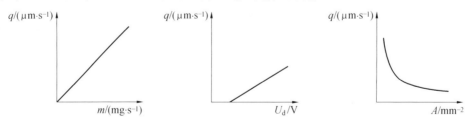

图 5.46　器壁侵蚀速率和运行参数之间的关系示意图

由式(5.75)可以看出：$I_d \propto \dot{m}$。由于 $P_d = I_d U_d$，则由式(5.78)可以进一步得到

$$\kappa_0(x) = a\frac{P_d}{A} - p' \tag{5.79}$$

其中，$\dfrac{P_d}{A}$ 为推力器的功率密度；a 和 p' 均为系数，其中 p' 随 E_{th} 的增加而增加，当 $E_{th}=0$ 时 $p'=0$。因此，κ_0 随 $\dfrac{P_d}{A}$ 的增加而线性增加。

推力器能够产生的推力大小可以表示为

$$T = \dot{m}\bar{v}_i \tag{5.80}$$

其中，$\bar{v}_i$ 是通道出口处的离子平均出射速度，它可以表示为

$$\bar{v}_i = \sqrt{\frac{2eU_a}{m_i}} \tag{5.81}$$

其中，U_a 是离子在通道内可以利用的加速电压；m_i 是推进剂的离子质量。通常由于各种电压损失因素，导致 $U_a = \left(\dfrac{2}{3} \sim \dfrac{3}{4}\right)U_d$。从式(5.80)可以看出，$T$ 满足关系 $T \propto \dot{m}$ 以及 $T \propto \bar{v}_i$。因此，通过调节 $\dot{m}$ 或者 U_d 可以使推力器在一定的范围内适应推力要求不同的飞行任务。假定 U_d 增加时 U_a 也近似成正比增加，则可以认为 $\bar{v}_i$ 与 $\sqrt{U_d}$ 之间近似为正比关系。

同时，推力器所产生的比冲可以表示为

$$I_{sp} = \frac{T}{\dot{m}g} = \frac{\bar{v}_i}{g} \tag{5.82}$$

因此，$I_{sp} \propto \sqrt{U_a}$，通过调节 U_d 就可以改变 I_{sp} 的大小。假定 U_d 增加时 U_a 也近似成正比增加，则可以认为 I_{sp} 与 $\sqrt{U_d}$ 之间近似为正比关系。另外，$q \propto (U_d - u_0)$，因此如图 5.47 所示，侵蚀速率和比冲之间的关系可以表示为

$$q = dI_{sp}^2 - I'_{sp} \tag{5.83}$$

其中，d 和 I'_{sp} 分别为系数，I'_{sp} 随 E_{th} 的增加而增加。

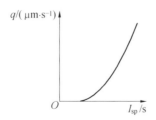

图 5.47　推力器比冲和器壁侵蚀速率之间的关系示意图

可以看出，在其他条件不变的情况下，通过加高放电电压来提高比冲，侵蚀速率相对比冲的增加要迅速，这一点在设计高比冲霍尔推力器时需要引起注意。

由热化电势物理机制的分析可以看出，通道内离子束轰击器壁的 θ_i 主要取决于磁场构型，而运行参数的变化将导致 κ_0 发生变化，因此，推力器的磁场设计和运行参数在决定

推力器运行工作状态的同时也决定了离子轰击器壁的条件,在不同的运行状态下推力器的侵蚀寿命不同。

能够影响寿命的因素主要包括:取决于推力器结构及磁场设计下的离子束发散角 α_i 和通道横截面面积 A,运行参数 $\dot{m}$ 和 U_d。因此,器壁侵蚀寿命可以表示为寿命函数 $LT(\alpha_i, A, \dot{m}, U_d)$ 的形式,其中,离子轰击条件的 κ_0 大小取决于 A、$\dot{m}$ 和 U_d,其分布形式与通道内的磁感应强度分布有关,而 θ_i 则取决于主要由通道内磁场构型所控制的离子束发散角度 α_i

$$LT(\alpha_i, c\kappa_0) = \frac{LT(\alpha_i, \kappa_0)}{c} \tag{5.84}$$

因此,由式(5.78)可知,如图 5.48 所示,$LT \propto \dot{m}^{-1}$,$LT \propto (U_d - u_0)^{-1}$ 以及 $LT \propto A$。

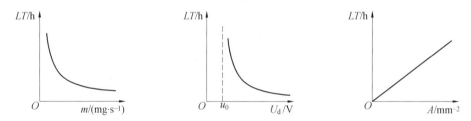

图 5.48 器壁侵蚀寿命和运行参数之间的关系示意图

同样,由关系 $I_{sp} \propto \sqrt{U_d}$ 也可以得到 I_{sp} 和 LT 之间的关系,满足

$$LT = \frac{e_1}{I_{sp}^2 - e_2} \tag{5.85}$$

其中,e_1 和 e_2 为系数,且 e_2 随 E_{th} 的增加而增加。

图 5.49 所示的寿命和比冲之间的关系表明在其他条件不变的情况下通过提升放电电压来增加比冲的方法在靠近 $\sqrt{e_2}$ 时将导致推力器寿命的明显降低,而随着 I_{sp} 的增加,寿命降低的速度不断减小。由于 e_2 随 E_{th} 的增加而增加,因此在设计高比冲霍尔推力器时,尽量提高材料 E_{th} 可以减缓高电压工作条件带来的更为严重的器壁侵蚀问题。

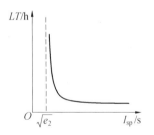

图 5.49 推力器比冲和器壁侵蚀寿命之间的关系示意图

5.4 霍尔推力器空间应用及发展

在最新的 2011 年的国际电推进会议上各国主要电推进科研单位对该行业的现状和发展规划做的相关报告,表明电推进在空间推进领域的发展已经通过了方案论证阶段,跨入大规模的在轨实验并将在未来的 15 ~ 20 年实现行业的工程化、商业化。

欧空局 ESA 过去的 20 年中致力于电推进技术的发展,在 Artemis,Smart-1,GOCE 等卫星上应用离子、霍尔等推进技术作为主要的轨道控制甚至动力装置,标志着欧空局在电推力器技术上取得了显著成果。同时也规划出未来 20 年的工作核心是对现有型号推力器的工程化和商业化,并针对大功率、高比冲、可操作性良好的能满足多种任务需求的推力器进行开发研究。

美国宇航局 NASA 在 2012 年最新发布的 *NASA Space Technology Roadmaps and Priorities*(NASA 空间技术发展路线和优先级)中明确指出:电推进技术在过去的几十年里飞速发展,在超过 230 个航天器上得以成功应用,并以其高效益、广阔的应用空间、合理的发展时间规划和对科学研究上起到的重大意义而被列为未来 20 年美国航天技术规划路线中的最高优先级任务。将最核心的技术定为大功率、大容量电能产生与转换装置研究,推力器损耗机制和寿命预测技术研究,推力系统与航天器的相互作用问题研究,大功率地面模拟电推进系统测试平台建设和推力器系统大功率化基础技术。

俄罗斯作为电推进技术最先进的国家之一,发展了一系列不同型号适用于多种空间任务的霍尔推力器,在霍尔推进技术上取得了重大突破。在其制定的 2006—2015 年空间发展规划中也指出针对电推进系统工程化中高比冲、大功率和长寿命的研究是核心任务,目标提出下一代电推进装置面向航天器的轨道提升甚至主推进动力任务。德国、日本目前也成功应用电推进系统用于卫星的轨道保持和姿态控制,并将新一代面向更广阔的应用空间的电推进系统的研究列入本国的空间发展计划。

在未来的发展计划中,各国纷纷将电推进系统的大功率高性能化、寿命实验预测技术和多任务推力器的发展等列为发展的关键。针对这种状况,为保证我国的航天技术赶超世界领先水平,未来需要优先发展如下核心技术。

1. 大功率、高比冲推力系统设计

高压大功率电源转换器技术。针对千瓦级大功率变换的拓扑复杂、功率器件承受较高的电压应力和电流应力等技术难点,研究单端正激拓扑、推挽拓扑、推挽正激拓扑、半桥拓扑、全桥拓扑等不同拓扑,通过对拓扑结构进行变形和改进,优选出高效率、高可靠性功率转换电路拓扑结构。

2. 高可靠性与长寿命技术束流聚焦技术

通过数值模拟和实验的手段,研究磁场位形、强度分布、壁面等因素对通道内空间电势分布及离子加速场的影响,寻找控制等离子体束射流发散的方法,实现等离子体束的聚焦射流与控制。

(1)大磁隙(厚壁面)磁路优化技术。在推力器整体尺寸受限的条件下增大壁面厚会增加磁隙和减少励磁线圈缠绕空间,因此需要进一步优化磁路结构,实现羽流聚焦,降低离子对壁面和阴极的轰击。

(2)阴极长寿命技术。对于阴极自身寿命而言,需突破发射体长寿命技术、适于数千次开启的高可靠阴极加热器技术以及阴极不同高熔点金属的焊接技术等关键技术。

(3)寿命预测评估技术。采用分段理论预测实验校正的方法来进行预测,通过 800 h 左右的试验来评估推力器的寿命,并进行置信度分析给出可靠的置信区间。

3. 推力器系统的航天应用工程化的实际问题

推力器子系统研究。推力器与阴极虽然在结构上相对独立,可以分开设计,但两者能良好地耦合工作是保证推力器子系统达到设计指标的先决条件。推力器子系统技术方案采用先部件再系统集成的设计原则,首先针对部件级的关键问题开展研究,然后解决推力器子系统集成之后的耦合放电问题。

大功率电源子系统研究。核心问题是千瓦级电功率转换装置的空间抗辐照技术及技术方案、详细电路设计、接口设计、结构设计与热设计、电磁兼容性设计、可靠性与安全性设计等,最终提供满足航天器需求的极其可靠的产品。

4. 推力器系统与航天器相互配合

(1)推力器羽流和航天器相互作用研究。对羽流特性的研究可采用流体-粒子模拟方法,考虑太空中真实环境,模拟航天器真实结构下推力器不同位置情况下等离子体的参数分布;得到航天器不同位置处羽流等离子体的溅射、沉积特性;评估等离子体对航天器本体的影响;提出推力器布置方案。

(2)电磁兼容试验。电推进产生的电磁干扰以及与航天器设备的电磁兼容性,存在如下技术难点:电磁干扰产生的机理复杂;电磁干扰的实际情况难以进行模拟和分析;由于电推力器必须工作在真空环境下,在整星电磁兼容测试时无法测试电推进试验子系统的真实电磁辐射情况。

第6章　空心阴极

在空间航天器中,空心阴极主要应用于电推力器、空间站主动电位控制等方面,具有高可靠性、寿命长、发射电流大、电流发射效率高、体积小、质量轻、结构紧凑和抗振动能力强等特点。

电推力器中的空心阴极主要为推进剂的电离提供高能电子以及中和离子羽流。在离子推力器中这两种功能由两个阴极分别实现,而在霍尔推力器中,这两种功能集中在一个阴极上,并置于推力器外侧。相关的工作原理在第4章与第5章中已有讨论,此处不再赘述。值得注意的是,空心阴极是推力器中等离子体密度最高、电流密度最大、温度最高的部件,它的性能、可靠性与寿命都是限制推力器性能的重要指标。

空间航天器在空间飞行经常发生充电现象,随着空间带电粒子在航天器电解质上积累,可使电场强度达到 $10^6 \sim 10^8$ V/m,从而诱发放电。这种充电现象导致航天器电位不平衡,会使空间等离子体环境探测产生严重偏离,会引起空间离子对航天器表面的轰击溅射。而静电放电脉冲耦合进入电子系统,会造成航天器故障,对空间航天器系统安全性和寿命构成了严重威胁。为了缓解航天器充电的不利影响,需要采用以空心阴极为关键部件的等离子体接触器,对航天器的电位进行主动控制。等离子体接触器可以在航天器正电荷积累时,向空间发射电子,使航天器电位和空间等离子体电位趋向相等。选择空心阴极进行航天器电位控制,是因为空心阴极能在较低的电压下,即能发射出很大的电子流,而且电子电流的大小可在较宽范围内调节。

鉴于空心阴极的重要作用,世界主要航天大国都对空心阴极的研究给予了相当的重视。NASA对下一代空心阴极提出的指标是:能提供放电电流为 $50 \sim 400$ A,同时寿命要超过 10 000 h,而实际上开展的测试已经覆盖到了 30 000 h[55],在研项目更是达到了 100 000 h[56]。在深化研究物理机制的同时,一些新结构、新材料的引入不断带来新的启发[57,58,59,60]。

国内空心阴极的研究主要集中在兰州物理研究所和上海空间推进研究所。针对 20 cm 离子推力器的需求,兰州物理研究所发展了基于硼化镧发射体的空心阴极,其各项性能指标满足 20 cm 离子推力器的应用要求;针对 SPT-70 霍尔推力器的需求,上海空间推进研究所发展了基于钡钨发射体的空心阴极,安装在霍尔推力器上,完成了 500 h 寿命试验。上海空间推进研究所还利用其研制的空心阴极进行了以 Kr 为推进剂的霍尔推力器性能研究,找出了影响推力器性能的部分因素,为下一步研究提出了改进的方向。

本章从不同空心阴极几何构型的简单分类开始,讨论各部件的重要作用及设计初衷,之后会对空心阴极内物理过程、运行(包括自身工作模式以及与推力器的耦合)和寿命问题作介绍。6.2 节讨论热电子发射的物理过程和发射体材料。6.3 节介绍发射体区、孔口以及阴极羽流处的等离子体特征。由于不同放电区的中性气体密度不同，每处等离子体的参数，如碰撞特性参数、温度、电势、密度等都不同，因而每个区各自适用的等离子体物理理论也不尽相同。6.4 节介绍阴极实际运行中的典型工况（模式）。6.5 节讨论阴极的寿命问题，也是阴极中较为重要的问题。最后在 6.6 节分析空心阴极与霍尔推力器的耦合工作问题。

6.1 引　言

　　空心阴极的结构如图 6.1 所示[61]。它主要由阴极管、顶板、发射体、加热器和触持极等组成。空心阴极工作时，首先将加热器通入加热电流，直至把发射体加热到一定的发射温度；之

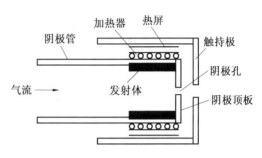

图 6.1　空心阴极的结构示意图

后工质（在电推力器中，空心阴极的工作气体通常为 Xe）流入空心阴极管内，在空心阴极顶限流小孔的作用下，空心阴极管内的压力通常要比小孔外的压力高几个数量级，一般可达 1～2 kPa。利用加热器将发射体缓慢加热到 2 000 K 左右，在触持极对阴极加大约数百伏点火电压后，在发射体和点火电极之间产生气体放电。当气体放电建立起来以后，在空心阴极管内产生高密度的等离子体，等离子体与壁面相互作用，在发射体表面产生尺度为亚微米级的等离子体鞘层，发射的初始电子在双鞘层电位加速下在空心阴极筒内空间振荡，并与 Xe 原子碰撞，以逐级电离的方式电离 Xe 原子，使阴极筒内的等离子体得以维持；同时，等离子体不断轰击加热发射体，从而维持阴极发射体的温度。此时，关闭加热器电源，空心阴极处于自持放电状态。如果空心阴极下游电位高于触持极电位，将会从空心阴极中引出电子；如果空心阴极下游电位低于触持极电位，将会从空心阴极中引出离子。在电推力器中，羽流区的电位一般都高于触持极电位，从而从空心阴极中引出大量电子。

　　空心阴极内的等离子体主要可以分为 3 个区域：阴极内发射体部位的发射体区，发射体外侧靠近阴极出口的孔区，以及阴极外的羽流区，如图 6.2 所示。

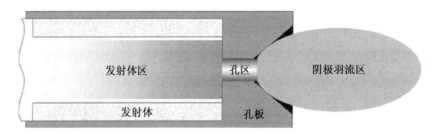

图 6.2　空心阴极中 3 个等离子体区域

　　空心阴极的结构有 3 个主要作用：

　　(1) 推力器的一部分推进剂通过空心阴极注入,产生了电中性的负电位区,这里的放电形成了高密度的等离子体,但电子温度很低。这使得空心阴极中的等离子体的电位非常低,降低了到达发射体表面的离子的能量。图 6.3 是 NEXIS 离子推力器的阴极内电势和等离子体密度沿轴向的分布。从图中可以看出类似的参数分布规律。空心阴极中通常产生的等离子体的密度超过 10^{14} cm^{-3},而且电子温度只有 $1 \sim 2$ eV。发射体区的低等离子体电势和离子与电子之间高频碰撞使离子打在发射体表面的轰击能量少于 20 eV,从本质上消除了表面的离子溅射,极大地增加了阴极寿命。

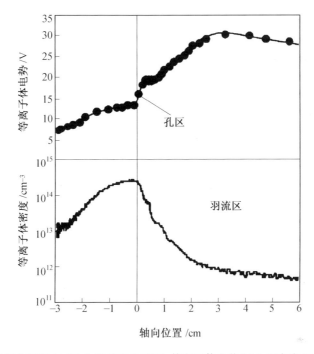

图 6.3　NEXIS 空心阴极中,25 A 的放电电流下,等离子体电势(上)和密度(下)沿轴向的分布

　　(2) 发射体区内高密度的等离子体消除了发射体表面的空间电荷效应,这种效应会限制发射体表面电子的发射电流密度。为了保证阴极结构的紧凑以及长寿命,推力器阴极的发射电流密度的典型值是 $1 \sim 10$ A/cm^2,但是更高的电流密度也可以实现而且有时候也被采用。

　　(3) 发射体在空心阴极这种几何构型中可以被很好地隔热,这极大地减少了阴极工作温度下的辐射损失。因此减小了为维持电子发射所需温度而输入阴极的能量。这使阴极热损失降低到占放电功率中的很小一部分,从而提高了放电的效率。

　　空心阴极的几何构型和尺寸取决于要求它们发射的电流大小。以下我们对阴极的讨论将主要集中于空心阴极在离子和霍尔推力器上的应用。离子推力器内有两个阴极,其中一个布置于电离室内,用于电离工质产生等离子体,这个阴极被称为放电阴极。离子推力器电离室内的放电电流通常为由栅极加速喷出的离子束电流的 $5 \sim 10$ 倍,由放电阴极提供的电子电流的范围可以从几安培到超过 100 A 变化。离子推力器中的另外一个空心阴极布置于羽流区中,用于中和由推力器栅极喷出的离子,以保持羽流的准中性,这个阴极也被称为中和器阴极。中和器阴极发射的电子电流需要等于喷出的离子电流。因此,它们可以做得比放电阴极更小,如何保证其能够实现自加热并在较低的放电电流下可靠地运行是其技术难点。和离子推力器不同的是,霍尔推力器只有一个阴极,布置于羽流区,用于电离工质并中和羽流的离子。同时霍尔推力器的比冲比离子推力器更低。因此,相对于离子推力器的阴极来说,霍尔推力器的阴极需要提供更高的电子电流,以获得和离子推力器同样的总功率。一般来讲,霍尔推力器的阴极需要提供 10 A 到数百安培的电流。

空心阴极发射体直径以及小孔的直径是其设计时需要考虑的两个主要设计参数。从阴极发射体表面发射的电子电流密度正比于发射体表面积。因此当需要更高的放电电流时,需要设计更大的发射体。阴极孔尺寸取决于许多参数。离子推力器中和器阴极设计为非常小的直径孔($\leqslant 3 \times 10^{-2}$ cm),而离子推力器放电阴极和低功率霍尔推力器的阴极的小孔直径一般为 $0.1 \sim 0.3$ cm。大功率离子推力器和霍尔推力器空心阴极的小孔直径将会更大。有时空心阴极甚至被设计为无节流孔,也就是发射体内径与阴极孔直径基本相等,这样能够提供更大的电子电流,但是需要工作在大流量、高功率情况下。

按照空心阴极小孔的特点,可以将空心阴极分为 3 类,在以下几节的讨论中我们将会发现这 3 类阴极具有不同的工作特点。

第一种空心阴极的特点是有一个大长径比的小孔,如图 6.4(a) 所示。这些阴极一般工作在低电流和相对较高的内部气压下,主要靠孔加热模式加热。

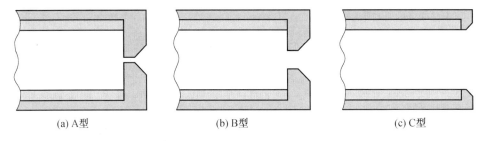

(a) A 型   (b) B 型   (c) C 型

图 6.4   根据孔的几何形状划分的空心阴极 3 个特征类型

第二种类型的阴极特征是有一个直径通常大于长度的孔,如图 6.4(b) 所示,这种阴极工作在较低的内部气压下。这种阴极的加热机理可以是电子或离子对发射体的轰击,或两者皆有。具体的加热机制要视孔的大小和工作条件而定。

第三种阴极,通常用于大电流阴极,如图 6.4(c) 所示,这种阴极根本没有节流孔。其在发射体区的中性气体密度梯度更大,但与有节流孔的阴极(A、B 型阴极)相比,它们通常在各处有更小的内部压力。C 型阴极的加热机制一般是离子对发射体的轰击。

由于碰撞效应,空心阴极内中性气体的压力对等离子参数分布都有重要影响。图 6.5 是采用高速扫描探针,对不同结构的阴极内部等离子体分布沿通道中心线进行测量的结果。3 种阴极的发射体内径均为 0.38 cm,放电电流为 13 A,氙工质流量为

$3.7\ cm^3/min$。3 个阴极主要的区别是小孔的直径,分别对应图 6.4 中的 A、B、C 3 种不同的阴极结构。

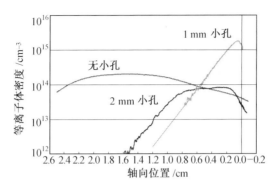

图 6.5　恒定放电电流、流量下,阴极等离子体密度特性随孔径增加而变化的情况

空心阴极孔区内电子电流密度最高,其值主要由小孔的直径决定,但是一般而言,小孔内的电子电流密度很容易超过 $1\ kA/cm^2$。由图 6.5 所示,对于孔径较小的 A 型阴极,其在小孔区内部有很高的气体压力,因而能够产生高密度等离子体,但等离子体主要集中在几毫米的范围内。由于发射体表面发射电子的能力是有限的,因此这限制了能达到的放电电流。随着孔的变大,压力降低,等离子体向发射体上游区域延伸,使更多的发射体表面积用于电子的发射。此时其物理过程与经典的等离子体正柱区相同。对于孔径较小的 A 型阴极,等离子体的电阻加热是其主要的加热机制。孔区等离子体中的大部分能量通过离子轰击并加热孔板,然后通过热传导和热辐射加热发射体。在 B 型阴极中,电阻加热较小。气体流量较高时,此类阴极发射体的加热主要靠等离子中的电子产生。在低流量或大孔的情况下,发射体基本上靠离子轰击发射体表面来加热。而对于 C 型阴极来说,节流孔作用很小,甚至没有节流孔。在阴极上游碰撞占主导作用的发射体区直接与无碰撞的羽流区直接结合在一起。这造成等离子体分布较长,电势梯度较小,加热基本上是靠离子被鞘层加速并轰击发射体形成的。

对于一个给定了几何构型的阴极来说,当改变其放电电流和气体流量后,其加热机制会发生相应的变化。我们将在以下详细地介绍不同阴极构型的加热机制。

6.2　热阴极材料的电子发射

发射体是阴极的核心部件,其余所有部件都围绕发射体的物理过程、结构尺寸等展开。在本节中我们将针对发射体的物理过程以及相应的物理模型为大家进行介绍。

6.2.1　热　发　射

阴极采用的热电子发射材料不同,发射原理存在一定差别。但总的来说,一般都需要把热电子发射材料加热到较高温度,使材料表面电子获得较高能量;同时材料的功函要足够低,这样当电子垂直于表面的动能大于材料功函时,就能克服表面逸出功限制,以热电子的形式脱离材料表面。

热电子发射材料之间的不同之处在于形成低功函表面的过程。对于常用的 BaO－W 浸渍式阴极而言,它的机制是在材料表面形成一层 Ba－O 偶极子,借助局部电场降低表面功函,是一个化学过程,如图 6.6 所示。对于 LaB$_6$ 阴极,它的机制则不包含化学过程,发射体内部不存在重粒子扩散,电子也只是单纯从表面脱离,如图 6.7 所示。

无论采用什么材料,热电子发射密度只与材料温度和材料固有功函有关,即满足 Richardson－Dushman 方程

$$J = AT^2 \exp\left(-\frac{\phi_{wf}}{kT}\right) \tag{6.1}$$

式中,J 为发射电流密度,A/cm^2;T 为加热温度,K;ϕ_{wf} 为发射体材料的功函;V 与温度有关;k 为玻耳兹曼常数(1.38×10^{-23} J/K);A 为发射常数的理论值,称之为理查德森系数,对所有发射体都是同样的,其值为 120 A/(cm^2·K^2)。

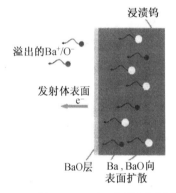

图 6.6　BaO－W 浸渍式阴极
表面电子发射机制[62]

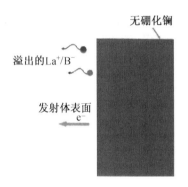

图 6.7　LaB$_6$ 阴极表面
电子发射机制[62]

使用该公式有几个要注意的问题:

(1) 根据量子力学原理,并不是能量高于势垒的一切电子都能透过去,它们仍有被反射回发射体的可能,反射系数与电子能量高出势垒的值及势垒的形状有关。采用一个平均反射系数 $\bar{R}$,则平均透射系数 $\bar{D} = 1 - \bar{R}$。这样发射电流密度公式应改为

$$J = \bar{D} A_0 T^2 \exp\left(-\frac{\phi}{kT}\right) \tag{6.2}$$

对于纯金属来说,理论计算的 $\bar{D} > 0.95$。

(2) 如果仔细考虑,逸出功应该是温度的函数。假设逸出功随温度的变化近似为线性关系,即

$$\phi = \phi_0 + \alpha T \tag{6.3}$$

式中,ϕ_0 为 $T = 0$ K 时的逸出功。

将式(6.3)代入式(6.2)中得到

$$J = \bar{D} A_0 T^2 \exp\left(-\frac{\alpha}{k}\right)\left(-\frac{\phi_0}{kT}\right) = D T^2 \exp\left(-\frac{\phi_0}{kT}\right) \tag{6.4}$$

式中, D 为材料修正系数。

（3）由于阴极表面存在很强的电场, 使得阴极表面电子更易逸出。这个效应称为 Schottky 效应。因此上式方程变为

$$J = \overline{D} T^2 \exp\left(-\frac{\phi_0}{kT}\right) \exp\left[\left(\frac{e}{kT}\right)\sqrt{\frac{eE}{4\pi\varepsilon_0}}\right] \tag{6.5}$$

式中, E 为发射体表面的电场强度; e 为单位电荷 $(1.6 \times 10^{-19}\mathrm{C})$。

Schottky 效应一般在阴极内部等离子密度比较高的情况下变得很重要, 此时鞘层内部的电场占有很重要的作用。在实际情况下, 空心阴极电子发射与理想状态有较大的区别。首先, 电推力器工作时, 空心阴极发射体表面存在电场; 其次, 当空心阴极发射体温度不太低时, 出射电子的初速度不能再被认为是零; 第三, 出射电子在鞘层内形成空间电荷。这就要求结合实际情况, 运用合理的电子发射理论进行分析。

6.2.2　发射体材料

发射体材料的评价指标较多。式(6.5)说明, "理想"的发射体应具有如下特点:

（1）高发射系数。相同温度下电流密度更大, 可使发射体结构更加紧凑, 进而减小阴极流量和功耗, 缩小散热面进而提高效率。

（2）低功函。能够降低阴极温度, 减小热损失, 同时降低对热子部件的要求。

（3）抗中毒能力强。对推进剂纯度、操作要求低。

（4）抗振动能力强。寿命期内发射稳定。

简述上述要求即为: 输入尽可能小的功率, 在尽可能小的空间内输出尽可能大的电流。目前还不存在能满足上述所有要求的完美材料。实际应用中应结合具体要求(用途、电流、寿命、温度等), 选择适合的材料。一般可供挑选的发射体材料有: 金属、氧化物、钡钨、镧化物和碳材料发射体。事实上还存在场致发射阴极, 即利用发射体表面高强电场将电子引出, 但是由于这种阴极构造高强电场存在一定困难, 所以这里并不涉及。几种常用材料的热电子发射电流密度与温度的关系如图 6.8 所示。

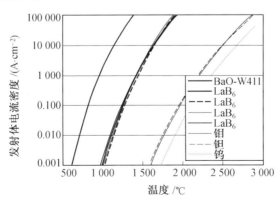

图 6.8　不同发射体材料发射电流密度与发射体温度的关系[63]

一般来说,金属阴极的功函较高,相应工作温度也更高。氧化物阴极的功函较低,但是发射系数不够大。相比之下,钡钨阴极、硼化物阴极及碳化物阴极具有一定优势。20世纪60年代的钨丝发射体的工作温度为2 600 K,造成耗能很高且由于蒸发速度快,寿命较短,只有几百小时。采用钡钨阴极之后温度降到1 300 K左右,寿命提高到数万小时。针对钡钨发射体内BaO消耗的问题,出现了储备式阴极,即在发射体外围单独设置空间储存BaO材料,从而进一步延长了阴极的寿命。而LaB_6阴极的寿命有望达到10万小时。

另一方面,如6.2.1小节中所述,由于LaB_6的热电子发射是纯物理过程,所以表面低功函区域的维持要稳定得多,LaB_6比BaO-W的抗中毒能力也更强。图6.9所示为LaB_6与BaO-W的电子发射能力与氧/水分压的关系[63],LaB_6水中毒曲线由于分压太高,所以不在图上。可以看出,环境温度为1 100 ℃,氧的分压为10^{-6} Torr时,BaO-W阴极电子发射能力迅速降低。1 110 ℃的水蒸气分压达到10^{-5} Torr时,也会使BaO-W阴极中毒。显然,BaO-W对供气纯度要求过高。即使对于阴极技术相对成熟的欧美而言要满足这样的限制也有一定的难度。

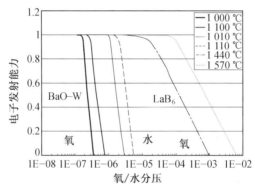

图6.9 LaB_6与BaO-W电子发射能力与氧/水分压的关系[63]

相比较而言,1 570 ℃的LaB_6(此时的发射电流密度与1 100 ℃的BaO-W阴极相近)可以承受高达10^{-4}Torr的氧气分压而不影响电子发射,这比BaO-W阴极高两个数量级。对于离子推力器而言,LaB_6阴极可以承受现有最低级别的氙气纯度(99.99%)而不影响LaB_6电子发射或寿命。这样的健壮性使得LaB_6阴极的操作和处理比使用BaO-W阴极简单得多。

6.3 空心阴极的结构及物理过程

针对阴极的设计、仿真与实验研究依赖于对阴极等离子体通道物理过程的认识。一般来说,按照图6.2的定义,阴极等离子体可以分为发射体区、小孔区、羽流区3个区域。本节按这3个区域分别介绍其内部物理过程。

6.3.1 发 射 体

如图 6.2 所示,空心阴极的发射体区通常有一个圆柱形的结构,内表面是发射体材料用以发射电子。在发射体表面与中心区等离子体间有一个鞘层,电子通过该鞘层被加速,并与中性气体发生碰撞产生等离子体,从而建立起等离子体放电。鞘层的概念在 2.3.4 小节中已进行了详细的介绍。等离子体的作用为接收鞘层加速来的电子并加热发射体。所以最大电子电流密度由两个因素决定:一个是材料的热电子发射特性(功函和温度);另一个是鞘层边界处空间电荷的限制。由鞘层加速并和发射体碰撞的离子会中和壁面沉积的电子,从而增加发射体发射的电子电流密度。同时,由发射体发射并被鞘层加速的电子在与阴极内高密度等离子体发生碰撞的过程中很快就损失掉了能量,但处于高能尾部的电子会有足够的能量来电离中性气体产生等离子体。最终电子会从阴极小孔流出,为推力器提供电子源。

对于钡钨阴极来说,发射体蒸发出的钡很容易在等离子体中电离,因为它的电离电势只有 5.2 eV。钡原子的电离平均自由程约为 4×10^{-5} m,比阴极内部空间尺度要小得多[64]。因此在电场的作用下,大部分蒸发的钡会被电离变成钡离子并向上游迁移。所以在放电过程中,钡不会离开阴极,而是趋于沉积在阴极上游温度较低的区域。

阴极内的压力主要由气体流量和小孔尺寸决定,这个压力必须足够高才能增加电离率,提高等离子体密度。而高密度等离子体同时可以降低轰击发射体材料的离子能量,从而避免高能离子轰击发射体表面造成溅射。C 型阴极虽然没有节流孔,不满足这个条件,但只要工作参数调节得当的话,至少一部分发射体能够被保护。同时等离子体之间的相互碰撞和电离会使电子温度相对较低,减小发射体表面的鞘层电势降,从而保护低功函的发射体,并避免等离子体与发射体发生相互作用的过程中发射体材料被改性造成发射体性能和寿命的降低。

1. 发射体区的双极扩散机制

由于空心阴极内的等离子体输运过程中碰撞起主导作用[65],因此可以采用简单的粒子和能量平衡模型以及扩散模型描述发射体区域等离子体的运动过程。2.3.3 小节中,我们对圆柱体内碰撞主导的等离子体径向扩散方程求解,得到了一个只与电子温度有关的方程

$$\left(\frac{R}{\lambda_{01}}\right)^2 n_0 \sigma_i(T_e) \sqrt{\frac{8kT_e}{\pi m_e}} - D = 0 \tag{6.6}$$

式中,R 为发射体内径,m;λ_{01} 为零阶贝塞尔函数的初始零点;n_0 为中性气体密度,m^{-3};σ_i 为麦克斯韦电子温度分布的平均电离截面,m^2;D 为扩散系数,m^2/s。该公式意味着,电子温度需要足够高,从而增加电离率,以产生足够的离子来平衡由于径向双极扩散产生的离子在壁面上的损失。

离子的扩散主要由离子与中性气体的电荷交换碰撞决定。离子的平均碰撞频率为

$$v_i = \sigma_{CEX} n_0 v_{scat} \tag{6.7}$$

其中离子有效速度可以用离子热速度近似,即

$$v_{\text{scat}} = \sqrt{\frac{kT_i}{m_i}} \tag{6.8}$$

由于电子比离子扩散快得多,方程(2.63)的双极扩散系数 D_a 为

$$D_a = D_i \left(1 + \frac{T_e}{T_i}\right) = \frac{e}{m_i} \frac{(T_{iV} + T_{eV})}{m_i \sigma_{\text{CEX}} n_0 v_{\text{scat}}} \tag{6.9}$$

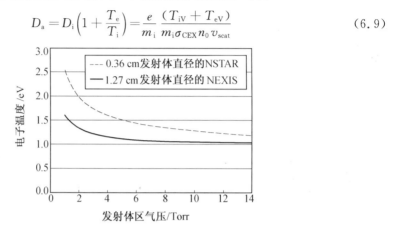

图 6.10   不同内径发射体区域电子温度与内部压力的关系

放电阴极内的典型气体压力一般为 $1 \sim 15$ Torr,而中和器阴极中的气体压力一般要更高一些。图 6.10 所示为用式(6.6)得到的不同发射体内径下电子温度与内部压力的关系,假设氙离子和中性原子的电荷交换碰撞截面为 $10^{-18}\,\text{m}^2$,气体温度为 $2\,500$ K。从图中可以看出,给定压力下,发射体直径越小,相应的离子扩散损失就越大,因此相应的电子温度就要越高,这样才能弥补向壁面的扩散损失。当阴极放电电流为 13.1 A,工质流量为 $3.7\,\text{cm}^3/\text{min}$,内部压力为 7.5 Torr 时,计算得到的电子温度约为 1.36 eV。这与发射体区的探针测量数据[66] 符合较好。NEXIS 阴极的设计工况为 25 A,$5.5\,\text{cm}^3/\text{min}$,内部压力为1.8 Torr,相应电子温度就是 1.4 eV,与测量结果[66] 也比较符合。

同理,由圆柱体双极扩散的公式,我们可以对径向等离子体密度进行积分,并得到等离子体的平均密度

$$\bar{n} = \frac{\int_0^R n(0) J_0 \left(\frac{\lambda_{01}}{R} r\right) 2\pi r \, dr}{\pi R^2} = n(0) \left[\frac{2 J_1(\lambda_{01})}{\lambda_{01}}\right] \tag{6.10}$$

径向离子通量为

$$J_i = \bar{n} v_r = -D_a \frac{\partial n}{\partial r} = n(0) D_a \frac{\lambda_{01}}{R} J_1(\lambda_{01}) = \bar{n} D_a \frac{(\lambda_{01})^2}{2R} \tag{6.11}$$

将式(6.9)的双极扩散系数代入上式,可以得离子在壁面附近的有效径向运动速度为

$$v_r = \frac{(2.4)^2}{2R\sigma_{\text{CEX}} n_0 v_{\text{scat}}} \frac{e}{m_i} (T_{iV} + T_{eV}) \tag{6.12}$$

采用图 6.10 中 NEXIS 离子推力器阴极的工况数据,以及式(6.6)的计算结果,其电子温度为 1.4 eV,气体压力为 1.8 Torr,可以得到壁面鞘层边界处离子速度只有 3.1 m/s。这是由于离子和原子的电子交换碰撞,减小了离子的径向速度,造成其速度远

远低于离子热速度 500 m/s,也低于离子声速 1 200 m/s。离子在进入鞘层前会在预鞘层的作用下加速到波姆速度,而预鞘层的特征长度为碰撞的平均自由程。因此,由于发射体区粒子间碰撞频率很高,离子只是在距离鞘层很近的区域被加速到波姆速度。

2. 发射体区能量平衡模型

发射体区等离子体密度可以用简单的零维粒子和能量平衡模型估计。这类模型假设发射体区域等离子体非常均匀,所以只用两三个参数就可以估计出密度。发射体区等离子体的能量平衡关系为

$$I_t \phi_s + R I_e^2 = I_i U^+ + \frac{5}{2} T_{eV} I_e + (2T_{eV} + \phi_s) I_r e^{-\frac{\phi_s}{T_{eV}}} \tag{6.13}$$

式中,I_t 为热电子发射电流,A;ϕ_s 为阴极鞘层电压,V;R 为等离子体电阻,Ω;I_e 为空心阴极放电电流,A;I_i 为总的离子电流,A;U^+ 为电离势能,V;T_{eV} 为电子温度,V;I_r 为鞘层边界的随机电子电流,A。

在这里,激发和辐射所产生的能量损失可以被忽略。原因在于空心阴极内部等离子体在光学上很"厚",辐射会被等离子体吸收。式(6.13)中的电阻 R 等于电阻率乘以平均传导长度 l,再除以等离子体的横截面积,即

$$R = \eta \frac{l}{\pi r^2} \tag{6.14}$$

式中,η 为等离子体电阻率,其值为

$$\eta = \frac{1}{\varepsilon_0 \tau_e \omega_p^2} \tag{6.15}$$

式中,ω_p 为等离子体振荡频率;τ_e 为电子的平均碰撞时间,s;考虑电子和原子以及电子和离子的碰撞,则

$$\tau_e = \frac{1}{v_{ei} + v_{en}} \tag{6.16}$$

式中,v_{ei} 为电子-离子碰撞频率,s^{-1};v_{en} 为电子-中性原子碰撞频率,s^{-1}[67]。

而发射体的能量平衡方程为

$$H(T) + I_t \phi_{wf} = I_i \left(U^+ + \phi_s + \frac{T_{eV}}{2} - \phi_{wf} \right) + (2T_{eV} + \phi_{wf}) I_r e^{-\frac{\phi_s}{T_{eV}}} \tag{6.17}$$

式中,$H(T)$ 为包括辐射和导热的总热损失,W;ϕ_{wf} 为发射体的功函。

此外,根据粒子守恒,可以得到

$$I_e = I_t + I_i - I_r e^{-\frac{\phi_s}{T_{eV}}} \tag{6.18}$$

式中,I_r 为鞘层边界一个平均自由程内所产生的随机电子电流,其大小为

$$I_r = \frac{1}{4} \left(\frac{8kT_e}{\pi m} \right)^{\frac{1}{2}} n_e eA \tag{6.19}$$

上式中的等离子体密度 n_e 可以由鞘层边界的等离子体密度进行估计。式(6.18)中的离子电流 I_i 由波姆电流的公式进行计算,离子密度仍然可以采用鞘层边界一个平均自由程内的值进行估计。

合并式(6.13)、(6.17)、(6.18)和(6.19),并消除离子电流项,则得到

$$\frac{RI_e^2 + I_e\left(\phi_s + \dfrac{5}{2}T_{eV}\right)}{H(T) + I_e\phi_{wf}} = \frac{U^+ + \phi_s + 2T_{eV}\left(\dfrac{2m_i}{\pi m_e}\right)^{\frac{1}{2}}e^{-\frac{\phi_s}{T_{eV}}}}{U^+ + \phi_s + \dfrac{T_{eV}}{2} + 2T_{eV}\left(\dfrac{2m_i}{\pi m_e}\right)^{\frac{1}{2}}e^{-\frac{\phi_s}{T_{eV}}}} \tag{6.20}$$

在绝大多数情况下,$\dfrac{T_{eV}}{2} \ll (U^+ + \phi_s)$。因此式(6.20)右端项近似等于1。可以进一步将式(6.20)简化为一个简单功率平衡关系,得到发射体鞘层电势降

$$\phi_s = \frac{H(t)}{I_e} + \frac{5}{2}T_{eV} + \phi_{wf} - I_eR \tag{6.21}$$

上式中的电子温度可以由式(6.6)进行求解。因此如果已知辐射和导热产生的损失 $H(T)$,就可以采用式(6.21)解出阴极鞘层电势降与放电电流之间的关系。

图 6.11 所示为采用式(6.21)求解得到的 3.7 cm³/min 流量、4 种热损失值下鞘层电势降与放电电流的关系。由图 6.10 看出,放电电流为 13 A,气压为 7.8 Torr 时,电子温度为 1.36 eV。并且通过热分析软件可以计算得到,在 13 A 时发射体热损失为 13 W。由式(6.21)计算可以得到,此时鞘层电势降为 3.6 V。这种情况下,由于电子高能尾部的存在,温度为 1.36 eV 的电子中的很大一部分可以克服鞘层电势降,并轰击加热器以加热发射体。

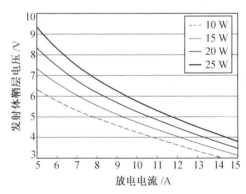

图 6.11　4 种辐射、导热损失值下发射体鞘层电压与放电电流的关系

同样可以计算,在压力较低的 B 型和 C 型阴极中,鞘层电势降要比我们刚才得到的 3.6 V 大得多。例如,在图 6.10 中,对于 1.36 eV 电子温度,NSTAR 所采用的空心阴极内部压力超过 7 Torr,而 NEXIS 和其他大孔径阴极所对应的压力则在 1～2 Torr 之间。解式(6.21),得到 NEXIS 所采用的空心阴极发射体表面鞘层电势降超过 7 V,因而很少有电子能够穿过鞘层去加热发射体。通过下面的推导我们可以看到,对于低气压、低等离子体密度工况,发射体加热的主要能量来源于离子轰击。

现在可以通过式(6.13)来求等离子体密度。离子电流项为

$$I_i = n_0 \bar{n}_e e \langle \sigma_i v_e \rangle V \tag{6.22}$$

式中,n_0 为中性气体密度,m⁻³;$\langle \sigma_i v_e \rangle$ 为电离反应速率系数,m⁻³s⁻¹;V 为体积,m³;$\bar{n}_e$ 为发

射体区域平均等离子体密度,m^{-3}。引用等离子体边缘处的随机电子流方程,并将式(6.22)代入式(6.13),可以解出平均等离子体密度为

$$\overline{n_e} = \frac{RI_e^2 - \left(\frac{5}{2}T_{eV} - \phi_s\right)I_e}{\left[f_n T_e \left(\frac{kT_e}{2\pi m_e}\right)^{\frac{1}{2}} eA e^{-\frac{\phi_s}{T_{eV}}} + n_0 e\langle\sigma v_e\rangle V(U^+ + \phi_s)\right]} \tag{6.23}$$

其中,f_n 是壁面处的等离子体密度与平均等离子体密度之比。由于发射体区域的电子服从麦克斯韦分布,因此 f_n 值可由玻耳兹曼关系式,用中心处和边界处的电势差来估计:

$$f_n = \frac{n_e}{\overline{n_e}} \approx e^{-\frac{\phi_{axis} - \phi_s}{T_{eV}}} \tag{6.24}$$

其中,通道中心的电势 ϕ_{axis} 沿轴向的分布必须通过测量或二维计算求解得到。例如,对于 NSTAR 离子推力器采用的空心阴极来说,其工质流量为 $3.7~\text{cm}^3/\text{min}$。采用式(6.23)、图6.10径向扩散模型求解得到的电子温度、图6.11能量平衡模型求解的鞘层电势降以及测得的轴向等离子体电势(约 $8.5~\text{V}$)[68],代入方程(6.24),就可以得到等离子体密度和放电电流的关系,如图 6.12 所示。从图中可以发现,等离子体的峰值密度与放电电流几乎是线性关系。虽然以上我们论述的简单的零维模型需要热模型计算得到热损失以及探针测量或者是二维仿真得到的通道中心电势沿轴向的分布,但它的预测结果与实验结果比较符合,因此目前被广泛采用。

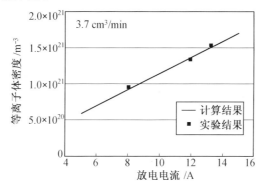

图 6.12　NSTAR 阴极 $3.7~\text{cm}^3/\text{min}$ 下峰值等离子体密度计算结果

零维模型还可以用于描述阴极发射体的加热机理。离子对发射体的加热功率为

$$Power_{ions} = I_i\left(U^+ + \phi_s + \frac{T_{eV}}{2} - \phi_{wf}\right) \tag{6.25}$$

其中离子电流由鞘层边缘处的波姆电流得出。使用上述的参数,对于 B 型阴极(NSTAR 放电阴极,功率为 $2.3~\text{kW}$,推力为 $92.7~\text{mN}$,比冲为 $3127~\text{s}$,效率为 61.8%),其放电电流为 $13~\text{A}$、工质流量为 $3.7~\text{cm}^3/\text{min}$($U^+ = 12.1~\text{eV}$,$\phi_s = 2.6~\text{eV}$,$T_e = 1.36~\text{eV}$,$\phi_{wf} = 2.06~\text{V}$,$\phi_{axis} = 8.5~\text{V}$,$n_i \approx 1.5\times10^{21}~\text{m}^{-3}$),由式(6.25)计算得到的离子加热功率只有 $4.7~\text{W}$。

同理,我们还可以计算电子对发射体的加热功率为

$$Power_{electrons} = (2T_{eV} + \phi_{wf}) I_r e^{-\frac{\phi_s}{T_{eV}}} \tag{6.26}$$

其中,随机电子电流还是在鞘层边缘处求得。采用上述的 B 型阴极的参数,可以计算得到电子加热功率为 45 W。因此,B 型阴极发射体主要由电子加热,同时还有相当一部分热量来自于孔板加热。类似地,对 C 型阴极、孔径稍大或流量稍低的 B 型阴极进行分析,可以发现这些阴极的加热方式主要为离子加热,原因在于它们工作时的电子温度更高,发射体区鞘层电势降更大,因此离子在轰击发射体前从鞘层中获得了更高的能量。

对以上的公式以及相应的计算结果进行总结,可以得到结论:空心阴极内压力较高时,等离子体加热主要由电流流经部分电离的等离子体产生电阻加热提供。中性气体压力越高,电阻加热贡献就越大。当孔径增大后,阴极内部气体压力降低,这时的加热主要来源于由发射体发射并被壁面鞘层加热的电子提供。随着压力的进一步降低,发射体表面鞘层电势降增大,等离子体电阻降低,焦耳加热减小,但是更多的离子会对发射体表面轰击从而对发射体加热。图 6.13 表征了鞘层电势降、离子电流、电子电流与电阻焦耳加热的关系。

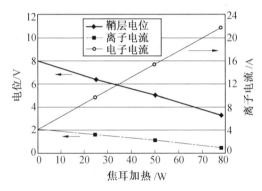

图 6.13 鞘层电势和电流与发射体区等离子体电阻焦耳加热的关系

这种行为可以由上面的能量平衡模型解释。将式(6.13)、(6.18)和(6.19)结合,对鞘层电势求解,得到

$$\phi_s = \frac{-RI_e^2 + I_i U^+ + \dfrac{5}{2} T_{eV} I_e + (2T_{eV} + \phi_s) I_i \sqrt{\dfrac{2m_i}{\pi m_e}} e^{-\frac{\phi_s}{T_{eV}}}}{I_e - I_i \left(1 - \sqrt{\dfrac{2m_i}{\pi m_e}} e^{-\frac{\phi_s}{T_{eV}}}\right)} \tag{6.27}$$

式(6.27)直接说明了为什么焦耳加热增加时,鞘层电压会降低。由式(6.18)可知,鞘层电势降减小时,允许有更多的电子返回到发射体上。最后,如果热损失 $H(T)$ 一定时,则由式(6.17)可知,电子返回发射体的通量的增加量(右端括号第二项)必须与轰击发射体的离子流量的减少量(右端括号第一项)相平衡。通过这 3 个公式,可以说明阴极的设计与运行工况(尺寸,流量,放电电流)是如何决定阴极自加热方式的。

A 型和孔径较小的 B 型空心阴极发射体区中是扩散占主导的等离子体,同样我们还可以估计这两种类型空心阴极发射体区等离子体区的轴向长度。通过计算等离子体与发射体区"附着"或"接触"的长度,可以更进一步确定电子在发射体何处发射。首先我们采

用圆柱体内二维扩散方程的求解结果,其等离子体密度的空间分布是径向的贝塞尔函数乘以一个轴向的指数项,即

$$n(r,z) = n(0)J_0(\sqrt{C^2 + \alpha^2}\, r)e^{-\alpha z} \tag{6.28}$$

其中,α 为等离子体密度从参考位置$(0,0)$开始轴向呈 e 指数衰减距离的倒数。这个长度可以通过考察离子的产生得到。发射体表面的离子电流等于在发射体区域对离子产生率求积分:

$$I_i = 2\pi \int_0^R \int_0^L n_0 n e \langle \sigma_i v_e \rangle r \mathrm{d}r \mathrm{d}z \tag{6.29}$$

将式中的轴向积分距离近似为 e 指数距离$\left(L = \dfrac{1}{\alpha}\right)$,则上式简化为

$$I_i = \frac{\pi R^2}{\alpha} n_0 \bar{n} e \langle \sigma_i v_e \rangle \tag{6.30}$$

用式(6.10)求平均等离子体密度

$$\bar{n} = n(0,0)\left[\frac{2J_1(\lambda_{01})}{\lambda_{01}}\right] = n(0,0)\left[\frac{(2)(0.519\,1)}{2.404\,8}\right] = 0.43 n(0,0) \tag{6.31}$$

通过式(6.30)、(6.31)可以得到

$$\alpha = \frac{0.43 \pi R^2}{I_i} n_0 n(0,0) e \langle \sigma_i v_e \rangle \tag{6.32}$$

图 6.14 所示为 NSTAR 空心阴极放电电流 15 A,工质流量 3.7 cm³/min 情况下的轴向等离子体密度分布的探针测量结果。把等离子体密度峰值处取为参考点 $n(0,0) = 1.6 \times 10^{21}$ m⁻³,结合中性气体密度 2.5×10^{22} m⁻³,并假设到达发射体表面的离子电流为 0.5 A,则可以采用式(6.32)算出 $\alpha = 6.0$。对图 6.14 中的曲线进行拟合,得到的 $\alpha = 6.1$。因此计算和实验结果吻合较好。0.5 A 离子电流的假设来源于发射体区等离子体的二维模型[69],会在下面进行讨论。

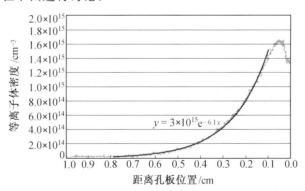

图 6.14 NSTAR 阴极(功率 2.3 kW,推力 92.7 mN,比冲 3 127 s,效率 61.8%)
等发射体区离子体轴向密度

对式(6.32)进一步考察,可以看出右边项代表单位体积内的离子产生率。如果阴极尺寸给定,则流向发射体的离子通量与单位体积内的电离率成比例。因此,对于给定的阴极,尽管工况发生变化,但是 α 值应该恒定。图 6.15 为 NSTAR 离子推力器所采用的两种

不同小孔尺寸的阴极的等离子体密度分布。两种阴极的放电电流相等,只是孔径不同。由图所示,阴极孔径越大,内部压力就越低,与下游边界条件、汇入小孔的电子电流有关的二维效应向发射体区域延伸得就越深。然而,一旦碰撞建立起了一个扩散受限的等离子体流,式(6.28)就开始起作用,α 值就基本恒定了。

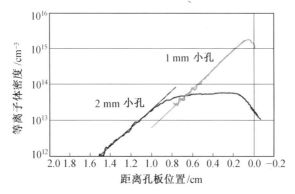

图 6.15 两种孔径下 NSTAR 阴极(功率 2.3 kW,推力 92.7 mN,比冲 3 127 s,效率 61.8%)发射体区轴向等离子体密度测量结果

需要注意,图 6.14 所示的 NSTAR 阴极中等离子体密度 e 指数衰减距离 $\dfrac{1}{\alpha} =$ 1.7 mm。对于阴极孔较小的 NSTAR 阴极来说,发射体区内只有在几个 e 指数范围内等离子体才能与发射体接触,其距离小于 1 cm。这种等离子体密度的快速下降是内部较高的压力所致。相同的规律也能够在中和器阴极中被发现。对于这种内部高压力的阴极,发射体长度超过 1 ~ 1.5 cm 并没有太大用处,因为超过该长度后,在发射体的上游几乎没有等离子体来接收发射体发射的热电子。

3. 发射体区物理过程的二维描述

虽然零维和二维模型有助深入了解空心阴极的运行,但要自洽地计算出发射体区等离子体密度,包括阴极孔处的效应,就需要二维模型[70]。这个模型中的发射体区域能量平衡可以通过电子和离子能量方程进行求解。稳态电子能量方程可写为

$$0 = -\nabla \cdot \left(-\frac{5}{2} \boldsymbol{J}_{\mathrm{e}} \frac{kT_{\mathrm{e}}}{e} - \kappa \frac{\nabla kT_{\mathrm{e}}}{e} \right) + \eta J_{\mathrm{e}}^{2} - \boldsymbol{J}_{\mathrm{e}} \cdot \frac{\nabla nkT_{\mathrm{e}}}{ne} - \dot{n}eU^{+} \tag{6.33}$$

式中,$\boldsymbol{J}_{\mathrm{e}}$ 为等离子体中的电子电流密度;κ 为电子热导率;η 为由式(6.15)定义的等离子体电阻率;U^{+} 为中性气体的电离势能。

稳态离子能量方程为

$$0 = -\nabla \cdot \left(-\frac{5}{2} \boldsymbol{J}_{\mathrm{i}} \frac{kT_{\mathrm{i}}}{e} - \kappa_{\mathrm{n}} \frac{\nabla kT_{\mathrm{i}}}{e} \right) + \boldsymbol{v}_{\mathrm{i}} \cdot \nabla (nkT_{\mathrm{i}}) + nm_{\mathrm{i}} v_{\mathrm{in}} v_{\mathrm{i}}^{2} + Q_{\mathrm{T}} \tag{6.34}$$

式中,$\boldsymbol{J}_{\mathrm{i}}$ 为离子电流密度;κ_{n} 为中性原子的热导率,假设碰撞等离子体中离子与中性原子处于热平衡($T_{\mathrm{n}} = T_{\mathrm{i}}$)。

引入能量平衡方程是为了封闭发射体区描述等离子体的方程组。这些方程也可用于描述粒子流撞击阴极壁面的自加热机理特性。离子、电子稳态动量方程可以写为

$$0 = en\boldsymbol{E} - \nabla \cdot \boldsymbol{p}_i - m_i n [v_{ie}(\boldsymbol{v}_i - \boldsymbol{v}_e) + v_{in}(\boldsymbol{v}_i - \boldsymbol{v}_n)] \tag{6.35}$$

$$0 = -en\boldsymbol{E} - \nabla \cdot \boldsymbol{p}_e - m_e n [v_{ei}(\boldsymbol{v}_e - \boldsymbol{v}_i) + v_{en}(\boldsymbol{v}_e - \boldsymbol{v}_n)] \tag{6.36}$$

加入这两个方程,假设中性气体原子相对带电离子而言移动速度很慢,因此离子、电子的通量可以写为

$$\boldsymbol{J}_i = \frac{m_e}{m_i} \frac{v_{en}}{v_{in}(1+v)} \boldsymbol{J}_e - \frac{\nabla(nkT_i + nkT_e)}{m_i v_{in}(1+v)} \tag{6.37}$$

其中,$v = \dfrac{v_{ie}}{v_{in}}$。

联立式(6.37)(广义欧姆定律)和离子、电子连续性方程

$$\nabla \cdot (\boldsymbol{J}_e + \boldsymbol{J}_i) = 0 \tag{6.38}$$

得到粒子平衡方程

$$\nabla \cdot \left(\frac{\nabla \phi}{\eta}\right) = \nabla \cdot \left[\frac{\nabla(nkT_e)}{\eta ne} + \boldsymbol{J}_i\left(1 - \frac{v_{ei}}{v_{en} + v_{ei}}\right)\right] \tag{6.39}$$

其中,电场 $\boldsymbol{E} = -\nabla \phi$。式(6.39)中的等离子体中的总电阻率可以通过联立式(6.14)、式(6.15)、式(6.39)得到

$$\eta = \frac{m_e(v_{en} + v_{ei})}{ne^2} \tag{6.40}$$

JPL 开发了二维计算程序,对上述模型求解,可以得到等离子体密度、温度、电势在发射体区中的分布。例如,对 NSTAR 阴极工况为 12 A、4.25 cm³/min 的阴极内部参数进行模拟。模拟时采用发射体热电子发射的表达式和 Polk 测量出的温度[71],并施加合适的边界条件,就能够得到等离子体的轴向密度分布。图 6.16 所示为计算结果与测量结果的比较,发现 12 A 净电流实际上是 32 A 的发射电子电流与 20 A 的回流到发射体和孔盘的等离子体电子电流的差值。表 6.1 所示为发射体区的粒子平衡分布。其中只有大约 0.5 A 的阴极净电流是源于氙气的电离。这与之前计算指数密度特征长度的分析结果一致。

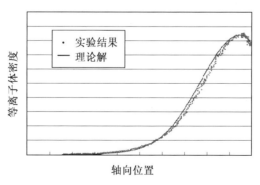

图 6.16　12 A、4.25 cm³/min 下 NSTAR 阴极等离子体密度测量结果与二维计算结果的比较

表 6.1　NSTAR 阴极发射体区等离子体二维计算电流值

电流源	电流 / A
发射的电子电流	31.7
吸收的电子	20.2
吸收的离子	0.5
净电流	12.0

二维计算充分说明了发射体区域发生的物理过程。图 6.17 表明等离子体主要局限于孔区上游 0.5 cm 的发射体范围内。发射体电子温度和等离子体电势的分布也与发射区域的测量结果相近。图 6.17(a) 表明等离子体密度沿径向向发射体表面迅速下降,与之对应的二维电势分布如图 6.17(b) 所示。同样,稍大一些的阴极,如直径 1.5 cm 的 NEXIS 阴极,计算和实验结果吻合也比较好。

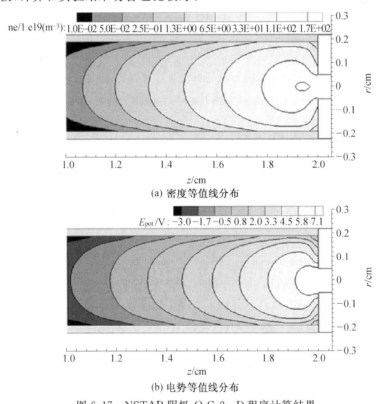

(a) 密度等值线分布

(b) 电势等值线分布

图 6.17　NSTAR 阴极 OrCa2 - D 程序计算结果

6.3.2　孔　区

电子被从发射体区等离子体中抽取出来后,通过小孔进入到电离室中或离子羽流中。对于没有节流孔的阴极,在发射体末端气体流动开始转换成过渡流动,此时中性气体密度足够低,粒子没有碰撞。带小孔阴极内也会逐渐转变为过渡流动,其位置可以在小孔里或稍靠下游的区域,具体位置由小孔尺寸、流量决定。小孔内部的电子电流密度是整个系统中最高的。在这个区域内,电子与离子和中性气体的碰撞产生电阻加热。电子能电离很大一部分氙原子,电离后产生的离子撞击并加热孔壁。孔区等离子体电阻的大小以及孔盘加热量取决于阴极的尺寸、流量、放电电流等参数。A 型阴极小孔长,孔径小,小孔内压力较高,因此能形成较高电阻率,从而引发强离子轰击并造成很强的局部加热。B 型阴极的小孔加热效应要更弱一些,除非其有更小的小孔,并且气体流量更高。原因在于,相对于 A 型阴极、B 型阴极的电阻更低,等离子体中大部分能量都会进入羽流区而不是沉积在小孔壁面。例如,1 mm 小孔直径的 NSTAR 离子推力器的阴极小孔加热很明显,但2.5 mm 小孔直径的 NEXIS 离子推力器的阴极小孔加热效用就要弱很多,尽管后者的放电电流要更高一些。

因为 A 型与 B 型阴极孔区中性原子的碰撞平均自由程较短,因此其离子流主要由扩散效应决定。例如,NSTAR 离子推力器的放电阴极在功率 2.3 kW,推力 92.7 mN,比冲3 127 s,效率 61.8% 工况时其内部压力为 8 Torr($n_0 = 5 \times 10^{22}$ m^{-3}),离子和原子的电荷交换碰撞截面为 10^{-18} m^2,可以计算出其平均自由程为

$$\lambda = \frac{1}{\sigma_{\text{CEX}} n_0} \approx 2 \times 10^{-5} \text{ m} \tag{6.41}$$

因此,其平均自由程小于小孔的特征尺寸,扩散效应是孔区内等离子体的主要运动属性。

类似于发射体区的建模,我们可以基于双极扩散机制对孔区进行建模。通过对阴极孔区等离子体建立零维模型,能够得到孔区等离子体密度、电子温度、电势等参数的分布规律。然而,由于孔区中性气体压力梯度大,采用零维模型只能得到孔区的平均参数,因此只能提供一个粗糙的估计。假设孔区小孔直径远大于小孔长度,因此可以采用径向离子扩散方程。类似于对发射体区等离子体的建模,建立孔区等离子体的扩散方程

$$\left(\frac{r}{\lambda_{01}}\right)^2 n_0 \sigma_{\text{i}}(T_{\text{e}}) \sqrt{\frac{8kT_{\text{e}}}{\pi m_{\text{e}}}} - D = 0 \tag{6.42}$$

式中,R 为小孔内径,m;λ_{01} 为零阶贝塞尔函数的初始零点;n_0 为中性气体密度,m^{-3};σ_{i} 为麦克斯韦电子温度分布的平均电离截面,m^2;D 为扩散系数,m^2/s。

同样,为了弥补扩散所产生的损失,电子温度需要足够高,以产生足够多的离子。将式(6.9)、(6.12)代入式(6.42),可以求解得到孔区电子的平均温度。

对稳态电子能量方程(6.33)进行积分,并忽略热传导和辐射热损失,就可以求解孔区的平均等离子体密度。在这种情况下,孔区的欧姆加热与等离子体能量对流、电离损失相平衡,即

$$I_{\text{e}}^2 R = \frac{5}{2} I_{\text{e}} \left(\frac{kT_{\text{e}}}{e} - \frac{kT_{\text{e}}^{\text{in}}}{2}\right) + n_0 \bar{n}_{\text{e}} e \langle \sigma_{\text{i}} v_{\text{e}} \rangle U^+ (\pi r^2 l) \tag{6.43}$$

式中,l 是小孔长度。通过式(6.43),可以求解小孔内的平均等离子体密度

$$\bar{n}_{\text{e}} = \frac{I_{\text{e}}^2 R - \frac{5}{2} I_{\text{e}} \frac{k}{e} (T_{\text{e}} - T_{\text{e}}^{\text{in}})}{n_0 e \langle \sigma v_{\text{e}} \rangle U^+ \pi r^2 l} \tag{6.44}$$

采用与 6.3.1 小节求解发射体区等离子体密度相同的方法来求解式(6.44)。电阻 R

由式(6.14)给出,其中的传导长度近似等于小孔长度。公式中的 T_e^{in} 为进入孔区的电子温度,即发射体区的电子温度,可以用6.3.1小节中的扩散模型进行求解,或通过实验测得。

为了验证上述模型的准确性,我们采用 NSTAR 离子推力器放电阴极孔区等离子体密度和温度的实验测量结果,并与式(6.42)和式(6.44)计算得到的电子温度和等离子体密度进行对比。该放电阴极孔径为 1 mm,测量时采用其功率 2.3 kW、推力 92.7 mN、比冲 3 127 s、效率 61.8% 工况;放电电流为 13 A、氙气流量为 3.7 cm³/min。发射体区压力为 7.8 Torr。假设流动为简单层流,可以估计得到经过 0.75 mm 长的孔后压力不到 3 Torr。假设小孔内气体温度大约为 2 000 K,则求解得到的电子温度与孔内压力的关系如图 6.18 所示。模型预测孔区内电子温度沿轴线的变化小于 1 eV,并且平均电子温度为 2.3 eV,这与实验测得的该区域的电子温度为 2.2~2.3 eV 比较接近。

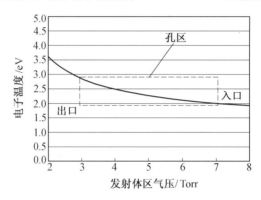

图 6.18　NSTAR 阴极(功率 2.3 kW,推力 92.7 mN,比冲 3 127 s,效率 61.8% 工况下)
零维模型计算的小孔内电子温度

用得到的电子温度结合式(6.42)可以得到孔区的等离子体密度分布。图 6.19 所示为等离子体密度与放电电流的关系。计算和实验结果吻合较好。由式(6.14)计算得到,孔区内的电阻为 0.31 Ω,则 13 A 的电流会产生大约 4 V 的电势降。这与实验观测到的电压变化处于同一数量级。这说明由于孔区内等离子体碰撞频繁,其内部电势降是电阻式的。下面我们将要介绍的二维模型的计算结果会发现,大约有一半的输入功率($P = 13 A \times 4 V$)会沉积到小孔壁面上,而剩下的能量将会随着等离子体进入电离室。

由于零维模型能够粗略地预测小孔内的平均参数,因此我们采用这个模型来描述 A 型阴极孔区的加热机制。以 NSTAR 离子推力器中和器阴极的孔为例,它的内径为 0.028 cm。对于 NSTAR 功率 2.3 kW,推力 92.7 mN,比冲 3 127 s,效率 61.8% 的工况,放电电流为 3.2 A 时中和器阴极内压力为 145 Torr。同样,假设阴极内气体为层流,小孔的长径比为 3:1,经过 0.75 mm 长孔区后,出口气体压力降到不足 20 Torr。同样,假设孔区内气体温度为 2 000 K,对式(6.42)的径向扩散方程求解,得到的电子温度沿小孔长度方向变化只有 0.5 eV,平均值为 1.4 eV。在模型中假设由发射体区进入孔区的电子初始温度 T_e^{in} 为 1 eV。

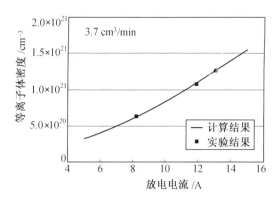

图 6.19　NSTAR 阴极 3.7 cm³/min 限流量下维模型计算孔区等离子体密度

计算得到的孔区的等离子体密度与放电电流的关系如图 6.20 所示。对于 3.2 A 的放电电流(包括中和离子束电流 1.76 A,以及触持极电流 1.5 A),求解得到等离子体密度大约为 6×10^{22} m⁻³。由式(6.14)计算出的电阻值为 3.5 Ω,则孔区的电阻电压降为 11 V。由于 A 型空心阴极长径比较大,电子温度较低,对流能量损失较小,等离子体中的能量($P=11$ V$\times3.2$ A$=35$ W)主要加载到小孔壁面上。这是典型的 A 型空心阴极的电阻式小孔加热机制。

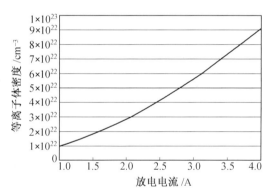

图 6.20　NSTAR 阴极功率 2.3 kW,推力 92.7 mN,比冲 3 127 s,效率 61.8%
工况下零维模型计算的小孔区域等离子体密度

虽然零维模型可以说明所有 A 型孔和部分 B 型孔内的强电阻效应,但得到的都是平均参数,准确性不够。这个问题可以通过建立一维模型来解决。孔盘下游一般是扩孔,这一点必须考虑进来,因为快速膨胀的羽流流动并不是受扩散主导的。

小孔内,由于粒子守恒,离子撞击壁面后会复合变成原子再次进入放电通道并被电离产生等离子体。3 种粒子(中性原子、离子、电子)的连续性方程为

$$\pi r^2\left(-\frac{\partial n}{\partial t}+\frac{\partial v_0 n_0}{\partial z}\right)+2\pi r v_{\text{wall}}n=0 \tag{6.45}$$

$$\pi r^2\left(\frac{\partial n}{\partial t}+\frac{\partial v_i n_0}{\partial z}\right)-2\pi r v_{\text{wall}}n=0 \tag{6.46}$$

$$\pi r^2\left(e\frac{\partial n}{\partial t}+\frac{\partial J_e}{\partial z}\right)=0 \tag{6.47}$$

式中，v 为离子或中性原子速度；v_{wall} 为径向边界处的粒子速度。

中性原子的平均速度可以根据层流得出：

$$v_0 = -\frac{r^2}{8\zeta}\frac{\mathrm{d}p}{\mathrm{d}z} \tag{6.48}$$

其中，ζ 是与温度有关的中性气体黏度。氙气黏度为

$$\zeta = 2.3 \times 10^{-5} T_r^{0.965} (T_r < 1) =$$
$$2.3 \times 10^{-5} T_r^{(0.71 + \frac{0.29}{T_r})} \quad (T_r > 1) \tag{6.49}$$

其单位为 Pa·s 或 N·s/m²，其中的相对温度 $T_r = \dfrac{T}{289.7}$。由于一大部分离子会在孔区与原子进行电荷交换，因此中性气体会被加热，黏性会增加。考虑该因素对文献[72]中的模型进行修正，假设气体温度变化为

$$T = T_{\text{wall}} + \frac{M}{k}\left[(fv_r)^2 + v_0^2\right] \tag{6.50}$$

其中，中性原子通过电荷交换接受离子径向速度，造成速度的增加为

$$f = 1 - \exp\left[-\frac{n}{n_0}\frac{\tau_{\text{wall}}}{\tau_{\text{CEX}}}\right] \tag{6.51}$$

式中，τ_{wall} 是中性粒子与壁面碰撞的平均时间。这种通过电荷交换对原子进行加热的机制已经在实验中得到了证实，这会造成中性气体的温度比小孔壁面温度要高。

结合电子和离子的动量方程(6.35)，(6.36)，并消除电场项，可以得到与双极扩散系数、离子和电子迁移率有关的粒子运动表达式

$$n(v_i - v_0) = -D_a\frac{\partial n}{\partial z} + \frac{\mu_i}{\mu_e}\frac{J_e}{e} \tag{6.52}$$

这里的双极扩散系数由式(6.9)给出。在小孔内，由于径向电势梯度，径向漂移速度经常超过离子热速度，所以离子散射速度必须作如下近似

$$v_{\text{scat}} = \sqrt{v_{\text{th}}^2 + (v_i - v_0)^2 + v_r^2} \tag{6.53}$$

其中，v_r 是由式(6.12)得到的径向离子速度。

将电子能量方程式(6.33)代入式(6.45)~(6.47)中，可以得到孔区离子密度分布与等离子体电势的分布。首先结果表明，在孔区中并没有发现氙离子推力器阴极中的双鞘层。模型中只发现孔区存在单调的电势变化，这主要是由电子－离子、电子－中性原子碰撞产生的电阻效应引起的。

例如，图 6.21 所示为 NSTAR 中和器阴极在功率 2.3 kW，推力 92.7 mN，比冲 3 127 s，效率 61.8% 工况下中性气体、等离子体密度的计算结果，与之对应的放电电流为 3.76 A，流量为 3.5 cm³/min。结果显示等离子体密度峰值发生在小孔的直孔段，在扩孔段等离子体密度随着中性气体密度下降而降低。需要指出，虽然零维模型用的是平均参数，但一维模型预测结果与上面零维模型的预测结果吻合较好。因此，可以使用零维模型来描述这一区域的物理过程并能达到相当的精度。

一个有趣的结果是，小孔内的电离强度十分可观，这为放电电流提供了相当一部分电

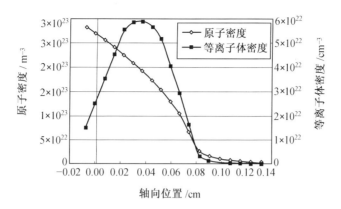

图 6.21　NSTAR 阴极功率 2.3 kW,推力 92.7 mN,比冲 3 127 s,
效率 61.8% 工况下中性气体、等离子体密度计算结果

子。图 6.22 所示为电子电流与距阴极小孔距离的关系。相比从发射体区域流入小孔的电子电流,流出小孔时电子电流升高了 50%。这是因为,小孔内中性气体密度非常高,从而引起了显著电离。而对于放电空心阴极中,由于其小孔内中性气体密度和等离子体密度要比中和器阴极小孔内的值低一个数量级,因此其小孔内电子倍增系数要小得多。

当我们知道等离子体密度分布以后,就能够计算轰击小孔壁面的离子电流密度,如图 6.23 所示。从图中可以看出,对小孔壁面的离子轰击在扩孔之前达到峰值。由于从发射体到出口等离子体的电阻逐渐降低,从发射体到出口的轴向电势不断上升,因而小孔区的离子有足够的能量来溅射壁面。这种效应在 NSTAR 离子推力器的中和器空心阴极 8 200 h 寿命验证中得到了证实,如图 6.24 所示。实验中观测到小孔中间位置(扩孔之前)径向扩张,这与预测的离子轰击位置一致。

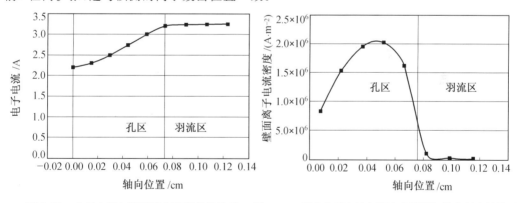

图 6.22　电子电流与距阴极小孔距离的关系　图 6.23　径向离子电流与距中和器阴极轴向距离的关系

目前还不清楚造成如此程度的腐蚀需要多长时间,因为图 6.24 所示的结果为测试结束后进行破坏分析的结果。事实上,30 152 h 延长寿命测试后的破坏分析结果[73] 与 8 200 h 的测试结果几乎一样,如图 6.25 所示。30 152 h 阴极延长寿命测试过程中阴极满负荷工作的时间约为 8 200 h 寿命测试的两倍,然而却并没有造成进一步的腐蚀。由以上

的一维模型可以进行分析,小孔直径变大后,小孔内中性气压、等离子体密度减小到了原来的 1/4,电势降减小到原来的 1/2。因此离子轰击流量明显减小,离子能量降低,并且小孔的内表面积增大。综合这些因素,可以使离子溅射腐蚀率下降到了一个可以忽略的程度。当然,其前提是小孔已经由于轰击扩张得足够大。

 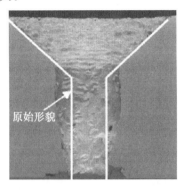

图 6.24　NSTAR 阴极 8 200 h 测试后中
和器阴极小孔截面的腐蚀情况
图 6.25　NSTAR 阴极 30 152 h 延长寿命
测试后中和器阴极的腐蚀情况

读者会自然地联想到,放电阴极(与中和器阴极相比)孔中的腐蚀行为应该是类似的。图 6.26 所示为放电阴极 8 200 h 满功率运行后的腐蚀情况。但是可以发现在小孔没有明显的腐蚀。对于这一现象,仍然可以采用一维模型进行解释。对于放电阴极来说,其初始孔径更大,中性压力、等离子体密度相应更小,因此孔区电势降减小,离子对孔区壁面的轰击产生腐蚀可以忽略,这与腐蚀后的中和器阴极情况类似。除此之外,模型结果还表明放电阴极小孔内电子倍增系数更小,电离率更低,所以放电阴极内的发射体必然产生比中和器阴极发射体更多的电子电流。由以上的分析可以看出,简单的孔区等离子体模型可以说明电子的产生和抽取过程,并有助于深入理解孔区的腐蚀机理。

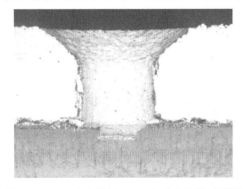

图 6.26　NSTAR 阴极 8 200 h 后小孔腐蚀情况

6.3.3　羽　流　区

以上两节内容对空心阴极发射体与孔区等离子体行为进行了阐述,得到的结论可以用于解释等离子体参数分布规律以及阴极的自加热机理。最后一个需要考察的区域就是羽流区,羽流区等离子体会与触持极相互作用,并且是阴极发射电流与推力器放电等离子体或阳极相耦合的枢纽。同时,从阴极内部进入羽流区的中性气体快速扩散,气体密度变低,相互碰撞减少。由阴极流出的电子被电场加速,进入电离室或者是喷出的离子束流。此外,当阴极和推力器耦合工作时,在羽流区内还可能存在着较强的磁场,约100×10^{-4} T左右,如离子推力器电离室或霍尔推力器羽流。

从阴极流出的等离子体流有许多种结构:暗区、等离子体球、明亮的羽流扩张区域。图 6.27 所示为其中的两种不同阴极结构,其中阳极在左,阴极在右。阴极流出的等离子体流包括由空心阴极流出的电子,阴极流出的未被电离的气体,推力器流出的均匀的背景中性气体,等离子体球和电子电离中性气体形成的束流。上面两个例子的轴向电势、温度分布的探针测量结果[74]如图 6.28 所示。两种情况下的放电电流是一样的,气体流量为$5.5 \ \mathrm{cm^3/min}$时放电电压为 26 V,当将气体流量增加到$10 \ \mathrm{cm^3/min}$后放电电压下降为20 V。可以发现,由于气体流量和放电电压发生改变,羽流区的电势和温度分布迥然不同。高气体流量降低了整个系统内的电势和温度,并且将等离子体球向下游推移。

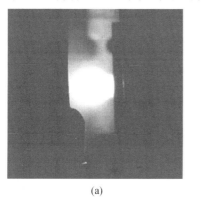 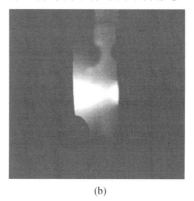

(a)   (b)

图 6.27   NEXIS 阴极 25 A 放电电流下$5.5 \ \mathrm{cm^3/min}$呈现出等离子体球(a),
而$10 \ \mathrm{cm^3/min}$下呈现出一个暗区(b)

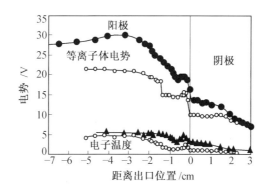

图 6.28   等离子体电势、电子温度分布(黑点为$5.5 \ \mathrm{cm^3/min}$,26.5 V 分布;
白点为$10 \ \mathrm{cm^3/min}$,19 V 分布)

为了加深对羽流区等离子体密度、温度、电势分布的理解,在本节中我们将使用一个简单的一维模型[75]来描述其物理过程。之后,再使用更加复杂的二维模型来获得更加精确的结果。一维模型和 6.3.2 小节中描述孔区的模型一样,但由于羽流区中性气体的扩张,气体、等离子体流主要是无碰撞的。稳态连续性方程为

$$0 = \nabla \cdot (D_a \nabla n) + \frac{\partial n}{\partial t} \tag{6.54}$$

上式为羽流区双极扩散方程,扩散系数用式(6.9)求得。使用式(6.36)的电子动量方程,羽流的轴向电子电流密度为

$$J_e = \frac{1}{\eta} \left(E + \frac{\nabla n T_e}{n} \right) \tag{6.55}$$

其中,η 为式(6.40)中给出的部分电离气体中电子-中性原子、电子-离子碰撞引起的电阻率。

电子能量方程由式(6.33)给出,包含热对流、热传导、焦耳加热、压力做功和电离损失。中性气体由于电离引起的轴向损失可以用简单的指数衰减模型来考察。由于电离产生的中性气体密度的变化可以描述为

$$\frac{dn_0}{dt} = -n_0 n_e \langle \sigma_i v_e \rangle \tag{6.56}$$

其中,n_0 为羽流区中总的中性气体密度。中性气体密度由阴极流出的气体的密度 n_f 与电离室里背景中性密度 n_c 组成

$$n_0 = n_f(z) + n_c \tag{6.57}$$

远离阴极孔的方向上,气流密度减小,可以描述为

$$\frac{dn_f(z)}{dt} = \frac{1}{v_0} \frac{dn_f}{dt} = \frac{1}{v_0} \left(\frac{dn_0}{dt} - \frac{dn_c}{dt} \right) \tag{6.58}$$

其中,v_0 为中性气体速度。代入式(6.56),式(6.58)可以写为

$$\frac{1}{n_f(z)} \frac{dn_f(z)}{dz} = -\frac{1}{v_0} n_e \langle \sigma_i v_e \rangle \tag{6.59}$$

求解上式,可以发现密度随距阴极距离的增加而指数衰减。

假设中性气体扩散张角为 45°,联立求解以上方程,图 6.29 为模型的计算区域。该模型用于模拟 NEXIS 离子推力器的阴极,其放电电流为 25 A,质量流量为 5.5 cm³/min。图 6.30 为一维模型计算的密度分布,和探针测量结果比较接近。图 6.31 为电势与温度分布,吻合得也比较好。有意思的是,电子马赫数(电子漂移速度除以热速度)刚好小于 1,说明这里没有双鞘层或流动不稳定性。图 6.27 所示的明亮的等离子体球很容易让人认为电势或密度存在不连续性,但这并不是事实。事实上,等离子体密度在远离触持极方向指数衰减,并且中性气体密度随距阴极距离的平方的倒数衰减,观察到的等离子体球的边界只是由于电离激发速率快速降低的结果。

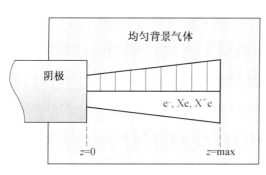

图 6.29　一维阴极羽流模型计算区域[75]

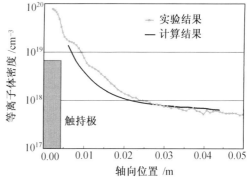

图 6.30　NEXIS 阴极 25 A、5.5 cm³/min 羽流区
一维模型计算的密度分布与探针数据

图 6.31 所示为 NEXIS 阴极 25 A,高气流流量 10 cm³/min 下的等离子体电势和电子温度分布。在这种情况下,靠近触持极的区域,模型预测的电势和温度分布与实际测得的不吻合。图 6.27(b) 的暗区说明该区域电子温度很低,这一现象并没有被一维模型捕获。然而,实验发现在距触持极 1 cm 处的电势存在阶跃,是由于该处电子温度的升高造成了电势的升高。在发生电势阶跃的上游,也就是电子温度较低的区域,模型得到的电子马赫数接近 1,说明在该处产生了双鞘层或等离子体不稳定性,这造成电子的加速,并加热了等离子体。

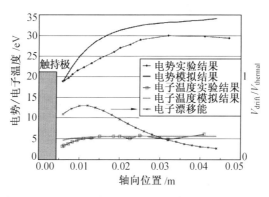

图 6.31　NEXIS 阴极 25 A、5.5 cm³/min 羽流区一维
模型计算的电势、温度分布与探针数据

两个低场区之间等离子体电势的突变处能形成双鞘层。双鞘层的物理机制最先由朗缪尔进行了推导。在双鞘层中,离子和电子电荷密度积分为 0。穿过双鞘层的离子和电子电流之间的关系为

$$J_c = k\sqrt{\frac{m_i}{m_e}} J_i \tag{6.60}$$

当 $\frac{T_e}{T_i} \approx 10$ 时,k 为常量,大约是 0.5。如果电子漂移速度超过电子热速度,就会形成双鞘层。当羽流区电离率沿电流路径下降并且产生的等离子体不够维持放电电流时,就

会发生电子漂移速度超过电子热速度的情况。在这种情况下,双鞘层会把电子加速到较高能量,从而增加了电离率。

双鞘层的轴向位置可以通过寻找满足式(6.60)的位置找到。假设中性气体沿一指定锥角扩散(其半角正切值为 α),中性气体密度为

$$n_0(z) = \frac{Q_{gas}}{v_0 \pi (r + \alpha z)} \tag{6.61}$$

如果离子由被双鞘层下游一个局部半径内返回并通过双鞘层被加速的电子产生,则离子电流为

$$I_i \approx I_e \int_z^{z+r_0+\alpha z} \sigma_i n_0(z) \mathrm{d}z \tag{6.62}$$

将式(6.61)代入式(6.62)中并做积分,则通过鞘层的离子电流为

$$I_i = I_e \frac{Q_{gas}\sigma_i}{v_0 \pi} \frac{1}{r_0 + \alpha z} \frac{1}{1+\alpha} \tag{6.63}$$

定义式(6.60)中的朗缪尔比为

$$R_L \equiv \frac{J_i}{2J_e} \sqrt{\frac{m_i}{m_e}} \tag{6.64}$$

在朗缪尔比为1处,会形成一个稳定的双鞘层。将式(6.63)代入式(6.64),可以得到朗缪尔比为

$$R_L = \frac{2Q_{gas}\sigma_i}{v_0 \pi} \sqrt{\frac{M}{m}} \frac{1}{(r_0 + \alpha z)} \frac{1}{(1+\alpha)} \tag{6.65}$$

式(6.65)说明,朗缪尔比随远离阴极的距离单调递减。朗缪尔比 R_L 为1处即为双鞘层处。图6.32所示为 R_L 为1处的流量与距阴极孔距离的关系。流量为 $10~\mathrm{cm^3/min}$ 下,图6.32显示出,双鞘层会在阴极下游超过 $1~\mathrm{cm}$ 形成,与图6.31一致。这种双鞘层随流量变化而改变轴向位置的行为在文献[74]中有过记录。

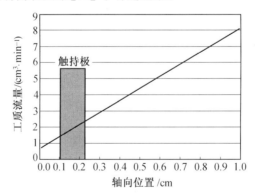

图6.32　朗缪尔比为1、双鞘层处的流量与距阴极孔距离的关系

实际的阴极羽流比这个简单的一维模型要复杂得多。在特定情况下增加电子马赫数会产生双鞘层或不稳定性,而这用流体模型描述不清楚。并且上述的一维模型中假设的中性气体扩散行为和相关的羽流区电子电流密度是随机选取的,计算出的电势与密度分

布与实验结果吻合得较好,这里有点运气的成分。实际上,中性气体扩散角很有可能比45°要大。模型中用经典电阻率计算得到的电子温度与中性气体密度过低,不能产生足够的电离来维持住等离子体密度,这和实验的结果并不一致,模型同时造成到达阳极的电流也不够。这种情况下,计算结果中局部电子马赫数增大并且出现双鞘层或等离子体不稳定性,造成电阻率反常增加,加热了电子以增大电离。

JPL 正在建立一个完整的羽流区二维模型,来研究这些问题[76]。OrCa2D 程序在发射体区和阴极孔直孔段使用二维中性气体流体模型计算,并认为在扩孔段转变为无碰撞中性气体,相应的羽流区的中性气体密度计算结果有较高的数值精度。二维羽流区计算程序通过使用自适应网格,将孔区的二维模型的模拟区域(式(6.33)～(6.40))扩展到触持极附近以计算精度并减少计算时间。在解上述方程的过程中,程序还发现了电子马赫数接近 1 时出现的不稳定性以及相关的反常电阻率和电子加热。例如,图 6.33 所示为NEXIS 阴极 25 A、5.5 cm^3/min 下经典和反常电阻率相对应的等离子体密度分布。采用式(6.40)中的经典电阻率计算所得电子温度偏低,不足以产生足够的电离。而使用与离子声学不稳定性有关的反常电阻率则能得到更高的电子温度和电离度,这与实验数据吻合得更好。但为了获得更加清晰的物理解释,还需要继续做工作。

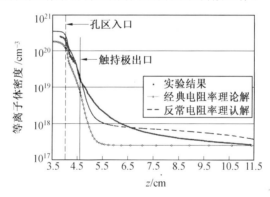

图 6.33　NEXIS 阴极的等离子体密度分布说明为产生足够
的电离和实验数据相吻合需要一个反常的电阻率

阴极羽流扩散的二维结构许多学者都研究过[66,67,68]。图 6.34 所示为文献[82]中用快速扫描探针得到的等离子体密度云图。在中心线靠近孔的位置密度最高,这与在阴极出口观察到的明亮的等离子体球现象相吻合[66]。减小气体流量会造成等离子体球向阴极放电孔内移动,等离子体会扩展成所谓的羽流模式[79,80]。羽流模式伴随着羽流的高频振荡,振荡会传播到电离室和触持极区域,如果振幅足够还能与电源相耦合。测得的等离子体电势分布如图 6.35 所示。电势在阴极附近达到轴向的极小值,远离阴极方向的电势甚至还会比放电电压高出若干伏[66,82]。采用高速扫描发射探针能够在等离子体球内以及触持极前端能观测到 50～1 000 kHz 的大幅度等离子体电势振荡[81]。这可能是某种条件下由于马赫数增加,造成不稳定性增大导致的结果。

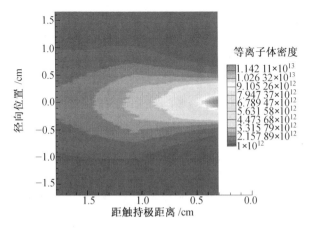

图 6.34　NEXIS 阴极 25 A、5.5 cm³/min 等离子体密度云图

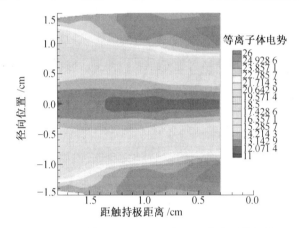

图 6.35　NEXIS 阴极 25 A、5.5 cm³/min 等离子体电势云图

6.4　阴极特性及工作模式

　　空心阴极有几种不同的点火方式。对于 A 型阴极和一些孔较小的 B 型阴极,触持极和阳极的电势不能通过相对又长又细的小孔延伸到发射体区。这种情况下,发射体区发射的电子不能被加速以引起电离。然而,如果阴极使用钡储备式发射体,那么加热时从发射体蒸发的钡会沉积在阴极孔板的上游侧和孔的内部,并扩散到孔板的面对触持极的下游侧表面[83]。这会造成发射体逸出功降低。当通入气体后,从孔板和触持极之间沉积的发射体发射的电子足以形成放电。然后放电产生的等离子体由小孔进入发射体区,并在发射体区形成电场,造成等离子体放电向发射体区转移。在阴极工作的过程中,离子对孔板溅射造成孔板表面沉积的钡层被剥离。因此,阴极断电后,如果需要再一次工作,则需要在孔板表面重建钡层[84]。

　　对于大孔(孔径大于 2 mm)阴极,足够的触持极电压(一般为 100～500 V)会使电场伸入孔区,并使得发射体区内的电势降超过推进剂的电离能。因此发射体材料发射的电子能够被电场加速,引起电离。电离产生的等离子体通过孔和触持极最终到达阳极实现点火。目前 JPL 开发的大部分 LaB₆ 阴极均采用这种点火方式。

对于孔径更小,或孔板发射受到抑制(由于表面杂质、钡的消耗等)的阴极,通常采用电弧启动技术进行点火。点火过程中触持极上施加高压正脉冲电压(通常 > 500 V)。在这种情况下点火主要由孔板发射的电子对气体的电离,或者是在阴极与触持极间隙中相当高的压力下发生的帕邢击穿形成放电所产生。放电产生的等离子体穿过小孔进入发射体区。为确保推力器全寿命期间的点火可靠性,标准的点火过程中在触持极上施加 50 ~ 150 V 的直流电压和 300 ~ 600 V 的脉冲电压。一旦点火成功,触持极电流由电源进行限制,电压降低到低于放电电压。

点火成功后,空心阴极将可以工作在不同的放电模式下。在离子推力器中,历史上将空心阴极放电特性总结为:在给定电流下,工作范围宽、振荡较小的"点模式";以及供气流量低于点模式所需值[79,80] 下,振动更为剧烈的"羽流模式"。点模式的工作图片如图 6.27(a) 所示,由阴极小孔正前方的一个等离子体球或"点"发光,在等离子体球的下游,低电流下等离子体几乎不发光,高电流下为缓慢扩张的等离子体柱,从等离子体球延伸到推力器电离室。而对于羽流模式来说,看上去更像是一个从阴极延伸出来的大范围发散的等离子体锥,经常使真空室充满弥散的等离子体,而在阴极或触持极孔中很少或没有等离子体点或球。两种模式之间有连续的过渡,有时被区分为过渡模式[85]。另外还有第三种很少知道的模式,有时被称为"stream mode",这会在供气流量高于点模式所需值时出现。在 stream mode 下,如图 6.27(b) 所示,在刚开始时,等离子体球被推到阴极或触持极小孔的下游,通常会观察到在阴极或触持极与等离子体球之间有一个暗区。在这种情况下,等离子体扩张得比点模式快。阴极供气流量过高会抑制放电电压,对离子推力器中的放电阴极的电离和放电性能有不利影响。然而,较高的供气流量趋向于减小霍尔推力器和离子推力器的中和阴极的耦合电压,这可以提高性能。

羽流模式下耦合电压升高[79,80,86,87,88],造成触持极损耗的增加[97,87]。在流量接近点模式的最佳值时,空心阴极的放电振荡很小[81,86]。当供气流量或触持极电流过低时,将过渡到羽流模式。通常当检测到触持极电压的振荡或耦合电压增加时,就表明阴极正处于向羽流模式过渡的状态。例如,在 NSTAR 中和阴极中,定义触持极电压振荡幅值超过 5 V 时即转变为羽流模式[89]。

对于某一给定的阴极孔径和供气流量,随着放电电流的增加,放电电压振荡加剧[88],其至能产生部分能量超过放电电压的离子,造成显著的触持极和阴极小孔的腐蚀。这会造成触持极腐蚀以及阴极寿命问题,我们将在 6.5.2 小节中进行讨论。

图 6.36 所示为一个具有孔长度 2.1 mm、直径 1.5 cm 的储备式阴极在几个不同供气流量下放电电压-电流曲线[68]。在图中使用了两种不同的阳极结构:一个是 45° 锥形阳极,第二个是 5 cm 直径圆柱阳极。图中认为在给定的供气流量,放电电压振荡开始超过 ± 5 V 时,即为该工况可以获得的最大电流。从图中可以看出,小圆柱阳极允许更高的放电电流,这也相应地减小了放电电压。产生这一现象的原因是采用圆柱形阳极时,阴极出

口附近气体压力更高,从而增加了阴极羽流中的等离子体的生成。

　　空心阴极的放电振荡基本上存在 3 种类型[81,88]。首先,有等离子体放电振荡,频率范围为 50 ~ 1 000 kHz。这些通常是不相干的振荡,频率在离子声波的频率范围内,振幅从点模式的几分之一伏到羽流模式时几十伏连续变化。如果足够大,这些离子声波振荡会引发电源的校准问题,导致大的放电电压振荡。这种现象如图 6.37 所示。

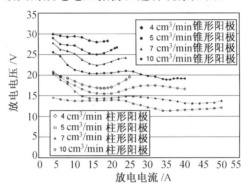

图 6.36　几个阴极供气流量下两种阳极构型的放电电压-电流曲线

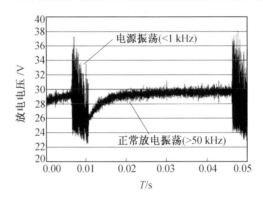

图 6.37　放电电压振荡,展示了等离子体和电源振荡

　　随着放电电流的增加,阴极羽流中的电离率变得很大,会导致电离不稳定,即所谓的捕食模型振荡。在这种情况下,等离子体放电消耗了大部分的中性气体,而且放电在中性气体进入羽流区的时间尺度内消失。对于氙气,这种不稳定振荡的频率范围是 50 ~ 250 kHz,这取决于物理尺度和放电元件的尺寸。电离不稳定性很容易从等离子体密度的变化观察到,如图 6.38 所示的探针测量的离子饱和电流振荡,在图中同时对比了通常为不连续的离子声波模式。电离不稳定性通常可以通过选择适当的供气流量和 / 或在阴极羽流区施加的一定强度的磁场[81]来抑制,原因在于这些措施改变了当地的离子产生速率。

　　需要注意,大的放电振荡和向羽流模式的过渡是发生在空心阴极外的效应[88]。图 6.39 是上文实验中,在电离不稳定条件下,在发射体区和在触持极紧外侧所测得的离子饱和电流。从图中可以发现,阴极发射体内等离子体密度振荡的幅值很小,因此与触持极以外羽流区等离子区观察到的不稳定性不相关。为避免过渡到羽流模式,可以注入更高

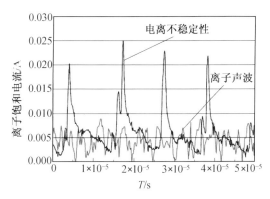

图 6.38　放电电压振荡,展示了等离子体羽流模式振荡,

(频率 > 100 kHz)和电离相关振荡(频率 < 100 kHz)

的供气流量,从而产生足够的等离子体密度来携带放电电流。阴极羽流等离子体中较低的电子温度和强烈的碰撞效应倾向于减小振荡或使振荡停止。这个振荡和阻尼行为是由文献中的阴极羽流模型[75,76,90,91]提出的,在前面讨论过。

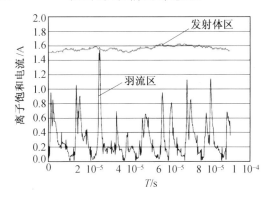

图 6.39　阴极内外离子饱和电流振荡,展示了振荡位置

6.5　空心阴极寿命

空心阴极寿命基本上受制于两个因素:储备式阴极中的 BaO 耗尽与发射性材料的蒸发(比如难溶金属阴极中的钨或钽、多晶阴极中的 LaB_6)和离子溅射所导致的机械结构损坏,这两种限制阴极寿命的机理对于离子、霍尔推力器阴极的设计非常重要。另外,供气杂质或暴露于空气所导致的发射体中毒会提高表面溢出功,也会影响阴极寿命。

6.5.1　发射体寿命

1. 储备式阴极发射体区域等离子体

储备式阴极中,包裹着阴极表面的钡层的蒸发容易理解,如果钡损失的根本原因就是蒸发,那么基于钡损耗的寿命模型应该不难建立。但是,由于发射体表面暴露在等离子体中,离子对表面的轰击会使钡的损耗增加。虽然空心阴极结构的出发点是用高压、激烈碰撞的等离子体减少发射体表面的侵蚀和变形,但这种方案对阴极寿命究竟有多大益处还有待证实。

文献[92]进行了钡层强化蒸发的理论和实验研究,研究结果可用于确定蒸发模型中的等离子体状态。实验中阴极使用多孔钨阴极、铠装加热器。为了控制轰击能量,钡层接上比等离子体低的电位。外面用一个光纤传导的可见光分光计来测量 553.5 nm 处的 Ba-I 谱线强度,从而测得钡的蒸发率。谱线发射强度与等离子体中钡的密度、电子密度和温度有关。为了避免等离子体一些参数的浮动对测量结果的影响,实验在用探针测量等离子体参数的同时,将 Ba-I 信号转换成了中性氙气的谱线。

图 6.40 展示的是 725 ℃ 下偏置电压与钡损失率的关系。可以发现,离子轰击能量从 10 eV 增加到 30 eV 时,钡损失率增加了一个数量级。图 6.41 中,钡损失率是阴极偏置电压的函数。当阴极相对于等离子体悬浮时,离子轰击能量只有几个电子伏,钡损失主要体现为受热蒸发。当轰击能量到达 15 eV 时,钡损失量与 800 ℃ 时的受热蒸发量相当。由于空心阴极的工作温度会在 1 000 ℃ 以上,通过以上数据显示,钡损失由受热蒸发决定。

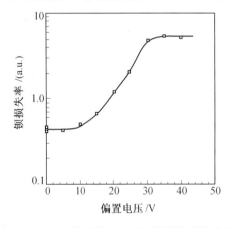
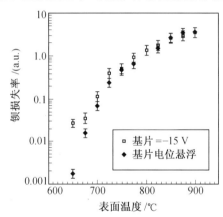

图 6.40　725 ℃ 下偏置电压与钡损失率的关系　图 6.41　两种偏置下氙等离子体中 Ba 的相对浓度

Doerner 等人研究了表面有离子轰击时的强化钡蒸发模型[93]。提高表面温度时,两种粒子必须考虑:(a) 被晶格束缚的粒子(这里称为"晶格原子");(b) 摆脱了晶格束缚但仍然被表面一股减弱了的束缚能量束缚的原子(这里称为"吸附原子")。只要获得了足够的动能,这两种粒子都可以从表面逃离,从而减薄表面。但是由于这两种粒子的束缚能量不同,相应的损失率也会有不同。

损失的发射体材料净流量可以写为

$$J_{\mathrm{T}} = J_{\mathrm{i}}Y_{\mathrm{ps}} + K_0 n_0 \exp\left(\frac{-E_0}{T}\right) + \frac{Y_{\mathrm{ad}}J_{\mathrm{i}}}{\left(1 + A\exp\left(\frac{E_{\mathrm{eff}}}{T}\right)\right)} \qquad (6.66)$$

式中,J_{i} 为离子通量;Y_{ad} 为由于入射离子通量产生的吸附原子的生成量;Y_{ps} 为溅射粒子量;$Y_{\mathrm{ad}}J_{\mathrm{i}}$ 为升华-再结合过程中吸附原子的损失率。

方程(6.66)中的第一项描述的是晶格原子的物理溅射(与表面温度无关);第二项是

晶格原子的受热升华,与离子流量无关;第三项是由吸附原子产生和升华导致的损失量,与入射离子流量和表面温度有关。当入射氙离子能量为 30 eV,$Y_{ps} = 0.02$,$A = 2 \times 10^{-9}$ 时,有

$$\frac{Y_{ad}}{Y_{ps}} \approx 400 \tag{6.67}$$

根据这些参数,可以对氙离子轰击能量为 30 eV、多种表面温度下的钡流量建模。实验测量结果和模型预测结果的比较如图 6.42 所示。从图中可以发现模型与实验结果吻合得很好。模型还定量地解释了一些非常关键的实验现象,包括离子能量对净腐蚀率的影响、温度升高时吸附原子损失项的饱和、温度升高时损失向受热升华主导的转变等。从实验值到二维等离子体模型计算值,都可以用这个模型来检验离子流量对表面的影响。该模型预测,在离子轰击能量低于 15 eV、阴极温度高于 900 ℃ 时,损失主要是受热蒸发导致。该模型有助于理解钡损失机理,同时证明了阴极等离子体参数中的钡损失结果的准确性。

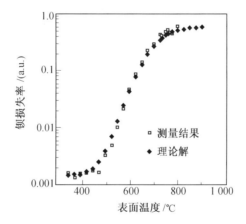

图 6.42　−15 V 偏置电压下钡浓度与表面温度的关系(模型预测结果用菱形表示,实验数据用小方块) 表示

2. 钡耗损模型

如上所述,只要离子轰击能量足够低,发射体区域在真空中与不在真空中的钡损失率应该相同。因为等离子体轴向电压测得小于 15 V,鞘层电压低于 10 V,发射体的寿命主要受蒸发影响。

Palleul 和 Shroff[94] 发表的关于钡耗损与温度、时间关系的测量结果显示,耗损遵循一种简单的阿累尼乌斯扩散规律,腐蚀率与温度有关。如图 6.43 所示[94],钨海绵小孔中的浸渍层随时间逐渐损失。图中决定曲线斜率的活化能似乎与阴极类型无关。

由图 6.43 中数据可得,厚度耗损为 100 μm 所需要的时间为

$$\ln \tau_{100\,\mu m} = \frac{eV_a}{kT} + C_1 = \frac{2.824\ 4e}{kT} - 15.488 \tag{6.68}$$

式中,$\tau_{100\mu m}$ 为时间,h;e 为单位电荷;V_a 为活化能;k 为玻耳兹曼常量;C_1 为拟合系数;T 为发射体的开氏温度。

通过图 6.43 可以得到活化能。同时已知耗损深度与时间平方根成正比,可表示为

$$\tau_{\text{life}} = \tau_{100\ \mu\text{m}} \left(\frac{y}{y_{100\ \mu\text{m}}} \right)^2 \tag{6.69}$$

其中,$\tau_{100\ \mu\text{m}}$ 是 100 μm 腐蚀深度所需的时间;y 是发射体厚度,μm;$y_{100\ \mu\text{m}}$ 是 100 μm 参考深度。联立方程(6.68)和(6.70),S 类型储备式阴极的寿命(h)为

$$\tau_{\text{life}} = 10^{-4} y^2 \exp \left(\frac{2.824\ 4e}{kT} - 15.488 \right) \tag{6.70}$$

其中,y 是发射体厚度,μm;T 是发射体的开氏温度。图 6.44 所示为 1 mm 耗损深度所需的时间与温度的关系。如果发射体足够厚,那么寿命有望达到 100 000 h。如果实际温度比设计温度 1 100 ℃ 低 40 ℃,寿命就能增加 2 倍。

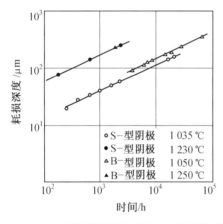
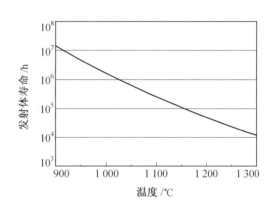

图 6.43　多孔钨耗损深度与温度和时间的关系[94]　　图 6.44　1 mm 耗损深度所需要的时间与温度的关系

该模型展示的是对阴极寿命的最保守估计。在高密度阴极中(比如 NSTAR 阴极),蒸发产生的钡原子的电离平均自由程比发射体直径小得多。这就意味着相当一部分钡原子是在发射体表面被电离的。该区域的电场也是径向的,于是一部分钡就又被回收至表面。这种机制可以显著地延长寿命。

要想从耗损机理的角度来描述阴极寿命,就必须得到发射体温度和放电电流之间的关系。Polk 测量了空间站采用的空心阴极发射体温度与放电电流的关系。实验数据与等离子体接触区域(离小孔最近的 3 mm 内)吻合得很好

$$T = 1\ 010.6 I_{\text{d}}^{0.146} [\text{K}] \tag{6.71}$$

在 12 A 放电电流下,发射体温度为 1 453 K。发射体厚度大约为 760 μm,我们假设厚度耗损到大约 2/3 时寿命就终止了(由于还要考虑钡向外径扩散),方程(6.70)预测寿命为 30 000 h。这与该阴极的寿命测试数据很吻合,测试中 12 A 放电 280 00 h 后阴极无法启动。该情况下,钡的回收不会明显影响到发射体寿命,因为等离子体只是从孔区向发射体区延伸了几个毫米,蒸发的钡倾向于从孔盘溢出而不是返回发射体区。

NSTAR 阴极中,Polk 得到的发射体温度与放电电流的关系为

$$T = 1\ 191.6 I_{\text{d}}^{0.098\ 8} [\text{K}] \tag{6.72}$$

在 13 A 满负荷发射下,根据发射体原有厚度 760 μm,方程(6.70)预测发射体寿命为 20 000 h。寿命试验时在满功率条件下运行了 14 000 h,并在较低放电流下又运行了 16 352 h[96]。根据钡耗损模型,发射区域应该在 24 000 h 内就耗损掉了。但是测量结果显示,虽然发射区域内确实有部分耗损,仍然有近 30% 的钡没有流失。很显然钡回收机制减弱了实际有效蒸发,延长了阴极寿命。

对于 NEXIS 空心阴极,其工作时的温度分布还没有测量结果,只是使用文献[97]中的等离子体-热场耦合模型进行了预测。由于放电损失和 NEXIS 效率已知,则可以绘制出推力器寿命与推力器性能的关系曲线。NEXIS 在比冲为 6 000 ~ 8 000 s 时,效率为 75% ~ 81%。图 6.45 所示为模型预测的寿命与若干比冲的对应关系。推力器设计比冲为 7 000 s,功率为 20 kW,则阴极应该有约 100 000 h 的寿命。增加比冲就要增加羽流电压,功率一定情况下,就要减小羽流电流,也就是放电电流,于是发射体温度也降低,寿命延长。类似地,低比冲、高功率需要增加放电电流,但会缩短阴极寿命。需要注意的是,方程(6.70)与厚度的平方成比例,故图 6.45 中的寿命可以通过增加厚度延长。这可能会引起几何尺寸增大,但只要合理选择阴极直径和小孔的尺寸就能获得所需要的温度和寿命。

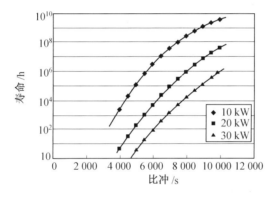

图 6.45 若干功率下 NEXIS 阴极预测寿命与比冲的关系

3. LaB₆ 发射体寿命

LaB₆ 制成的发射体的寿命主要由蒸发决定。同时等离子体放电时,LaB₆ 表面的溅射也可以影响寿命,然而和储备式阴极一样,因为等离子体电势较低,离子轰击的能量也低(一般小于 20 eV),因此离子对阴极表面的溅射很小。此外假设发射体蒸发后不会被回收,会得到相对保守的寿命估计。有趣的是,随着发射体材料的蒸发,发射体内径增加,表面积增大。对于给定的放电电流来说,这会造成所需要的电流密度和温度减小,相应地减小发射体材料的蒸发速率。

根据热发射温度与放电电流的关系,可以计算出 3 种直径 LaB₆ 发射体的寿命与放电电流的关系。假设发射体有 90% 可以蒸发掉,寿命作为放电电流的函数如图 6.46 所示。可以看出,寿命可以高达几万小时,阴极越大,寿命也越长。其他因素,如发射体的温度变化、LaB₆ 表面材料脱除、气体杂质的沉积等,都能减短寿命,但是 LaB₆ 的再沉积却能延长寿命。因此,这些不同尺寸的阴极寿命估计的结果是可信的,实际测得值与图 6.47 也相差不多。

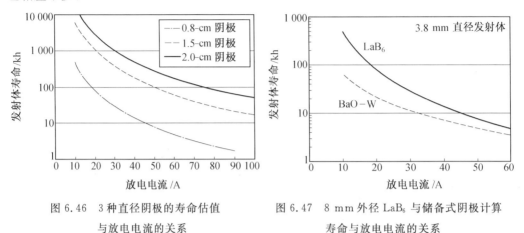

图 6.46　3 种直径阴极的寿命估值　　　　图 6.47　8 mm 外径 LaB₆ 与储备式阴极计算
　　　　与放电电流的关系　　　　　　　　　　　　　　寿命与放电电流的关系

　　为了能够弄清 LaB₆ 阴极寿命与储备式阴极寿命相对有什么区别,我们把 NSTAR 阴极的寿命估值[97]与图 6.47 中的 0.8 cm 的 LaB₆ 阴极的寿命估值做了对比。这两个阴极有相似的发射体直径,因此对比起来应该较为合理。储备式阴极的计算中假设,寿命末期时所有的钡都蒸发光了。但是,其他因素,如中毒会改变功函、杂质堆积会堵住小孔等也会影响寿命,所以这个估值应该是一个上限值。另一方面,钡回收也会延长寿命。在估计储备式阴极寿命时的一些不确定因素在估计 LaB₆ 时也同样存在(虽然 LaB₆ 不太容易受杂质影响)。在 NSTAR 设计放电电流下(小于 15 A)LaB₆ 阴极寿命比储备式的高了一个数量级。即使 NSTAR 阴极的负荷高于 15 A,储备式阴极寿命依然比 LaB₆ 低。如图6.46 所示,更大的 LaB₆ 阴极甚至有更长的寿命,在 35 A 的放电电流下,其寿命显著超过了NEXIS 的直径 1.5 cm 储备式阴极。

　　此外,阴极中毒也会影响发射体寿命,我们在 6.2.2 小节中介绍了阴极中毒的相关概念,在这里就不再重复了。

6.5.2　触持极寿命

　　触持极一般包裹着空心阴极,通过在触持极和阴极孔之间加高电压从而实现点火,同时触持极还能保护阴极,使阴极免于阴极羽流和推力器等离子体的离子轰击。然而,由于触持极电位处于阴极和阳极之间,它会收集部分发射的电子,同时又会受到离子轰击。在离子推力器寿命测试[98,99,100]中实测的阴极孔盘和触持极的腐蚀率[101,102]比预测的要高得多。例如,图 6.48 所示为 NSTAR 阴极在 30 352 h 寿命测试前后的照片。测试结束时,触持极完全被侵蚀掉了,留下暴露于推力器电离室等离子体的阴极孔盘,结果阴极孔盘和铠装加热器的表面都被严重侵蚀。这种现象是由高能离子轰击和溅射导致的。

　　为了理解这种快速腐蚀的机理,许多机构测量了离子推力器和空心阴极附近羽流区

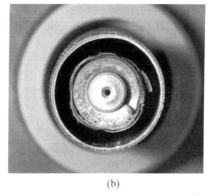

(a)　　　　　　　　　　　　　　(b)

图 6.48　ELT 测试前后 NSTAR 阴极（触持极被完全溅射腐蚀掉了）[38]

的高能离子能量分布，文献[81,103,104] 使用的为多栅探针，文献[106] 使用的为激光诱导荧光。图 6.49 所示的为 NSTAR 阴极等离子体球以外轴向和径向的离子能量分布[81]。两处都发现了高能离子，数量在不同的位置会发生改变。一些离子能量远远超过了 26 V 的放电电压，如果这些离子撞上了触持极和阴极孔，会引起很严重的腐蚀。

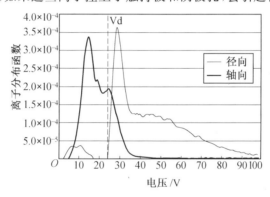

图 6.49　NSTAR 空心阴极羽流轴向和径向离子能量分布[81]

高能离子的产生和特性一直是研究和讨论的重点。阴极孔内或小孔下游势垒和孔区双鞘层产生的离子声波不稳定性是目前提出的两种可能的机制。然而，至今为止在阴极孔和阴极羽流等位置上的探针测量结果[74,106,66,78]中没有发现势垒或不稳定的双鞘层。在阴极羽流和触持极前端用扫描发射探针却测量到了 $50 \sim 1\,000$ kHz 的等离子体电压高频振荡[81]，这种不稳定性或许是把离子加速到高能态的一种机理。在这种情况下，在高电位处产生的离子能够获得足够的能量，可能超过 $40 \sim 80$ eV[81]。这种波动能提供足够的离子能量，从而解释文献中提及的触持极表面腐蚀。

然而，目前测到的波动振幅都不足以解释径向布置的多栅探针测到的超过 100 eV 离子能量。Katz 采用电荷交换碰撞来解释如何把离子加速到如此高的能量，其解释如下[107]。

触持极出口处的等离子体电势存在很明显的势阱。势阱边缘上产生的离子在进入势阱中心过程中被加速。势阱内的中性气体密度由未电离气体决定，该密度在轴线上也有峰值。在阴极附近,中性气体密度足够高,一部分离子在逃逸出势阱前通过电荷交换碰撞的方式和气体原子交换能量,而由于获得离子能量的中性原子在势阱中不会损失动能,于是就以该能态逃出了势阱。然而,它们在运动过程中,通过电荷交换将能量提供给离子,或是和电子碰撞重新变成离子,然后受电场影响。但这些离子到达多栅探针时,具有的能量包括原子初始的动能、进入势阱后获得的电势能和再次电离从等离子体电势中获得的能量。整个过程如图 6.50 所示。

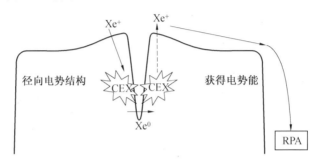

图 6.50　离子滑入势阱中获得能量,交换电荷,通过电压升
而不损失能量,然后在高电势区再次获得电荷[65]

例如,图 6.51 所示为计算出的离子能量分布。假设没有发生电荷交换的离子能量服从麦克斯韦分布,其能量为 3.5 eV。当考虑电荷交换碰撞后,高能离子相对密度虽然比实测得到的低了一些,但是体现的大致特征是一样的。但是计算出的能量分布中没有出现能量高于 95 eV 的离子,这和实测结果不符。Katz[107] 认为,高能离子或许原来是二价离子,在穿越势阱过程中获得了两倍的势能,然后交换电荷并逃离势阱。如今,高能离子产生的机制、测量这些粒子能量的方法和阴极、触持极的加速腐蚀机理仍然还在研究中。可以通过二维建模[108] 以及相应的实验研究来解决这个问题。

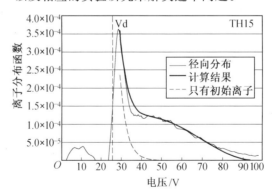

图 6.51　氙离子在鞘层和势阱中获得了绝大部分的动能

6.5.3　空心阴极失效模式

在离子推力器和霍尔推力器系统中,空心阴极属于单点失效器件,一旦失效,将会导致整个推进系统完全失效。因此,研究空心阴极的失效模式和失效机理有重要的意义,其

研究成果不仅可以用于空心阴极的可靠性增长,还可以用于空心阴极的应力筛选方案设计。在本节中,我们将结合以上的内容,对空心阴极的失效模式进行系统的总结[109]。

1. 结构件失效

对于离子推力器电离室内的空心阴极来说,当阴极工作时,其内部发射体发射的电子会在阳极电压的作用下,向阳极运动,使电离室内的气体电离,在电离室内形成等离子体区。同时,电离室内的离子也会在阴极负电压的作用下,轰击阴极,使阴极发生溅射,溅射的结果会使阴极顶小孔扩大。早在20世纪80年代,美国就多次报道了空心阴极因溅射而失效的试验实例。霍尔推力器羽流内高速离子对空心阴极产生的轰击溅射甚至更为显著。相对于离子推力器来说,霍尔推力器羽流发散角更大,离子与阴极的作用更为明显。同时,位于霍尔推力器羽流内的离子具有很高的能量(几百eV),当离子轰击阴极表面时,很容易产生溅射腐蚀作用。

阴极顶小孔主要作用是节流增压作用,它可以使阴极在很小的工作气流下,阴极管内即能维持数千帕的压力,使空心阴极弧光放电得以建立并自持。因此,阴极顶小孔的扩大,将会使阴极管内的压力下降,如果压力下降到一定值,空心阴极将无法在正常的点火气流、点火电压作用下启动,并因此而失效。同时,阴极顶小孔的扩大,还会使电离室的离子大量进入阴极内部,轰击发射体,加速发射体的失效。

2. 加热器失效分析

空心阴极的加热器有两种形式:其一是氧化铝/等离子体喷涂加热器,英国T6离子发动机空心阴极采用了这种加热器,寿命达到15 000 h,开关次数可达到5 500次;其二是铠装加热器,美国的离子发动机多采用这种加热器,寿命达28 000 h,开关次数达32 000次。

在NASA刘易斯研究中心开展的铠装加热器的开/关循环试验中,曾发生加热丝出现裂纹,导致断路的现象。后来经过检查,发现裂纹是由于加热丝的"颈缩现象"引起的。"颈缩现象"的产生是由于在阴极制作时操作不当,引起加热丝产生微裂纹,在微裂纹处温度应力升高,加热丝与绝缘材料中的杂质发生反应,加剧了裂纹的扩大,从而导致加热丝不断变细,直至加热丝断路。

3. 发射体失效分析

发射体是阴极的核心,也是阴极的关键零件。发射体失去预计的电子发射能力,是阴极失效的最主要形式。导致发射体失效的环节主要有阴极的制造环节、储存环节、激活启动环节和运行环节。这4个环节既各有特点,又紧密关联。

(1)制造环节。对钡钨发射体而言,多孔钨的制造工艺、铝酸钡盐的配方、浸渍工艺、特殊处理工艺等都是影响发射体性能和寿命的关键因素。多孔钨的开口孔隙率、开口孔洞的孔径和形状、空隙密度及分布、空隙表面状态等对阴极发射物质的储量、电子发射性能、蒸发速率等都有重要影响。如果多孔钨的这些参数失控,就会导致阴极寿命大幅度缩短。为此,国外在阴极制造中,无论是欧美国家,还是前苏联,都有严格的多孔钨质量控制手段。浸渍物的配方和浸渍工艺,是决定发射体寿命、电子发射能力、抗中毒能力的关键,历来是发射体制造技术保密的重点,特别是一些特殊微量元素的添加方案,在公开发表的文献中很难看到。

(2)储存环节。钡钨发射体因配方和制造工艺不同,暴露大气后性能衰减的程度也不同。美国制造的钡钨发射体,明确要求要严格控制暴露大气的时间。这主要是因为,大气中的水汽会和钡钨发射体发生反应,导致发射体表面产生不可逆中毒。英国制造的钡钨发射体则可以在大气中长期储存。

(3)激活和点火环节。激活可以使钡钨发射体表面产生自由钡覆盖层,形成电子发射能力。激活不充分,发射体电子发射能力不能形成;激活过度,会缩短发射体的使用寿命。因此,阴极的激活必须遵循科学的规范。另外,对某些钡钨发射体,在暴露大气后,需要重新激活,激活的目的是使表面中毒层挥发,并重新在表面产生自由钡覆盖层。

空心阴极启动时,由于所加点火电压通常高达数百伏,阴极内部等离子体中的离子会强烈轰击阴极发射体,因此,启动这一瞬间的工作参数必须受到严格控制,应当优化组合点火电压、点火气流、点火温度、点火时间、预热时间等参数。这些参数一旦失控,将会使发射体表面离子轰击斑大量形成,发射体失去电子发射能力而失效,从而导致阴极失效。

(4)运行环节。在空心阴极运行过程中,阴极工作参数的选择、工作气体的纯度是影响发射体可靠性的关键因素。阴极的发射电流、气体流率决定着阴极发射体的工作温度。如果工作温度过高,发射体会因为过度蒸发,电子发射能力迅速衰退而失效;工作温度过低,发射体容易中毒,电子发射能力也会迅速衰退,并导致阴极失效。

根据 NASA 的研究结果,工作气体中的杂质一方面会加速发射体材料的蒸发,另一方面会引起阴极表面中毒。工作气体中夹杂的 O_2 会和发射体中的金属 W、Ba 反应,生成 WO_3、BaO。在阴极工作温度下这些氧化物的蒸发速率明显高于相应的金属,如 WO_3 的蒸发速率比 W 高出 15 个数量级。另外,工作气体中夹杂的含 C 气体,会在阴极内高密度等离子体的作用下分解,在发射体表面形成无法清除的 C 的沉积,这也会使各种发射体失效。

4. 保证空心阴极可靠性的措施

(1)通过优化设计,保证可靠性。研究表明,合理的触持极(即点火极)的位置,可以有效减缓阴极溅射。合理的热设计,能降低空心阴极的热耗散,因而降低空心阴极的功耗和气体消耗水平,使得空心阴极能够在较低密度、较低电位的内部等离子体作用下实现自持,从而使轰击阴极发射体表面的离子密度、离子能量有所降低,这对于提高阴极发射体的寿命也大有好处。

合理的结构设计,还可以有效避免阴极的溅射产物、蒸散产物在电极间的沉积,避免电极短路,保证阴极的抗振动性能、抗热疲劳性能。合理选择发射体的尺寸,可以保证阴极发射体的寿命。在额定的发射电流下,发射体尺寸过大,会导致阴极散热面积增大,电流发射效率降低,发射体工作在欠热状态,发射体容易中毒,空心阴极的工作电压提高,引起阴极溅射加剧,使空心阴极的寿命受到影响;发射体尺寸过小,会因为发射电流密度过大,引起发射体过热,导致其迅速失效。在设计阶段,需要综合考虑以上因素,优化设计,才能保证空心阴极的可靠性。

（2）通过工艺控制，保证可靠性。在空心阴极制造过程中，每一个环节，都必须有严格的质量控制。在加热器制造过程中，首先要对加热丝材料和绝缘材料进行严格检验，剔除有缺陷的加热丝材料，保证绝缘材料有高的纯度；其次，要保证在工艺过程中，不引入缺陷和杂质。在加热器制造完成后，要能够通过科学的筛选，剔除有质量隐患的加热器。在发射体制作过程中，首先，要对用于制造多孔钨的钨粉进行筛选，采用表面圆滑、粒度分布尽可能窄的钨粉。在多孔钨烧结过程中，要尽可能保证空隙的均匀，保证足够的开孔孔隙率；在去铜工艺中，要尽可能将铜去除干净；在浸渍工艺中，既要保证浸透，又要保证有效发射物质在浸渍物中的含量。在空心阴极组装前，空心阴极零部件必须按照严格的清洗、出气规范进行处理。通常，所有零件必须在无水乙醇和丙酮中进行超声波清洗，在氢炉中进行烧氢处理。制造过程中的工艺控制，是保证空心阴极可靠性的关键。

（3）严格遵守使用规范，保证可靠性。空心阴极因结构、材料不同，需要按照不同的使用规范进行操作。这些规范是经过大量的理论和试验研究确定的，它规定了空心阴极的激活、点火、运行等过程的操作程序和工作参数。

在启动过程中，阴极预热温度应稍高于阴极的正常工作温度，阴极的启动气流流率应稍高于阴极的正常工作气流流率。这样，可以使空心阴极在辉光放电阶段停留的时间尽可能短，甚至可以不经过辉光放电直接进入自持弧光放电，以避免辉光放电中的高能离子强烈轰击发射体，导致发射体表面出现"离子斑"，使电子发射能力出现不可逆下降。在阴极运行过程中，为避免工作气体中的杂质引起阴极中毒，供气系统必须选用出气率和漏气率极小的超高真空器件，必要时在供气系统中配置气体纯化装置，通常要保证工作气体中杂质含量小于 1×10^{-5}，才能保证空心阴极具有超过 1 万 h 的寿命；另外阴极工作气体的流率控制精度要尽可能高，阴极运行电源要能有效抑制工作点漂移和大尖峰的出现，这样才能使阴极长期工作在优化的工作点，保证阴极寿命。在阴极的储存过程中，要根据不同的阴极，选择不同的储存条件。有些阴极需要储存在真空中（优于 1×10^{-2} Pa），这些阴极一旦在潮湿的大气中暴露，数十个小时之后，就会完全失去电子发射能力；有些阴极在暴露大气后需要重新激活，重新激活后其电子发射能力可完全恢复。

总之，在空心阴极的使用中，必须针对特定的空心阴极，选择特定的气、电、环境保障条件，才能保证空心阴极的长寿命、高可靠特性。

6.6　空心阴极与霍尔推力器的耦合

空心阴极与霍尔推力器耦合工作时存在独特物理过程，空心阴极位置、供气流量等因素都会影响等离子体桥内的参数分布，进而改变霍尔推力器的工作性能[110-114]。

D. L Tilley 等人最早总结了空心阴极和 BPT - 4000 之间的耦合工作过程，并且实验测量了阴极安装位置方向、供气流量以及真空室压力等因素对空心阴极触持极悬浮电势值的影响[110]。Albaréde 等人则比较了 3 种阴极发射孔对霍尔推力器工作性能的影响，并注意到放电电流的振荡频率随着阴极供气流量的变化而变化的现象[111]。B. E. Beal 等人研究了多组霍尔推力器和空心阴极耦合工作时对羽流的影响,并用探针测量了耦合条件下羽流区内的等离子体参数分布[112]。Hofer R. R 等人则比较了空心阴极置于发动机内部轴心线上和外部等不同位置时对霍尔推力器性能的影响,并发现置于内部时阴极耦合电压更小[113]。Sommerville J. D 和 King L. B 则详细地实验研究了空心阴极位置对霍尔推力器性能的影响,找到了使 BPT-2000 效率最大的空心阴极优化位置,并从电压能量损失的角度,研究和分析了耦合电压(空心阴极对地电压)对霍尔推力器推力和效率的影响[114]。

哈尔滨工业大学通过实验研究获得了空心阴极加热功率对等离子体桥区内等离子体参数,以及霍尔推力器推力效率的影响规律,然后根据阴极电子发射特性来分析等离子体桥内空间电势的控制机理,以及它对发动机推力、比冲和效率等性能参数的影响。在本节主要对这方面的工作进行介绍。

霍尔等离子体源为哈尔滨工业大学所研制的第二代 ATON 型稳态等离子体发动机 P70[115,116],其额定功率为 1 kW,比冲约 2 000 s,效率为 68%,羽流发散角小于 11°。采用直流方式加热,其加热功率可在 0 ~ 350 W 的范围内自由调节。发射体材料为多晶 LaB_6,工作气体为氙气。霍尔推力器和空心阴极之间的位置关系参见图 6.52,空心阴极喷口距发动机出口截面 50 mm,距发动机轴心的距离为 70 mm,即距霍尔推力器外陶瓷管内表面约 35 mm。整套装置被放置于 $\phi 1.2\ m \times 4\ m$ 的真空罐内,利用油扩散泵系统真空罐内的极限压力可达 2.0×10^{-3} Pa,当 HET P70 在 3 mg/s,空心阴极在 0.4 mg/s 的供气条件下工作时,罐内压力为 2.5×10^{-2} Pa,该压力对霍尔推力器和空心阴极之间的耦合放电影响很小[117]。

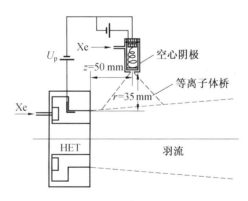

图 6.52　空心阴极位置

实验参数设置如下:根据 P70 的额定功率要求,选定放电电压 $U_p = 300$ V 不变,阳极供气流量分别为 $\dot{m}_a = 2$ mg/s、2.5 mg/s 和 3 mg/s 的工况,每个工况都首先按照放电电流和低频振荡最小的原则进行磁场优化,并在改变阴极加热功率的过程中保持磁场位形不变。实验结果表明 HET 的性能会随空心阴极加热功率的变化而改变。

图 6.53(a)给出了 3 组工况下等离子体桥内 $r = 10$ mm 处空间电势随空心阴极加热

功率增加时的变化规律。可见,空间电势随着阴极加热功率的增大而减小,但在大于某一加热功率值之后空间电势则几乎不再变化。

图 6.53(b)、(c)、(d)(黑实线)则给出了 3 组工况下,推力、比冲和效率增量随空心阴极加热功率增加的变化情况。从推力增量图上可以看出,不同质量流量条件下推力均有随空心阴极加热功率增加而先增大的特性,且供气流量越大,推力增幅就越大。但随着空心阴极加热功率的继续增加,推力增量会出现最大值,而后减小,且在拐点之后观察到了霍尔推力器低频振荡急剧增加的现象。每组工况中霍尔推力器特性变化的拐点与等离子体桥内空间电势的变化拐点重合。比冲和效率增量也表现出随空心阴极加热功率的增加而先增大,达到某一最大值后再降低的特性。但值得注意的是,比冲增量的变化规律还反映出了几乎与阳极供气流量无关的特性。效率增量最大可达 6.2%。

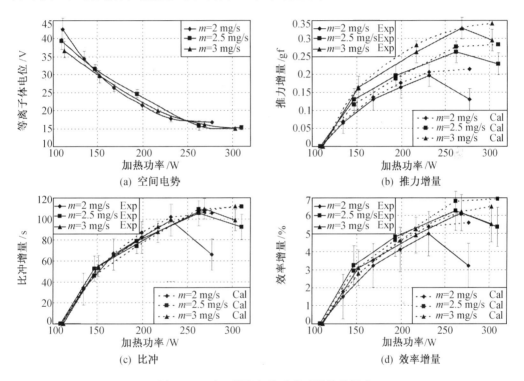

图 6.53　空心阴极加热功率对性能的影响

图 6.53 表明,空心阴极加热功率的变化会影响等离子体桥内的空间电势,并严重改变霍尔推力器的工作性能。

如果仅考虑空心阴极的热发射和电场发射效应,则发射体的电子电流发射密度 j_{eK} 将满足式(6.5)定义的 Schottky 关系式。

空心阴极在距霍尔推力器出口 $z=50\,mm$ 时已位于弱磁场区[115],等离子体桥内的空间电势 U_s 基本不变[118],剧烈的电势变化仅出现在发射体附近的鞘层区,其分布形式为

$$U(r)=U_s\left[1-\exp\left(-\frac{r}{\lambda_D}\right)\right] \tag{6.73}$$

式中，$\lambda_D = \sqrt{\dfrac{\varepsilon_0 kT_e}{ne^2}}$，是德拜长度，m，其中 T_e 是电子温度，eV，$n \approx n_i \approx n_e$ 是等离子体密度，m^{-3}；r 是距发射表面的距离，m，其中 $r=0$ 是电子发射表面。

从式(6.73)可得鞘层内的电场强度为

$$E(r) = \frac{U_s}{\lambda_D} \exp\left(-\frac{r}{\lambda_D}\right) \tag{6.74}$$

根据阴极电子发射理论，影响逸出功的是距发射表面原子半径尺度 $r_a \ll \lambda_D$ 上的电场强度，因此这里的场强可化简为

$$E(r) = \frac{U_s}{\lambda_D} \quad (r \ll \lambda_D) \tag{6.75}$$

把式(6.75)代入(6.5)，整理可得

$$j_{eK} = AT^2 \exp\left[-\frac{e\left(\varphi - \sqrt{\dfrac{e^2 U_s}{\pi \varepsilon_0^{\frac{3}{2}}}\left(\dfrac{n}{kT_e}\right)^{\frac{1}{2}}}\right)}{kT}\right] \tag{6.76}$$

式(6.76)表明：提高发射体电子发射能力，不仅可以通过提高发射体温度，还可以通过改变发射体附近等离子体参数（包括空间电势、电子温度和等离子体密度）的方法来实现。

为了能够更清楚地了解发射体附近等离子体参数对发射特性的重要影响，我们来比较相同发射体温度条件下考虑和不考虑鞘层电场影响时的电流发射密度。计算中采用耦合工作时空心阴极喷口处的实验测量数据[112]，若取 $n = 1 \times 10^{18}$ m^{-3}，$U_s = 20$ V，$T_e = 1$ eV，发射体温度 $T = 1\,800$ K，则

$$\frac{j_{eK}}{j_{eKn}} = \exp\left[\frac{e\sqrt{\dfrac{eU_s}{\pi \varepsilon_0 \lambda_D}}}{kT}\right] = 2.23 \tag{6.77}$$

这里 $j_{eKn} = j_{eK}(U_s = 0)$ 是不考虑空间电势时的电子电流发射密度。

可见，由于等离子体桥内空间电势的影响，发射体的电子发射能力提高了一倍多，可见这种效应以及它对霍尔推力器性能的影响是不可忽略的。

在霍尔推力器与空心阴极耦合工作时，空心阴极需要提供足够的电子来补偿离子，此时发射体所发射的电子电流必需满足

$$J_p = Sj_{eK} \tag{6.78}$$

这里，S 是发射体的电子发射面积，m^2；J_p 是霍尔推力器的放电电流，A。

图 6.54 表明，在霍尔推力器工况不变仅调节空心阴极加热功率时 $J_p = \mathrm{const}$。这样式(6.76)就可以表示为

$$SAT^2 \exp\left[-\frac{e\left(\varphi - \sqrt{\dfrac{eU_s}{\pi \varepsilon_0 \lambda_D}}\right)}{kT}\right] = J_p = \mathrm{const} \tag{6.79a}$$

$$U_s = \frac{\pi \varepsilon_0}{e^2} \sqrt{\frac{\varepsilon_0 kT_e}{n}}\left(\varphi - \frac{kT}{e}\ln\frac{SAT^2}{J_p}\right)^2 \tag{6.79b}$$

式(6.79)指出,耦合工作状态下的空心阴极,减小其加热功率(即降低发射体温度 T),必然会导致等离子体桥内空间电势的增加,这是利用提高电场发射能力来补偿热发射能力下降的结果。

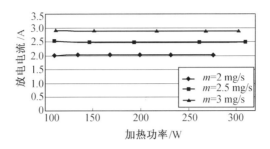

图 6.54　空心阴极加热功率对放电电流的影响

霍尔推力器的推力是由离子加速喷出形成的,因此离子加速电压将直接决定着霍尔推力器的推力大小。由于 U_s 的变化主要集中在空心阴极发射体附近,因此它对离子加速实际上是一种电压损失[110—114],也就是说,如果等离子体桥内的空间电势增加,则实际霍尔推力器上的有效放电电压就会降低;反之则升高,所以霍尔推力器的有效放电电压 U_{pT} 应该写成

$$U_{pT} = U_p - U_s \tag{6.80}$$

这里 U_p 是霍尔推力器的放电电压。这样霍尔推力器的推力、比冲和阳极效率表达式将改写成[116]

$$F = \dot{m}_a V = \dot{m}_a \theta \sqrt{\frac{2e(U_p - U_s - \Delta)}{M_i}} \tag{6.81a}$$

$$P = \frac{F}{\dot{m}_a} = \theta \sqrt{\frac{2e(U_p - U_s - \Delta)}{M_i}} \tag{6.81b}$$

$$\eta = \frac{F^2}{2\dot{m}_a U_p I_p} = \frac{\dot{m}_a \theta^2 e(U_p - U_s - \Delta)}{m_i U_p J_p} \tag{6.81c}$$

这里, $\dot{m}_a$ 是霍尔推力器的阳极供气质量流量,mg/s;θ 是与二价离子份额有关的系数,如果认为离子都是一价的,则 $\theta \approx 1$;Δ 是中性气体电离损失电压,对于氙气在 300 V 的放电电压条件下可认为 $\Delta \approx 50$ V[116];m_i 是氙离子质量。

结合式(6.79)和(6.81)可见,增加阴极加热功率,实际上也就是提高发射体的温度,为了保持发射体发射能力的不变,在等离子体参数基本不变的情况下 U_s 势必需要减小,这就导致了霍尔推力器推力、比冲和阳极效率的增大。图 6.53(b)～(d)给出了利用的 U_s 测量结果(图 6.53(a)),根据式(6.81)计算的推力、比冲和效率增量随加热功率的变化(虚线所示,这里取 $\theta = 1, \Delta = 50$ V, $U_p = 300$ V),可见在拐点前计算结果与实验结果吻合得非常好。尤其是实验中观察到霍尔推力器推力和效率在空心阴极加热功率变化时与阳极供气流量有关,而比冲特性则与之无关的现象。

等离子桥内的空间电势 U_s 随空心阴极加热功率的增加不能无限降低,否则无法保证发射电子正常导入等离子体桥，形成与发动机之间的耦合工作关系，这就出现了图 6.53(a) 中等离子体桥内空间电势在拐点之后几乎不随空心阴极加热功率增加而变化的现象。此时的推力、比冲、效率也会因 U_s 的不变而趋于最大，如图 6.53(b) ～ (d) 所示的计算结果。

拐点之后继续增大空心阴极加热功率而出现的推力、比冲和效率下降的现象，可能与霍尔推力器的低频振荡突然增大有关[119]。过大的空心阴极加热功率导致霍尔推力器低频振荡增加的物理机制还不清楚，但可以肯定的是此时发射体的电子热发射数量已经超过了霍尔推力器所需要的电子数目，即

$$SJ_{ek}(T, U_{smin} = \mathrm{const}) > J_p \tag{6.82}$$

这里 U_{smin} 是等离子体桥内的最小空间电势。

这就产生了发射体通过振荡来保证发射电子满足关系式(6.79)的可能性，进而导致霍尔推力器的放电电流也出现了相关的振荡。

扩　展　篇

第 7 章　　其他电推力器

在以上的第 3 章到第 6 章中,我们针对目前应用最为广泛的 3 种电推进装置——电弧、离子和霍尔推力器,以及离子和霍尔推力器内非常重要的部件空心阴极进行了介绍。从以上的论述中,我们也可以发现,电弧、离子和霍尔推力器各具特点,具有互相不能取代的优势。同时我们应该注意到,以上所介绍的几种电推进装置不能完全覆盖所有的空间推进任务。还有其他的各种电推进装置,已经被研究了很长的一段时间。随着空间推进任务向小型化和深空探测的发展,对空间推进装置也提出了更高的要求。并且随着科学技术的不断发展,各种新型的电推进原理也不断涌现。在本章中,我们分别对其他各种推力器进行介绍。主要包括电磁推进装置、静电推进装置以及最近提出的无工质推进的概念。由于篇幅所限,本章介绍的内容就不逐一展开了,在这里我们只是介绍这些电推进装置的基本原理以及研究现状。

7.1　电磁推进

在本书的第 5 章我们介绍了电磁推进的一种典型代表——霍尔推力器。事实上电磁推进还有很多不同的种类。但是对于任何一种电磁推进装置来说,都是通过电磁场的相互作用,对等离子体施加洛伦兹力喷出以产生推力。在本节中我们将会对磁等离子体推力器、高效率多级等离子体推力器、脉冲等离子体推力器以及螺旋波等离子体推力器等几种目前被大量研究的电磁推进装置的工作原理和研究进展进行简要介绍。

7.1.1　磁等离子体推力器(MPDT)

1. MPDT 原理和结构

MPDT 作为电推进技术的一种,是典型利用磁场与电流的洛伦兹力作用来加速推进剂离解气体的电磁推进装置,因此也被称为洛伦兹力加速器(Lorentz Force Accelerator, LFA)。为了增强 MPDT 的性能,通常在喷管外围缠绕电磁线圈或安装永磁体,这种装置将产生附加场,根据是否采用附加磁场,分为自感应磁场等离子体推力器(SF - MPDT)和附加磁场等离子体推力器(AF - MPDT)。

早期 MPDT 采用如图 7.1 所示的自感应磁场 MPDT 工作原理和结构。工作时,通过在阴极和阳极之间放电形成电弧,在由推进剂(H_2、N_2、Ar、Xe 和 Li 等)形成的高温等离子体中将有很高的径向电流通过,由此也将在阴极和阳极之间产生周向的感生磁场,感生磁场与通过等离子体的电流相互作用,产生轴向的洛伦兹力。相对于电弧加热产生的气体膨胀加速度,洛伦兹力也会使等离子体加速排出推力器,从而提高排气速度、推力器比冲和推力。

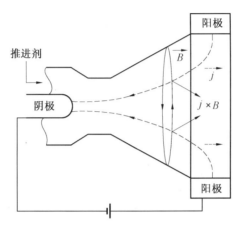

图 7.1   自感应磁场 MPDT 的工作原理示意图

SF-MPDT 工作机制比较清晰,除热膨胀加速产生推力外,自身感应磁场产生 $j_r \times B_\theta$ 的轴向作用力和 $j_z \times B_\theta$ 的径向作用力。轴向作用力直接产生推力,径向部分导致中心电极处压力不平衡来间接增加推力。作用在等离子体上产生的电磁推力可以表达为

$$T = bJ^2 \tag{7.1}$$

b 为电磁推力系数,与几何尺寸有关

$$b = \frac{\mu_0}{4\pi} \left[\ln\left(\frac{r_a}{r_c}\right) + \varepsilon \right] \tag{7.2}$$

式中,J 为总放电电流;μ_0 为真空磁导率;r_a 为阳极半径;r_c 为阴极半径;ε 为实践经验值(一般取 0.75)。

由图 7.1 可以看出,SF-MPDT 的工作原理与本书第 3 章所介绍的电弧推力器十分相似。事实上 MPDT 的发现是基于人们在研究高功率电弧推力器的性能时,发现在高电流、低流量下,电磁力(洛伦兹力)在加速机理上占据了主导地位。MPDT 与电弧推力器的区别在于不仅依靠电弧加热的方法增加排气温度,更主要的是通过合理的推力器设计、推进剂的选择和参数配合以提高洛伦兹力的影响。

提高洛伦兹力的一个重要办法就是采用附加磁场,即附加磁场 MPDT,如图 7.2 所示。推力器由中心阴极和安装在喷管出口的同轴环形阳极组成(可以是直喷管或扩张喷管),其阴极、阳极外围缠绕被磁化的线圈或安装永磁铁,这种布置将产生"附加"的磁场,从而更好地施加洛伦兹力的影响。附加磁场带来的另一个优点是,可以在较低功率水平上得到高的推力器性能参数。有附加磁场时,MPDT 推力产生的机理变得十分复杂。

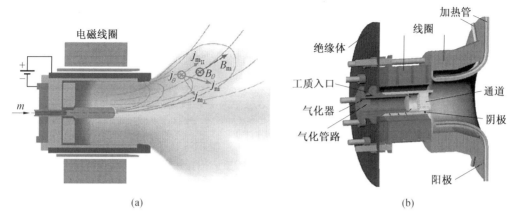

图 7.2　附加磁场 MPDT 的工作原理示意图和结构效果图

2. MPDT 研究与应用现状

MPDT 容易实现与高功率结合,被认为是探索深空奥秘的推进方案之一。从理论上讲,MPDT 能够产生极高的比冲,其量级能够达到 11 000 s,其最有吸引力之处还在于 MPDT 的推力能够达到 20 N,因而可以实现航天器快速轨道机动,并可能是未来空间站动力系统以及月球、火星、外层空间往返的主要运输工具。

国外 MPDT 技术的研究开始于 20 世纪 60 年代。早期的研究都是针对 SF-MPDT 进行的,美国喷气推进实验室和普林斯顿大学的研究人员们针对各种推力器结构和各种推进工质进行了研究,结果表明,锂蒸气具有最好的性能,其在超过 100 kW 的功率下,有高达 5 000 s 的比冲和 45% 的效率;相对而言,德国斯图加特大学设计了几种不同 SF-MPDT 结构,采用氨气作为推进工质,开展了不同放电电流、不同工质流量条件下的实验研究,测得的推力器推力为 1～20 N,效率为 15%～20%,比冲为 200～1 500 s。虽然锂蒸气的性能最高,但研究人员同时也发现了采用锂蒸气作为工质的另一个问题:锂蒸气冷凝后会变成固体,容易覆盖在航天器以及太阳帆板的表面,影响航天器的正常工作。

于是,各种不会凝结的气体推进剂重新被研究人员所关注,已获取大量基于氨、氮、氢和氙等推进剂的试验数据,并表明氩、氢和锂是目前性能最好的几种推进剂类型。同时为了提高采用气体推进剂时的性能,各种新的方法被提出,如改变电极的构型,适当采用膨胀喷管,采用外加磁场等。由于 SF-MPDT 自感磁场的不稳定引起了推力器工作不稳定性问题,以及 AF-MPDT 相比于 SF-MPDT 具有更高的性能,20 世纪 80 年代后期,MPDT 技术的主要研究方向由针对 SF-MPDT 的研究转为针对 AF-MPDT 的研究。目前,开展 MPDT 研究的国家主要包括日本、美国、俄罗斯、意大利等。

日本于 1981 年在 MS-T4 航天器上首次进行了 MPDT 技术的飞行实验,航天器上安装了两个使用氨作为推进剂的 AF-MPDT。推力器包含一个外加磁场和被分割的阳极,目的是使外加磁场能够快速扩散到放电区域。推力器阴极是空心钨管,通过它注入推进剂氨。这次飞行成功地验证了准稳态 MPDT 在空间中的运行。在随后进行的第二次空间实验中,MPDT 未使用外加磁场,并且推进剂改用氢。此次 MPDT 共进行了 20 多次点火。1994 年日本进行了第三次 MPDT 实验,主要目的是验证 MPDT 系统的运行,采用肼作为推进剂,运行在 2 MW 的峰值功率条件下。

日本空间和宇航科学研究院(ISAS)的电推进实验项目(EPEX)为搭载空间飞行单元的重复脉冲 MPDT 实验项目,其分别在 1995 年和 1996 年由 H‐II 型火箭和美国 STS‐72 航天飞机发射,使用 N_2H_2 作为推进剂,成功重复点火超过 4 000 次,并进行了在轨测试。

美国 NASA 格林研究中心联合俄亥俄州立大学、普林斯顿大学、亚利桑那州立大学等,正在开展高功率 MPDT 技术的研究和聚变 MPDT 推进技术的探索性研究。美国 NASA 格林研究中心的测试结果表明,其研制的 MPDT 的比冲可达 10 000 s,推力为 20 ~ 50 N,采用氢气作为工质时,平均效率为 35%。俄罗斯莫斯科航空学院一直致力于高功率以锂为推进工质的 AF‐MPDT 技术研究,实验结果表明,在 100 kW 的功率下,测得推力约为 3 N,比冲为 3 000 ~ 3 500 s。

到目前为止,获得的 MPDT 的最高性能是以脉冲形式工作的,当输入功率为 1.5 MW 时,其比冲可以达到 5 000 s,效率可以达到 40%;若采用锂为推进剂,以稳态形式工作,当输入功率为 30 kW 时,推力器的比冲可以达到 4 080 s,效率能够达到 70%。

7.1.2 高效率多级等离子体推力器(HEMPT)

1. HEMPT 原理与结构

HEMPT 的原理如图 7.3 所示。HEMPT 结合了多种设计理念,首先,其具有多级永磁铁用以产生多级磁路,并进而形成会切磁场将电子束缚在推力器轴向区域;其次,为消除内壁面带来的消极影响,HEMPT 的放电通道内不具备内芯结构,这就较好地提高了推力器的热效率。HEMPT 的组成包括陶瓷材料、上游为阳极的圆柱形放电通道、阳极与电源相连并代表着推力器的高压电极,同时上游还具有作为推进剂入口的气体分配器。放电通道由多级永磁铁包围,相邻的两个永磁铁磁极极性相反。在放电通道下游即推力器的出口处,安置了空心阴极,用于电离中性气体和中和通道喷出的离子[120]。

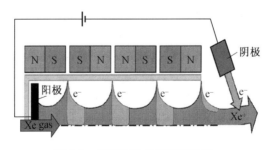

图 7.3　HEMPT 的原理示意图

用于中和离子的电子被束缚在推力器出口处,该区域为具有较低电势的会切磁场。通过碰撞,少部分电子从出口的会切磁场处通过阴极进入放电通道。这些电子被限制而沿磁感线做螺旋形运动,电子容易在平行于推力器轴线的磁场区域内运动。该区域内,等离子体的电势几乎是不变的常数。而在会切磁场的尖点处,电子被有效地限制而无法沿着径向穿越磁力线。此外,径向较强的磁场梯度产生的磁镜效应,对电子起到了反射的作用,这样就使得电子不会与壁面碰撞,并且能更高效地电离介质。

显然,HEMPT 代表了一种新的离子推力器概念,独特的设计理念使得 HEMPT 具有结构简单、可靠性高、比冲较高、质量轻、放电电压低等优点。

2. HEMPT 研究与应用现状

全世界最早对高效率多级空间等离子体推力器进行研发的是泰雷兹电子器件有限公司(TEDG),在 20 世纪 90 年代后期,该公司就已开始了对于 HEMPT 的开发,并在 1998 年推出了第一项 HEMPT 专利的推力器。

2001 年的第一个 HEMPT 原型机由一个多级集电极型电离器组成,该电离器的入口处附带有一个电子发射设备。电子束既用来电离中性气体,又有一部分用来中和发射出来的带电离子束。推力器内各级具有不同的电势,并嵌入多个永磁铁(PPM)形成多级线性会切磁场结构。虽然其早期试验没能高效率地使离子用于产生推力,但是却得到了推力器产生毫牛甚至微牛级推力的可行性结论。

2003 年,首台按照该规则设计的 HEMPT 模型制成,该推力器采用锥形放电通道和锥形磁铁,标志着 HEMPT 的发展取得了突破:超过 100 mN 的推力值,峰值效率 45% 以上,并得到了超过 3 000 s 的比冲。长期的试验表明,HEMPT 放电通道的侵蚀效应可以忽略不计,这可以说是 HEMPT 的一个独特之处。

2005 年,TEDG 开始了对 HEMPT 的多样化研制,其工作主要是研制比冲为 3 000 s 但推力和功率不同的两种推力器:额定推力为 50 mN,额定输入功率为 1 500 W 的 HEMPT3050 和额定推力为 250 mN,额定输入功率为 7 500 W 的 HEMPT30250。高功率的 HEMPT30250 最初被设计为同轴,然而,由于设备的性能数据和技术的复杂性,而最终被建议采用"圆柱形"的设计,结果,"圆柱形"HEMPT30250 模型试验演示的峰值输入功率值为 10 kW,比冲为 3 200 s 并且效率达到了 51%,提供了 333 mN 的推力。

到目前为止,研究 HEMPT 的国家主要有德国、美国等。其中德国已将 TEDG 所研发的新型 HEMPT 列入了德国航天局小型地球同步卫星的发展规划,并获得德国航天局的资助,该系统使用 HCN 5000 型空心阴极,这种设计进一步降低了推力系统的复杂性,并提高了成本效益。

HEMPT 的性能表现和欧洲太空总署对 HEMPT 的重视也引起了其他科研机构的兴趣。麻省理工学院(MIT)科研人员从 HEMPT 的设计思想出发,设计出发散会切磁场推力器(DCFT)(图 7.4)。

DCFT 采用和 HEMPT 类似的周期性磁场排布阻碍电子碰撞通道壁并约束等离子束,同时有自己独特的阳极构造特征,阳极处是一个中心磁尖端(黑色圆圈处),通过这个磁尖端的强磁镜作用保护阳极并使电离更充分。在试验中,阳极电压范围为 40 ~ 70 V,流量不超过 10 cm³/min,总功率不超过 150 W,推力值也很小。由于研究时间短,还有很多设计缺陷尚待改进,实验数据也不尽如人意[121]。

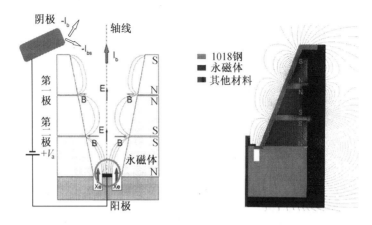

图 7.4　DCFT 推力器的结构简图和磁场模拟示意图

由于 HEMPT 具有寿命长、可靠性高等非常显著的优势,目前该类型推力器已经列入德国空间卫星应用计划,多个科研机构已在结构设计方面开展工作。Thales 电子设备公司已经开发了基于 HEMPT 的离子推进系统。HEMPT 的总成开发开始于 2007 年,在 2008 年德国航天局开展了称之为"HEMPTS"的项目,它包括 OHB 系统的 Small GEO 平台的开发、鉴定和产品交付工作。计划在 Small GEO 地球静止轨道平台上执行姿态和轨道控制,进行在轨验证。到 2011 年 9 月,所有关于 HEMPT 组合符合卫星要求的论证活动已经完成了大部分,相应的硬件生产也已经开始[122]。

7.1.3　脉冲等离子体推力器(PPT)

1. PPT 原理和结构

对微小卫星而言,脉冲等离子体推力器(Pulsed Plasma Thruster,PPT) 是一个有前途的电推进装置。PPT 因比冲高、体积小、质量轻、结构简单和耐用,以及所需星上电源功率小等优点,在微小卫星研究领域得到了越来越多的重视。它可用于微小卫星的位置保持、阻力补偿和姿态控制,实现微小卫星的精确编队飞行,也能作为小航天器的主推进系统,用于轨道提升和近地轨道任务的寿命延长[123]。

根据所采用的推进剂,PPT 可分为固体(一般采用聚四氟乙烯)、液体(LP - PPT) 和气体(GF - PPT)3 种;根据电极形状可分为平行板电极式、同轴电极式、外展电极式 3 种;根据推进剂供给位置,又可分为尾部馈送式和侧面馈送式两种。较为常见的有固体推进剂平行板电极尾部馈送 PPT 和同轴侧面馈送 PPT。

平行板电极尾部馈送 PPT 整个系统由推力器本体、放电点火回路、控制逻辑电路和电源转换装置组成。推力器本体基本结构(图 7.5)是:两块平行的极板(阳极和阴极)组成放电通道,推进剂置于两极中间,储能电容的正负端分别与相应的两极极板相连,在阴极上装有火花塞。电源转换装置将卫星平台提供的低压直流供电转换为高压直流,输送到储能电容器和放电点火回路。放电点火回路按照一定的指令(或控制信号)产生一个低能量的高压脉冲送到装在阴极上、紧靠推进剂端面的火花塞,使火花塞点火。

推进剂的供应通过一个恒力弹簧,产生一个恒力作用在推进剂上,保证推进剂能够在所需的速率下被送到推力器喷口。推力器工作时,首先将储能电容器充电至额定的高压,此时正负极板间虽然存在一个强电场,但在真空情况下不会自行击穿。当点火回路发出一个触发脉冲时,火花塞点燃,产生少量粒子(包括电子、质子、中性粒子和粒子团),这些粒子和推进剂表面碰撞,又从推进剂表面上烧蚀出一定量的粒子。带电粒子在强电场作用下分别向两极加速,同时与推进剂表面及在粒子之间频繁碰撞,使推进剂表面烧蚀,然后分解并离子化。随着带电粒子的增加,两极间逐渐成为等离子体区。此时电容器、极板和等离子体区构成闭合回路,并产生感应磁场。于是等离子体受到洛伦兹力加速向外喷出,产生一个推力脉冲,如图 7.6 所示。

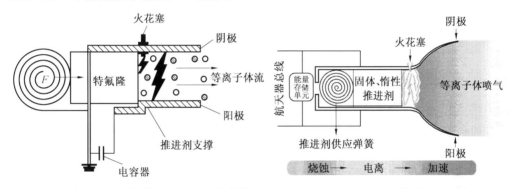

图 7.5　平行板电极尾部馈送型 PPT 基本结构图　　图 7.6　PPT 工作过程示意图

2. PPT 研究与应用现状

最早的 PPT 出现在 1934 年的前苏联。1962 年,前苏联首次将 PPT 用于宇宙-14 卫星,执行阻力补偿任务,此后又在其向金星的星际空间发射的探测火箭(Zond-2)上使用了 6 台脉冲等离子体推力器。1974 年 1 月至 4 月,前苏联在其 HAZA 探测器上对脉冲等离子体推力器进行了飞行试验。飞行试验的目的主要是,验证空间运行产生的推力与地面的是否一致,以及电磁干扰问题。近年来莫斯科航空学院的应用力学与电动力学研究所(RIAME)正在研制用于同步卫星南北位置保持的脉冲等离子体推力器。

1968 年,美国 MIT 林肯实验室在 LES-6 地球同步通信卫星上成功应用了 PPT。1974 年,一种 PPT 部署在同步气象卫星(SMS)上。20 世纪 80 年代初,又研制了比冲达5.32 kN·s/kg 的海军子午仪导航卫星用 PPT。1995 年,为满足 NASA 对推进剂效率和小冲量脉冲推进的要求,Glenn 研究中心启动了 PPT 项目,初期目标是改进过去 20 年的技术,并重新建立 PPT 的工业基础。然后是寻求在显著提高推力器效率和降低成本的同时缩小 PPT 尺寸的方法,开发 PPT 在近地轨道小卫星轨道提升方面的潜力。

近年来有两项脉冲等离子体推进技术的飞行演示验证获得很大成功。一项是美国NASA 刘易斯研究中心和奥林航空航天公司联合研制的新一代实验型 PPT,该推力器1996 年已完成地面试验,并在 2000 年 7 月发射的美国空军 MightySat II-1 小卫星上进行了空间飞行鉴定试验,并检验其羽流是否污染光学表面。此后,该推力器将在 NASA"新盛世"计划的第 3 个航天器 DS-3 上正式使用。另一项是 NASA 地球观测-1(EO-1)卫星上的脉冲等离子推力器。该 PPT 由 Primex 宇航公司研制,Glenn 研究中心负责研发管理,Goddard 飞行中心负责飞行试验。EO-1 卫星上的 PPT 于 2002 年 1 月 4 日首次点火试验成功。演示验证的控制精度优于 10 rad/s(相当于或超过了反作用飞轮的控制精度)。实验证明,PPT 工作时对星上其他仪器设备及工作均无不良影响。

PPT 最大的优势是将无毒推进剂的供应与推力器本体组合成一个模块,省却了复杂的推进剂储存和供应系统。其优点如下。

(1)小功率下的高比冲能力。运行功率低至 5 W,比冲仍达 2.94 kN·s/kg;功率在 20 W 时,比冲达 7.84～11.76 kN·s/kg,其他电推力器则难以达到。通过提高推进剂的利用率,采用磁场加速等离子体等措施,其比冲还可以进一步提高。

(2)结构简单。使用固体推进剂时,具有推进剂稳定且易储存、安全可靠、无泄漏、无需管路、便于与航天器集成的优点;固体推进剂能在高真空和极低温度下长期存放,系统体积小、质量轻、安全可靠。使用液体或气体推进剂时,具有推进剂适应性好、比冲范围大、性能再现性好、绝缘强度低、阻抗小、负载匹配性好等优点。

(3)脉冲工作(微秒到数十微秒量级),无需预热,控制(数字和自主控制)方便灵活。PPT 的平均功率很小(1～150 W),可通过储能电容器的充电时间调节输入功率,无需复杂的电源处理器,降低了对电源和结构的要求。

(4)推力很小(微牛级),能提供单个推力脉冲也可提供等效稳态推力,能在恒定的比冲和效率下,通过调节脉冲重复频率实现大范围推力调节,无需以降低性能为代价或采用复杂的节流方法。

(5)PPT 能产生离散的、小而精确的脉冲,其冲量很小(50～200 μN·s),比普通化学推力器的脉冲宽度小两个量级,非常适于航天器精确姿、轨控,尤其适合卫星星座的保持(精度可达 0.1 mm)。尽管 PPT 经过了几十年的研究与开发,并已成功应用于空间航天器,但对于这种装置目前仍存在一系列的理论和应用问题有待研究解决。脉冲等离子推力器存在的最明显的问题之一就是其效率低。现有的 PPT 推进效率均小于 10%,而低的推进效率又与多方面的因素有关,例如放电能量,放电能量越低,其效率越低;此外,推进效率还与电极构型、推进剂表面温度等有关。

脉冲等离子推力器存在的另一个重要问题是推力器羽流污染。PPT 所排出的羽流中含有由聚四氟乙烯中分解出的电子、中性粒子和离子所组成的混合物以及从电极、火花塞和喷管上飞溅出的材料。羽流与航天器的相互作用包括:由于带电离子沉积在卫星表面从而导致的航天器充电,中性粒子在航天器表面的沉积,由于高能羽流粒子撞击航天器表面从而产生的卫星表面的腐蚀,电磁干涉对于电子元件和通信信号的影响,由于推力器工作导致的航天器的热量负荷,这些都会影响航天器的性能和寿命。此外,脉冲等离子体推力器产生的推力非常小(10～1 000 μN),测量如此小的推力是非常困难的。

目前 PPT 技术的研究重点是提高电容器的寿命和推进剂利用率,从而提高推力器的效率,减少系统质量。为此需要研究的主要关键技术如下。

（1）采用先进的电源系统、电容器，以及高集成度和一体化的电源处理系统。其中，高能量密度和长寿命储能电容器技术可减少电容的热损失，提高电路效率；功率转化装置可提高集成度，减小质量，并提高系统寿命。研制超导等新型储能元件。

（2）研究具有推进剂利用效率高、电源功率小、比冲高等优点的先进气体或液体推进剂 PPT；对烧蚀型固体 PPT 进行改进，减少未受电磁加速的慢速成分的生成量，或加速慢速成分，以提高排气速度。

（3）研制先进的试验设备和测试仪器系统。PPT 测试的关键是以足够的精度和分辨率直接测得推力和冲量。需要发展 PPT 所需的高精度微小推力（μN 量级）和极小冲量（$10 \sim 1\ 000\ \mu$N）测量技术，尽量避免机械和电路连接对推力测量的影响。开发再现性好、可控、精密、动态范围宽的微推力标定系统。测试系统可灵活多用，具有多分力测量系统，以能进行遥测为佳。为在地面模拟 PPT 工作的低温真空环境，需在真空舱中对 PPT 进行推力测量、冲量测量、羽流特征测试、热真空试验和电磁干扰试验等测试。

（4）PPT 工作过程的建模与仿真，其中包括 PPT 非稳态、高密度、相互碰撞和部分电离的等离子体羽流的试验研究、理论建模与分析。需要对 PPT 内的等离子体流动进行磁流体动力学建模和分析，PPT 的等离子体流动、推进剂传热、电极烧蚀和电路分析的耦合计算。为增进对 PPT 羽流的了解，提高 PPT 羽流和航天器相互作用的预测能力，需要进一步研究羽流场中组分和能量的分配，回流污染的测量和评估；羽流的三维特征；离子化和再复合的机理；其他化学反应以及羽流中电流的耦合作用。

7.1.4　螺旋波等离子体推力器（HPT）

1. HPT 结构与原理

螺旋波是在径向约束磁化等离子体中传播的右旋圆极化电磁波，能够产生很高的等离子体密度，以氩气为工质气体，1 kW 螺旋波源能够产生的等离子体密度为 $10^{19} \sim 10^{20}\ m^{-3}$，且具有很高的电离度，是未来空间电推进系统极具吸引力的电离源之一；其次，螺旋波等离子体源电离效率非常高，几乎可达 100%；第三，由于螺旋波等离子体源采用射频电源，电子回旋共振（ECR）等离子体采用微波电源，与 ECR 等离子体源相比，螺旋波等离子体要求的电源频率较低；第四，螺旋波等离子体所要求的磁感应强度（0.01 T 量级）比 ECR 等离子体所要求的磁感应强度（0.1 T 量级）低得多，因此螺旋波等离子体的发生装置也较简单[124]。

鉴于螺旋波源能够高效地产生等离子体，其已被研发用于不同的空间电推进系统中，包括可变比冲磁等离子体火箭（VASIMR）、螺旋波双层推力器（HDLT）、螺旋波霍尔推力器（HHT）和螺旋波等离子体与工质肼（HPH）组合式推力器中。

其中，HDLT 又称为螺旋波等离子体推力器（HPT），它是一种新型的无电极式磁等离子体推力器，其结构相对简单、质量较轻而紧凑，并具有很高的性能，以氩气为工质，比冲可达 13 km/s，以氢气为工质，比冲高达 40 km/s，在卫星的位置保持和姿态控制、轨道机动和深空探测等方面具有广泛的应用前景，该推力器计划于 2013 年在轨测试和应用。

图 7.7 所示为 HPT 结构简图,HPT 在结构上主要由射频电源和匹配网络、螺旋波天线、石英管、磁路系统、喷嘴和工质供应系统构成,典型的磁路系统由一对亥姆霍兹线圈构成,提供均匀的轴向磁场,在石英管的末端磁力线呈发散状。缠绕在石英管外的螺旋波天线与射频功率源相连,典型的频率为 13.56 MHz。电流流过天线激发了随时间变化的磁场,进而产生电场,电场加速气体中的自由电子直至发生电离,形成等离子体,基于螺旋波等离子体在膨胀磁场中存在的无电流双层效应加速离子形成高速离子束喷流,从而产生推力。

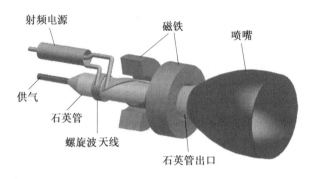

图 7.7 HPT 结构简图

图 7.8 所示为典型双层电势分布和对应的电场和电荷密度分布示意图。双层包括正电荷层与负电荷层,位于等离子体中的狭小区域,尽管双电荷层的整个电荷为零,但在双层中却不满足准中性条件,可维持大的电势梯度。无电流双层存在于两不同等离子体间的交界处,交界处的一边具有较高的密度和较高的电子温度,而另一边具有较低的密度和较低的电子温度。实验研究表明,在螺旋波源中,无电流双层存在于具有膨胀磁场的电正性气体(如氙气、氩气、氢气)放电中,也可存在于无磁场条件下的电负性气体(Ar/SF6 混合气体)放电中。

图 7.9 所示为膨胀磁场构型,在均匀磁场 B_0 中的等离子体半径为 r_0,电子数密度为 n_0,温度为 T_e,注入形成膨胀磁场线的磁场较弱的较大扩散室中。由于等离子体冻结于磁场线,磁场 B_z 和密度 n_z 在膨胀区与等离子体半径 r 有关,根据通量守恒,磁场膨胀满足关系式

$$\frac{B_z}{B_0} = \frac{n_z}{n_0} = \left(\frac{r_0}{r}\right)^2 \tag{7.3}$$

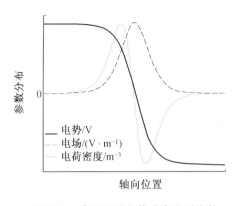

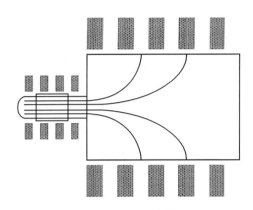

图 7.8　典型双层电势分布和对应的　　　　　图 7.9　膨胀磁场构型
　　　　电场和电荷密度分布示意图

假设鞘层中电子遵从麦克斯韦分布,则电子数密度满足玻耳兹曼关系,即

$$n_e = n_0 e^{-\eta} \tag{7.4}$$

$$\eta = -\frac{qV}{k_B T_e} \tag{7.5}$$

式中,V 为源中的电势;q 为单位电荷;k_B 为玻耳兹曼常数。由上述关系式可得,当 n_e 沿着膨胀磁场线减小时,η 增大,而 V 减小,如此就形成了电势梯度,即为双层效应。

2. HPT 研究与应用现状

由于 HPT 具有良好的应用前景,有望用于卫星的姿态控制和轨道保持以及深空探测器的主推进系统中,澳大利亚、美国和欧空局等国家和科研机构在该技术领域正大力开展关键技术突破和应用基础研究工作。2009 年召开的第 31 届国际电推进会议专门安排了螺旋波推进的专题研讨,一个重要的议题就是讨论螺旋波推进的关键技术、研究进展和未来发展趋势。目前,HPT 尚处于基本原理和概念验证的发展阶段,其关键技术包括以下几方面。

(1) 螺旋波等离子体产生机理。

在螺旋波放电理论基础上,分析螺旋波和哨声波的色散关系和波场,研究天线耦合和极化模式、朗道阻尼和 Trivelpiece-Gould 模式在螺旋波等离子体产生和电离过程中的作用机理。分析 HPT 中射频功率产生等离子体的能量耦合过程,定量描述螺旋波推进过程中的能量损失问题,评估推力器的能量转化效率。

高效的 HPT 要求配备高性能的螺旋波天线,将射频功率最大化地传输到推力器中。根据射频放电理论、气体放电技术和电磁耦合理论,设计能够产生螺旋波放电的射频天线构型,进而在分析与推力器结构兼容性和匹配性的基础上优化设计天线结构。

(2) 无电流双层加速原理。

带电粒子通过电场进行加速,电场由静电场或者随时间变化的磁场产生。因此,明晰等离子体中电场的产生和维持至关重要。深入研究无电流双层加速机理是优化设计螺旋波等离子体推力器的关键所在。

双层是 HPT 推力产生的重要机制,模拟双层的形成过程可采用混合 PIC 方法,得出 HPT 双层中的电势、电场和电荷分布规律,分析在 HPT 中形成并维持双层需要的外部参数条件,进而对推力器的粒子引出系统设计提供理论支持。

(3) 螺旋波天线与磁场耦合一体化设计。

为了将螺旋波放电产生的双层加速效应最大化地转化为推力器动能,需要进行螺旋波天线与磁场耦合一体化设计,在天线构型和磁场位形各自优化设计的基础上,将两者耦合起来进行紧凑式一体化设计,并考虑在推力器装配中的可实现性。

7.2 新型静电推进

静电推进的工作原理是通过施加电势降加速离子到达高速以产生推力。在本书的第 5 章我们介绍了离子推力器,这是目前应用最为广泛的一种静电推进。除此之外,场效应发射离子推力器和胶质离子推力器也属于静电推进。它们的工作原理基本相同,主要用于微推力装置。在这里我们简要地进行介绍。

7.2.1 场效应发射离子推力器(FEEP)

1. FEEP 结构和原理

典型的 FEEP 的结构如图 7.10 所示,主要由发射器、吸极、中和器等组成。固体推进剂储存在发射器储腔中,工作时加热储腔,使推进剂液化,由于毛细作用使得推进剂流向发射器出口的狭缝。在发射器出口和吸极间施加高压电场(10^9 V/m)使金属离子化,在高压电场作用下离子克服表面张力脱离液体金属表面,由电场加速从吸极飞出(加速后离子速度大于 10^5 m/s),从而产生推力[125,126]。

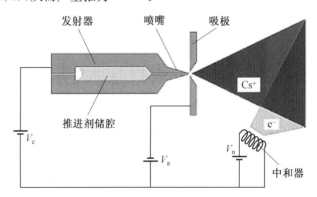

图 7.10 FEEP 原理示意图

FEEP 工作时,首先将装置加热使存储室内的推进剂充分地熔化。经过浸润后的发射针成为发射极,针尖顶点处形成凸起。在发射极和吸极之间加载足够高(10^{10} V/m)的电压,在电场和电动流体作用下,液态金属在泰勒锥顶点处形成凸起,液态金属原子场蒸发、离子化,并通过同一电场加速,将金属离子从吸极中间孔处喷射出去,从而产生推力。

液态金属喷射出去之后,存储室内的金属原子在发射针杆表面的毛细作用下向发射尖补充,形成稳定的供给。

　　FEEP 推进剂应满足以下几点要求:较高的原子质量以增加 FEEP 推进器的推力水平,良好的润湿性以保持良好的毛细运动,较低的熔点和较低的离子化能量以降低能耗,除此之外还要考虑推进剂和发射器之间的相容性等问题。目前 FEEP 主要使用的推进剂有金属铯(Cs)和铟(In)。这两种推进剂的性能参数见表 7.1。

表 7.1　FEEP 推进剂性能

参数	铯(Cs)	铟(In)
液体表面能 /(J·m^{-2})	7×10^{-2}	5.6×10^{-1}
功函数 /eV	1.81	4.12
原子质量 /u	133	114.8
电离能 /eV	3.9	5.78
蒸汽压 /mbar	1.5×10^{-6}	$< 10^{-16}$
熔点 /℃	28.5	156

　　发射器喷嘴的结构主要有 3 种,如图 7.11 所示,图中从上至下分别为针状喷嘴、管状或毛细喷嘴和线状喷嘴。图 7.11 左边为未加电场时喷嘴顶部液体金属的形状,右边为液体金属在外加电场(发射器为正极 $+U_E$,加速电极为负极 $-U_{ACC}$)作用下喷嘴顶部液体金属的形状。采用金属铯(Cs)为推进剂的 FEEP 一般采用线状喷嘴,在吸极作用下喷嘴顶部形成一些喷射点,喷射点的个数和分布与喷嘴的长度和宽度有关,推力的大小可以通过改变电压和喷嘴长度来控制。采用金属铟(In)为推进剂的 FEEP 一般采用直径为 $2 \sim 15\ \mu m$ 的针状或者毛细喷嘴作为单个喷射点,为了防止在大电流的作用下产生小液滴,可以使用一组喷嘴以增加喷射点。推力的大小可通过改变喷嘴数量和电压来控制。

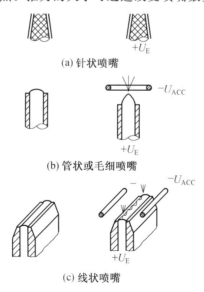

(a) 针状喷嘴
(b) 管状或毛细喷嘴
(c) 线状喷嘴

图 7.11　FEEP 喷嘴形式

FEEP 推力器的比冲高达 6 000 ～ 12 000 s,大大超过胶体推力器、PPT、SPT 等其他类型的电推力器,意味着携带同样质量推进剂的情况下,FEEP 的在轨时间可以更长。就推力水平而言,FEEP 推力器可以达到 0.001 ～ 1 mN,非常适用于小推力高精度的场合,再加上瞬间开关功能使得 FEEP 推力器能够胜任微牛级扰动补偿系统。

与其他电推进器不同,FEEP 推进剂的离子化和离子加速在同一个电场中完成,大大提高了电能的利用率,电源效率为 88% ～ 98%,这是其他推力器无法达到的。FEEP 推力器中没有阀等活动部件,也没有受压气体,因而可靠性高。另外,FEEP 推力器利用毛细作用进行推进剂的补给,无需复杂的液压管路系统,使得结构更简单,增强了系统的稳定性。FEEP 在推进剂存储方面也有明显的优势,FEEP 推力器的推进剂以固体形式储存,在适当的时候才被液化,这使推进剂的存储变得简单,结构更为紧凑。

图 7.12、图 7.13 分别给出了 FEEP 推力与电压和功率的关系。结果表明总电压越大,FEEP 的推力越大,二者近似成指数关系,而加速电压大小对推力的影响不明显。功率与推力为线性关系,功率越大推力越大。这是因为尽管增大加速电压对提高离子速度有帮助,但是通过场效应发射出来的离子数量才对推力有显著影响,因此在增大总电压和总功率时,分配给加热推进剂的能量增大,从而发射离子的本领也就相应增强。另外,由于推力与发射器的长度有关,因此用户可以根据需要方便地设计推力器以满足要求。单位长度上最大推力可达 15 ～ 20 μN/mm,功率推力比约为 60 W/mN。表 7.2 给出了意大利 ALTA 公司研制的 FEEP - 5 的性能参数,该推力器采用铯作为推进剂,发射器长度为 5 mm,标称推力密度为 20 μN/mm。

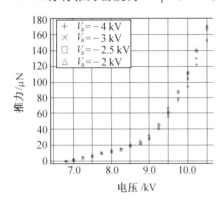 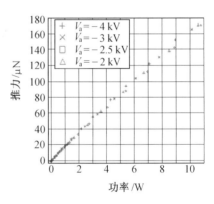

图 7.12　推力与电压的关系(发射器长度为 5 mm)　图 7.13　FEEP 的功率消耗(发射器长度为 5 mm)

表 7.2　FEEP - 5 的性能参数

	额定工况	最大推力下的工况
额定推力 /μN	1 ～ 100	216
功率推力比 /(W·mN^{-1})	19 ～ 53	64
效率	99% ～ 89%	84%
比冲 /s	4 400 ～ 9 700	11 075
质量流量 /(μg·s^{-1})	0.03 ～ 1.2	2.3

由表中数据可以看出,在额定工况下,FEEP 的效率可达 99%,表明该推力器的能量利用率很高,因此在空间飞行状态下,可以显著降低能量消耗。另外,数据显示 FEEP 的推进剂质量消耗很小,一般处于微克量级,这说明携带少量的推进剂也可满足推力器长时间工作的要求。

2. FEEP 研究与应用现状

FEEP 的研究国内还处在起步阶段,国外的研究主要集中在欧洲,意大利的 Centrospazio/Alta 公司和奥地利的 ARCS(Austrian Research Center in Seibersdorf)都对 FEEP 展开了深入研究。Centrospazio/Alta 公司选用铯推进剂和线状喷嘴结构形式,其典型研究成果包括 FEEP - 5 和 FEEP - 50。FEEP - 5 的最大推力为 150 μN,已被法国国家空间研究中心(Centre National d'Etudes Spatiales,CNES)选定为 2007 发射 Microscope 卫星的推力器;FEEP - 5 还计划用于欧洲空间局和美国 NASA 合作的 LISA 多星干涉仪重力波探测器、欧空局的 Gaia,Darwin 等飞行任务。FEEP - 50 的最大推力为 1 mN,应用对象包括 GOCE 和 MITA 平台。图 7.14 所示为 Alta 的 FEEP 样机。

图 7.14　Alta 的 FEEP 样机

ARCS 一直致力于开发针状或管状喷嘴的 In - FEEP,对 FEEP 的核心器件——液态金属离子源 ARCS 也进行了深入研究。ARCS 的 EFD - IE 是其第一个进入空间运行的 In - FEEP,自 1992 年 GEO - TAIL 卫星发射以来已累计工作超过 600 h,从未发生故障。这对 ESTEC 触动很大,因而于 1997 年与 ARCS 签署合同开发以铟为推进剂的小推力 FEEP 推力器系统。在推力器的寿命试验方面,ARCS 已完成 1.5 μN 的 In - FEEP 的 4 000 h 寿命试验,15 μN 的 In - FEEP 的 820 h 寿命试验和 0 ~ 54 μN 的 In - FEEP 的 2 000 h 试验,都取得了成功。

在 FEEP 测试方面针对单毛细管和多毛细管在 1 ~ 100 μN 内喷出的离子流特性采用朗缪尔探针进行了测量,结果显示在不同的参数下,FEEP 的推力矢量和离子流发散角都在允许的范围内;在一维离子流数据基础上,采用 X 射线断层摄影运算得到二维离子流模型,再通过二维的模型构建三维的离子流模型,结果表明单毛细管 FEEP 离子流分布符合高斯-贝尔分布,多毛细管 FEEP 没有出现明显的离子流干涉现象;在推力测试方面采用法国 ONERA 开发的天平(世界上第一个微牛级推力直接测量装置)对 In - FEEP 25 进行推力测试,结果表明 In - FEEP 25 已经达到 LISA 要求。

在进行试验研究的同时,国外学者还对 FFEP 采用三维数值模拟研究。ARCS 通过分别对单毛细孔和多毛细孔 FEEP 建立三维模型,针对离子流参数以及不同毛细管间的干涉情况进行模拟,结果表明不同毛细管间没有干涉现象,模拟结果与实验结果吻合。奥地利维也纳技术大学和 JPL 合作建立了 FEEP 的三维模型,分别对实验室等离子体环境、地球低轨道等离子体环境、无随机等离子体环境模拟分析。结果表明,在没有中和器的情况下空间等离子体不能很好地中和离子流,在实验室等离子环境模拟中只有当 FEEP 加速器出口喷出的离子浓度与喷嘴周围的等离子体的浓度相近时才能够很好地中和离子流。为了模拟 FEEP 和其周围的等离子体的作用,ESA 还运用 PicUp3D 代码建立三维的 FEEP 模型,这项研究旨在研究 FEEP 周围电子流的运动规律从而实现更有效的中和。

3. FEEP 关键技术

(1) 先进的模拟和测试技术。

先进的模拟和测试技术是所有微推力器共同面对的问题。FEEP 推力器的研究需要对空间环境和模拟环境进行认真研究才能获得比较理想的试验结果;可靠的测量技术和检测设施有助于对推力器的性能进行评估。

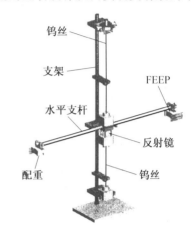

图 7.15 给出了微推力测量装置,该装置采用扭矩原理,通过测量推力器带动钨丝转动的角度,依靠扭矩常数,就可换算出 FEEP 的推力,此方法精度可达 10^{-7} N。因此,在通过该方法测量推力时,最关键的是确定扭矩常数。

图 7.15　推力测量装置

(2) 高效电源。

FEEP 推力器的金属离子完全由电场加速,为了获得足够强度的电场需要很高的电源电压(5 ～ 12 kV),这对电源系统要求非常高,另外 FFEP 推进器本身质量较轻(2 kg 左右),所以电源设计不好则会成为推力器的一大负担。电源系统由 4 部分组成:高压供给单元可以给两个不同类型的推力器提供能量,加热器供给单元加热并维持推进剂的液化温度,中和器供给与控制单元中和发射器喷射的推进剂离子,逻辑控制与交互界面单元给 FEEP 的控制系统提供能量。可以看出,集成化电源系统可减小电源体积和质量,从而减轻对航天器性能和载荷的影响。

(3) 中和技术。

FEEP 推进器依靠喷射金属离子产生推力,这些金属离子在太空中很容易使航天器带电,对可靠性造成隐患,所以高效可靠的中和装置是 FEEP 推进器得以发展的关键。FEEP 的中和器的选择应满足以下要求:

① 长寿命。目前的任务要求 FEEP 至少工作几千小时,因此,一般要求中和器的寿命大于 10 000 h。

② 环境适应性。FEEP 推力器通常工作在 LEO、GEO 或者星际轨道,因此,中和器必须在环境恶化时仍能保持性能的稳定性。

③ 发射能力。一般地,微牛级的 FEEP 群簇要求几毫安的电流,毫牛级的 FEEP 群簇需要几十毫安的电流(100 μN 需要 1 mA 的电流)。

④ 功耗。在相同的发射电流下,FEEP 的中和器应该比推力器的功率消耗小一个数量级,即 6 W/mN 或 0.6 W/mA。

因此,受这些条件的限制,使得 FEEP 中和器的选择范围大大缩小,基本上只有 3 类中和器可以满足要求,即低功率的热阴极、场发射阵列阴极和碳纳米管阴极,关于阴极参考第 6 章。

对于 FEEP 中和器而言,在研制开发阶段需要考虑以下 3 个关键问题:

① 环境压强。低功率热阴极的发射表面受到氧和 H_2O 的影响会发生中毒现象,因此一般要求环境压强必须小于 10^{-7} m bar(1 bar $= 10^5$ Pa)。这个问题对于场发射电子源更加严重,受氧原子轰击的影响会形成一层低电导率的氧化膜,由于其不能自己去除,因此会使寿命大大减少,所以要求环境压强小于 10^{-8} m bar。

② 离子轰击。低能离子和残余气体原子会溅射到热阴极的发射表面,或损坏场发射电子源的尖端。对于碳纳米管而言,管可能会被削短,在相同的加速电压下,电子电流会减小。

③ 寿命。需要满足长寿命的要求。

(4) 微细制造技术。

FFEP 狭缝喷嘴间隙为 1 μm 左右,针状和毛细喷嘴尺寸为 2 ～ 15 μm,传统的加工方法不可能完成这样的小尺度加工,为了达到加工要求需要采用新型的微细制造方法。这些方法包括:激光微加工技术、放电微加工技术(Micro EDM Manufacturing)、光化学刻蚀技术和硅刻蚀技术,如图 7.16 所示。

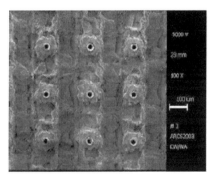

(a) 激光微加工

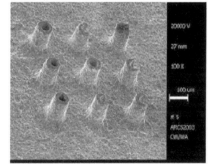

(b) 放电微加工

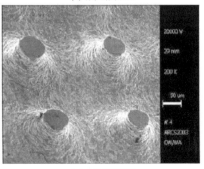

(c) 光化学刻蚀

(d) 硅刻蚀

图 7.16　采用 4 种微加工技术制造的发射器喷嘴

7.2.2　胶质离子推力器

　　同 FEEP(场发射电推进) 相似,胶质离子推力器的工作原理为从高电导率的液体表面静电抽取并加速带电粒子。两种推力器的主要区别是,FEEP 使用液态金属作为推进剂,而胶质离子推力器使用非金属溶剂作为推进剂,在一定条件下会喷射出带电液滴、离子或者两者的混合物,利用这种喷射产生推力。相似的物理过程常见于工业生产和科学应用遇到的电喷雾问题中,如质谱仪、燃烧、材料合成等[127]。

　　胶质离子推力器的工作过程如图 7.17 所示,从发射极(通常为毛细管)流出的导电液体,在电场强度量级为 $10^5 \sim 10^7$ V/m 的电场力、液体表面张力及其他静压作用下,会形成稳定的泰勒锥。经过很短距离的转捩区,射流开始破碎成带电液滴,液滴在电场力的作用下,经过加速后飞出抽取极板,从而产生推力。胶质离子推力器是没有气体电离的静电加速器,其能量消耗很低。

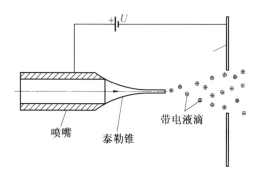

图 7.17　胶质离子推力器的工作过程

　　在 20 世纪 60 年代,美国就开始发展这种推力器,其目的是产生高推力密度,在较低的比冲下比离子推力器更有效率。其设计原则与 FEEP 相类似,所使用的工质液体可以是非金属的,其抽取的是亚微观结构的小滴而不是单个离子。

　　20 世纪 NASA 曾在这项工作上投入了大量精力。若要有效地抽取小滴,就要在一定的推进剂的容积下,不断增加其充电量,这给研制工作带来了很大的难度;此外它需要数千伏特高的电压才能达到所要求的比冲(在 1 000 s 左右);胶体推力器的另外一项难点是离子流聚焦难度较大。

　　关于胶质微推进内部物理过程的研究主要集中在静电喷雾产物密度与速度的空间分布,因为它们是影响推力器效率和比冲的主要因素。锥形喷雾的扩张角越小越好,因为只有粒子轴向速度对推力产生贡献。前期已经有一些工作对带电粒子喷雾的本质作出解释,对粒子的运动轨迹也给出了一些结果。目前,Busek 公司、麻省理工学院、斯坦福大学等公司和学校都在从事胶质推进系统的研究。

7.3　无工质推进

我们以上所论述的任何利用化学能、核能、电能的深空探测航天器,都无一例外要依靠自身携带的推进剂(工质)。一旦工质耗尽,便不能到达探测目标,只能在太空中做无名的流浪天体。通常用化学推进剂火箭进行深空探测,例如探测太阳,其探测航天器所要携带的推进剂质量高达整个运载火箭起飞质量的 25%,显然,寻找新的出路,对实现深空探测意义重大。在本节中,我们将针对目前所提出的各种新型的无工质推进系统以及其原理进行介绍。

7.3.1　太阳帆推进系统

1. 太阳帆推进系统结构与原理

太阳帆由太阳光照射太阳帆所产生的光压推动。光子没有静态质量,但具有能量 E 以及动量 Mv[128,129]:

$$E = hv , \quad Mv = \frac{hv}{c} \tag{7.6}$$

式中,h 为普朗克常数;v 为光子频率;c 为真空中光速。

当光照射到物体表面时,光子被表面反弹,会将一部分动量传递至被照射物体。由此,当太阳光照射到帆板上后,帆板反射光子所受到的反作用力将推动太阳帆。根据动量守恒原理,如果被照射物体能全部反射光,物体将会得到原光子两倍的动量,即

$$Mv = \frac{2hv}{c} \tag{7.7}$$

若每秒每平方厘米内通过的光子数为 n,则被照射物体每秒每平方厘米内的光动量变化为

$$\Delta Mv = \frac{n2hv}{c} \tag{7.8}$$

据牛顿第二定律,动量变化等于外力冲量,在每秒每平方厘米条件下,即为光压

$$P = \frac{n2hv}{c} = \frac{2N}{c} \tag{7.9}$$

式中,N 为能量流密度,$N = nhv$。

光的电磁波学说认为,光照在导体表面上时,导体中的自由电子就处在交变电磁场作用下,产生感应电流,此电流在磁场中受到力,就形成光压力,同样可得出 $P = \frac{2N}{c}$。无论从粒子学说或波动学说,都能解释光压是如何产生的。

在地球附近,绝对黑体受到的太阳光压为 $p_0 = 4.57 \times 10^{-6} \ \text{N/m}^2$。如果太阳光以 θ 角照射在面积为 S 的太阳帆上,并被反射回去,则太阳帆产生的推力为

$$F = 2p_0 S \left(\frac{R_0}{R}\right)^2 \cos\theta \tag{7.10}$$

式中,R_0 为地球到太阳的距离;R 为太阳帆到太阳的距离。

按照上述公式,如果帆的面积为 2 m²,则太阳光只能产生 1 mg 推力。这种推力虽然很微小,但在没有空气阻力的太空,却会使太阳帆不断加速,可以从低轨道升到高轨道,甚至加速到第二、第三宇宙速度,飞离地球,飞离太阳系。如果太阳帆的直径增至 300 m,其面积则为 70 686 m²,由光压获得的推力为 34 kg。根据理论计算,这一推力可使重约500 kg 的航天器在二百多天内飞抵火星。若太阳帆的直径增至 2 000 m,它获得的 1.5 t 的推力就能把重约 5 t 的航天器送到太阳系以外。

光压大小也与受照物体表面的反光系数相关,表面镀铝或银等具有全反射特性的金属所产生的光压较大。太阳帆是一种面积很大,表面平整、光滑、无斑点和皱纹的薄膜。一般由聚酯或聚酰亚胺等高分子材料制成,厚度约为稿纸的 1/20,表面反光层仅为稿纸的 1/(40~100)。太阳帆一般由很多大型的反射表面组成。通过改变太阳帆的角度,就可以达到控制飞行方向的目的。

从理论上说,行星际太阳帆飞行 100 天后,速度达 40 km/s,3 年后达 400 km/s,不到5 年就能到达冥王星,而使用化学推进的美国"新地平线"探测器计划要用 9 年时间。但是,离太阳越来越远,一旦飞出木星轨道,太阳光压就会非常弱,加速度变小,未来太阳帆要带着人类飞往其他恒星星系,科学家提出了用激光推动其前进的原理设想,到距离地球4.3 光年的"半人马座"的恒星星系,只需数十年,而"先驱者"和"旅行者"探测器却需要8 万年。

2. 太阳帆推进系统研究与应用现状

太阳帆推进的工作范围是 800 km 以外的空间,因为 800 km 以内地球大气阻力将超过光压提供的推进力。目前太阳帆仍处于实验阶段,可能的应用领域包括太阳极地观测、太阳帆悬浮轨道、地磁尾探测、地磁暴探测、行星探测、彗星取样、外太阳系及更远的探测任务等。

作为深空探测很有前景的推进方式之一,太阳帆推进在诸多方面的关键技术还需要进一步突破。在完成严谨的原理性分析和可行性论证后,应对帆体薄膜的研究与工艺、超轻支撑结构、帆体的压缩包装与展开方案、测量与试验技术、太阳帆的控制方法等几项关键技术开展研究。

2001 年 7 月 20 日,人类的第一个太阳帆"宇宙一号"从一艘俄罗斯的核潜艇上发射升空,但飞船由于没能与第三级运载火箭分离而坠毁。2005 年 6 月,俄罗斯又用"波浪"火箭发射了以太阳光为动力的"宇宙一号"(Cosmos-1)飞船,进行太阳帆的首次受控飞行尝试。该飞船由 8 片三角形聚酯薄膜帆板组成,耗资 400 万美元,可惜在起飞 83 s 后失败。2004 年 8 月,日本人研制的太阳帆升空并进行了 170 km 高的短暂亚轨道实验,打开了两个长约 10 m 的树脂薄膜帆板,检验了光帆展开的可行性,之后火箭和光帆坠入大海。

2010 年 5 月 21 日,日本宇宙航空研究开发机构(Japan Aerospace Exploration Agency,JAXA)利用 H2A 运载火箭在种子岛空间中心搭载金星气候轨道器"拂晓号"(AKATSUKI 或行星 -C 号)成功发射太阳帆演示航天器 —— 太阳辐射驱动星际风筝航天器(Interplanetary Kite-craft Accelerated by Radiation Of the Sun,IKAROS),在世界范围内首次实现了太阳帆的在轨展开和运行,其在设计、制备、姿态控制等各个方面均实现了较大的突破。

IKAROS 太阳帆为四方形,厚度为 7.5 μm,质量为 16 kg,展开面积为 200 m^2,利用航天器的旋转离心力展开。其设计任务主要包括以下 4 个方面:

(1)太阳帆的空间展开。利用航天器自旋离心力实现 200 m^2 的四方形太阳帆展开,并利用姿态敏感器和相机对太阳帆展开过程及展开后的情况进行监测。

(2)利用太阳帆上的薄膜太阳能电池发电。太阳帆上 5% 的面积覆盖无定形柔性硅太阳电池,可利用帆上电缆实现太阳能的传输,并利用这些传输线实现电池伏安特性曲线和其他特性的测试。

(3)验证太阳帆上的太阳辐射压。太阳帆上的太阳辐射压为 1 ～ 2 mN,并利用定轨技术测试太阳辐射压加速。

(4)建立太阳帆导航和巡航技术。通过调整太阳帆方向实现经由太阳辐射压的连续轨道机动,利用反射控制技术实现太阳帆姿态控制。

以上(1)和(2)为本次任务的最低目标,(3)和(4)为本次任务完全成功的目标。IKAROS 太阳帆在轨任务路线如图 7.18 所示,其展开过程如图 7.19 所示。

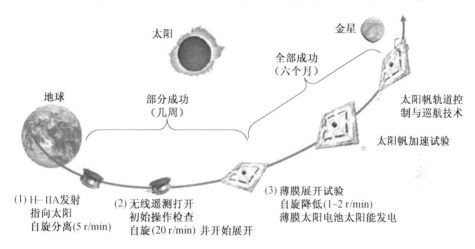

图 7.18　IKAROS 太阳帆在轨任务路线

继 IKAROS 太阳帆之后,2011 年 1 月 20 日,NASA 实现了世界首次低地球轨道太阳帆(Nanosail‐D2)的成功展开和运行,展开面积为 10 m^2。经过在轨约 240 天的运行,Nanosail‐D2 于 2011 年 9 月 17 日成功进入大气层,完成全部任务目标。

太阳帆试验的成功为开发新型宇宙发动机迈出重要一步。人类未来完全可以利用太阳帆从事深空探索,给太空旅行带来一场新的革命。

此外,还有人提出采用磁帆(Magsail)推进航天器的概念。太阳帆利用的是光压,而磁帆利用的是恒星风(在太阳系中就是太阳风)。磁帆的结构很简单,就是用一个直径几

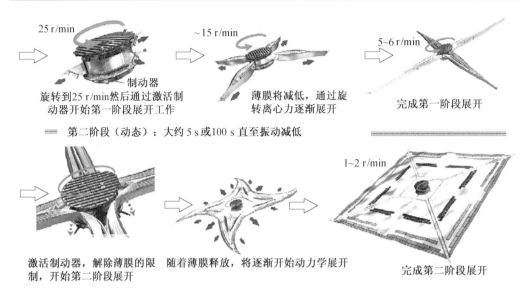

25 r/min

制动器
旋转到25 r/min然后通过激活制
动器开始第一阶段展开工作

~15 r/min

薄膜将减低，通过旋
转离心力逐渐展开

5~6 r/min

完成第一阶段展开

第二阶段（动态）：大约5 s或100 s直至振动减低

激活制动器，解除薄膜的限
制，开始第二阶段展开

随着薄膜释放，将逐渐开始动力学展开

1~2 r/min

完成第二阶段展开

图 7.19　IKAROS 太阳帆展开过程示意

毫米的超导电缆(由于太空中的低温,实现超导很容易)来构成一个环,从而产生磁场偶极(Dipole),并在太阳风中航行。磁帆还能通过调整环的方向控制航向,也可以像发射激光那样,用粒子加速器向磁帆发射带电粒子,而效率可以比激光约高 6 倍。但是发展磁帆需要在超导、热控和行星磁场附近的操作方面取得更快的进展。

7.3.2　激光推进系统

1. 激光推进系统结构和原理

激光推进是利用高能激光与工质相互作用产生推力的新概念推进技术。按照激光推进的工作模式,将其分为连续、脉冲和换热式激光推进[130]。

连续激光推进的工作原理是将远处传来的高能连续激光聚焦到推力器的吸收室(类似于化学火箭推力器的燃烧室),通过逆韧致机制加热工质,在吸收室中心处形成激光维持的等离子体(Laser Supported Plasma,LSP),LSP通过喉部和喷管形成推力,如图 7.20所示。连续激光推进工作过程类似传统火箭推力器,只是用激光能量代替化学火箭推力器燃烧释放的化学能。

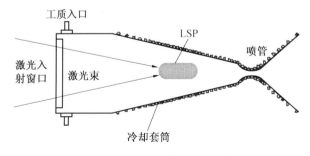

工质入口　LSP　喷管　激光入射窗口　激光束　冷却套筒

图 7.20　连续激光推进工作原理

脉冲激光推进的工作原理是远处传来的高能脉冲激光聚焦并诱导击穿工质形成激光等离子体,激光等离子体的吸收系数远大于冷气体,所以沿着激光束入射方向因优势吸收形成激光维持的爆轰波(Laser Supported Detonation Wave,LSDW),通过 LSDW 后等离子体吸收机制将激光能量转化为工质热能。LSDW 后流场是冲击压缩形成的超声速流场,不再需要传统的拉瓦尔喷管,如图 7.21 所示。

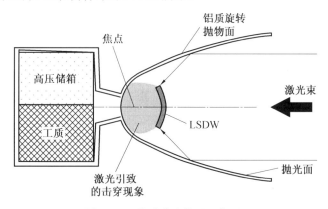

图 7.21　脉冲激光推进工作原理

换热式激光推进的工作原理是远处传来的高能激光束直接辐照在航天器携带的换热器上,通过热传导机制将激光能量转化为工质的热能,被加热的工质经过传统喷管喷射形成推力,如图 7.22 所示。这种激光推进对激光模式要求不高,理论上用脉冲和连续激光均可以,但脉冲激光辐照在换热器上会产生周期性的热力冲击问题。

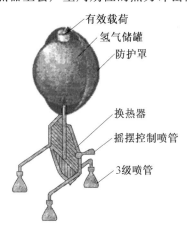

图 7.22　换热式激光推进工作原理

一般而言,连续激光推进激光功率密度小于形成 LSDW 阈值,不能形成 LSDW,而对于脉冲激光推进,激光脉宽在纳秒至微秒量级,在相同激光平均功率密度下对应较高的峰值功率密度,使得峰值功率密度远大于形成 LSDW 阈值而能够形成 LSDW。利用 LSDW 工作的脉冲激光推进有更高的比冲,推力器结构也比较简单。因此近几年相比于连续激光推进,更注重脉冲激光推进研究。

实际上激光推进的分类方式很多,按照激光光源种类,还可以分为连续激光推进和脉冲激光推进;根据是否需要航天器自身携带工质,分为大气吸气模式和火箭模式两种;按照激光能量耦合机制,又可以分为固体换热式、粒子吸收式、分子共振吸收式和逆韧致吸收式等。激光能量耦合机制不同,对应的比冲有很大差别,见表 7.3。

表 7.3　不同能量耦合机制对应的比冲

激光能量耦合机制	比冲 /s
固体换热式	$875 \sim 1\ 060$
粒子吸收式	$1\ 200 \sim 1\ 500$
分子共振吸收式	$1\ 500$
逆韧致吸收式	$1\ 500 \sim 2\ 500$

衡量激光推进性能的主要参数有冲量 I、平均推力 F、冲量耦合系数 C_m、比冲 I_{sp} 和能量转化效率 η 等。在激光推进基础研究阶段,谈到推进性能时,一般是指冲量耦合系数、比冲和激光能量转化效率。冲量耦合系数描述激光能量耦合出推力器冲量的能力,或激光功率产生推力器推力的能力,常用单位有 N·s/J 和 N/W。比冲描述推进剂产生冲量的能力,或推进剂流量产生推力的能力;激光能量转化效率描述激光能量转化为喷射气体动能的能力。

2. 激光推进系统研究与应用现状

激光推进概念几乎与美国高功率激光器计划同步提出。随着激光技术的发展,20 世纪 70 年代,各国研究者特别是美国研究者在激光与物质相互作用机理方面开展了大量的研究,也探索了若干种激光推进模式。到了 20 世纪 70 年代末,美国军方对高能激光武器不再感兴趣,激光推进需要的高能激光器进展缓慢;而美国国家航空航天局热衷于航天飞机,对微小卫星发射系统不感兴趣。激光推进因高能激光器技术限制和小推力发射技术无人问津而进入发展的低潮。

到了 20 世纪 80 年代中期,由于两个原因再次掀起了激光推进研究的热潮。一是在美国"星球大战"计划推动下,美国高能激光器和光束定向器等技术的迅速发展,为激光推进研究奠定了技术基础;二是太空武器计划,特别是空基动能武器系统,需要低成本发射技术和能力。

1985 年春天,在美国举办了激光推进研讨会,讨论研究了用大规模的自由电子激光发射有效载荷直接入轨的可行性。这个研讨会促成了美国战略防御计划组织(Strategic Defense Initiative Organization,SDIO)立项支持"激光推进项目",但是该项目于 1989 年草草结束。这个项目草草结束的主要原因:一是从其他项目中没能获得用于激光推进演示的激光器。1989 年 SDIO 地基激光(Ground-based Laser,GBL)实验室决定重点支持洛斯阿拉莫斯实验室和波音公司的射频直线加速器(RF - Linac)自由电子激光(Free Electron Laser,FEL),而不是利弗莫尔国家实验室(Lawrence Livermore National Laboratory,LLNL)的反向自由电子激光器(Inverse Free Electron Laser,IFEL),而 RF - Linac FEL 的性能参数与激光推进实验研究需要的激光器性能参数完全不匹配。二是在短期内没有获得大型 CO_2 激光器用于激光推进研究的途径。随后,只有 NASA 和美国空军研究实验室(Air Force Research Laboratory,AFRL)给予了适度资助,激光推进研究又一次进入低潮。

20 世纪 90 年代之前,除了美国之外,其他国家基本没有系统深入地研究激光推进,只有少量对美国研究进展的跟踪性报道和综述性文章。到了 20 世纪 90 年代中期,随着微机电系统(Micro-Electro-Mechanical System,MEMS) 技术的发展,微小卫星技术发展非常迅速。这个背景下,再次兴起了适合微小卫星低成本发射的激光推进技术的研究热潮。

1996 年开始,NASA 和 AFRL 联合立项支持开展"光船技术演示项目(Lightcraft Technology Demonstration)"。这一计划的目标是在"激光推进项目"取得的成果的基础上,用缩比实验模型验证用高能脉冲激光将航天器发射进入近地轨道的可能性,研究利用激光推进技术降低空间运输系统的成本。进入 21 世纪,俄罗斯、日本、德国等国家也都制定了激光推进研究工作的发展规划,资助相关领域的研究者们开展应用基础研究和技术攻关。

目前,各个国家都是将理论分析、数值模拟和实验研究 3 个方法相结合,系统开展了激光推进应用基础研究,热点问题主要集中在 3 个方面:

(1)理论分析方面,深入揭示气液固 3 种工质多种模式条件下的激光推进机理,建立普遍适用的推进性能相似规律;

(2)数值模拟方面,深入研究光学击穿、激光维持爆轰波、含激波流场演化和推力形成过程,建立能够合理描述辐射输运和流体力学耦合求解的辐流计算模型,以及工质物态物性参数计算模型;

(3)实验方面,建立实验研究方法,优选工质和激光参数,设计激光推力器,并优化其推进性能,为关键技术攻关奠定基础。

目前,国外在激光推进研究方面,基于系统的基础理论研究,提出了切实可行的长远规划。这些项目都是从顶层设计开始,逐步细化深入,美国、俄罗斯、日本和德国等国家正在按照自己的研究计划逐步进行深入研究。

美国 NASA 制定的空间推进研究规划,对激光推进研究工作高度重视,已经作出了非常长远的规划。按照这一发展规划,激光推进技术在 2020 年前后将逐步走向实用化。科学家们认为,激光推进技术在航天运载发射、卫星与航天器空间机动等方面有着广泛的应用前景,可以用于直接发射卫星进入近地轨道、将近地轨道卫星转移到地球同步轨道、维持卫星轨道参数和清除太空垃圾等。有关专家预测,随着激光推进技术的不断成熟,人类进行廉价太空旅行的梦想将在不久的将来变成现实。

美国研究者在"低成本进入空间"研究任务中,给出了如图 7.23 所示的激光推进单级入轨发射概念图。图中航天器"乘着"激光束,"呼吸着"空气发射到 3 km 高度。

著名激光推进技术专家 C. R. Phipps 教授研究了激光推进近地轨道发射成本与冲量耦合系数以及发射频率之间的关系,图 7.24 给出了其典型研究结果。从图中可以看出,只要能够实现 100 ～ 1 000 N/MW 范围的冲量耦合系数,则在发射频率很低的情况下近

图 7.23　激光推进单级入轨发射概念图

地轨道发射成本也可以降低到 100 美元 /kg 量级。也就是说,激光推进技术一旦获得广泛应用,将 1 kg 级微小卫星发射到近地轨道仅需几百美元,远低于化学火箭每千克近地轨道有效载荷约 1 万美元的发射成本。激光推进可能会彻底改变目前航天发射模式。

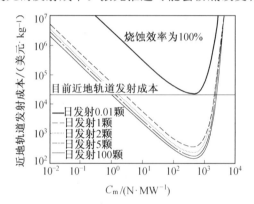

图 7.24　近地轨道发射成本与冲量耦合系数之间的关系

参 考 文 献

[1]吴汉基.电火箭推进的空间探测器[J].中国航天,2006(04):24-28.

[2]高扬.电火箭星际航行:技术进展、轨道设计与综合优化[J].力学学报,2011(06):991-1019.

[3]黄良甫.电推力器的比冲及其选取[J].真空与低温,2004(01):3-7.

[4]刘磊.电推进羽流与航天器相互作用的研究现状与建议[J].航天器环境工程,2011(05):440-445.

[5]萨顿.火箭发动机基础[M].北京:科学出版社,2003.

[6]韩先伟.微波等离子推力器真空实验研究与卫星应用探索[D].西安:西北工业大学,2002.

[7]FREE B A.通信卫星的电推进[J].国外空间技术,1980(02):12-25.

[8]吴汉基,冯学章,刘文喜,等.地球静止卫星南北位置保持控制系统的选择[J].中国空间科学技术,1994(05):17-24.

[9]谢红军,洪鑫.深空探测器推进系统[J].上海航天,2003(02):38-43.

[10] OH D Y. Evaluation of solar electric propulsion technologies for discovery-class missions[J]. Journal of Spacecraft and Rockets,2007,44(2):399-411.

[11]刘万东.等离子体物理导论[M].合肥:中国科学技术大学出版社,2002.

[12]管井秀郎.等离子体电子工程学[M].北京:科学出版社,2002.

[13]徐学基,诸定昌.气体放电物理[M].上海:复旦大学出版社,1996.

[14]KEIDAR M,BEILIS I. Electron transport phenomena in plasma devices with $E \times B$ drift[J]. IEEE Transactions on Plasma Science,2006,34(3):804-814.

[15]SFORZA P M. Theory of aerospace propulsion[M]. Waltham:A Butterworth- Heinemann Title,2011.

[16]JAHN R G,JASKOWSKY W V. Physics of electric propulsion[M]. New York:McGraw-Hill,1968.

[17]GOEBEL D M, KATZ I. Fundamentals of electric propulsion:ion and Hall thrusters[M]. New York :John Wiley & Sons Inc,2008.

[18]肖应超,汤海滨,刘宇.集气腔总压对电弧喷射推力器工作过程的影响[J].北京航空航天大学学报,2005(09):1031-1035.

[19]KUNINAKA K,LSHHI M,KURIKI K. Low power dc arcjet[C]. Alexandria:18th International Electric Propulsion Conference,1985.

[20] 刘宇,张振鹏,吴汉基,等.国外电弧加热喷气火箭发动机理论与实验研究[J].推进技术,1994,6:61-67.

[21] 廖宏图,吴铭岚,汪南豪.电弧喷射推力器内部工作过程研究综述[J].推进技术,1999,3:108-113.

[22] 王海兴.电弧加热发动机内的流动、传热与传质研究进展[C].北京:第六届中国电推进技术学术研讨会,2010.

[23] 侯凌云,沈岩,刘政胤.阳极结构对电弧加热发动机性能和稳定性的影响[J].推进技术,2008(03):381-384.

[24] TILIAKOS N T,BURTON R L. Arcjet anode sheath voltage measurement by Langmuir probe[J]. Journal of Propulsion and Power,1996,12(6):1174-1176.

[25] MARTINEZ S M,SAKAMOTO A. Simplified analysis of arcjet thrusters[C]. Monterey:29th Joint Propulsion Conference and Exhibit,1993.

[26] 沈岩.1 kW级肼电弧加热发动机工程样机研究[J].推进技术,2011(06):845-851.

[27] 肖应超,汤海滨,刘宇.低功率电弧喷射推力器实验研究[J].推进技术,2005(06):567-572.

[28] BOOK D L. NRL plasma formulary[M]. Washington D C:Naval Research Laboratory,1987.

[29] SPITZER L. Physics of fully ionized gases[M]. New York:Interscience Publishers,1956.

[30] HANS L,RAINER K. Evaluation of the performance of the advanced 200 mN radio-frequency ion thruster RIT-XT[C]. Indianapolis:38th AIAA/ASME/SAE/ASEE Joint Propulsion Conference & Exhibit,2002.

[31] 朱毅麟.离子推进及其关键技术[J].上海航天,2000(01):12-18.

[32] 张天平.国外离子和霍尔电推进技术最新进展[J].真空与低温,2006(04):187-193.

[33] BUGROVA A I,DESYATSKOV A V,MOROZOV A I. Electron distribution function in a Hall acceleration[J]. Sov J. Plasma Phys,1992,18:501.

[34] SYDORENKO D,SMOLYAKOV A,KAGANOVICH I,et al. Effects of non-Maxwellian electron velocity distribution function on two-stream instability in low-pressure discharge[J]. Physics of Plasmas,2006,14(1):013508.

[35] KIRDYASHEV K P. Near-wall electron instability of a plasma flux[J]. Technical Physics Letters,1997,23(5):395-396.

[36] MOROZOV A I,SAVELYEV V V. Structure of steady-state Debye layers in a low-density plasma near a dielectric surface[J]. Plasma Physics Reports,2004,30(4):299-336.

[37] MOROZOV A I,SARELYEV V V. One-dimensional model of the Debye layer near a dielectric surface[J]. Plasma Physics Reports,2002,28(12):1017-1023.

[38] YU Daren,ZHANG Fengkui,LIU Hui,et al. Effect of electron temperature on

dynamic characteristics of two-dimensional sheath in Hall thruster[J]. Physics of Plasmas,2008,15:104501.

[39]KAGANOVICH I D,RAITSES Y,SYDORENKO D,et al. Kinetic effects in a Hall thruster discharge[J]. Physics of Plasmas,2007,14(5):057104.

[40]ROY S,PANDEY B P. Numerical investigation of a Hall thruster plasmas[J]. Physics of Plasmas,2002,9(9):4052-4060.

[41]AHEDO E. Presheath/sheath model with secondary electron emission from two parallel walls[J]. Physics of Plasmas,2002,9(10):4340-4347.

[42]KOMURASAKI K, ARAKAWA Y. Two-dimensional numerical model of plasma flow in a Hall thruster[J]. Journal of Propulsion and Power,1995,11(6): 1317-1323.

[43]LEVCHENKO I,KEIDAR M. Electron currents in Hall thruster[C]. Toulous: Proceedings of the 28th International Electric Propulsion Conference,2003.

[44]FIFE J M. Hybrid-PIC modeling and electrostatic probe survey of Hall thruster[D]. Massachusetts:Massachusetts Institute of Technology,1998.

[45]HAGELAAR G J M,BAREILLES J,GARRIGUES L,et al. Two-dimensional model of a stationary plasma thruster[J]. Journal of Applied Physics,2002, 91(9):5592-5598.

[46]KOO J W. Hybrid PIC-MCC computational modeling of Hall thruster[D]. Michigan:University of Michigan,2005.

[47]HIRAKAWA M,ARAKAWA Y. Numerical simulation of plasma particle behavior in a Hall thruster[C].Florida:Proceedings of the 32nd AIAA/ASME/SAE/ASEE Joint Propulsion Conference,AIAA-96-3195,1996.

[48]SULLIVAN K,MARTINEZ-SANCHEZ M,BATISHCHEV O. PIC-DSMC hybrid simulation of the high-voltage Hall discharge with wall effects[C]. Cape Cod: Proceedings of the 18th International Conference on the Numerical Simulation of Plasmas,2003.

[49]TACCOGNA F,SCHNEIDER R,LONGO S,et al. Kinetic simulations of a plasma thruster[J]. Plasma Sources Science and Technology,2008,17(2):024003.

[50]TACCOGNA F,LONGO S,CAPITELLI M. Plasma sheaths in Hall discharge[J]. Physics of Plasmas,2005,12(9):093506.

[51]MOROZOV A I,ESIPCHUK V,KAPULKIN A M. Effect of the magnetic field on a closed-electron-drift accelerator[J]. Soviet Physics - Technical Physics,1972: 482.

[52]KIRDYASHEV K P,BUGROVA A I,MOROZOV A I,et al. Microwave oscillations in the accelerat ion channel of SPT-ATON stationary plasma

thruster[J]. Technical Physics Letters,2005,31(7):584-587.

[53] 迪安 J A. 兰氏化学手册[M]. 尚久方,操时杰,郑飞勇,等,译. 北京:科学出版社, 1991.

[54] 罗渝然. 化学键能数据手册[M]. 北京:科学出版社,2005.

[55] SENGUPTA A, ANDERSON J A, GARNER C, et al. Deep Space 1 flight spare ion thruster 30 000 hours life test[J]. Journal of Propulsion and Power, 2009, 25(1): 105-117.

[56] JONATHAN L V, KAMHAWI H, MCEWEN H. Characterization of a high current, long life hollow cathode[R]. NASA/TM,2006:2-3.

[57] MATHERS A. Development of a high power cathode heater[C]. Hartford:44th AIAA/ASME/SAE/ASEE Joint Propulsion Conference & Exhibit,2008.

[58] OHKAWAL Y, HAYAKAWA Y. Life test of a graphite-orificed hollow cathode[C]. Hartford:44th AIAA/ASME/SAE/ASEE Joint Propulsion Conference & Exhibit,2008.

[59] VJACHESLAV M, ORANSKIY I. Russian flight Hall thrusters SPT-70 & SPT-100 after cathode change start during 20 ~ 25 ms[C]. Florence:30th International Electric Propulsion Conference,2007.

[60] KOCH N,HARMANN H-P,KORNFELD G. Status of the thales tungsten/osmium mixed-metal hollow cathode neutralizer development[C]. Florence:30th International Electric Propulsion Conference,2007.

[61] 张天平,唐福俊,田华兵. 国外电推进系统空心阴极技术[J]. 上海航天,2008,1: 39-46.

[62] COURTNEY D G. Development and characterization of a diverging cusped field thruster and a lanthanum hexaboride hollow cathode[D]. Cambridge: Massachusetts Institute of Technology,2008.

[63] GOEBEL D M,CHU E. High current lanthanum hexaboride hollow cathodes for high power Hall thrusters[C]. Wiesbaden:32nd International Electric Propulsion Conference,2011.

[64] KATZ I,ANDERSON J,POLK J. Model of hollow cathode operation and life limiting mechanisms[C]. Toulouse:28th International Electric Propulsion Conference,2003.

[65] KATZ I,ANDERSON J,POLK J,et al. One dimensional hollow cathode model[J]. Journal of Propulsion and Power,2003,19:595-600.

[66] JAMESON K,GOEBEL D M,WATKINS R. Hollow cathode and thruster discharge chamber plasma measurements using high-speed scanning probes[C]. Princeton:29th International Electric Propulsion Conference,2005.

[67] BOOK D L. NRL plasma formulary[M]. Washington D C:Naval Research

Laboratory,1987.

[68]GOEBEL D M,JAMESON K,WATKINS R,et al.Cathode and keeper plasma measurements using an ultra-fast miniature scanning probe[C].Fort Lauderdale：40th Joint Propulsion Conference,2004.

[69]MIKELLADES I,KATZ I,GOEBEL D M,et al.Hollow cathode theory and modeling：II. A two-Dimensional model of the emitter region[J].Journal of Applied Physics,2005,98(10)：113303.

[70]MIKELIDES I,KATZ I,GOEBEL D M,et al.Theoretical model of a hollow cathode plasma for the assessment of insert and keeper lifetimes[C].Tucson, Arizona：41st Joint Propulsion Conference,2005.

[71]POLK J E,GRUBISIC A,TAHERI N,et al.Emitter temperature distributions in the NSTAR discharge hollow cathode[C].Tucson,Arizona：41st Joint Propulsion Conference, 2005.

[72]KATZ I,ANDERSON J,POLK J,et al.A model of hollow cathode plasma chemistry[C].Indianapolis,Indiana：38th Joint Propulsion Conference,2002.

[73]SENGUPTA A,BROPHY J R,GOODFELLOW K D.Status of the extended life test of the deep space 1 flight spare ion engine after 30 352 hours of operation[C]. Huntsville：39th Joint Propulsion Conference,2003.

[74]GOEBEL D M,JAMESON K,KATZ I,et al.Hollow cathode theory and modeling：I. plasma characterization with miniature fast-scanning probes[J]. Journal of Applied Physics,2005,98(10)：113302.

[75]KATZ I,MIKELLIDES I G,GOEBEL D M.Model of the plasma potential distribution in the plume of a hollow cathode[C].Ft. Lauderdale：40th Joint Propulsion Conference,2004.

[76]MIKELLIDES I G,KATZ I,GOEBEL D M,et al.Towards the identification of the keeper erosion mechanisms：2-D theoretical model of the hollow cathode[C]. Sacramento：42nd Joint Propulsion Conference,2006.

[77]JAMESON K,GOEBEL D M,WATKINS R.Hollow cathode and keeper region plasma measurements[C].Tucson：41st Joint Propulsion Conference,2005.

[78]HERMAN D A,GALLIMORE A D.Near discharge cathode assembly plasma potential measurements in a 30 cm NSTAR type ion engine amidst beam extraction[C].Ft. Lauderdale：40th Joint Propulsion Conference,2004.

[79]CSIKY G A.Investigation of a hollow cathode discharge plasma[C].Williamsburg：7th Electric Propulsion Conference,1969,3：3-6.

[80]RAWLIN V K,PAWLIK E V.A mercury plasma-bridge neutralizer[C].Colorado Springs：AIAA Electric Propulsion and Plasmadynamics Conference,1967.

[81]GOEBEL D M,JAMESON K,KATZ I,et al. Energetic ion production and keeper erosion in hollow cathode discharges[C]. Princeton:29th International Electric Propulsion Conference,2005.

[82]JAMESON K K,GOEBEL D M,MIKELLIDES I G,et al. Local neutral density and plasma parameter measurements in a hollow cathode plume[C]. Sacramento:42nd Joint Propulsion Conference,2006.

[83]TIGHE W G,CHIEN K,GOEBEL D M,et al. Hollow cathode ignition and life model[C]. Tucson:41st Joint Propulsion Conference,2005.

[84]TIGHE W,CHIEN K,GOEBEL D M,et al. Hollow cathode ignition studies and model development[C]. Princeton:29th International Electric Propulsion Conference,Princeton University,2005.

[85]KAUFMAN H R. Technology of electron-bombardment ion thrusters[M]. New York:Advances in Electronics and Electron Physics, 1974.

[86]FRIEDLY V J,WILBUR P J. High current hollow cathode phenomena[J]. Journal of Propulsion and Power,1992,8:635-643.

[87]BROPHY J R,GARNER C E. Tests of high current hollow cathodes for ion engines[C]. Boston:24th Joint Propulsion Conference,1988.

[88]GOEBEL D M,JAMESON K,KATZ I,et al. Plasma potential behavior and plume mode transitions in hollow cathode discharge[C]. Florence:30th International Electric Propulsion Conference,2007.

[89]BROPHY J R,BRINZA D E,POLK J E,et al. The DSI hyper-extended mission[C]. Indianapolis:38th Joint Propulsion Conference,2002.

[90]BOYD I D,CROFTON M W. Modeling the plasma plume of a hollow cathode[J]. Journal of Applied Physics,2004,95:3285-3296.

[91]MIKELLIDES I,KATZ I,GOEBEL D M. Numerical simulation of the hollow cathode discharge plasma dynamics[C]. Princeton:29th International Electric Propulsion Conference,Princeton University,2005.

[92]DOERNER R,TYNAN G,GOEBEL D M,et al. Plasma surface interaction studies for next-generation ion thrusters[C]. Ft. Lauderdale:40th Joint Propulsion Conference,2004.

[93]DOERNER R P,KRASHENINNIKOV S I,SCHMIDT K. Particle-induced erosion of materials at elevated temperature[J]. Journal of Applied Physics,2004,95:4471-4475.

[94]PALLUEL P,SHROFF A M. Experimental study of impregnated-cathode behavior,emission,and life[J]. Journal of Applied Physics,1980,51(5):2894-2902.

[95]SARVER-VERHEY T R. 28 000 hours xenon hollow cathode life test results[C]. Cleveland:25th International Electric Propulsion Conference,1997.

[96]SENGUPTA A,BROPHY J R,ANDERSON J R,et al. An overview of the results from the 30 000 hours life test of the deep space 1 flight spare ion engine[C]. Ft. Lauderdale:40th Joint Propulsion Conference,2004.

[97]GOEBEL D M,KATZ I,MIKELLIDES Y,et al. Extending hollow cathode life for deep space missions[C]. San Diego:AIAA Space 2004 Conference,2004.

[98]POLK J E,ANDERSON J R,BROPHY J R,et al. An overview of the results from an 8 200 hours wear test of the NSTAR ion thruster[C]. Los Angeles,California: 35th Joint Propulsion Conference,1999.

[99]SENGUPTA A A,BROPHY J R,ANDERSON J R,et al. An overview of the results from the 30 000 hours life test of the deep space 1 flight spare ion engine[C]. Ft. Lauderdale:40th Joint Propulsion Conference,2004.

[100] PATTERSON M J,RAWLIN V K,SOVEY J S,et al. 2.3 kW ion thruster wear test[C]. San Diego:31st Joint Propulsion Conference,1995.

[101]KOLASINSKI R D,POLK J E. Characterization of cathode keeper wear by surface layer activation[C]. Huntsville:39th Joint Propulsion Conference,2003.

[102]DOMONKOS M,FOSTER J,SOULAS G. Wear testing and analysis of ion engine discharge cathode keeper[J]. Journal of Propulsion and Power,2005,21: 102-110.

[103]KAMEYAMA I,WILBUR P J. Measurement of ions from high current hollow cathodes using electrostatic energy analyzer[J]. Journal of Propulsion and Power,2000,16:529.

[104]FARNELL C,WILLIAMS J. Characteristics of energetic ions from hollow cathodes[C]. Toulouse:28th International Electric Propulsion Conference,2003.

[105]WILLIAMS G,SMITH T B,DOMONKOS M T,et al. Laser induced fluorescence characterization of ions emitted from hollow cathodes[J]. IEEE Transactions on Plasma Science,2000,28:1664-1675.

[106]GOEBEL D M,JAMESON K,WATKINS R,et al. Cathode and keeper plasma measurements using an ultra-fast miniature scanning probe[C]. Ft. Lauderdale: 40th Joint Propulsion Conference,2004.

[107]KATZ I,MIKELLIDES I G,GOEBEL D M, et al. Production of high energy ions near an ion thruster discharge hollow cathode[C]. Sacramento:42nd Joint Propulsion Conference,2006.

[108]MIKELLIDES I G,KATZ I,GOEBEL D. Partially-ionized gas and associated wear in electron sources for ion propulsion,II:discharge hollow cathode[C].

Cincinnati:43rd Joint Propulsion Conference,2007.

[109] 郭宁,江豪成,高军,等. 离子发动机空心阴极失效形式分析[J]. 真空与低温,2005,
4:239-242.

[110]DENNIS L T,KRISTI H G,ROGER M M. Hall thruster-cathode coupling[C].
Los Angeles:35th AIAA/ASME/SAE/ASEE Joint Propulsion Conference and
Exhibit,1999.

[111]ALBAREDE L,LAGO V,LASGORCEIX P,et al. Interaction of a hollow cathode
stream with a Hall thruster[C]. Toulouse:28th International Electric Propulsion
Conference,2003.

[112]BRIAN E B,ALEC D G,WILLIAM A H. The effects of cathode configuration on Hall
thruster cluster plume properties[C]. Tucson:41st AIAA/ASME/SAE/ASEE Joint
Propulsion Conference & Exhibit,2005.

[113]RICHARD R H,LEE K J,DAN M G,et al. Effects of an internally-mounted
cathode on Hall thruster plume properties[C]. Sacramento California:42nd Joint
Propulsion Conference & Exhibit,2006.

[114]SOMMERVILLE J D,KING L B. Effect of cathode position on Hall-effect
thruster performance and cathode coupling voltage[C]. Cincinnati OH:43rd
AIAA/ASME/SAE/ASEE Joint Propulsion Conference & Exhibit,2007.

[115]MOROZOV A I,BUGROVA A I,DESYATSKOV A V,et al. ATON thruster
plasma accelerator[J]. Plasma Physics Reports,1997,23(7):587-597.

[116]BUGROVA A I,LIPATOV A S,MOROZOV A I,et al. Global characteristics of
an ATON stationary plasma thruster operating with krypton and xenon[J].
Plasma Physics Reports,2002,28(12):1032-1037.

[117]BUGROVA A I,MOROZOV A I. Effect of wacuum conditions on the operation of a
steady-state plasma engine[J]. Plasma Physics Reports,1996,22(8):632-637.

[118]MARTIN R H,WILLIAMS J D. Direct measurements of plasma properties
nearby a hollow cathode using a high speed electrostatic probe[C]. Sacramento
California:42nd AIAA/ASME/SAE/ASEE Joint Propulsion Conference &
Exhibit,2006.

[119]KUWANO H,OHNO A,KUNINAKA H,et al. Development and thrust performance of
a microwave discharge Hall thruster[C]. Florence:30th International Electric Propulsion
Conference,2007.

[120]JOSEPH A, MANFRED K. Vacuum electronics components and devices[M].
Berlin Heidelberg:Springer-Verlag,2008.

[121]COURTNEY D G. Development and characterization of a diverging cusped field
thruster and a lanthanum hexaboride hollow cathode[D]. Cambridge:

Massachusetts Institute of Technology,2008.

[122] KOCH N,WEIS S,SCHIRRA M,et al. Development,qualification and delivery status of the HEMPT based ton propulsion system for SmallGEO[C]. Wiesbaden:32nd International Electric Propulsion Conference,2011.

[123] 杨乐,李自然,尹乐. 脉冲等离子体推力器研究综述[J]. 火箭推进,2006 (02):32-36.

[124] 夏广庆,王冬雪,薛伟华. 螺旋波等离子体推进研究进展[J]. 推进技术,2011 (06):857-863.

[125] 邓永锋,韩先伟,谭畅. 场发射电推力器性能与关键技术分析[C]. 北京:第六届中国电推进技术学术研讨会,2010.

[126] 孙小兵,康小明,赵万生,等. 场发射推进器的研究现状及展望[J]. 机械,2006,8:1-4.

[127] 秦超晋,汤海滨,王海兴,等. 胶质微推进液滴加速过程的数值模拟[J]. 推进技术,2009,02:251-256.

[128] 沈自才. 未来深空探测的有力推手 —— 太阳帆[J]. 航天器环境工程,2012,2:235-236.

[129] 陈健,曹永,陈君. 太阳帆推进技术研究现状及其关键技术分析[J]. 火箭推进,2006,5:37-42.

[130] 洪延姬,李修乾,窦治国. 激光推进研究进展[J]. 航空学报,2009,11:2003-2014.

名 词 索 引

注:后面数字为本书节的编号。